U0185343

大气复合污染成因与应对机制 2

朱　彤
王会军
张小曳
黄建平
张朝林
主　编

多尺度大气物理过程与大气污染

Multi Scale Atmospheric Physical Processes and Air Pollution

北京大学出版社
PEKING UNIVERSITY PRESS

图书在版编目(CIP)数据

多尺度大气物理过程与大气污染/朱彤等主编.—北京：北京大学出版社，2021.5
（大气复合污染成因与应对机制）

ISBN 978-7-301-32109-6

Ⅰ.①多…　Ⅱ.①朱…　Ⅲ.①大气物理学–物理过程–相互作用–空气污染–研究
Ⅳ.①P401②X51

中国版本图书馆CIP数据核字（2021）第060023号

书　　名	多尺度大气物理过程与大气污染 DUOCHIDU DAQI WULI GUOCHENG YU DAQI WURAN
著作责任者	朱　彤　等主编
责任编辑	王树通　王斯宇
标准书号	ISBN 978-7-301-32109-6
出版发行	北京大学出版社
地　　址	北京市海淀区成府路205号　100871
网　　址	http://www.pup.cn　　新浪微博：@北京大学出版社
电子信箱	wangsiyu@pup.cn
电　　话	邮购部010-62752015　发行部010-62750672　编辑部010-62767347
印 刷 者	北京中科印刷有限公司
经 销 者	新华书店
	787毫米×1092毫米　16开本　16.5印张　插页6　410千字
	2021年5月第1版　2021年5月第1次印刷
定　　价	95.00元（精装）

“大气复合污染成因与应对机制”

编 委 会

朱彤，北京大学环境科学与工程学院教授、院长，国务院参事，美国地球物理联合会理事，世界气象组织“环境污染与大气化学”科学指导委员会委员。2019 年当选美国地球物理联合会会士。长期致力于大气化学及环境健康交叉学科研究，发表学术论文 300 余篇，入选科睿唯安交叉学科“全球高被引科学家”、爱思唯尔环境领域“中国高被引学者”。

王会军，南京信息工程大学教授、学术委员会主任，中国气象学会理事长，世界气候研究计划联合科学委员会委员。2013 年当选中国科学院院士。长期从事气候动力学与气候预测等研究，发表学术论文 300 余篇。

贺克斌，清华大学环境学院教授，中国工程院院士，国家生态环境保护专家委员会副主任，教育部科学技术委员会环境与土木工程学部主任。长期致力于大气复合污染来源与多污染物协同控制方面研究。入选 2014—2020 年爱思唯尔“中国高被引学者”、2018—2020 年科睿唯安“全球高被引科学家”。

贺泓，中国科学院生态环境研究中心副主任、区域大气环境研究卓越创新中心首席科学家。2017 年当选中国工程院院士。主要研究方向为环境催化与非均相大气化学过程，取得柴油车排放污染控制、室内空气净化和大气灰霾成因及控制方面系列成果。

张小曳，中国气象科学研究院研究员、博士生导师，中国工程院院士。2004 年前在中国科学院地球环境研究所工作，之后在中国气象科学研究院工作，历任中国科学院地球环境研究所所长助理、副所长，中国气象科学研究院副院长，中国气象局大气成分中心主任、碳中和中心主任。

黄建平，国家杰出青年基金获得者，教育部“长江学者”特聘教授，兰州大学西部生态安全省部共建协同创新中心主任。长期扎根西北，专注于半干旱气候变化的机理和预测研究，带领团队将野外观测与理论研究相结合，取得了一系列基础性强、影响力高的原创性成果，先后荣获国家自然科学二等奖（排名第一）、首届全国创新争先奖和 8 项省部级奖励。

曹军骥，中国科学院大气物理研究所所长、中国科学院特聘研究员。长期从事大气气溶胶与大气环境研究，揭示我国气溶胶基本特征、地球化学行为与气候环境效应，深入查明我国 PM2.5 污染来源、分布与成因特征，开拓同位素化学在大气环境中的应用等。

张朝林，博士，研究员，主要从事气象学和科学基金管理研究。先后入选北京市科技新星计划和国家级百千万人才工程。曾获省部级科技奖 5 次（3 项排名第一），以及涂长望青年气象科技奖等多项学术奖励。被授予全国优秀青年气象科技工作者、北京市优秀青年知识分子、首都劳动奖章和有突出贡献中青年专家等多项荣誉。

序

2010 年以来,我国京津冀、长三角、珠三角等多个区域频繁发生大范围、持续多日的严重大气污染。如何预防大气污染带来的健康危害、改善空气质量,成为整个社会关注的有关国计民生的主题。

中国社会经济快速发展中面临的大气污染问题,是发达国家近百年来经历的大气污染问题在时间、地区和规模上的集中体现,形成了一种复合型的大气污染,其规模和复杂程度在国际上罕见。已有研究表明,大气复合污染来自工业、交通、取暖等多种污染源排放的气态和颗粒态一次污染物,以及经过一系列复杂的物理、化学和生物过程形成的二次细颗粒物和臭氧等二次污染物。这些污染物在不利天气和气象过程的影响下,会在短时间内形成高浓度的污染,并在大范围的区域间相互输送,对人体健康和生态环境产生严重危害。

在大气复合污染的成因、健康影响与应对机制方面,尚缺少系统的基础科学研究,基础理论支撑不够。同时,大气污染的根本治理,也涉及能源政策、产业结构、城市规划等。因此,亟须布局和加强系统的、多学科交叉的科学研究,揭示其复杂的成因,厘清其复杂的灰霾物质来源,发展先进的技术,制定和实施合理有效的应对措施和预防政策。

为此,国家自然科学基金委员会以"中国大气灰霾的形成机理、危害与控制和治理对策"为主题于 2014 年 1 月 18—19 日在北京召开了第 107 期双清论坛。本次论坛由北京大学协办,并邀请唐孝炎、丁仲礼、郝吉明、徐祥德四位院士担任论坛主席。来自国内 30 多所高校、科研院所和管理部门的 70 余名专家学者,以及国家自然科学基金委员会地球科学部、数学物理科学部、化学科学部、生命科学部、工程与材料科学部、信息科学部、管理科学部、医学科学部和政策局的负责人出席了本次讨论会。

在本次双清论坛基础上,国家自然科学基金委员会于 2014 年年底批准了"中国大气复合污染的成因、健康影响与应对机制"联合重大研究计划的立项,其中"中国大气复合污染的成因与应对机制的基础研究"重大研究计划的主管科学部为地球科学部。

自 2015 年发布第一次资助指南以来,"中国大气复合污染的成因与应对机制的基础研究"重大研究计划取得了丰硕的成果,为我国大气污染防治攻坚战提供了重要的科学支撑,在 2019 年的中期考核中取得了"优"的成绩。截至 2020 年,该重大研究计划有 20 个培育项目、22 个重点支持项目完成了结题验收。本套丛书汇总了这些项目的主要研究成果,是我国在大气复合污染成因与应对机制的基础研究方面的最新进展总结,也为继续开展这方面研究的人员提供了很好的参考。

刘丛强

中国科学院院士

国家自然科学基金委员会原副主任

天津大学地球系统科学学院院长、教授

前　言

自 2014 年 1 月国家自然科学基金委员会召开第 107 期双清论坛“中国大气灰霾的形成机理、危害与控制和治理对策”以来，已经过去 7 年多了。在这 7 年中，我国政府大力实施了《大气污染防治行动计划》(2013—2017)、《打赢蓝天保卫战三年行动计划》(2018—2020)，主要城市空气质量取得了根本性好转。

在此期间，国家自然科学基金委员会在第 107 期双清论坛基础上启动实施了“中国大气复合污染的成因与应对机制的基础研究”重大研究计划(以下简称“重大研究计划”)。本重大研究计划不仅在大气复合污染成因与控制技术原理的重大前沿科学问题上取得了系列创新成果，大大地提升了我国大气复合污染基础研究的原始创新能力和国际学术影响，更为大气污染治理这一国家重大战略需求提供了坚实的科学支撑。

本重大研究计划旨在围绕大气复合污染形成的物理、化学过程及控制技术原理的重大科学问题，揭示形成大气复合污染的关键化学过程和关键大气物理过程，阐明大气复合污染的成因，建立大气复合污染成因的理论体系，发展大气复合污染探测、来源解析、决策系统分析的新原理与新方法，提出控制我国大气复合污染的创新性思路。

为保障本重大研究计划的顺利实施，组建了指导专家组与管理工作组。指导专家组负责重大研究计划的科学规划、顶层设计和学术指导；管理工作组负责重大研究计划的组织及项目管理工作，在实施过程中对管理工作进行指导。本重大研究计划指导专家组成员包括：朱彤(组长)、王会军、贺克斌、贺泓、张小曳、黄建平、曹军骥。

针对我国大气污染治理的紧迫性以及相关领域已有的研究基础，重大研究计划主要资助重点支持项目，同时支持少量培育项目和集成项目。在 2016—2019 年资助了 72 个项目，包括 46 项重点支持项目、21 项培育项目、3 项集成项目、2 项战略研究项目。为提高公众对大气污染科学研究的认知水平，特以培育项目形式资助科普项目 1 项。

重大研究计划实施以来，凝聚了来自我国 30 多个高校与科研院所的大气复合污染最具优势的研究力量，在大气污染来源、大气化学过程、大气物理过程方向形成了目标相对统一的项目集群，促进了大气、环境、物理、化学、生命、工程材料、管理、健康等学科的深度交叉与融合，培养出一大批优秀的中青年创新人才和团队，成为我国打赢蓝天保卫战的重要力量。通过重大研究计划的资助，我国大气复合污染基础研究的原始创新能力得到了极大的提升，在准确定量多种大气污染的排放、大气二次污染形成的关键化学机制、大气物理过程与大气复合污染预测方面取得了一系列重要的原创性成果，在 *Science*、*PNAS*、*Nature Geoscience*、*Nature Climate Change*、*ACP*、*JGR* 等一流期刊上发表 SCI 论文 800 余篇，在国际学术界产生显著影响。更重要的是，本计划获得的研究成果及时、迅速地为我国打赢蓝天保卫战提供了坚实的科学支撑，计划执行过程中已有多项政策建议得到中央和有关部委采纳。如 2019 年在 *PNAS* 发表我国分区域精确制定氨减排的论文，据此提出政策建议，获得国家领导人的批示，由相关部门贯彻执行。

2019年11月21日重大研究计划通过了国家自然科学基金委员会的中期评估，获得了“优”的成绩，并于2020年启动资助3项计划层面的集成项目。

“大气复合污染成因与应对机制”丛书以重大项目完成结题验收的22个重点支持项目、20个培育项目为基础，汇总了重大研究计划的最新研究成果。全套丛书共4册、44章，均由刚结题或即将结题的项目负责人撰写，他们是活跃在国际前沿的优秀学者，每个章节报道了他们承担的项目在该领域取得的最新研究进展，具有很高的学术水平和参考价值。

本套丛书包括以下4册：

第1册，《大气污染来源识别与测量技术原理》：共13章，报道大气污染来源识别与测量技术原理的最新研究成果，主要包括目前研究较少但很重要的各种污染源排放清单，如挥发性有机物、船舶多污染物、生物质燃烧等排放清单，以及大气颗粒物的物理化学参数的新测量技术原理。

第2册，《多尺度大气物理过程与大气污染》：共9章，报道多尺度大气物理过程与大气污染相互作用的最新研究成果，主要包括气溶胶等空气污染与边界层相互作用、静稳型重污染过程的大气边界层机理、气候变化对大气复合污染的影响机制、气溶胶与天气气候相互作用对冬季强霾污染影响等。

第3、4册，《大气复合污染的关键化学过程》(上、下)：共22章，报道大气复合污染的关键化学过程的最新研究成果，主要包括大气氧化性的定量表征与化学机理开发、新粒子生成和增长机制及其环境影响、大气复合污染形成过程中的多相反应机制、液相氧化二次有机气溶胶生成机制等。

本丛书编委会由重大研究计划指导专家组成员和部分管理工作组成员构成，包括朱彤、王会军、贺克斌、贺泓、张小曳、黄建平、曹军骥、张朝林。在编制过程中，汪君霞博士协助编委会和北京大学出版社与每个章节的作者做了大量的协调工作，在此表示感谢。

朱彤
北京大学环境科学与工程学院教授

目　　录

第1章　静稳型重污染过程的大气边界层机理与模式应用研究

张宏昇，蔡旭晖，宋宇，康凌，任燕，李倩惠，卫苗睿

北京大学

污染物的时空分布与大气边界层(PBL)演变密切相关。伴随重霾污染的静稳型天气、稳定边界层、弱湍流运动是大气边界层领域的科学难点，也是解析重污染机理的关键问题。

本文开展大气边界层过程和大气环境精细实验观测，建立华北地区静稳型重霾事件大气边界层综合观测资料集；研制细颗粒物湍流通量测量系统、气压脉动测量仪等探测新技术；开发松弛涡旋累积法获取颗粒物湍流通量和湍流间歇自动识别技术；实验测定小静风条件下污染物湍流扩散参数修正；阐述重霾过程与大气边界层相互影响和相互作用机理；提出污染过程“湍流隔板效应”的物理概念模型，揭示弱湍流运动对重霾事件和污染物时空演变的作用机制。拓展重污染过程 Monin-Obukhov 相似性理论的适用性，给出细颗粒物相似性关系和污染物输送参数，改进边界层参数化方案；提出一种反演细颗粒物浓度的快速预报和污染物溯源方法。研究结果为提高空气质量预报水平提供理论依据和基础。

1.1　研究背景

近年来我国大气污染事件频发，华北尤其是京津冀地区的重霾污染备受关注。影响重霾污染事件的因素有很多，如大气污染源排放、大气物理化学过程、地理条件、天气过程等。污染物的自然排放和人类社会生产生活排放是不可避免的，那么在污染源排放没有重大变化的情况下，为什么污染状况(或空气质量)却有巨大的差别，有时甚至出现重霾污染事件？20世纪60年代，美国东部就曾发生严重空气污染事件，引发了有关天气过程与污染潜势的探讨[1]。欧洲虽然历经数十年环境治理和污染控制，但仍然无法彻底摆脱重污染的侵袭[2]。这说明除了污染源，还有其他决定性因素影响空气质量，这个决定性因素就是污染事件的大气物理和化学过程。

大气边界层是最受关注的环境大气层，污染物大多排放在大气边界层内，并在其中充分混合和输运，边界层成为各种化学过程的“反应炉”。因此，大气污染研究以及空气污染气象学的大部分研究内容都与大气边界层过程密切相关。然而，针对重空气污染过程的大气边

界层研究和成果少有报道,与重空气污染事件相伴随的大气边界层过程与机制往往缺席,更多的内容是根据已有的大气边界层研究结果进行定性推测,直接导致空气质量预报模式往往不能正确模拟重空气污染事件和过程。因此,针对我国重空气污染事件频发的现状,开展大气边界层机理和数值模式应用研究十分必要[3]。

1.1.1 我国大气污染研究现状

研究显示,我国的大气气溶胶质量浓度维持较高水平,细颗粒物是影响我国大多数城市空气质量的首要污染物。目前我国存在四个霾污染严重的地区,即黄淮海地区、长江三角洲、四川盆地和珠江三角洲[4—5]。近 50 年来中国霾天气总体呈增加趋势,且持续性霾过程增加显著,中东部大部分地区年霾日数为 25～100 d,局部地区超过 100 d。一些区域性霾污染天气呈现污染范围广、持续时间长、污染物浓度积累迅速等特点。区域霾污染在干季更常见,10 月份发生频率最高,其中约一半个例覆盖范围接近整个华北平原;短时间和突然形成的霾污染多见于采暖季节[6]。

1.1.2 大气污染过程的影响因素及大气边界层结构

影响大气污染事件形成、发展和消散过程的因素众多,如污染物及前体物的源排放、大气扩散和传输、污染物的化学转化和沉降过程等。气象条件是导致污染程度在天气尺度内循环变化的关键因素[7—8],污染物的扩散和传输受到风速风向、辐射强度、相对湿度、大气边界层和环流形势等气象要素和过程的显著影响[9—13]。

大气边界层过程直接影响污染物的时空分布和演变,对污染事件有重要作用。尽管大气边界层与大气气溶胶相互影响的观测和模拟研究逐渐增多,但涉及大气边界层的内容基本基于已有的理论框架,而这些理论框架难以描述非平稳、非线性、非定常的重污染天气过程的特殊大气边界层情形。与重污染过程相伴的小风静风、强逆温、强稳定、湍流间歇特征不仅是重污染过程大气边界层机理的关键问题,更是科学难题。

较低的大气边界层高度和稳定的大气层结不利于污染物扩散,容易导致污染发生,尤其夜间的污染物浓度与大气边界层高度具有较强的负相关[14]。污染过程中,大气边界层湍流交换特征与污染物浓度关系密切[15],不同成分气溶胶粒子的分布与大气边界层动力过程和化学过程相关。北京地区的观测结果显示:大气边界层高度在夜间为 80±50 m,白天可达到 3000 m;清晨在 300 m 高度附近存在污染物浓度分层;午后的城市边界层和上层大气的混合更为显著,城市冠层作用使 60～90 m 高度可形成颗粒物聚集层[16]。晴天,细颗粒粒子浓度昼夜变化明显,夜间在 80 m 高度有明显分层,霾天气时的细颗粒粒子上下混合均匀,而雾天气时低层浓度较高[17]。大气边界层动力过程和大气成分的理化过程对近地面气溶胶浓度均有影响,气溶胶通过辐射效应对大气产生热力作用,影响大气边界层结构[18]。

1.1.3 稳定边界层与污染过程

历史上,大气边界层研究取得了骄人的成果。以 Monin-Obukhov 相似性理论为指导的通量-廓线关系的建立,奠定了不同类型气象模式中地表-大气相互作用的参数化基础。对中性边界层和对流边界层湍流结构和输送特征的了解，直接为中尺度和天气预报模式提供参数化方案服务，也为大气污染扩散与模拟研究提供了重要基础。但是，科学家对大气边界层机理的认识仍然非常有限和不完整，特别是对稳定边界层的研究和认识更加薄弱。尽管观测仪器的理论精度不断更新，关于非均匀下垫面和稳定边界层湍流理论的突破进展仍未出现[19]，导致稳定边界层的实验和数值模拟研究仍存在较大不足。

陆地上，典型的大气边界层呈现“白天/不稳定—夜间/稳定”的日变化过程，夜间稳定边界层出现的频率应该与白天的不稳定边界层相当。然而，稳定层结使湍流运动受到抑制和减弱，呈现弱湍流性质，其观测条件更加苛刻，观测分析和实验研究的要求更高。同时，夜间稳定边界层结构不断调整和变化，很难达到与其下垫面相适应的平稳、定常状态，大大增加了稳定边界层的研究难度。稳定边界层的研究需要更精细的观测以获取弱湍流信息，也需要对原有的物理概念、理论框架和数据处理方法进行重新审视，如惯用的连续性湍流理论需增加对湍流间歇性的考虑，临界理查森数的概念需考虑增加其他控制因子，相似性理论和湍流闭合假设需考虑强稳定条件下的修正。解决空气质量和天气气候数值模拟中的稳定边界层过程，了解稳定边界层与不稳定边界层日夜演化过程中的细颗粒物或气体物质（如温室气体等）在地-气间的迁移、转化和循环的机制，掌握稳定边界层条件下最易造成最大伤害的有毒、有害危险品事故和意外排放的运移规律和路径，迫切需要加强稳定边界层的研究[20]。从理论发展、大气环境和天气气候角度，实施更多的有关稳定边界层的实验和理论研究是必须的和必要的，也具有学术挑战和理论突破的意义。

鉴于稳定边界层研究的迫切性、重要性和应用价值，数十年来国外对稳定边界层的研究有所增加，开展了一系列夜间稳定边界层的实验观测，如西班牙的 SABLES 98[21]、美国 Kansas 州的 CASES-99[22]（Cooperative Atmospheric-Surface Exchange Study）、北极地区的 SHEBA[23]（Surface Heat Budget of the Arctic Ocean Experiment）等。其中，CASES-99 观测到密度流、间歇湍流事件、流动不稳定性、惯性振荡等稳定边界层结构和湍流输送的重要现象；SHEBA 揭示了弱稳定-中等稳定和强稳定条件下湍流谱的区别，发现了高于临界理查森数的湍流现象和经典 Monin-Obukhov 相似性理论在强稳定条件下不适用的稳定边界层特性。国内外的一些大气科学综合实验研究，如国外的 Cabauw、Lindenburg 观测，国内的白洋淀实验[24]等，提供了更多的稳定边界层观测，提出了需要解决的问题，如稳定条件下湍流通量的观测与分析[25]。

理论上，越来越多的实验证据表明：经典的 Monin-Obukhov 相似性关系适合于从不稳定到弱稳定的层结条件[26]，局地相似性理论的应用范围可以扩展到整个稳定边界层[27]，强稳定条件下则需实质性的修正[28]；稳定条件下通量-廓线关系隐含的强自相关性可掩盖真实的物理关系[29]，经典的通量-廓线关系应补充其他尺度因子以更好地表达平均量与湍流量的关系[30]，强稳定条件或湍流间歇性存在时，可能需要改用完全不同的参数化尺度[31]。

对于对流边界层，湍涡尺度在一定程度上决定了对流边界层高度。而稳定边界层具有湍流间歇性特征，同时存在次中尺度环流、重力波等特殊的大气运动结构，湍流运动更加复杂。研究表明，导致湍流间歇性的原因很多，如重力波[32]、孤立波[33]、低空急流[34—35]等；间歇性湍流对垂直湍流输送有很大贡献[36—38]。湍流间歇的存在，以能量耗散率为不变量作为相似性判据缺乏物理根据，Kolmogorov 理论基础应予以修正[39—40]。

标量场除了自身的运动，还受到速度场的影响，在时空尺度上呈现出复杂的、混沌变化的结构，其概率密度分布与速度场不同，更复杂[41]。受湍流相干结构和间歇性的影响，温度、湿度、二氧化碳等标量的概率分布通常不同于高斯分布，偏斜度通常不为 0[42]。

1.1.4 稳定边界层与空气质量数值模拟

稳定边界层研究的最重要应用之一是为天气气候和中尺度气象模式提供边界层参数化方案或方案基础。但是，稳定边界层的参数化方案往往高估边界层高度、地面风速和边界层湍流混合等，导致天气气候预报结果偏差，空气质量模拟和预报不准确。

2013 年 1 月华北地区爆发重污染事件，大气边界层呈现小风、静风和稳定层结状态，即静稳型天气。由于大气扩散条件差，水汽含量极高，大气化学的液相、非均相反应十分活跃，加速二次颗粒物的生成[43]。数值模拟研究一直试图再现该过程，但由于静稳型天气条件下湍流参数化的不准确，气象模型很难准确模拟小风、稳定边界层过程，污染物扩散和化学模拟严重低估细颗粒物浓度水平[44—45]。以往研究也发现了类似问题[46]。其重要原因是边界层参数化方案不能真实反映实际大气边界层特征。

本章开展静稳型重空气污染对应的边界层机理研究，包括稳定边界层结构、弱湍流输送特征，揭示边界层过程对静稳型重污染形成的作用和影响。在稳定边界层相似性理论、弱湍流及扩散特性、弱湍流运动探测新技术、稳定边界层参数化方案等方面有所改进和发展，对空气质量预报模式的验证和改进有所贡献。

1.2 研究目标与研究内容

稳定边界层结构和湍流运动对静稳型重污染天气过程有关键作用。本文针对静稳型重污染事件多发的华北地区开展静稳型重污染事件的大气边界层加强实验观测，并结合相关区域的大气边界层和大气环境观测资料，开展稳定边界层结构、弱湍流运动和湍流输送理论、观测法和探测新方法的研究，改进和发展适合于静稳型重污染事件的边界层和颗粒物湍流通量参数化方案。

1.2.1 研究目标

(1) 给出华北地区静稳型重污染事件大气边界层结构和时空演变特征，获取静稳型重污染过程稳定边界层资料集。

(2) 确定影响稳定边界层相似性关系的控制因子和关键因子，修正稳定边界层相似性关系；描述稳定边界层湍流间歇性特征和影响因子，给出合理和可靠的稳定边界层能量和污染物质通量的获取方法。

(3) 改进静稳边界层参数化方案，提高重污染事件预报的准确性。

1.2.2　研究内容

1. 重污染事件的大气边界层与大气环境实验研究

利用华北地区已有的天津 255 m 气象铁塔、通辽大气科学与大气环境监测平台，辅以北京地区大气科学与大气环境实验观测场，增加观测设备和观测项目，获取多地区、多高度的大气湍流和颗粒物涨落信息；在重污染事件多发季节，在河北沧州、保定、任丘和山东德州等地区多次开展大气边界层和大气环境加强观测实验；开展大气污染物湍流扩散示踪物实验研究；在保定及周边地区开展组网式高时空分辨的 GPS(全球定位系统)加密探空实验，探测内容包含不同粒径颗粒物廓线探测；同步收集和整理华北地区已有的大气边界层和大气环境综合观测资料。为研究重污染事件的稳定边界层结构与污染物输送特征及与污染过程的关系相互关系提供实验基础。

研制气压脉动仪，并在华北地区多个实验站、多高度进行测试和长期观测实验，性能指标满足要求，试图解决气压脉动对湍流能量的贡献和影响。

研制细颗粒物通量测量装置，提出细颗粒物通量获取观测法，以解决细颗粒物输送定量获取问题，解决了细颗粒物湍流输送通量的实验获取问题，为颗粒物输运和模式研究提供基础。该系统装置已在华北地区多个实验站、多高度应用，连续观测达一年以上，观测资料已用于颗粒物湍流通量获取，有研究成果发表，亦有科研推广应用。

研发松弛涡旋累积法获取颗粒物湍流通量算法，给出更具有普适意义和应用价值的污染物湍流通量获取方法和技术。

2. 重污染事件及过程的湍流结构及其相互关系

考虑重污染事件多与稳定层结、小静风天气条件下的弱湍流运动相伴随，弱湍流运动往往表现出湍流间歇性。本文开发了自动识别湍流谱隙算法，定义了不同尺度、区分动力作用和热力作用的多种表征湍流间隙指征参量，定量描述湍流间歇性。发现湍流间歇性可以是较大尺度的湍流运动受抑制过程，也可以是小尺度的湍流运动受抑制甚至消失的过程，更可以是多尺度的湍流运动消失的事件；指出了湍流间歇性对湍流通量存在高估及订正依据。发现热力作用对湍流间歇性的定量估计不可忽略。探究重霾污染事件及过程的湍流运动规律及其与污染天气的相互关系。

冬季频繁出现的稳定层结条件往往伴随着重污染事件的发生，污染天气多表现为持续的小静风和较高的湿度条件，重污染过程的大气湍流运动为弱湍流运动，开展重霾污染过程与湍流间歇性的研究，包括：污染天气消散过程的湍流间歇性特征，提出了可以量化表述湍流间歇性的湍流间歇指数(Intermittency Factor，IF)，证实重污染消散过程存在较强的湍流间歇性，导致的强湍流垂直输送是 $PM_{2.5}$ 浓度骤降和空气质量改善的主要原因；研发湍流谱隙自动识别技术和算法，发现湍流输送能力存在高估，这造成空气质量预报模式对污染物浓度预报的低估；分析了轻污染和重污染天气过程与湍流间歇特征的关系；重新审视了城市化与湍流间歇特征、污染天气的关系；揭示重污染过程发生、发展、累积和消散不同阶段的湍流作用机制，提出重霾过程存在湍流隔板效应；扩展 Monin-Obukhov 相似性理论应用范围，结合研发的细颗粒物湍流通量测量装置，给出细颗粒物湍流通量-廓线关系，以及相应的参数化方案。验证和拓展能有效获取物质湍流输送通量的松弛涡旋累积法，验证代理变量法，推荐合理的代理变量及相应的经验参数取值。

3. 重污染事件及过程的大气边界层结构及其相互关系

在重污染事件多发季节，在山东德州地区开展大气边界层和大气环境加强观测实验，研究重污染过程中大气边界层特征及与污染的相互关系。利用包含颗粒物浓度廓线观测的GPS探空系统获取大气边界层精细探空资料，探讨了边界层热力、动力和水汽结构对颗粒物垂直分布的影响；结合地面湍流通量、湍流动能特征，分析边界层高度的变化，探讨边界层高度与地面颗粒物浓度的关系。

基于华北地区通辽大气科学与大气环境综合实验站，获取GPS大气边界层精细探空资料与近地面湍流特征及地表能量资料；给出华北北部半干旱下垫面夏季不同天气条件下的大气边界层结构特征，采取不同方法计算了大气边界层高度；探讨了近地面湍流特征与地表能量收支情况。结合数值模拟技术，给出了污染物区域输送规律与大气边界层结构的关系。

4. 污染天气过程的天气背景和污染物扩散的印痕分析

利用野外观测实验和数值模拟技术，采用北京大学自行研发的印痕处理系统，开展污染物扩散过程的印痕分析；提出了一种基于印痕模型和排放清单的反演华北平原$PM_{2.5}$浓度的快速预报方法；分析与污染过程相关的天气背景和环境因素，如中国停滞天气的气候学平均特征和趋势演变，中国陆地大气污染潜势特征，污染源区特征及与重污染的关系等。

5. 稳定边界层与大气湍流

开展湍流间歇性、湍流通量获取等基础性研究工作。如稳定边界层湍流交换与湍流间歇特征，湍流间歇性的热力作用修正，地-气间水热和物质的湍流交换和通量获取观测法，区域线平均感热通量获取等。

1.3 研究方案

本研究秉承理论分析、实验观测和数值模拟相结合的方法，具体如下：

(1) 收集和整理近十年来华北地区大气边界层和大气环境观测资料，如天津255 m气象塔资料、相关气象塔资料、固定或移动的边界层遥感资料、大气气溶胶和空气质量资料。梳理稳定边界层和弱湍流运动与静稳型重污染事件的相互关联和影响规律。

(2) 在天津、德州、沧州、保定等重霾事件多发地区，开展大气边界层和大气环境加强实验观测，重点是小风静风、夜间稳定边界层条件下的污染物输送和扩散。实验内容包括风廓线雷达、高分辨激光雷达、微波辐射计、GPS加密探空等边界层精细和连续探测，结合研制的快速响应的气压脉动仪，获取和对比标量的湍流演变规律和湍流间歇性信息。研发细颗粒物湍流输送通量获取技术，尝试开展细颗粒物湍流通量观测实验。

(3) 采用适合非平稳、非线性和复杂地形条件的希尔伯特-黄变换(Hilbert-Huang

Transform, HHT)技术,区分不同尺度的湍流运动,开展多时空尺度湍流间歇性描述方法研究;探讨湍流间歇事件对湍流通量估算的影响和订正方法;对比分析静稳型重污染过程的大气边界层结构和湍流输送特征,关注湍流特征的突变信号。

(4) 甄别和确定重污染过程稳定边界层的敏感因子群和关键参量,关注静稳型重污染过程的湍流输送规律;探讨稳定边界层控制参量、特征尺度及作用。引入经典 Monin-Obukhov 相似性理论外的影响稳定边界层的其他控制参量,修正相似性关系,探讨准确获取稳定边界层和弱湍流情形下物质通量的方法;改进静稳边界层参数化方案。

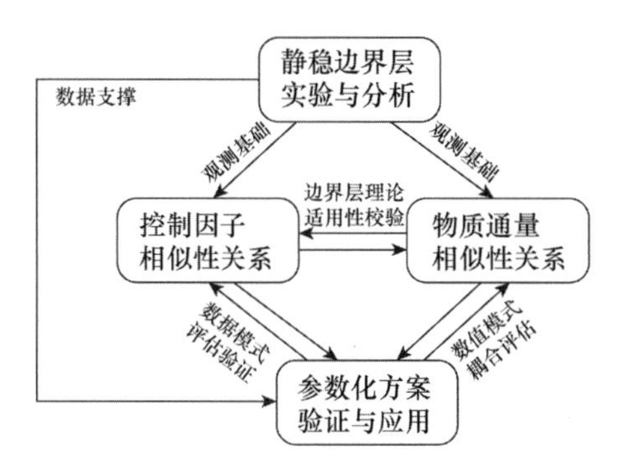

图 1.1　静稳型污染事件大气边界层机理研究技术路线

1.4　主要进展与成果

1.4.1　重污染事件的大气边界层与大气环境综合实验

1. 平坦地形小风条件下大气边界层和污染物扩散实验

2016 年,在河北沧州地区开展大气边界层结构和污染物扩散加强实验观测,内容有:(1) 2016 年 1—10 月大气湍流观测,获取塔层 30 m 和 100 m 两个高度风、温、湿和气压脉动的连续观测资料;(2) 2016 年 1—10 月风场加密观测资料,获取地面风场,分析沧州地区不同季节的大气流动与污染物输送规律的关系;(3) 2016 年 5—6 月大气边界层 GPS 加密探空观测和风廓线雷达观测资料,获取小风静风条件下大气边界层结构、垂直风场的时空演变规律;(4) 2016 年 5—6 月气态物质大气扩散试验资料,获取小风条件下污染物扩散规律和扩散参数。

2. 德州地区大气边界层加强观测实验

分别于 2017 年冬季、2018 年夏季和 2018 年冬季在山东德州平原县开展大气边界层 GPS 精细探空实验,获取风速、温度和湿度廓线资料。其中,2018 年冬季的大气边界层 GPS 探空实验增加了不同粒径颗粒物(PM_1、$PM_{2.5}$ 和 PM_{10})浓度廓线的探测资料,得到了高时空分辨不同粒径的颗粒物浓度的时空分布图。同步配套相应的风廓线雷达观测、近地面层大气湍流探测资料和辐射观测资料。

3. 保定及周边地区组网式大气边界层加强探空实验

2019年夏季，分别在坨南、保定、任丘三地，自西向东布设三个大气边界层GPS加密观测实验站，获取大气边界层风速、温度、湿度和颗粒物质量浓度（PM_1、$PM_{2.5}$、PM_{10}）廓线资料，以及同步的近地面层大气湍流和辐射资料。2019年冬季，自西向东布设四个大气边界层GPS加密观测实验站（坨南、保定、任丘、沧州），自南向北布设三个大气边界层GPS加密观测实验站（定州、保定、霸州），构成以保定为中心，东西方向和南北方向呈十字交叉的大气边界层风速、温度、湿度和颗粒物（PM_1、$PM_{2.5}$、PM_{10}）廓线组网式大气边界层观测网络；同步地，自西向东分别在坨南和任丘架设安装激光测风雷达系统，以及同步的近地面层大气湍流和辐射资料。本实验得到了高时空分辨的不同粒径的颗粒物时间-立体空间分布图。

4. 华北北部地区水热和颗粒物湍流输送实验

依托天津255 m气象塔及现有观测系统，根据研究和仪器研发进展，前后分别在80 m和160 m高度增加超声风温仪、水汽/CO_2分析仪、气压脉动仪、细颗粒物湍流通量等探测设备或装置，获取不同高度的风速、温度、湿度、气压和细颗粒物浓度的湍流脉动资料，探究污染过程城市地区湍流通量特征和输送规律。

作为对比研究和研制仪器测试，在北京大学大气科学与大气环境实验场和北京郊区开展近地层大气湍流和污染物观测实验，获取污染过程城市和郊区大气湍流特征及颗粒物通量。

依托北京大学的通辽大气环境与大气气溶胶监测站，增加气压脉动仪传感器和细颗粒物通量测量系统，获取风速、温度、湿度、气压和细颗粒物脉动及湍流通量资料。关注华北地区重污染过程，对比华北北部和南部地区大气湍流输送特征的异同。

1.4.2 污染过程与湍流运动和湍流结构

1. 重霾污染过程的湍流运动规律

针对2016年12月至2017年1月京津冀地区发生的长持续时间的重霾污染天气过程，对比污染和清洁天气条件湍流运动规律、区分污染过程不同阶段，给出湍流结构和输送特征、大气边界层廓线规律、颗粒物浓度演变关系。

清洁天气条件下的湍流动能数值较大并呈现明显的日变化规律，重霾污染期间的数值较小且日变化规律不明显；三方向风速归一化标准差随稳定度参数z/L均呈1/3幂次关系（图1.2），重污染期间的近中性数值小于清洁天气；清洁天气时，三方向风速湍流能谱曲线在低频段随稳定度参数依次分布，而污染天气与大气层结状况无关；重霾污染消散过程，较高高度的风速首先增大，逐步向低高度传递，动量下传；垂直方向存在的较强的上升运动和较强的湍流输送是重霾污染消散阶段的重要动力因素。污染累计阶段，湍流动能和摩擦速度持续减小，垂直风速涨落和热量垂直输送弱；污染传输阶段，湍流垂直输送略有增强，污染物输入明显，污染加重；污染消散阶段，湍流动能、摩擦速度和垂直速度脉动明显增大，且多伴随湍流动能迅速增大。

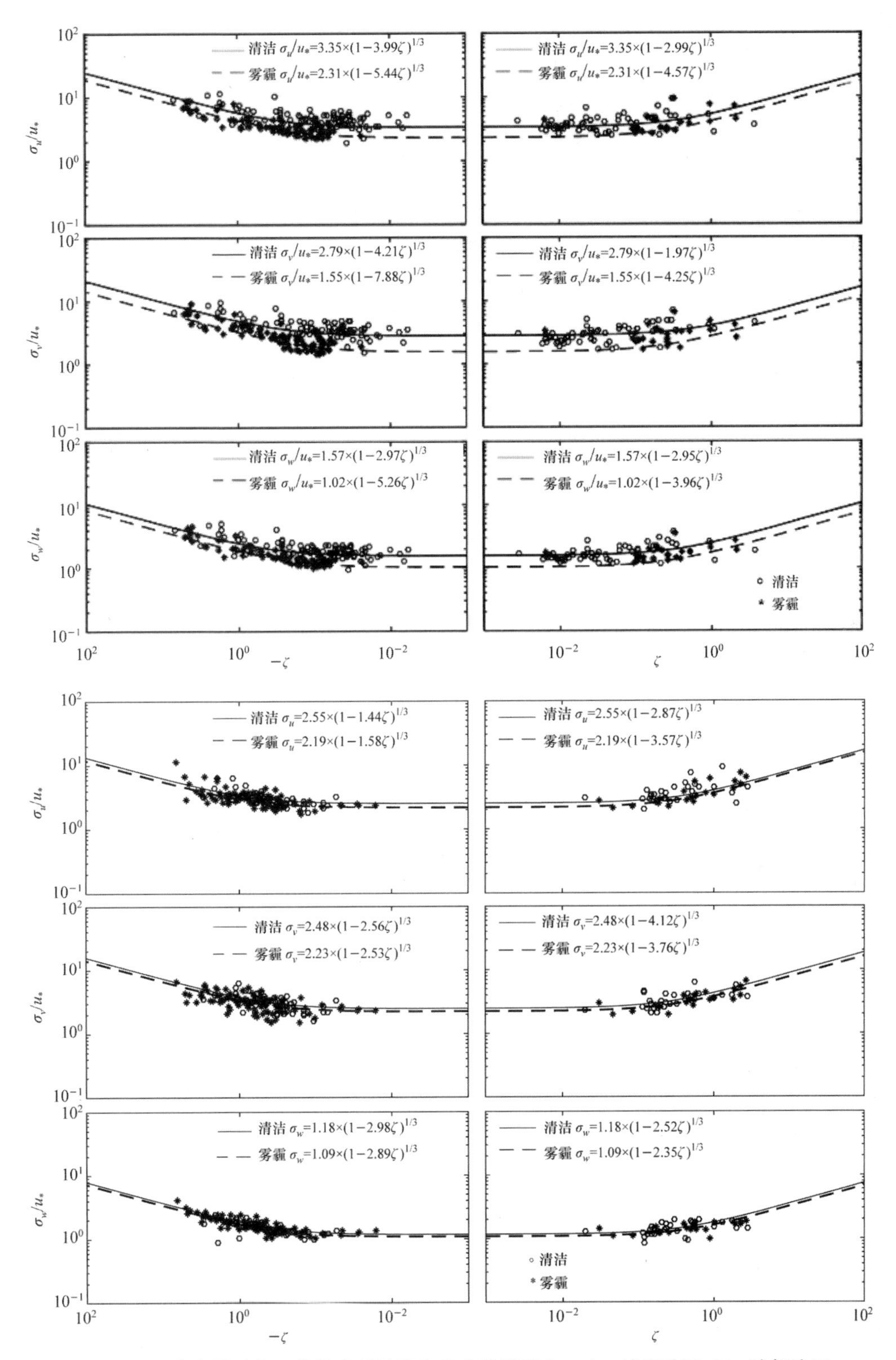

图 1.2　三方向风速归一化标准差随稳定度参数的变化。上：城市地区；下：城郊地区

同时发现污染的形成与湍流动能、摩擦速度和垂直速度脉动的大小有关。污染发生前，湍流动能和摩擦速度持续减小；污染发生，摩擦速度小于 0.4 m s^{-1}；污染消散阶段，湍流动能、摩擦速度和垂直速度脉动明显增大；污染消散，多伴随着湍流动能迅速增大，垂直速度脉动增强。污染传输阶段，风向以西南风和东南风为主，相对湿度较大，湍流垂直输送略有增强，伴随区域外的污染物输入，污染加重。污染累积阶段，热量垂直输送能力更弱，垂直脉动弱，平均风速小，水汽含量低，本地污染物的堆积应是污染持续增长的主要原因之一。另外，天津地区污染物浓度与风速呈负相关，污染期间风切变较小；湿度与污染物浓度呈正相关，相对湿度持续高于 80%与重度污染发生和维持相关联；污染发生的主要风向为西南风与东南风；高温会增强污染物的气粒转化过程，污染累积加重；低气压的出现对污染过程有明显影响。冬季污染过程气象要素变化过程为：污染发生前，风速迅速减小，相对湿度明显增大，温度梯度呈现逆温，有利于颗粒物的吸湿增长，不利于物质传输；污染形成阶段，风速呈现低风速状态，大气湿度几乎处于饱和状态；污染消散时，风速迅速增大，并多伴随着温度和湿度的下降。

2. 稳定边界层与湍流间歇性

重污染天气过程大气层结多呈现稳定或近中性，发生频繁的湍流间歇对地-气间水、热和物质湍流输送有较大影响。本研究将 HHT 技术引入稳定边界层研究，利用华北北部地区大气科学与大气环境综合实验站观测资料，配合 CASES-99 稳定边界层观测资料，给出不稳定层结和稳定层结条件下湍流运动和湍流间歇性的异同。结果表明：白天，近地面层湍流运动充分发展，三维希尔伯特谱在时域和频域上均表现出能量均匀分布的特征；夜间，近地面层湍流运动呈现明显的间歇性。固有模态函数（IMFs）的联合概率密度的振幅$As(\omega)$和最大概率 $P_{max}(\omega)$的幂指数均在理论值附近上下波动[$As(\omega)$为 1/3，$P_{max}(\omega)$为2/3]，稳定层结的振幅的变化范围较宽、不稳定层结的振幅呈窄带分布。不稳定层结条件下 A_0 的分布较为分散，稳定层结条件下较为集中，与经典结论相一致；二阶希尔伯特谱与傅立叶能谱在惯性副区的斜率比约为 1∶1，稳定层结大气具有更强的湍流间歇性。

CASES-99 湍流数据分析发现：不同大气层结的固有模式函数特征及特征尺度存在差异；二阶希尔伯特边缘谱清晰地显示小尺度湍流运动与大尺度运动之间的分离；去除大尺度非湍流运动，重构信号的统计规律证实了不同大气层结下小尺度湍流运动的差异。强稳定层结的小尺度运动包含了更多的弱湍流能量，小尺度和大尺度湍流间的谱隙更明显。夜间重构信号的湍流间歇性峰度数值增大，表明小尺度湍流间歇性出现概率低，更满足 Monin-Obukhov 相似性关系，湍流通量受湍流间歇性的影响；强稳定条件下，大气边界层倒置（upside-down）结构及极小的湍流通量，配合中尺度运动较大的影响，动量和热量可能存在反梯度输送。

3. 重霾污染过程中湍流间歇性特征

冬季频繁出现的稳定层结为重污染事件提供了有利的气象条件，污染天气多表现为持续的小静风和较高的湿度条件，重污染过程的大气湍流运动为弱湍流运动，湍流间隙发生频繁。

基于任意阶 HHT，本研究提出了从不同角度反映湍流和非湍流能量特征的量化表述湍流间歇性的湍流间歇指数 IF、LIST（Local Intermittency Strength of Turbulence）和 IS（Intermittency Strength）：

$$\mathrm{IF} = \xi(q_{max}) - 1 - q_{max}/3 \tag{1.1}$$

$$\mathrm{LIST} = \frac{V_{\mathrm{turb}}}{\sqrt{V_{\mathrm{smeso}}^2 + V_{\mathrm{turb}}^2}} \tag{1.2}$$

$$\mathrm{IS} = \frac{V_{\mathrm{smeso}}}{V_{\mathrm{turb}}} \tag{1.3}$$

$$\Delta\mathrm{IS} = \mathrm{IS} - \mathrm{IS}_{\mathrm{clear}} \tag{1.4}$$

其中，$\xi(q_{\max})$为标度指数函数，$V_{\mathrm{smeso}} = \sqrt{u_{\mathrm{smeso}}'^2 + v_{\mathrm{smeso}}'^2 + w_{\mathrm{smeso}}'^2}$为次中尺度速度尺度，$V_{\mathrm{turb}} = \sqrt{u_{\mathrm{turb}}'^2 + v_{\mathrm{turb}}'^2 + w_{\mathrm{turb}}'^2}$为湍流速度尺度，$\mathrm{IS}_{\mathrm{clear}}$为污染过程发生前 24 h IS 的平均值。

考虑夜间稳定边界层高层不存在次天气尺度运动的情况：在晴空小风的夜晚，强烈的地面辐射冷却导致近地面层结加强，湍流受抑制使得垂直热通量交换减弱；热量交换的减少导致地表冷却的进一步加强。在这种正反馈机制下，无法中断已存在的稳定层结状态，最终会导致近地面高度上湍流消失。如果高层存在低空急流或者重力波等次天气尺度非湍流运动，则会打破这种正反馈循环(图 1.3)。这一循环过程导致了湍流的间歇性及近地面层风速和气温的波动，而且在强稳定层结条件下，间歇性湍流输送是夜间垂直湍流通量的主要来源。但这种间歇性湍流不满足 Monin-Obukhov 相似性理论成立条件，这是因为在间歇性湍流条件下，通量主要由突发性的短时湍流产生，而廓线则代表了更长时间的信号，所以平均廓线与湍流通量之间不满足经典的湍流通量-廓线关系。从上述反馈过程可以看出，间歇性湍流发生需要两个必要条件：(1) 晴空且背景气压场很弱；(2) 在高层存在次天气尺度非湍流运动。如果背景风场很强(且/或有云)，湍流间歇指数会维持在一个很小的数值上，下垫面与大气之间的耦合关系无法被打破，近地面层的湍流为连续存在的。如果在高层不存在次天气尺度非湍流运动(如低空急流、重力波等)，就没有湍流下传，也就无法中断上文提到的正反馈循环，湍流会一直处于抑制状态。

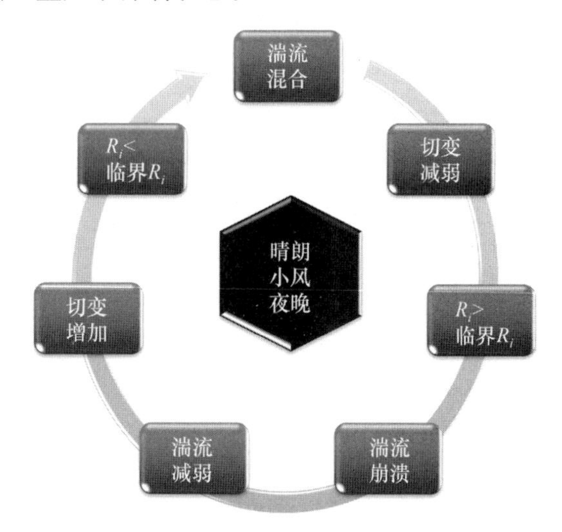

图 1.3　全局间歇性反馈过程示意图

间歇性湍流也可以发生在倾斜地形(或谷地)上的流泄风条件下。流泄风能显著增强切变不稳定性和湍流混合，进而增强浮力作用、削弱流泄风的动力作用；流泄风减弱会导致湍流减弱、地表空气冷却，从而增强流泄风。不论数值为多少，即便是很微弱的斜坡地形都可以间歇性地产生流泄风，进而在近地面高度上产生湍流。在强稳定层结情况下，下垫面任何一点微弱的非均匀性都可以在边界层内产生不稳定进而产生湍流。

2016—2017 年冬季重污染过程显示：经过多日的污染物累积，在强逆温、小静风和高湿共同作用下，近地层 $PM_{2.5}$ 浓度达到最大值。随后，伴随湍流间歇的快速发展，污染物浓度在数小时内急剧下降（图 1.4）。其中，污染累积阶段，强稳定层结条件的抑制作用导致弱湍流运动。结合湍流间歇指数 IF，参考臭氧浓度变化，证实了重污染消散过程存在较强的湍流间歇性，$PM_{2.5}$ 浓度快速下降与间歇性湍流和垂直混合同时发生，说明间歇性湍流和垂直输送是 $PM_{2.5}$ 浓度骤降和空气质量改善的原因之一。从小尺度湍流运动角度，图 1.5 给出间歇性湍流对 $PM_{2.5}$ 消散过程的作用机理和扩散机制。污染消散阶段，湍流运动存在强间歇性，湍流间歇的发生和强度与间歇出现的高度有关，湍流间歇发生的时间随着高度的升高而提前，强度与高度呈正相关，说明了湍流间歇先发生在较高高度，然后输送到地面。风廓线垂直结构证实了低空急流可能是湍流间歇的能量来源，对湍流间歇的产生起着关键作用，即高层的低空急流导致湍流间歇变化增强，能量的向下输送增强了地面 $PM_{2.5}$ 的垂向输运，改善了空气质量（图 1.6）。相应的风切变在垂直方向的变化以及湍流动能的垂直输送都验证了湍流能量在垂直方向的改变，即间歇性湍流对颗粒物的垂直输送和改善空气质量有积极作用。

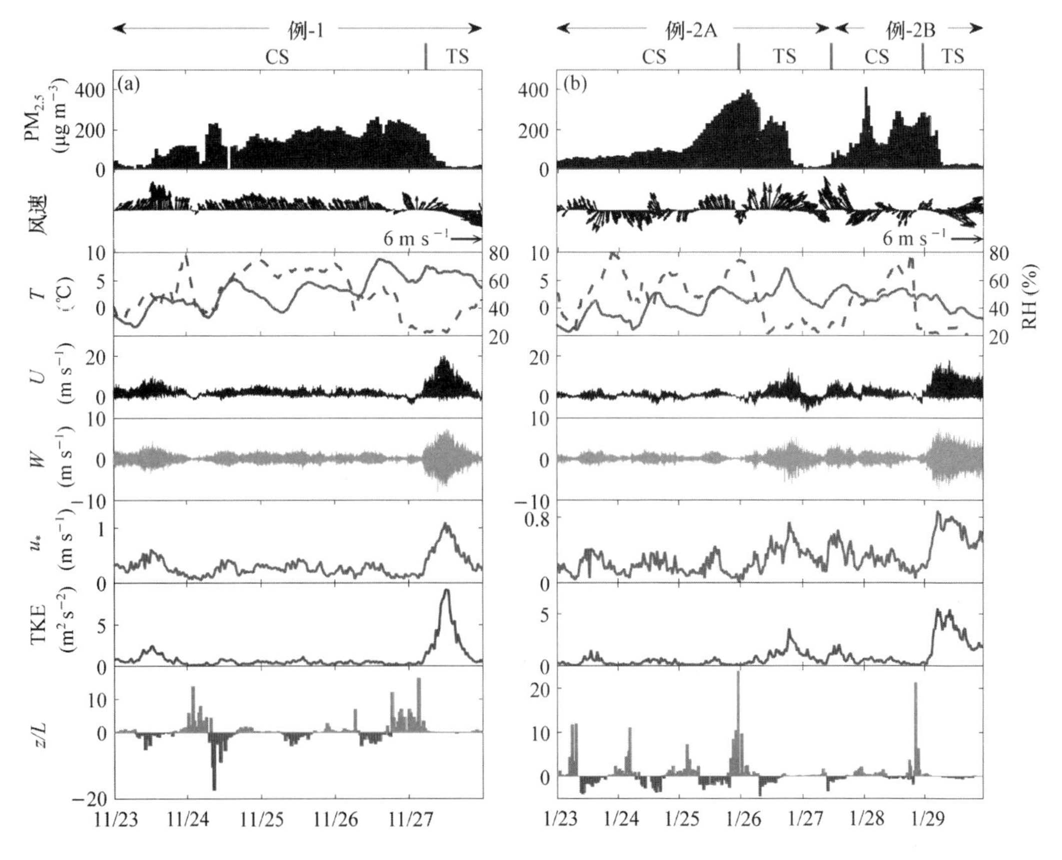

图 1.4 2016 年 11 月 23 日—2017 年 1 月 29 日两个污染个例的 $PM_{2.5}$ 浓度、风速、温度、摩擦速度、湍流动能和稳定度参数的时间序列

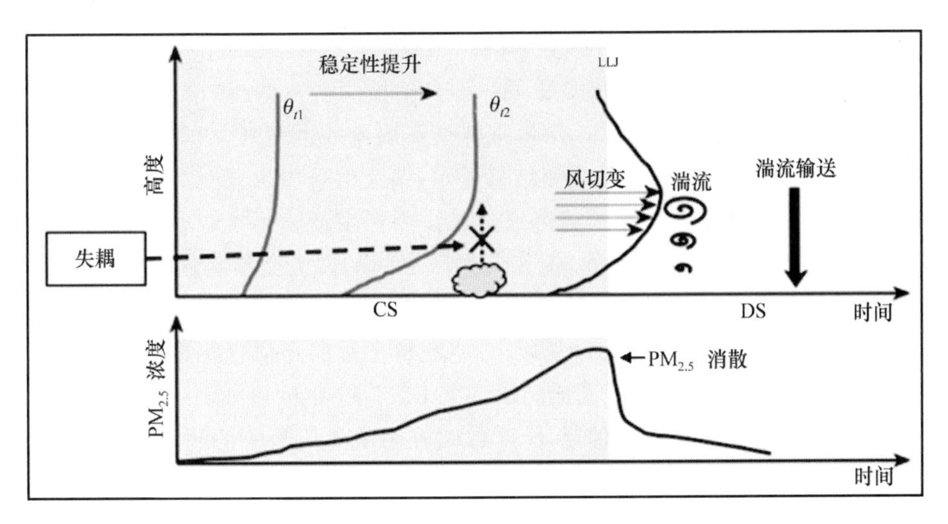

图 1.5　间歇性湍流对 $PM_{2.5}$ 消散的影响机制示意图(阴影部分为污染累积时段)

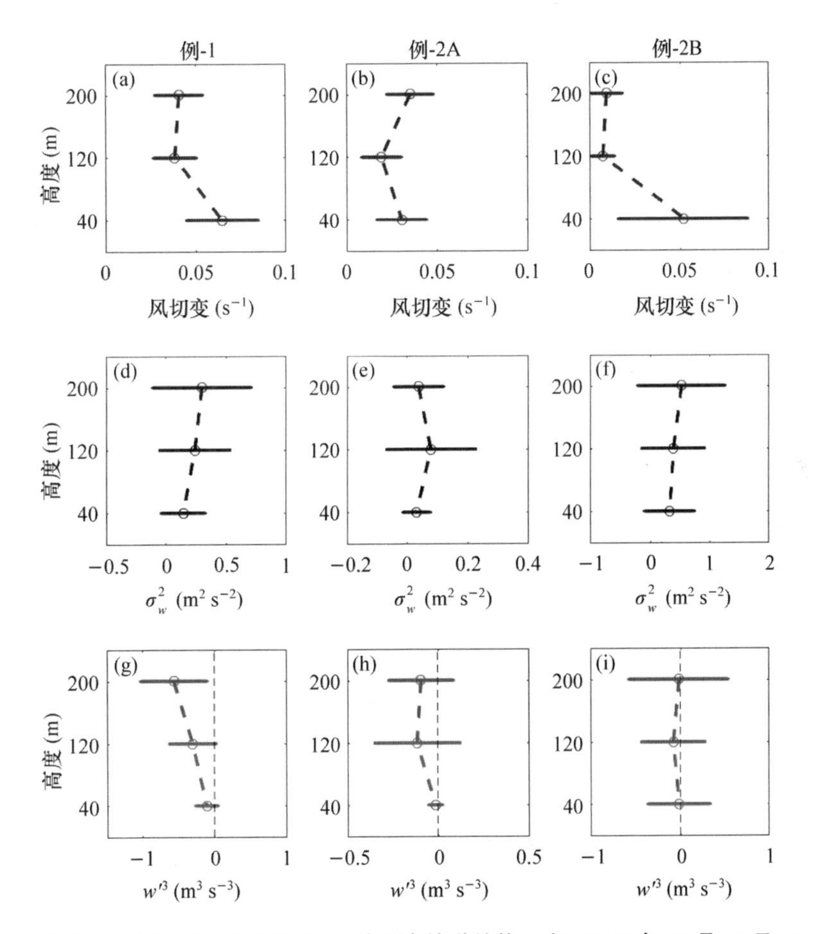

图 1.6　风切变、垂直速度的方差、TKE 的垂直输送结构。左：2016 年 12 月 27 日 00:00～00:06；中：2017 年 1 月 26 日 00:00～00:06；右：2017 年 1 月 29 日 00:00～00:06

4. 湍流谱隙自动识别技术和湍流输送能力高估

基于 HHT 技术，本研究提出和发展了一种自动检测湍流数据“谱隙”和重构湍流数据的算法，通过寻找原始湍流数据中的谱隙，重构真实湍流数据序列，获取重污染事件及过程的真实湍流通量。2016 年冬季实验观测结果显示，湍流信息中出现“谱隙”的部分占比约为 30%，表明传统的涡动相关法计算的湍流通量被次中尺度运动干扰频繁。重构前后的湍流通量结果的对比发现：重霾污染期间，地表与大气之间的湍流交换普遍存在高估，如图 1.7 给出了风速、温度和水汽标准差的高估，图 1.8 为湍流通量的高估。污染过程累积阶段的高估程度最显著，输送阶段次之，消散阶段最小；湍流特征量的高估直接导致空气质量预报模式对污染物浓度预报结果的低估。湍流间歇强度 LIST 越接近 1，则表示采集信号中的湍流成分越多，间歇强度越弱；LIST 数值越小于 1，则表明采集信号中的湍流信号越少，湍流强度越弱，次中尺度运动更强，间歇强度越强。污染时段 LIST 数值的变化趋势表明，污染越严重，LIST 越小，间歇性越强；当污染越弱，LIST 越大，间歇性越弱。重构数据的湍流特征参量随稳定度参数关系更接近经典的统计结果。

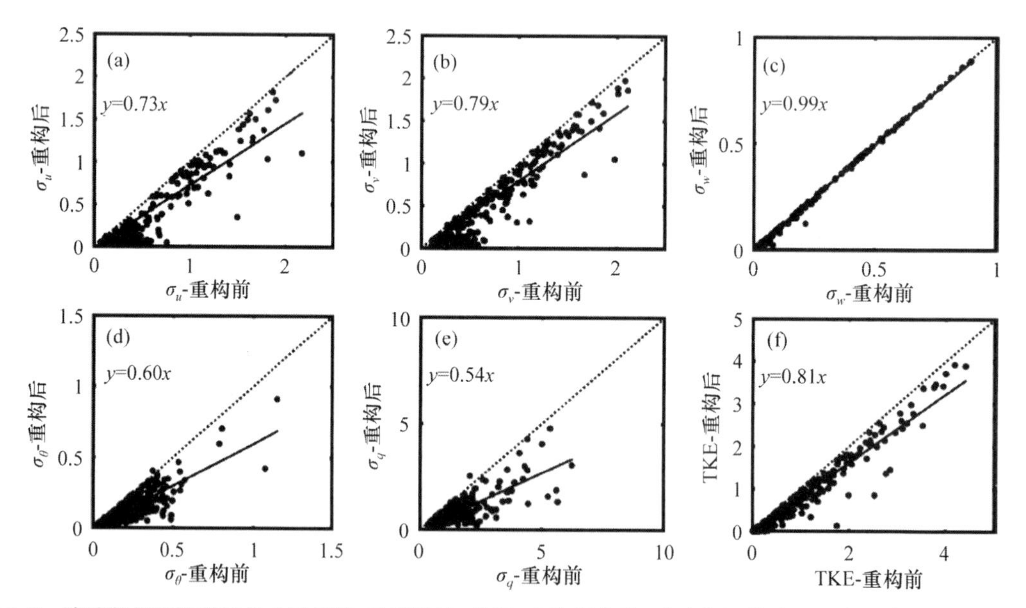

图 1.7 湍流数据重构前后的水平风速、垂直风速、位温、水汽混合比、脉动值标准差以及湍流动能 TKE 的对比

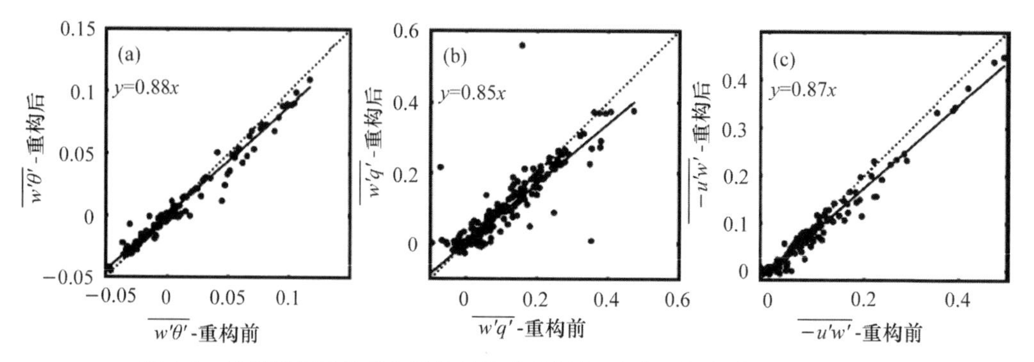

图 1.8 湍流数据重构前和重构后的感热通量、水汽通量和动量通量的对比

5. 湍流间歇特征与轻、重污染过程

选取天气背景相近的北京和天津地区，对比分析了 2017 年 11 月 3—7 日轻污染过程(Light Pollution Episode，LPE)和 2016 年 12 月 15—23 日重污染过程(Heavy Pollution Episode，HPE)。结果显示：HPE 期间的湍流动力效应和热力效应均被抑制，抑制程度显著大于 LPE；LPE 中 σ_u、TKE 和 u_* 等湍流统计参量数值均大于 HPE，意味着 LPE 中的湍流脉动和湍流能量更强。考虑大气运动的复杂性，采用突出反映次尺度运动湍流间歇指数 IS 的变化量 $\Delta IS = IS - IS_{clear}$ 表征一次污染过程中湍流间歇性的变化。结合 LPE 中 80% 的时段内 $\Delta IS < 0.1$，$PM_{2.5}$ 浓度达到最大时对应的最大 $\Delta IS_{max} = 0.3$；HPE 中 60% 的时段内 $\Delta IS > 0.1$，$PM_{2.5}$ 浓度达到最大时对应的最大 $\Delta IS_{max} = 0.6$，表明 HPE 的湍流间歇性强度大于 LPE。据此，可把临界值 $\Delta IS = 0.1$ 视为区分轻污染和重污染过程的大气湍流湍流间歇性的指标(图 1.9 和图 1.10)。

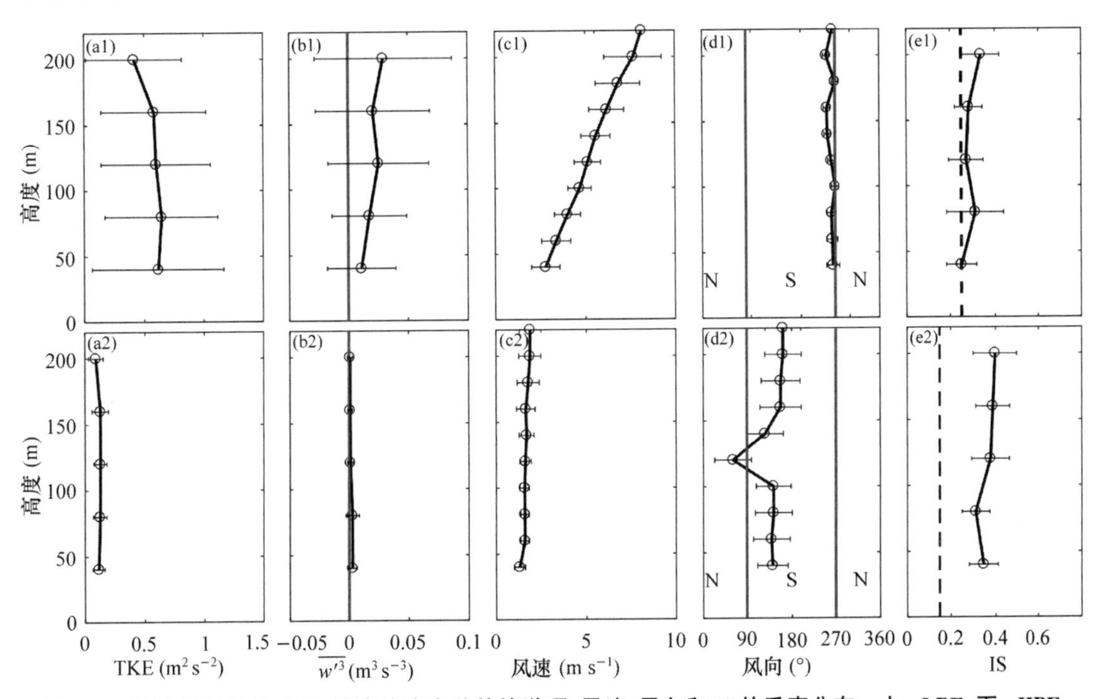

图 1.9　污染累积阶段 TKE、垂直速度方差的输送项、风速、风向和 IS 的垂直分布。上：LPE；下：HPE

6. 湍流间歇性与城市化

城市群地区重污染过程的湍流特征受到下垫面的复杂性和稳定边界层湍流间歇两方面的制约。对比城市和郊区污染过程湍流运动和大气环境特征，发现在相同的污染源排放和天气背景条件下，城市地区 LIST 数值大于郊区，意味着具有复杂下垫面特征的城市地区的间歇性弱于平坦地形的郊区地区，城镇化似乎减少了湍流间歇性，相应降低了污染事件中湍流交换的减弱程度。污染发生时，城市和郊区的感热通量、潜热通量、动量通量和湍流动能均受到影响。地表和大气之间的物质和能量交换受到抑制。此外，污染过程对郊区的影响远远大于城市地区。在相同的天气和污染源条件下，城市化似乎有助于减少污染的影响，因为湍流间歇性较弱，城市下垫面的湍流交换的降低较小。

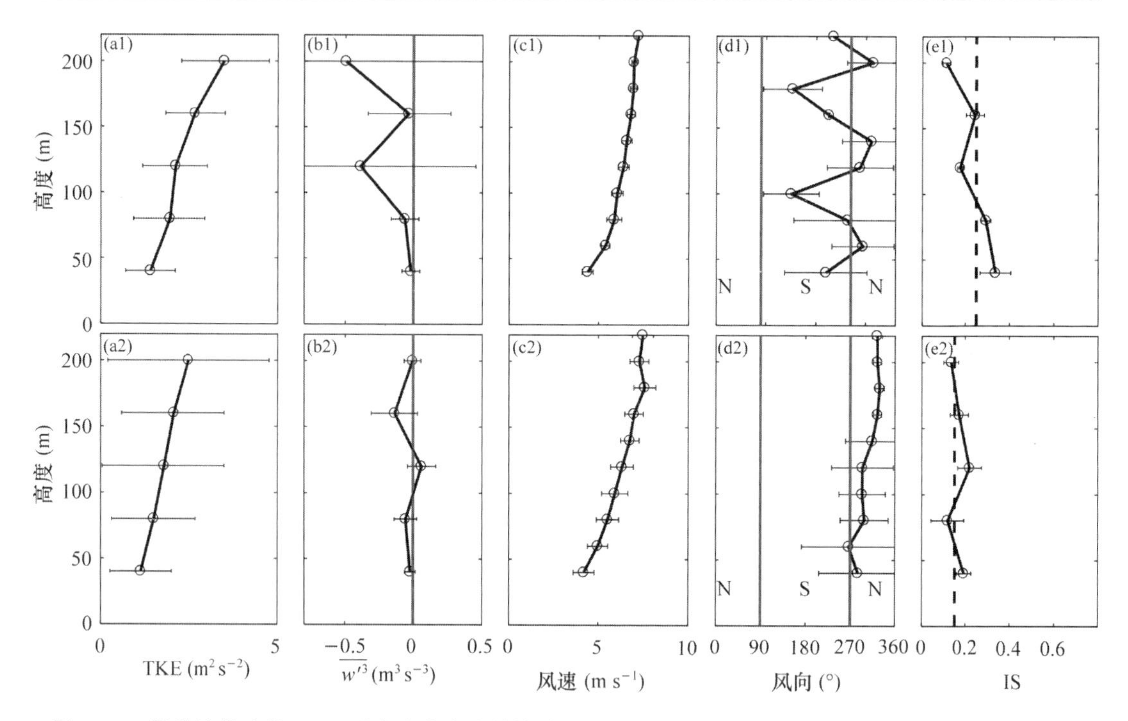

图 1.10 污染消散阶段 TKE、垂直速度方差的输送项、风速、风向和 IS 的垂直分布。上：LPE；下：HPE

7. 重污染过程与湍流隔板效应机制

轻污染过程和重污染过程的湍流动能及垂直分布、湍流输送特征、湍流间歇性强度及空间分布均有不同。2016 年冬季重污染过程分析表明，污染过程不同发展阶段的湍流间歇特征以及对污染物扩散和输送的影响有不同。静稳天气条件下，大气多呈现近中性或稳定层结，层流和湍流运动转换频繁，湍流间歇频发，空间分布也呈现一定的特殊性。湍流间歇的存在导致污染物垂直输送有一定的特殊性，在空间上出现多层间歇，导致污染物垂直交换的不连续和"局地"性。为此，本研究提出了重霾事件中湍流作用的"隔板"效应，并发现所谓的"隔板"经常表现为"有一定厚度、有一定透过率"的"多层湍流隔板效应"。具体的，污染输送阶段，污染远距离输送，湍流交换强，湍流隔板效应表现不明显；污染累积阶段，同时也是湍流隔板的发展阶段，此阶段风速逐渐减小，湍流间歇性逐渐增加，湍流间歇强度增强（LIST 持续小于 1，ΔIS 持续大于 0.1），导致近地面层湍流交换能力急剧下降，甚至消失，近地面层发生湍流失耦。湍流间歇的存在意味着低层大气湍流运动和非湍流运动交替出现，湍流隔板效应产生。所谓的湍流隔板并非一成不变完全阻隔湍流交换的固定隔板。考虑湍流间歇性导致湍流隔板效应对湍流交换的阻隔有一定的效率，如图 1.11 和图 1.12 中的 S1 阶段，由于湍流间歇性的不断增强，湍流隔板阻隔效率增加。当 ΔIS 远大于 0.1 时，湍流隔板阻隔效率更强。S2 阶段，由于湍流隔板效率减弱后又增强，120 m 高度和地面的污染物浓度先降低随后快速升高。S4 阶段伊始，湍流隔板在 40 m 和 200 m 高度处存在，但在 80～120 m 之间迅速减小，导致 120 m 处的污染物浓度降低至清洁程度。因多层隔板效应，近地面层污染物浓度略有降低，仍维持较高数值。S5 阶段，低层大气的湍流隔板再次发展，地面和120 m 处的污染物浓度再度升高，40～80 m 高度区间的湍流间歇指数 LIST 数值较大，污染物混合充分。12 月 21 日 08 时 120～160 m 高度区间湍流间歇增强，湍流隔板效应增加，120 m 高度处污染物浓度逐渐增加。S6 阶段，风速急剧增加，湍流隔板效率降至最低，甚至湍流隔板对垂直输送的阻隔作用消失，塔层范围内湍流运动与地面重新建立耦合，垂直交换旺盛，地表和 120 m 高度处的污染物均降至清洁水平。湍流隔板被从上到下打通，隔板效应消失。湍流隔板效应经过多次污染个例验证。

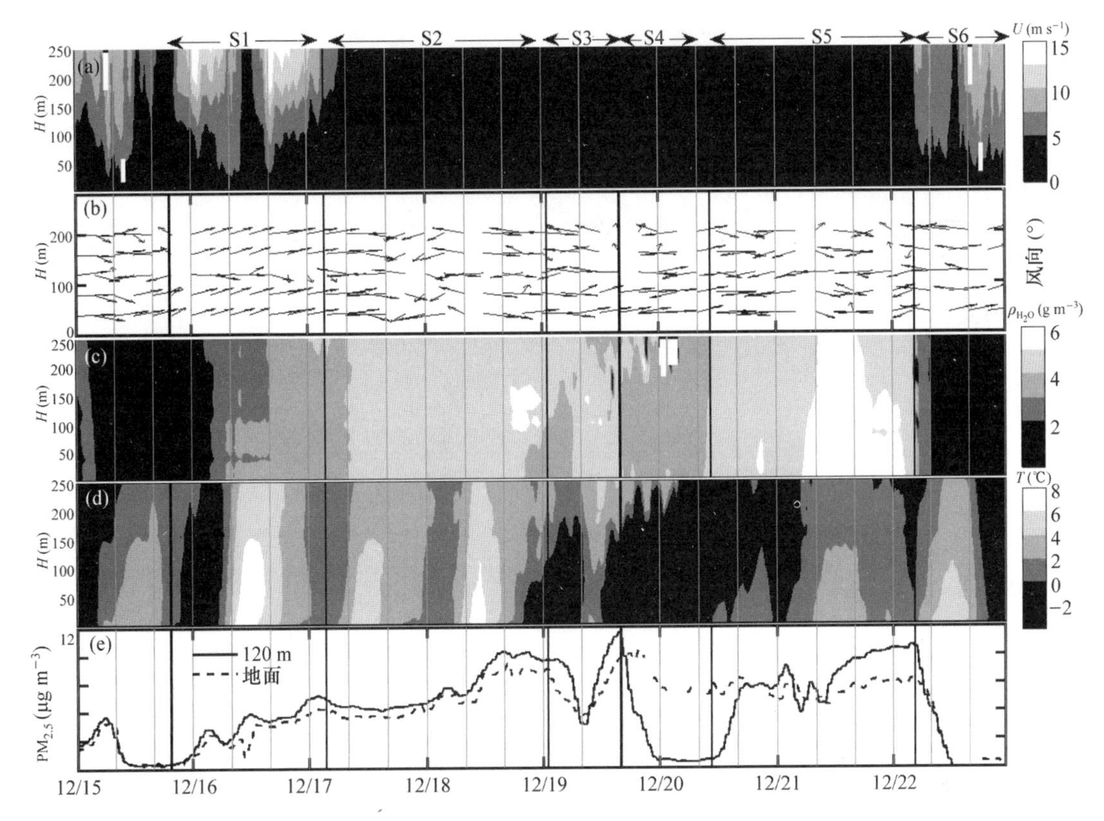

图 1.11　天津地区一次重霾事件污染不同阶段塔层不同高度气象要素时间序列。(a) 风速；(b) 风向；(c) 水汽密度；(d) 温度；(e) 地面和 120 m 高度 $PM_{2.5}$ 质量浓度

湍流隔板效应是指小静风时，湍流间歇频繁出现，强度逐渐增强，某些高度的湍流非常弱甚至消失，导致不同高度间失去湍流联系，物质输送就像被隔板挡住，无法像正常情况下进行湍流混合扩散。湍流隔板效应类似边界层顶盖对污染物垂直输送的“阻碍”作用和影响。

图 1.13 为污染过程湍流隔板效应的概念图。图中，两行分别展示了两种情况下的隔板效应造成的 $PM_{2.5}$ 浓度的垂直分布。第一行指的是地面源较小，高空输送较大的情形。第二行是更简单、更普适的地面源为主要污染源的情况。

对于两种情况，在理想的强湍流条件下，近地层中的物质是均匀混合的，如图中两行的第一列。长箭头表示湍流很强。但是在隔板效应出现时，两种情形下细颗粒物的垂直分布就有区别了。第一种情况里，由于高空的输送较多，地表的源排放较少，可以看到在隔板效应出现一段时间后，底层的细颗粒物总量略有增加，较高层的污染物增加较多，导致较高处的污染物浓度升高得更快，也更高。第二种情况中，由于隔板效应阻隔了污染物的输送，导致地面源排放增加的污染物全部聚集在非常窄的空间内，造成短时间的底层污染物浓度急剧增加，而较高层的污染物浓度略有增加（隔板并非一成不变完全阻隔的板，而湍流运动是不断变化的，在湍流间歇过程中会有非常短时间的湍流较强的情况出现，就导致较高层的污染物量可能略有增加），其浓度可能远小于底层。

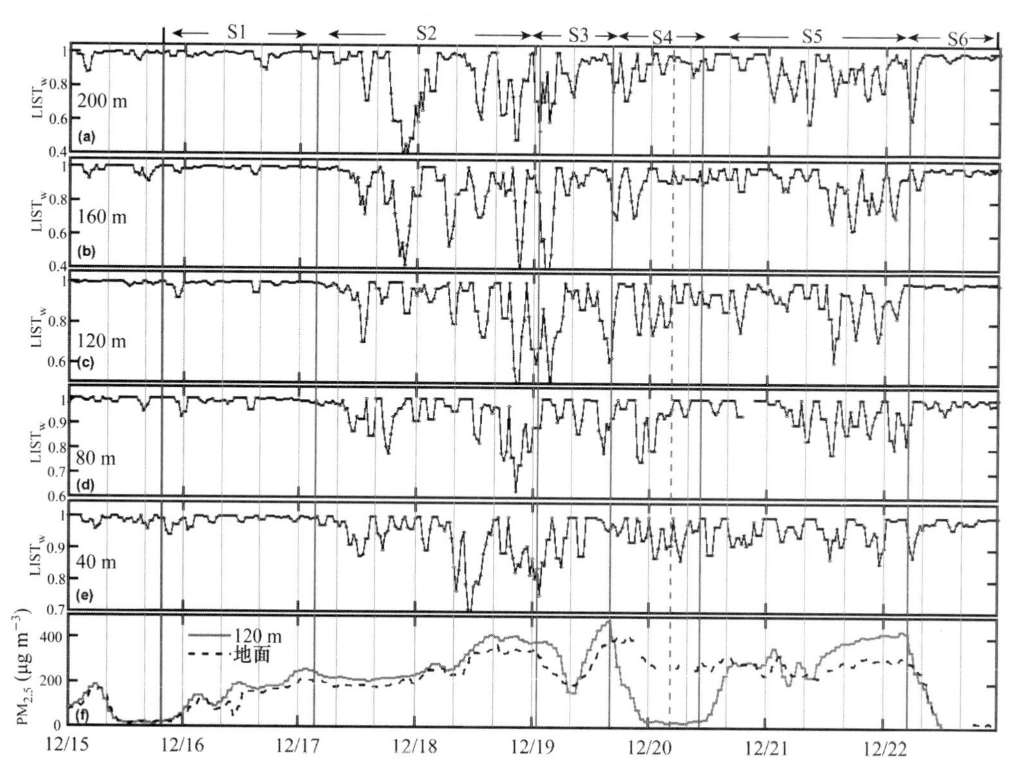

图 1.12　天津地区一次重霾事件污染不同阶段塔层不同高度 LIST 指数时间序列。(a) 200 m；(b) 160 m；(c) 120 m；(d) 80 m；(e) 40 m；(f) 地面和 120 m 高度 $PM_{2.5}$ 质量浓度

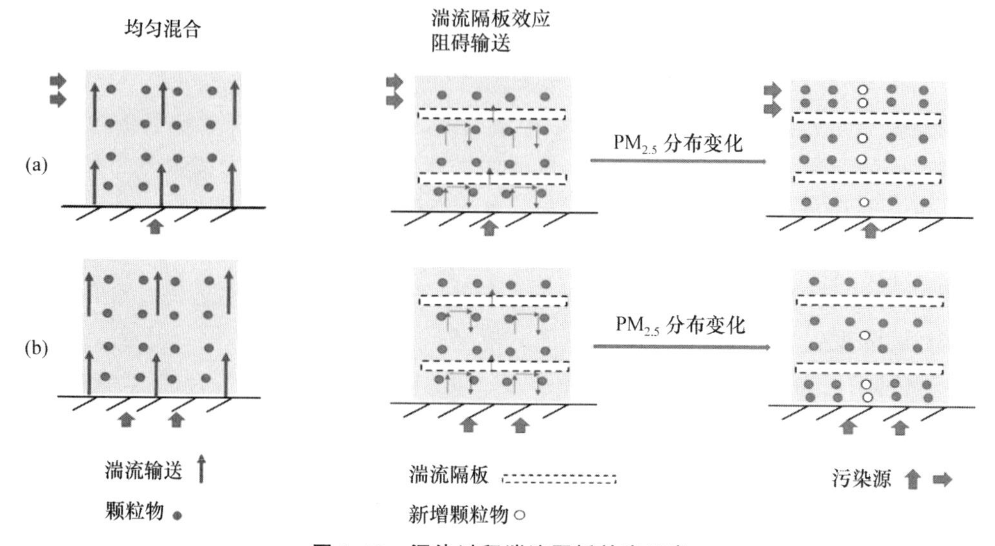

图 1.13　污染过程湍流隔板效应示意

实际上，虽然分了两种情况，但本质上湍流隔板效应是一样的，它的存在导致污染物原本的混合空间变窄，又由于源的影响，以及湍流间歇强度的不断变化，导致不同高度上的污染物浓度在不同的条件下产生不同的分布。我们所列举的第二种情况也可以为目前研究中PBLH（边界层高度）与细颗粒物浓度的不匹配做解释，比如观测到有些地面污染物浓度很重的情况，它的PBLH并不低，这有可能是在PBL某一层或某几层上出现了隔板效应（图1.14）。

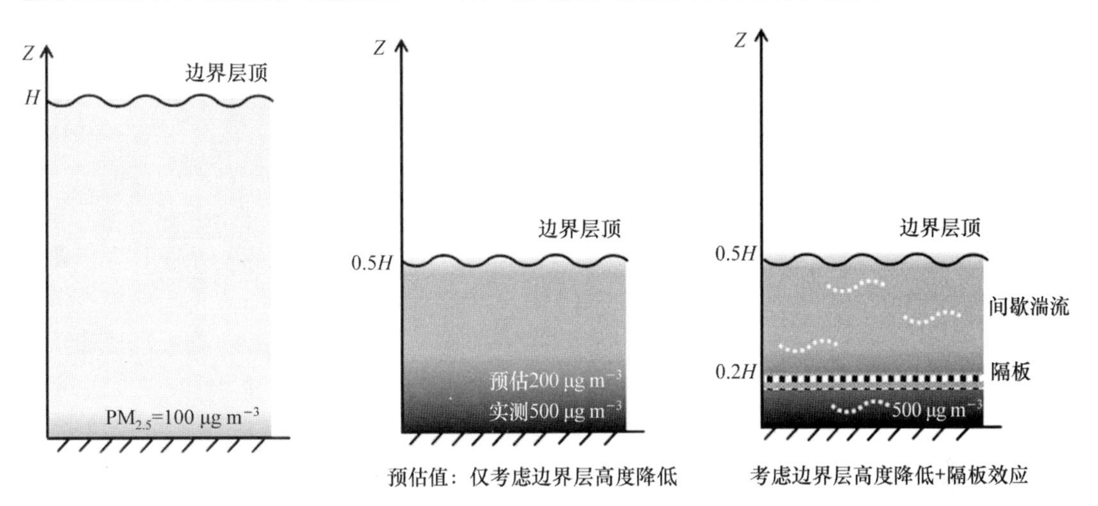

图1.14　污染过程湍流效应与隔板边界层的关系示意

1.4.3　Monin-Obukhov相似性理论应用拓展及颗粒物湍流输送参数化方案

1. 细颗粒物湍流通量测量装置

细颗粒物湍流通量的准确估算对污染源排放、空气质量预报模式有着重要影响。本文融合大气光学、大气湍流、大气气溶胶和电子信号处理技术，通过降噪和提高消光系数测量仪采样频率，获取细颗粒物质量浓度快速响应信号，同步配合超声风温仪、细颗粒物质量浓度监测，构成细颗粒物湍流通量测量装置。该装置具有操作简单，实施性强，可与现有水热通量观测系统配套，也可单独构成观测系统等特点。该装置观测数据处理技术成熟，解决了细颗粒物湍流输送通量的实验获取问题，为颗粒物输运和模式研究提供基础。细颗粒物湍流通量测量系统基本性能指标如下所示：

（1）量程

垂直风速：$\pm 8\ \mathrm{m\ s^{-1}}$；

细颗粒物浓度：$0\sim 2000\ \mu\mathrm{g\ m^{-3}}$。

（2）分辨率

垂直风速：$\pm 0.02\ \mathrm{m\ s^{-1}}$；

细颗粒物浓度：$\pm 1\ \mu\mathrm{g\ m^{-3}}$。

（3）频率响应

垂直风速：10 Hz；

细颗粒物浓度：1 Hz。

(4) 工作环境

工作温度：−20～40 ℃；

工作湿度：0～95%。

(5) 供电

电源供电：12 V，1.5 A。

(6) 数据传输模式

RS232 接口；

±5 V 模拟输出。

(7) 仪器外形设计

材质：具备良好的防护性、防震性、防雨性；

重量(传感器部分)：约 2 kg。

图 1.15 为 2019 年 2 月 20—25 日细颗粒物质量浓度、细颗粒物涨落、垂直风速涨落和细颗粒物湍流垂直通量的时间序列。

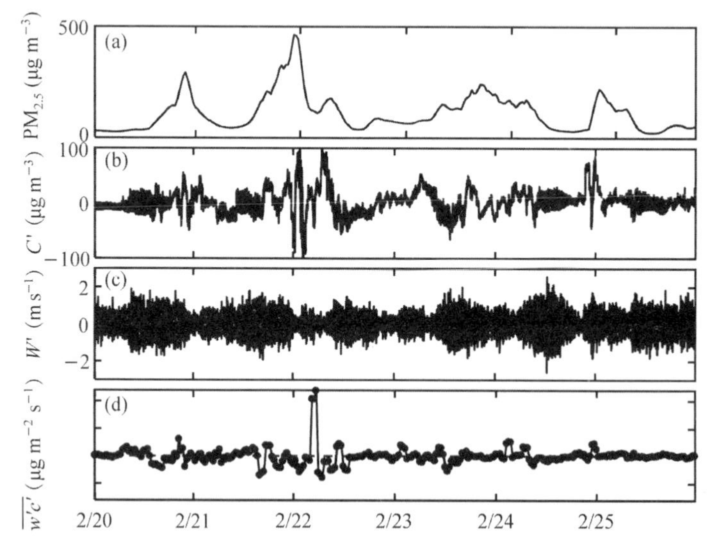

图 1.15　细颗粒物质量浓度的快速涨落以及湍流通量时间序列。(a) $PM_{2.5}$；(b) $PM_{2.5}$ 涨落；(c) 垂直风速涨落；(d) 细颗粒物湍流垂直通量

2. $PM_{2.5}$ 质量浓度的湍流积分特性

根据 Monin-Obukhov 相似性理论，任一湍流统计特征量通过适当的归一化，都可以表示为稳定度参数的函数形式。相对风速、温度、水汽和 CO_2 等要素，$PM_{2.5}$ 浓度脉动的研究较少。本文在细颗粒物湍流通量测量系统的基础上，结合高时空分辨塔层或 GPS 气象与颗粒物探空观测资料，发现细颗粒物质量浓度的湍流统计特征近似满足 Monin-Obukhov 相似性理论。与风速、温度类似，不稳定层结条件下，细颗粒物质量浓度的湍流归一化标准差与稳定度参数的关系呈现−1/3 幂次关系，图 1.16 给出了 $PM_{2.5}$ 质量浓度的归一化标准偏差(σ_c/C_*)随稳定度参数$(z-d)/L$的关系，可认为近似满足 Monin-Obukhov 相似性关系，即：

$$\sigma_c/C_* = 20.07 \times (-\zeta)^{-1/3} \tag{1.5}$$

式中，系数 20.07 大于水汽、温度等标量。

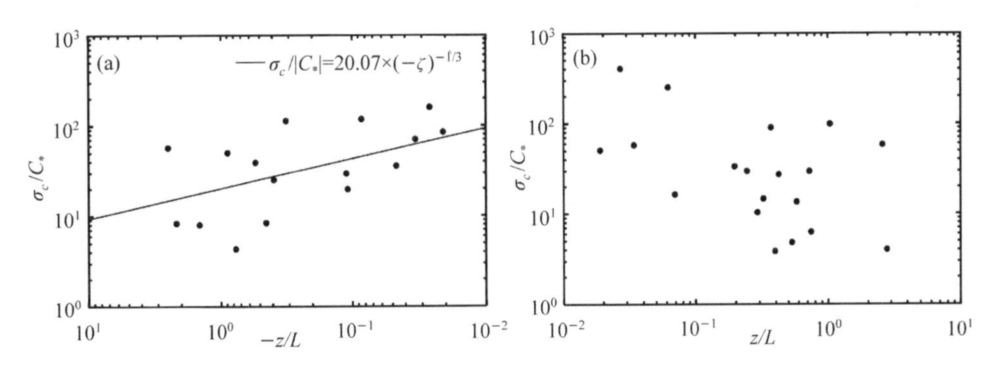

图 1.16　细颗粒物质量浓度归一化标准差随稳定度参数的关系

3. $PM_{2.5}$质量浓度的湍流能谱特征

人们普遍认为，在惯性副区，气象要素湍流功率谱遵循 Kolmogorov 形式，满足$-5/3$幂次律；湍流交叉谱满足$-7/3$的形式。图 1.17 显示了 2019 年 1 月 1 日到 4 日一次污染过程四个不同的阶段的湍流频谱特征。四个阶段分别代表了 $PM_{2.5}$ 的初始增加(Ⅰ)、$PM_{2.5}$ 的稳定状态(Ⅱ)、最严重污染期(Ⅲ)和消散期(Ⅳ)。可以看到，细颗粒物湍流频谱遵循 Kolmogorov 规律。在惯性副区，功率谱满足$-2/3$幂次关系，协谱$[nC(w'c')/\sigma_w\sigma_c]$有$-4/3$幂次关系。谱峰频率大约为 0.01 Hz(周期约 100 s)，能量集中在含能区(低频部分)，高频段的能量迅速下降。

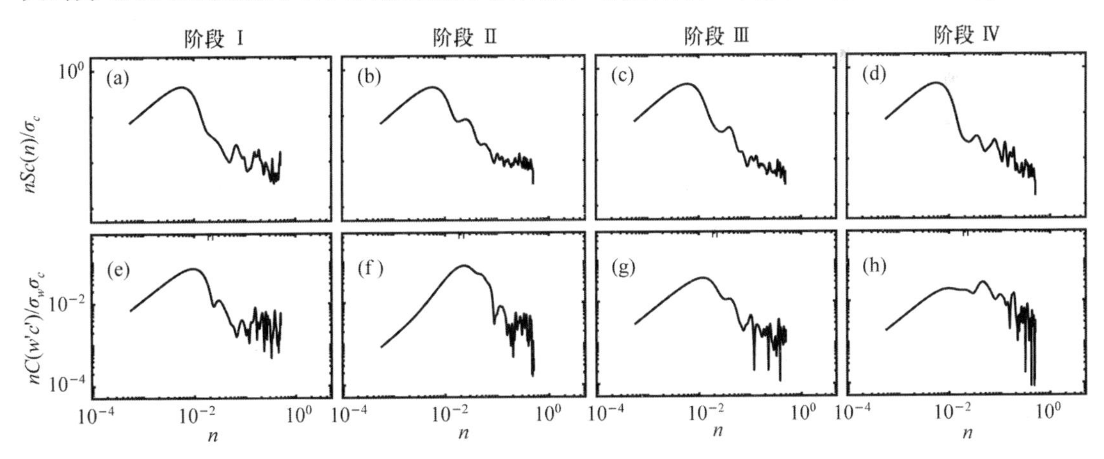

图 1.17　细颗粒物浓度归一化湍流功率(a～d)和协方差谱(e～h)。(a)和(e) 第一阶段；(b)和(f) 第二阶段；(c)和(g) 第三阶段；(d)和(h) 第四阶段

4. 细颗粒物质量浓度湍流通量的获取及通量-廓线关系

类似风速 $\varphi_m\left(\frac{z}{L}\right)$、温度 $\varphi_h\left(\frac{z}{L}\right)$、水汽标量 $\varphi_q\left(\frac{z}{L}\right)$及细颗粒物质量浓度的无因次函数

$\varphi_c\left(\frac{z}{L}\right)$有

$$\varphi_c\left(\frac{z}{L}\right)=\left(\frac{\kappa z}{C_*}\right)\frac{\partial\overline{C}}{\partial z}=\left(\frac{\kappa}{C_*}\right)\frac{\partial\overline{C}}{\partial \ln z}$$

式中,C_* 为细颗粒物浓度特征参量,$\overline{C}$ 为细颗粒物浓度。

图 1.18 给出德州实验的细颗粒物浓度无因次函数的拟合结果,有:

$$\varphi_c\left(\frac{z}{L}\right)=4.0\times\left(1-9.8\times\frac{z}{L}\right)^{-1/2}\quad(z/L<0)\tag{1.6}$$

$$\varphi_c\left(\frac{z}{L}\right)=4.0\times\left(1+1.2\times\frac{z}{L}\right)\quad(z/L>0)\tag{1.7}$$

由此,可以利用 Monin-Obukhov 相似性理论,结合细颗粒物浓度廓线,计算细颗粒物湍流通量。

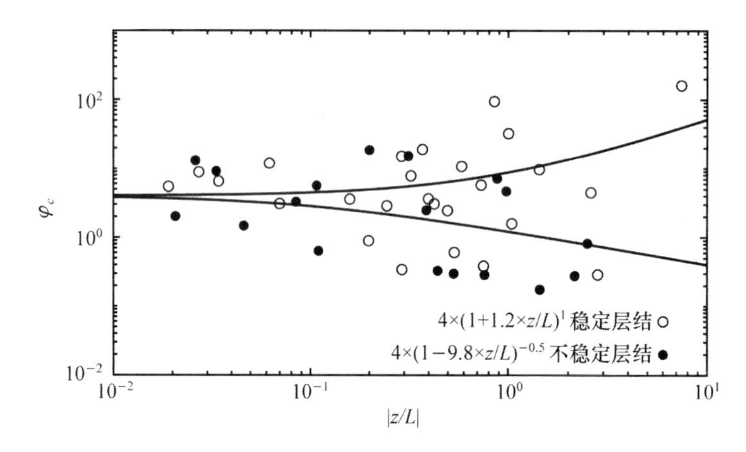

图 1.18　$PM_{2.5}$ 质量浓度普适函数与稳定度参数的关系

5. 气压快速响应与气压的相似性关系

气压快速响应测量仪的研制是正确理解压力脉动项在湍流能量输送过程中作用的重要基础。本文基于抑噪电子技术、防气流扰动设计,自制了气压快速响应测量仪,并在华北地区多个实验站、多高度进行测试和长期观测实验。气压快速响应测量仪的气压平均场探测结果和与标准气压仪一致,性能指标初步满足要求,说明了研制的气压快速响应测量仪的可靠性和可用性。气压快响应数据分析结果显示:(1) 白天存在较强的气压随时间有间歇振荡结构,周期约数分钟,夜晚没有发现此现象。同步的风速和温度的快速涨落信息也没有发现此现象,显示了气压脉动的特殊性(见图 1.19)。(2) 气压脉动功率谱的惯性区斜率约为 -1,与风速、温度等呈现 $-2/3$ 有不同,峰值频率更趋低频,谱隙频率亦趋低频(见图1.20)。(3) 原始气压涨落不严格遵从 Monin-Obukhov 相似性关系,对气压快速涨落信息进行经验模态分解(Empirical Mode Decomposition,EMD),分解后的序列显示气压具有湍流特征。去除非湍流运动信息并进行数据重构,气压脉动标准差与水平纵向风速呈近似指数的单调上升关系;归一化的气压标准差和“气压通量”与稳定度参数的关系反映出气压脉动具有近地层相似性特征;气压的希尔伯特边际谱在“惯性区”呈 -1 幂次关系。

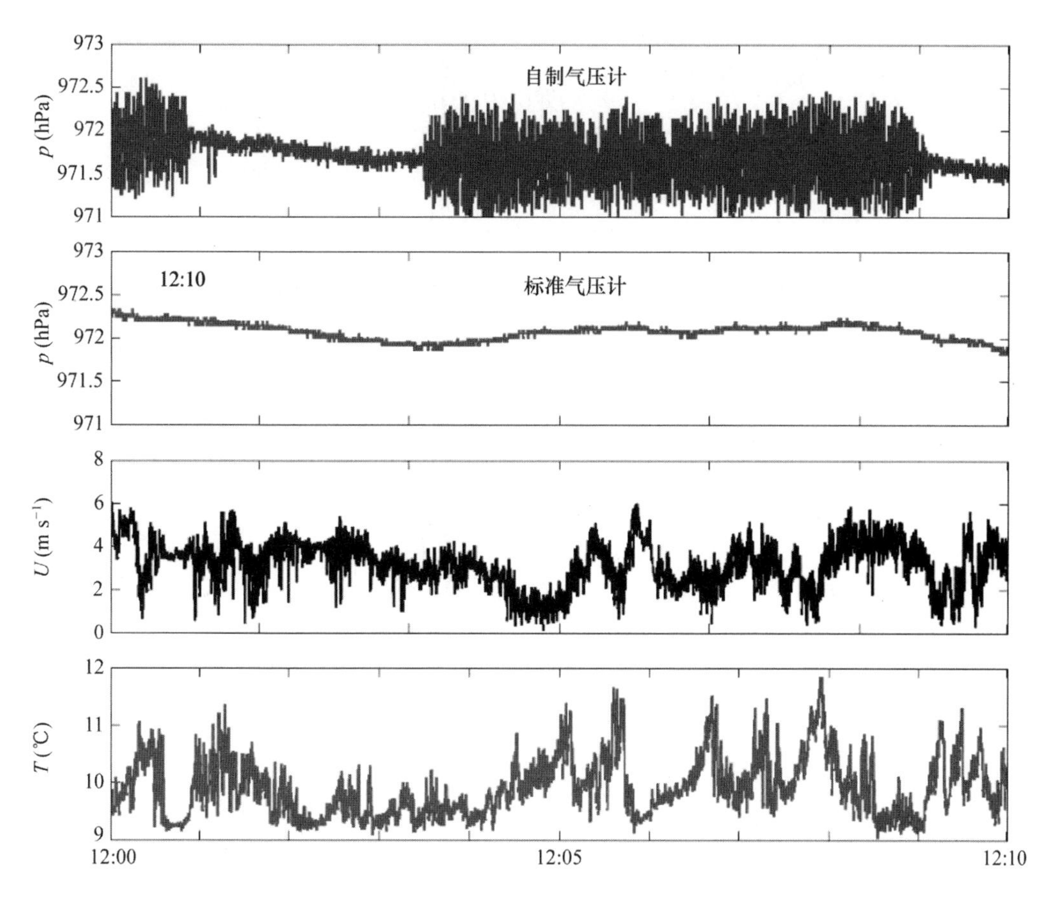

图 1.19　气压要素 10 min 时长的间歇震荡结构实例。依次：气压脉动仪的气压、常规气压传感器的气压、风速、温度

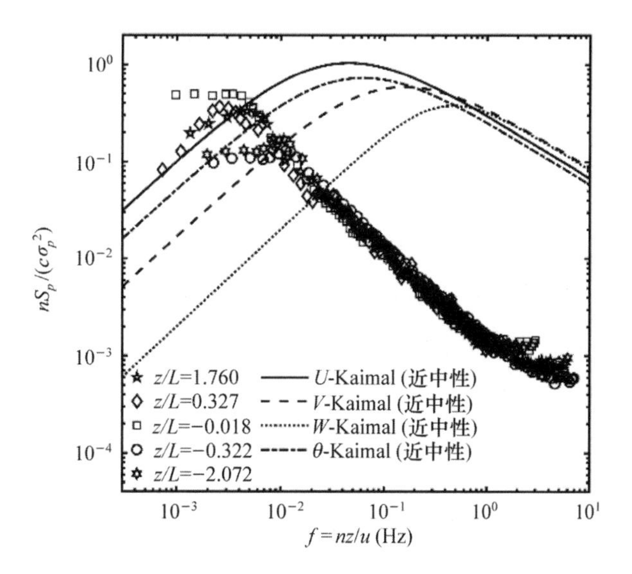

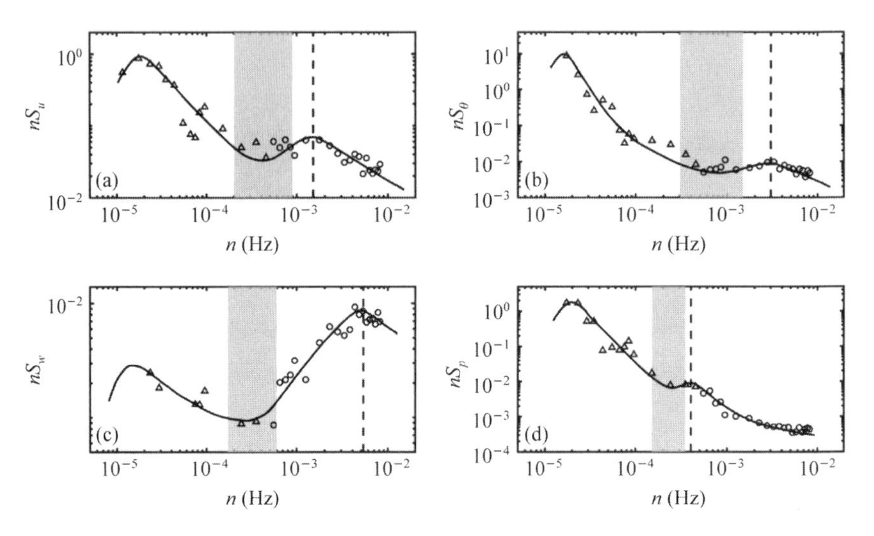

图 1.20　气压脉动功率谱曲线图。上：2 h 时长气压脉动归一化功率谱分布；下：水平风速 u、位温、垂直风速 w、气压的 2 d 时长功率谱分布

湍流动能方程可表示为：

$$\frac{\partial E}{\partial t}+\bar{u}_j\frac{\partial E}{\partial x_j}=\delta_{i3}\frac{g}{\bar{\theta}_v}\overline{u_i'\theta_v'}-\overline{u_i'u_j'}\frac{\partial\bar{u}_j}{\partial x_j}-\frac{\partial(\overline{u_j'E})}{\partial x_j}-\frac{1}{\bar{\rho}}\frac{\partial(\overline{u_i'p'})}{\partial x_j}-\varepsilon \tag{1.8}$$

其中，获取气压脉动项信息，研究其特征规律和对湍流动能的贡献一直是湍流研究的难题。图 1.21 分别给出湍流动能方程中气压项与动力项、热力项之和的比例关系随风速、湍流动能 TKE 以及大气稳定度的变化。可见，在小风静风、强层结、弱湍流运动条件下，气压项对湍流动能的贡献可比动力项与热力项之和大 1～2 个量级，不能忽略。

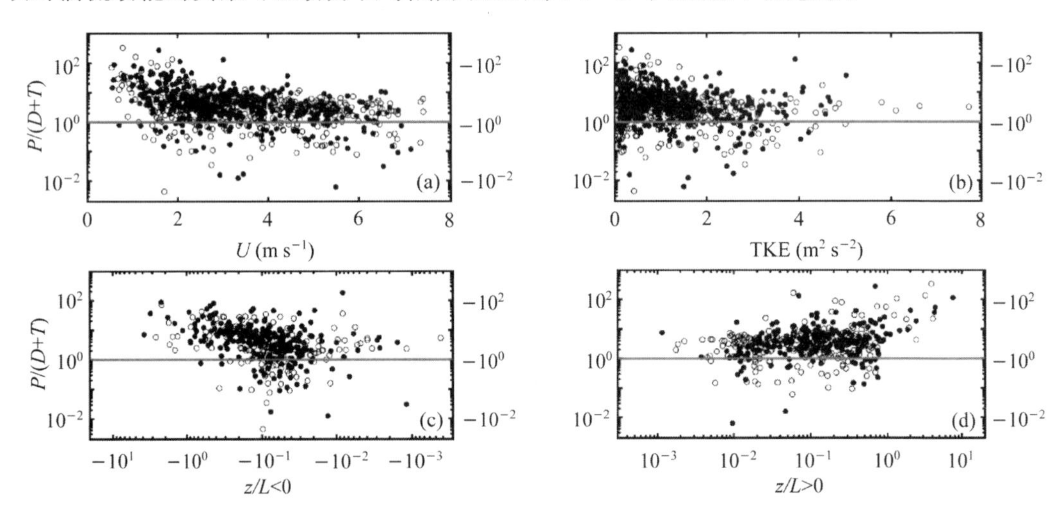

图 1.21　湍流动能方程气压项与动力项、热力项之和的比值随风速(a)、湍流动能 TKE(b)、大气稳定度[(c)和(d)]的变化

由湍流动能方程，可以得到气压的垂直通量散度与稳定度参数存在相似性关系，即：

$$\varphi_p = \frac{\kappa z}{\bar{\rho} u_*^3} \frac{\partial(\overline{w'p'})}{\partial z} \propto F(z/L) \tag{1.9}$$

式中，φ_p 为气压相似性关系的稳定度因子，$F(z/L)$为气压相似性函数。

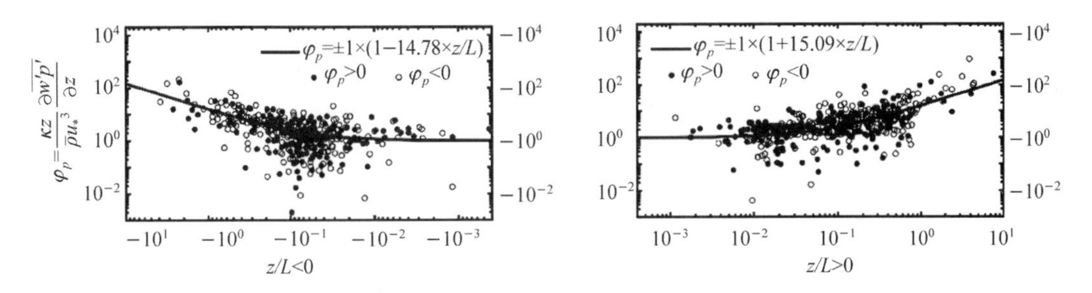

图 1.22　气压垂直通量散度与稳定度参数的关系

1.4.4　污染过程与大气边界层结构

1. 德州地区大气边界层结构与颗粒物垂直分布

本研究利用高时空分辨的 GPS 探空实验获取了气象要素和颗粒物的垂直分布资料，结合地面气象要素、大气湍流、辐射和颗粒物观测资料，探究了德州地区 2018 年冬季重污染事件和大气边界层结构及相互关系。图 1.23 给出了 2018 年 12 月 18 日—2019 年 1 月 16 日

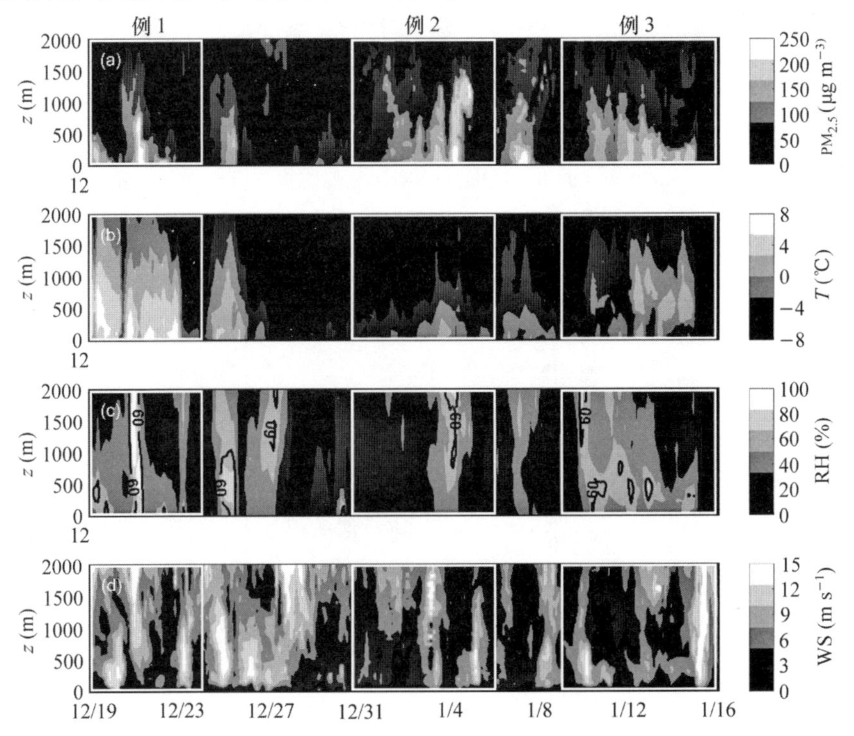

图 1.23　2018 年 12 月 18 日—2019 年 1 月 16 日德州实验站气象和环境要素分布。(a) $PM_{2.5}$ 质量浓度；(b) 温度；(c) 相对湿度；(d) 风速

德州实验站 $PM_{2.5}$ 质量浓度、温度、相对湿度和风速等气象和环境要素分布。污染期间,气温通常保持不变或略有升高,相对湿度往往较高,风速较低且无固定风向。低空的逆温层对 $PM_{2.5}$ 浓度分布有重要影响,有利于 $PM_{2.5}$ 在低空累积。低空暖气团的存在使大气边界层有强稳定层结,抑制了污染物向上传输。静力稳定度参数随高度增加,大气层结更趋稳定,不利于污染物垂直输送(图 1.24)。污染消散与低空急流密切相关,低空急流自上向下发展,湍流间歇下传,促进了悬浮在上层空气中的 $PM_{2.5}$ 清除,探空结果也证实了湍流间歇伴随低空急流产生。颗粒物垂直分布显示,夜间较高高度经常出现 $PM_{2.5}$ 浓度高值区,其原因有:(1) 夜间逆温较弱,风速较大,机械湍流较强,使 $PM_{2.5}$ 在较高高度范围混合相对均匀。(2) 由于白天对流边界层内湍流混合较强,夜间污染物仍然残存在残余层,导致高层颗粒物浓度大,这个结果也间接说明了残余层的存在和作用。霾污染期间,湍流热通量和湍流动能数值明显低于清洁天气,弱湍流输送导致大气边界层高度较低。GPS 探空结果还显示,白天对流边界层高度总体与地面 $PM_{2.5}$ 质量浓度呈负相关,夜间稳定边界层高度和 $PM_{2.5}$ 质量浓度的相关不明显(图 1.25),表明在稳定层结条件下影响污染物浓度分布和输送的因素更复杂。

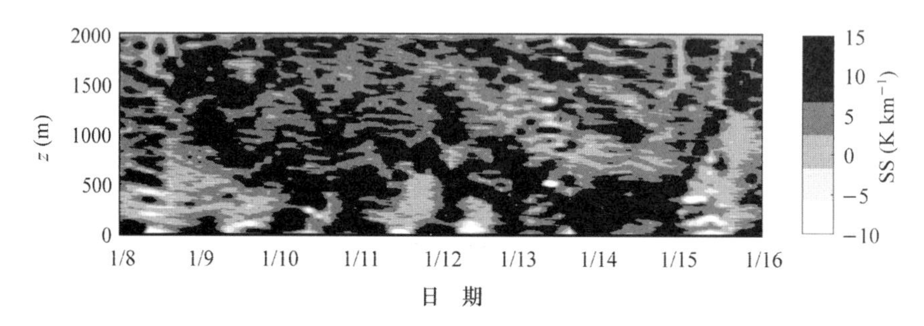

图 1.24　2019 年 1 月 8—16 日德州实验站稳定度参数随时间的变化

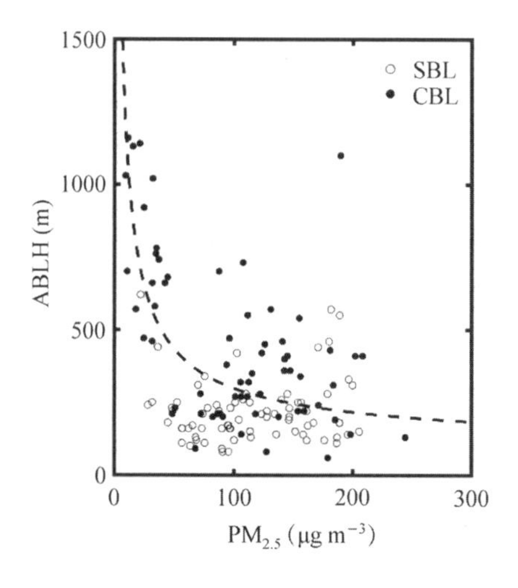

图 1.25　大气边界层高度与近地面 $PM_{2.5}$ 质量浓度的关系

2. 保定地区大气边界层结构与颗粒物垂直分布

2019 年 11 月 26 日至 12 月 26 日，以保定为中心呈十字分布设置 6 个 GPS 大气边界层加密探空实验站，自西向东为坨南、保定、任丘、沧州，自北向南为霸州、保定、定州，同步开展大气边界层和地面湍流输送的综合观测试验，获取了气象要素、细颗粒物浓度立体时间-空间分布，探究太行山山前区域大气边界层结构特征及其对区域污染的影响，讨论大气边界层高度与物质聚集层高度的关系。图 1.26 给出 2019 年 12 月 6—11 日保定实验站 $PM_{2.5}$ 质量浓度、温度、风速和相对湿度的垂直分布，图 1.27 给出了 2019 年 11 月 30 日 14:00 保定地区 $PM_{2.5}$ 质量浓度、温度和风速的立体分布。结果表明：高度持续降低的高架逆温层对重霾污染的维持和加剧有重要作用，逆温层的形成与阵性的下沉增温有关；长期存在的较厚的小风层利于污染物累积，低空急流对污染物清除有重要作用。华北平原特殊的地理位置使其区域边界层结构与污染分布具有特殊性。受到冷泄流和强下沉气流的影响，位于华北平原西部靠近太行山的观测站下垫面温度更低，上层空气温度更高，有更稳定的大气层结和更差的扩散条件；另外，靠近太行山的观测站受地表摩擦影响更显著，小风层更加深厚，使华北平原西部污染重东部污染轻。

污染期间，对流边界层高度明显降低，平均高度低于 560 m。图 1.28 对比了物质聚集层高度与大气边界层高度，以及夜间 20 时物质聚集层高度与白天对流边界层高度。细颗粒物浓度的垂直分布主要受白天热力湍流影响，物质聚集层高度与对流边界层高度相对一致；夜间，由于残余层的影响，物质聚集层高度较稳定边界层高度明显偏高，夜间残余层的细颗粒物浓度较高，与白天对流边界层较强的湍流混合有关，使夜间物质聚集层高度与白天边界层高度存在相关。

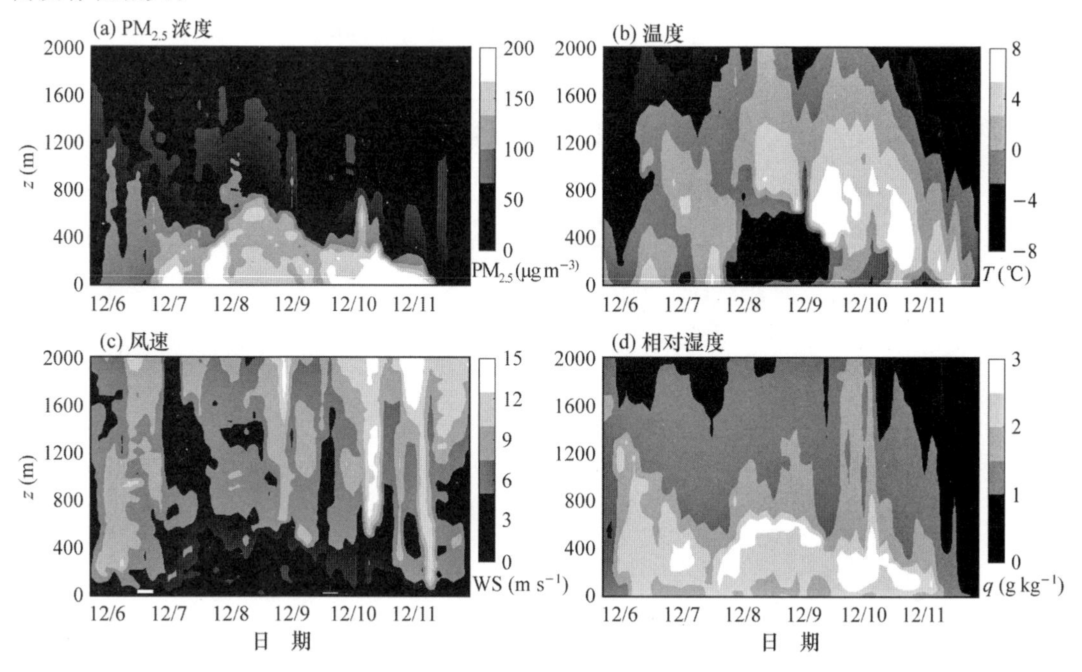

图 1.26　2019 年 12 月 6—11 日保定观测站(a) $PM_{2.5}$ 质量浓度；(b) 温度；(c) 风速和(d) 相对湿度的垂直分布

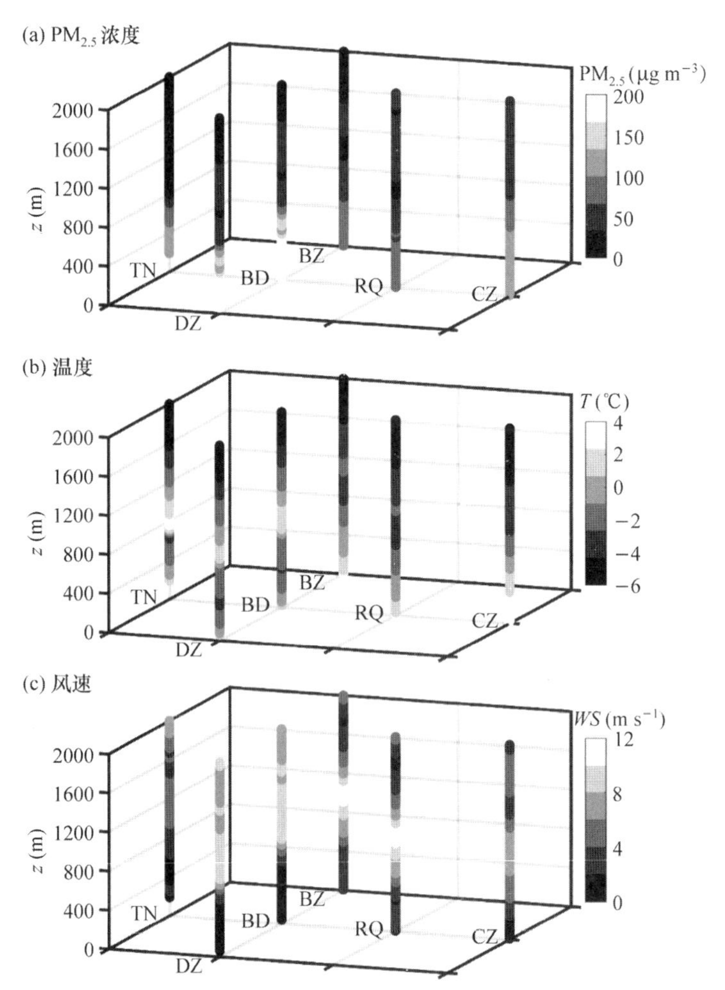

图 1.27　2019 年 11 月 30 日 14:00 保定地区(a) $PM_{2.5}$ 质量浓度，(b) 温度，(c) 风速的立体分布

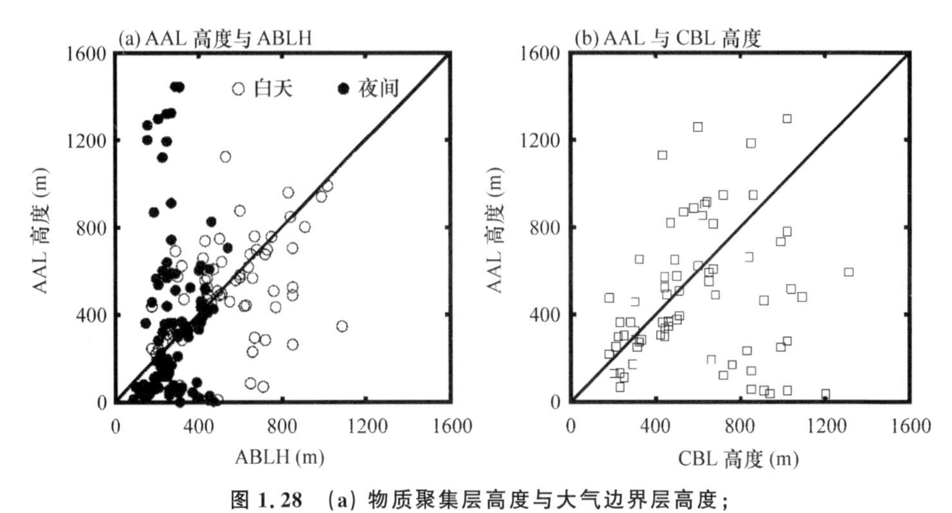

图 1.28　(a) 物质聚集层高度与大气边界层高度；(b) 夜间 20:00 物质聚集层高度与白天对流边界层高度的对比

1.4.5 本项目资助发表论文(按时间倒序)

[1] Ren Y,Zhang H S,Zhang X Y,et al. Turbulence 'barrier effect' during heavy haze pollution events. Science of the Total Environment,2021,753: 142286.

[2] Wei Z R,Zhang L,Zhang H S,et al. Study of the turbulence intermittency in the semi-arid region of the Loess Plateau. Atmospheric Research,2021,249: 105312.

[3] Zhang H S,Zhang X Y,Li Q H,et al. Research progress on estimation of atmospheric boundary layer height. Journal of Meteorological Research,2020,34(3): 482-498.

[4] Li Q H,Wu B G,Liu J L,et al. Characteristics of the atmospheric boundary layer and its relation with $PM_{2.5}$ during haze episodes in winter in the North China Plain. Atmospheric Environment, 2020, 223: 117265.

[5] Ren Y,Zhang H S,Wei W,et al. Determining the fluctuation of $PM_{2.5}$ mass concentration and applicability to Monin-Obukhov similarity. Science of the Total Environment,2020,710: 136398.

[6] Jin X P,Cai X H,Yu M Y,et al. Diagnostic analysis of wintertime $PM_{2.5}$ pollution in the North China Plain: The impacts of regional transport and atmospheric boundary layer variation. Atmospheric Environment,2020,224: 117346.

[7] Wei W,Zhang H S,Cai X H,et al. Influence of intermittent turbulence on the air pollution in winter over the Beijing region. Journal of Meteorological Research,2020,34(1): 176-188.

[8] Ren Y,Zhang H S,Wei W,et al. Comparison of the turbulence structure during light and heavy haze pollution episodes. Atmospheric Research,2019a,230: 104645.

[9] Ren Y,Zhang H S,Wei W,et al. A study on atmospheric turbulence structure and intermittency during heavy haze pollution in the Beijing area. Science China Earth Sciences,2019b,62(12): 2058-2068.

[10] Ren Y,Zhang H S,Wei W,et al. Effects of turbulence structure and urbanization on the heavy haze pollution process. Atmospheric Chemistry and Physics,2019c,19: 1041-1057.

[11] Yu M Y,Cai X H,Song Y,et al. A fast forecasting method for $PM_{2.5}$ concentrations based on footprint modeling and emission optimization. Atmospheric Environment,2019,219: 117013.

[12] Wei W,Zhang H S,Wu B G,et al. Intermittent turbulence contributes to vertical diffusion of $PM_{2.5}$ in the North China Plain: Cases from Tianjin. Atmospheric Chemistry and Physics,2018,18: 12953-12967.

[13] Huang Q Q,Cai X H,Wang J,et al. Climatological study of the boundary-layer air stagnation index for China and its relationship with air pollution. Atmospheric Chemistry and Physics,2018,18: 7573-7593.

[14] Ge H X,Zhang H S,Zhang H,et al. The characteristics of methane flux from an irrigated rice farm in east China measured using the eddy covariance method. Agricultural and Forest Meterology,2018,249: 228-238.

[15] Ren Y,Zheng S W,Wei W,et al. Characteristics of turbulent transfer during episodes of heavy haze pollution in Beijing in winter 2016/17. Journal of Meteorological Research,2018,32(1): 69-80.

[16] Ju T T,Li X L,Zhang H S,et al. Parameterization of dust flux emitted by convective turbulent dust emission (CTDE) over the Horqin Sandy Land area. Atmospheric Environment,2018a,187: 62-69.

[17] Ju T T,Li X L,Zhang H S,et al. Comparison of two different dust emission mechanisms over the Horqin Sandy Land area: Aerosols contribution and size distributions. Atmospheric Environment, 2018b,176: 82-90.

[18] Huang Q Q,Cai X H,Song Y,et al. Air stagnation in China (1985—2014): Climatological mean fea-

tures and trends. Atmospheric Chemistry and Physics,2017,17: 7793-7805.

[19] Wei W,Zhang H S,Schmitt F G,et al. Investigation of turbulence behavior in the stable boundary layer using arbitrary-order Hilbert spectra. Boundary-Layer Meteorology,2017,163: 311-326.

[20] Zhang H,Zhang H S,Cai X H,et al. Contribution of low-frequency motions to sensible heat fluxes over urban and suburban areas. Boundary-Layer Meteorology,2016,161: 183-201.

[21] Wei W,Schmitt F G,Huang Y Y,et al. The analyses of turbulence characteristics in the atmospheric surface layer using Arbitrary-order Hilbert Spectra. Boundary-Layer Meteorology,2016,159: 391-406.

[22] 卫苗睿,张宏昇,葛红星,等. 松弛涡旋累积法获取细颗粒物湍流通量的实验研究. 环境科学学报,2020,40(7): 2400-2407.

[23] 张宏昇,张小曳,李倩惠,等. 大气边界层高度确定及应用研究进展. 气象学报,2020,78(3): 522-536.

[24] 李倩惠,张宏升,鞠婷婷,等. 华北北部半干旱地区夏季大气边界层特征的实验研究. 北京大学学报(自然科学版),2020,56(2): 215-222.

[25] 任燕,张宏升,魏伟,等. 北京地区重霾天气过程大气湍流结构及间歇性研究. 中国科学,2020,50(1): 161-172.

[26] 郑宇凡,蔡旭晖,康凌,等. 大气扩散应急预报的风场不确定性影响研究. 北京大学学报(自然科学版),2019,55(5): 877-885.

[27] 邹青青,蔡旭晖,郭梦婷,等. 北京地区大气污染物源区特征及与重污染过程的关系. 北京大学学报(自然科学版),2018,54(2): 341-349.

[28] 葛红星,张宏升,罗帆,等. 华北地区冬小麦田水热、二氧化碳和甲烷湍流输送特征的实验研究. 地球物理学报,2016,59(4): 1235-1248.

[29] 任燕,张宏昇,鞠婷婷,等. 一种细颗粒物湍流通量测量方法: 国家发明专利,ZL201811376291.9.,2020.

参考文献

[1] Holzworth G C. Vertical temperature structure during the 1966 Thanksgiving week air pollution episode in New York City. Monthly Weather Review,1972,100(6): 445-450.

[2] Samuel H. Driving ban on half Paris motorists after air pollution briefly tops Shanghai. The Telegraph, Paris, 1: 29PM GMT 23 Mar 2015, http://www. telegraph. co. uk/news/worldnews/europe/france/11489836/Driving-ban-on-half-Paris-motorists-after-air-pollution-briefly-tops-Shanghai. html. [2015. 8. 21]

[3] 张小曳,孙俊英,王亚强,等. 我国雾-霾成因及其治理的思考. 科学通报,2013,58(13): 1178-1187.

[4] Chan C K,Yao X. Air pollution in mega cities in China. Atmospheric Environment,2008,42(1): 1-42.

[5] Zhang X Y,Wang Y Q,Niu T,et al. Atmospheric aerosol compositions in China: Spatial/temporal variability,chemical signature,424 regional haze distribution and comparisons with global aerosols. Atmospheric Chemistry and Physics,2012,12: 779-799.

[6] Tao M,Chen L,Su L,et al. Satellite observation of regional haze pollution over the North China Plain. Journal of Geophysical Research: Atmospheres,2012,117(D12203): 1-16.

[7] Chen Z H,Cheng S Y,Li J B,et al. Relationship between atmospheric pollution processes and synoptic pressure patterns in northern China. Atmospheric Environment,2008,42(24): 6078-6087.

[8] Ji D,Wang Y,Wang L,et al. Analysis of heavy pollution episodes in selected cities of northern China. At-

mospheric Environment,2012,50: 338-348.

[9] Chambers S D,Wang F J,Williams A G,et al. Quantifying the influences of atmospheric stability on air pollution in Lanzhou,China,using a radon-based stability monitor. Atmospheric Environment,2015,107: 233-243.

[10] Deng T,Wu D,Deng X J,et al. A vertical sounding of severe haze process in Guangzhou area. Science China Earth Sciences,2014,57(11): 2650-2656.

[11] Liu X G,Li J,Qu Y,et al. Formation and evolution mechanism of regional haze: A case study in the megacity Beijing,China. Atmospheric Chemistry and Physics,2013,13(9): 4501-4514.

[12] Quan J N. Gao Y,Zhang Q,et al. Evolution of planetary boundary layer under different weather conditions,and its impact on aerosol concentrations. Particuology,2013,11(1): 34-40.

[13] Wei P,Cheng S,Li J,et al. Impact of boundary-layer anticyclonic weather system on regional air quality. Atmospheric Environment,2011,45(14): 2453-2463.

[14] Han S,Bian H,Tie X X,et al. Impact of nocturnal planetary boundary layer on urban air pollutants: Measurements from a 250 m tower over Tianjin,China. Journal of Hazardous Materials,2009,162(1): 264-269.

[15] 周明煜,姚文清,徐祥德,等. 北京城市大气边界层低层垂直动力和热力特征. 中国科学(D辑),2005,35: 20-30.

[16] Guinot B,Roger J C,Cachier H,et al. Impact of vertical atmospheric structure on Beijing aerosol distribution. Atmospheric Environment,2006,40(27): 5167-5180.

[17] 樊文雁,胡波,王跃思,等. 北京雾、霾天细粒子质量浓度垂直梯度变化的观测. 气候与环境研究,2009,14(6): 632-638.

[18] Curci G,Ferrero L,Tuccella P,et al. How much is particulate matter near the ground influenced by upper-level processes within and above the PBL? A summertime case study in Milan (Italy) evidences the distinctive role of nitrate. Atmospheric Chemistry and Physics,2015,15: 2629-2649.

[19] Foken T. Micrometeorology. 1st ed. Berlin,Heidelberg: Springer,2008.

[20] Nappo C J,Johansson P. Summary of the Lovanger international workshop on turbulence and diffusion in the stable planetary boundary layer. Boundary-Layer Meteorology,1999,90: 345-374.

[21] Cuxart J,Yagüe C,Morales G,et al. Stable atmospheric boundary-layer experiment in Spain (SABLES 98): A report. Boundary-Layer Meteorology,2000,96(3): 337-370.

[22] Poulos G S,Blumen W,Fritts D C,et al. CASES-99: A comprehensive investigation of the stable nocturnal boundary layer. Bulletin of the American Meteorology Society,2002,83(4): 555-581.

[23] Grachev A A,Andreas E L,Fairall C W,et al. Turbulent measurements in the stable atmospheric boundary layer during SHEBA: Ten years after. Acta Geophysica,2008,56(1): 142-166.

[24] 胡非,洪钟祥,陈家宜,等. 白洋淀地区非均匀大气边界层的综合观测研究-实验介绍及近地层微气象特征分析. 大气科学,2006,30(5): 883-893.

[25] Baldocchi D,Falge E,Gu L,et al. FLUXNET: A new tool to study the temporal and spatial variability of ecosystem-scale carbon dioxide,water vapor,and energy flux densities. Bulletin of the American Meteorology Society,2001,82: 2415-2434.

[26] Businger J. Reflections on boundary-layer problems of the past 50 years. Boundary-Layer Meteorology,2005,116: 149-159.

[27] Nieuwstadt F T M. The turbulent structure of the stable,nocturnal boundary layer. Journal of the

Atmospheric Sciences,1984,41: 2202-2216.

[28] Beljaars A C,Holtslag A A M. Flux parameterization over land surfaces for atmospheric models. Journal of Applied Meteorology,1991,30: 327-341.

[29] Klipp C L,Mahrt L. Flux-gradient relationship,self-correlation and intermittency in the stable boundary layer. Quarterly Journal of the Royal Meteorological Society,2004,130,601: 2087-2103.

[30] Zilininkevich S S,Esau I. Resistance and heat transfer laws for stable and neutral planetary boundary layers: Old theory,advanced and re-evaluated. Quarterly Journal of the Royal Meteorological Society, 2005,131: 1863-1892.

[31] Basu S,Porté-Agel F,Foufoula-Georgiou E,et al. Revisiting the local scaling hypothesis in stably stratified atmospheric boundary-layer turbulence: An integration of field and laboratory measurements with large-eddy simulations. Boundary-Layer Meteorology,2006,119: 473-500.

[32] Finnigan J. A note on wave-turbulence interaction and the possibility of scaling the very stable boundary layer. Boundary-Layer Meteorology,1999,90(3): 529-539.

[33] Anderson P S. Fine-scale structure observed in a stable atmospheric boundary layer by sodar and kite-bornetethersonde. Boundary-Layer Meteorology,2003,107(2): 323-351.

[34] Balsley B B,Frehlich R G,Jensen M L,et al. Extreme gradients in the nocturnal boundary layer: Structure,evolution,and potential causes. Journal of the Atmospheric Sciences,2003,60(20): 2496-2508.

[35] Wei W,Zhang H S,Ye X X. The comparison of low-level jets along the north Chinese coast in summer. Journal of Geophysical Research,2014,119: 9692-9706.

[36] Ren Y,Zhang H S,Wei W,et al. Effects of turbulence structure and urbanization on the heavy haze pollution process. Atmospheric Chemistry and Physics,2019,19: 1041-1057.

[37] Salmond J A. Wavelet analysis of intermittent turbulence in a very stable nocturnal boundary layer: Implications for the vertical mixing of ozone. Boundary-Layer Meteorology,2005,114(3): 463-488.

[38] Vindel J M,Yagüe C. Intermittency of turbulence in the atmospheric boundary layer: Scaling exponents and stratification influence. Boundary-layer Meteorology,2011,140(1): 73-85.

[39] Frisch U. Turbulence: The legacy of AN Kolmogorov. Cambridge University Press,1995.

[40] She Z S,et al. Scalings and structures in turbulent Couette-Taylor flow. Physical Review E,2001,64 (1): 016308.

[41] Shraiman B I,Siggia E D. Scalar turbulence. Nature,2000,405(6787): 639-646.

[42] Chu C R,Parlange M B,Katul G G,et al. Probability density functions of turbulent velocity and temperature in the atmospheric surface layer. Water Resources Research,1996,32(6): 1681-1688.

[43] He H,Wang Y S,Ma Q X,et al. Mineral dust and NO_x promote the conversion of SO_2 to sulfate in heavy pollution days. Scientific Reports,2014,4: 4172.

[44] Jiménez P A,Dudhia J,González-Rouco J F,et al. An evaluation of WRF's ability to reproduce the surface wind over complex terrain based on typical circulation patterns. Journal of Geophysical Research: Atmospheres,2013,118(14): 7651-7669.

[45] Wang Y X,Zhang Q Q,Jiang J K,et al. Enhanced sulfate formation during China's severe winter haze episode in January 2013 missing from current models. Journal of Geophysical Research: Atmospheres, 2014,119(17): 10425-10440.

[46] An X,Zhu T,Wang Z F,et al. A modeling analysis of a heavy air pollution episode occurred in Beijing. Atmospheric Chemistry and Physics,2007,7: 3103-3114.

第2章　气溶胶特性与边界层高度观测及气溶胶-边界层相互作用对近地面大气污染浓度的影响

李占清[1,2]，郭建平[3]，张芳[1]，晏星[1]，王玉莹[1]，栗天宁[2]，吴昊[1]，吕敏[1]，韦晶[1]，金筱艾[1]，董自鹏[1]，王飞[1]，吴桐[1]，王暐[1]

[1]北京师范大学，[2]美国马里兰大学，[3]中国气象科学研究院

气溶胶通过反射和吸收太阳辐射可显著改变地表热通量和大气热力结构，进而影响大气稳定度、边界层演变和近地面大气污染物浓度。本章围绕气溶胶与大气边界层相互作用这一关键科学问题，通过开展较长时间序列的大气、边界层和多种气溶胶理化特性的综合强化观测试验，并结合多源卫星资料、常规气象和环境观测资料，系统深入地研究了气溶胶与边界层的相互作用，气溶胶特性与近地面颗粒物浓度演变规律，卫星、地面遥感气溶胶和大气边界层参数反演方法和产品等。主要研究成果包括(但不局限于)：(1) 进一步发展和完善了一整套较完整的大气-边界层-气溶胶-云综合观测系统。利用该系统在北京、河北、山西等地开展加强观测试验，构建了从数纳米到几十微米的气溶胶粒子全谱分布、光散射吸收、化学组分、吸湿性、挥发性、核化等气溶胶理化特性数据集。(2) 借助全国高分辨率探空观测网和星载激光雷达卫星，开发了多种边界层高度反演算法，构建了覆盖全国(不同热力稳定度条件下)高时空分辨率的边界层高度数据集，揭示了气溶胶-边界层相互作用机理。(3) 提出并获得用卫星反演气溶胶细颗粒物浓度的新算法和新产品，精度和适用性明显优于同类产品。(4) 揭示了不同污染条件下超大城市气溶胶来源及形成机制。(5) 揭示了边界层内湍流发展对新粒子生成贡献的新机制。

2.1　研究背景

中国作为世界上人口最多、发展最快的国家，自改革开放后，伴随着经济的持续稳定增长，城市化、工业化程度不断加深，空气污染问题也不断恶化，直至近几年才得到明显好转。其中最受人关注的是空气中的颗粒污染物——气溶胶的剧烈增加，由于各种工、农业和居民生活等排放的增加，重度空气污染时常发生[1−5]。大量大气污染观测研究表明，中国大气污染物来源十分复杂，既包括工业排放、水泥白灰层、燃煤、森林大火、秸秆燃烧、汽车尾气、化石燃料等各种一次污染物，还包括二次污染物，如二氧化硫转化硫酸盐、氮氧化物转化硝酸

盐、挥发性有机物转化为有机气溶胶等,由此带来严重的空气污染问题[6]。近些年由于各类减排措施的实施,空气污染得到有效抑制,许多污染指数稳步下降,尤其是气溶胶前体污染气体和一次气溶胶[7,8]。

气溶胶不仅影响空气质量和人体健康[9,10],也可改变大气理化特性,进而影响天气和地球气候[2,11—13]。此外,城市化会显著改变所在区域及下风区的天气和气候,影响强对流等极端天气事件的发生。许多研究发现,城市热岛及气溶胶均会对云和降水产生明显影响,但它们的影响错综复杂。气溶胶可以通过直接效应减少到达地面的太阳辐射,影响地气辐射平衡和大气稳定度,进而影响天气和气候[14—21]。气溶胶也可以作为云凝结核,通过间接效应影响云微物理过程,进而影响云及降雨的形成及发展[13,20,22—25]。

近年来大气污染日趋严重,尤其是大气细颗粒物污染最为显著[26—28],雾霾灾害性天气现象频发,而大气污染物时空分布往往涉及大量复杂的大气物理化学过程[29,30]。基于外场观测手段研究雾霾的发生发展机制对控制和减缓雾霾发展具有重要意义,如针对如何解决华北区域大气污染问题,北京大学朱彤教授发起和组织了华北区域大气环境综合观测国际合作实验(CAREBEIJING),系统揭示了北京及华北地区空气污染形成的主要机制[31,32]。

近年来,由"黑碳(BC)"和"棕色碳(BrC)"共同组成的吸收性气溶胶受到较多关注[33,34],其对大气的增温作用可不同程度抵消散射性气溶胶的冷却作用[35]。大量研究表明吸收性气溶胶与大气边界层(PBL)有紧密关系[17,36],PBL 指大气对流层中接近地面的部分大气层,以湍流运动为主要特征,PBL 高度(PBLH)的高低一定程度上控制着地面和自由大气间物质、热量、动量和空气污染物的垂直交换,边界层高度是反应大气边界层特征的主要参数,对对流天气演变、大气污染物的扩散和累积、沙尘暴传输等均有重要影响。

吸收性气溶胶通过吸收太阳辐射可显著改变大气辐射加热率,进而改变边界层大气的热力结构、稳定度和边界层高度[37—39]。大气边界层[40]能将大量的气溶胶限制在低层大气中,因此它与空气污染有着密切联系。Yu 等模拟了 PBL 的发展及其与气溶胶的关系,发现边界层气溶胶可导致大气逆温强度显著增强[37]。Wang[36]等从理论层面广泛探讨了吸收性气溶胶对边界层的影响。由于 PBL 中存在大量的气溶胶,而且这些气溶胶粒子与 PBL 之间有着强烈的交互作用,所以即使排放率保持不变,这些相互作用也会大幅度加剧空气污染[3]。历史上许多较为严重的大气污染事件都与此气溶胶辐射效应相关,尤其是与近地面大气污染引起的大气逆温有关[41,42]。新一代化学天气模式 WRF-Chem 在研究气溶胶与 PBL 相互作用方面有一定的优势[43,44]。Zhang 等[45]用 WRF-Chem 模拟了美国冬、夏两季的气溶胶辐射效应与边界层高度的演变,发现在吸收性气溶胶对边界层的加热和散射性气溶胶对地面的冷却的共同作用下,大气形成了更稳定的层结,使得 PBLH 的降低高达 24%,不利于污染物扩散。

利用长期常规气象数据和大气能见度数据,Yang 和 Li 等[46—48]探讨了边界层内气溶胶(用能见度替代)与风速、温度等气象要素长期变化趋势,发现了气溶胶和气象要素存在密切联系。基于"吸收性气溶胶增强了大气稳定度,抑制边界层低云的形成,从而使边界层云出现频率降低"的假设,推断这种密切联系是由吸收性气溶胶导致的。对 PBL 进行连续探测是研究气溶胶-边界层-大气重污染过程相互作用领域非常重要的基础工作。然而,由于 PBL 不能够直接通过常规气象观测获取,因此如何准确估算 PBLH 是一个艰巨的任务和挑战。

探测 PBLH 及其发生在边界层内的热力和动力过程尤其重要。长期以来,被广泛认可的、经过严格质量控制的 PBLH 数据很少。用于 PBLH 反演的温度廓线主要基于以下不同的方法获取,包括但不限于探空[49—51]、飞机实测、拉曼激光雷达[52—55]、高光谱红外仪[56]、微波辐射计[57]。Liu 和 Liang[58] 利用 14 个大型外场观测共计 58286 条高分辨率探空数据对 PBLH 进行诊断并建立了美国南部大平原 PBLH 日变化气候学数据集。绝大多数的探空站点通常情况下一天仅进行两次探空观测,这对了解 PBLH 的小时间尺度变化(日变化)是一个巨大的挑战。洪钟祥等[59]利用相控雷达、低层大气廓线仪等地基遥感资料准确确定了河北香河试验站的大气边界层特征。王式功等[60]、胡非等[61]、杨勇杰[62]和马敏劲等[63]深入研究了北京、兰州、四川盆地和珠江三角洲等地的大气边界层高度变化特征及其对近地面大气污染浓度扩散的影响。

本团队在该领域开展了系统研究,提出多种边界层探测算法[52,63—64],Sawyer 和 Li[52] 基于各种探测 PBL 方法的优缺点开发了一个整合的 PBLH 检测新算法,它具有较好的通用性,能够用于处理激光雷达数据、探空数据或者大气红外高光谱仪(AERI)的温度和虚位温廓线等多种观测数据。Su 等[65]研究了气溶胶光学厚度、地面浓度、PBL 高度之间的复杂关系。通过联合使用在北京探测的微脉冲激光雷达、太阳光度计和探空仪,我们研究了气溶胶垂直分布对热力学稳定性和 PBL 发展的作用[63]。气溶胶垂直分布可大致分为三种类型:充分混合、随高度降低和反向结构。与此相关的气溶胶-PBL 关系、PBL 高度和 $PM_{2.5}$ 的昼夜周期显示出明显不同的特征,由此产生的辐射强迫和大气非绝热加热的垂直分布差异很大,对大气稳定性的影响也差异很大。在 2020 年春节发生的新冠疫情期间,绝大多数人为排放关闭或大幅减少,但华北大部分地区仍发生了较严重的空气污染,根据我们的研究,边界层低就是一个重要原因[64]。

为了深入认识边界层气溶胶在重度大气污染过程的作用,亟需大量地面气溶胶理化特性观测。张小曳等[66]利用中国气象局大气成分观测站网至少一年的气溶胶观测数据,深入分析了不同区域的气溶胶化学成分浓度、组成与来源特征,指出硫酸盐、硝酸盐和有机碳是气溶胶的主要化学成分。Cao 等[67]全面分析了含碳气溶胶的时空分布。当重污染过程发生时,气溶胶理化特性往往发生显著改变。例如,Zhang 等[30]对 2013 年 1 月北京爆发重霾污染时段亚微米气溶胶理化特性进行综合监测分析,发现亚微米气溶胶是造成此次重污染的主要元凶,其中有机气溶胶(以二次有机物气溶胶为主)贡献高达 50%左右。

目前气溶胶、PBL 与重大大气污染过程相互作用研究面临的最大挑战是缺乏连续的大气廓线、同步的气溶胶垂直分布廓线以及同步的气溶胶理化特性综合观测和机理模拟研究,尤其是一些影响大气重大污染的关键边界层的发生发展过程亟待厘清。为此,本研究将以气溶胶污染较为严重的京津冀地区为重点,利用我们已有的各种气溶胶、大气边界层气象观测仪器设备,开展多仪器、高时空分辨率的气溶胶-边界层综合观测,并结合卫星遥感和数值模式,重点研究边界层内吸收性气溶胶,边界层高度、逆温层、辐射加热率等参数之间的相互关系,以及气溶胶-边界层-重大大气污染过程相互作用及反馈,以便加深对大气重污染过程形成机理的认识,为科学、高效治理空气污染提供科技支撑。

2.2 研究目标与研究内容

2.2.1 研究目标

(1) 开发利用多种地面和卫星探测技术,获取大气廓线、边界层、气溶胶和近地面颗粒物(PM)质量浓度的参数信息,研究其时空变化规律。获取气溶胶物理、化学、光学、吸湿和成核特性。

(2) 利用地面、飞机和卫星一体化观测得到的气溶胶理化特性和边界层特征数据,结合模式模拟,定量估算气溶胶-边界层相互作用对大气污染强度和持续时间的影响。

(3) 揭示不同天气和环境条件、不同类型气溶胶对边界层的影响以及它们与地面大气污染三者之间相互作用机制。重点根据气溶胶的不同特性(吸收性、吸湿性)和垂直分布特征研究对大气主要要素的影响。

(4) 深入探讨气溶胶与边界层之间的反馈机制对重污染事件的影响。利用已有的各种观测资料,对近年来所发生的主要污染事件进行综合分析、分类,并结合模式模拟,区分外界(无反馈)和内在(考虑反馈)的影响贡献。

2.2.2 研究内容

1. 气溶胶、边界层及其相互作用对地面 $PM_{2.5}$ 影响

气溶胶、边界层及其相互作用对地面 $PM_{2.5}$ 的影响是我们研究的核心问题,通过下述研究,用不同研究方法、观测数据和模式模拟对此问题进行了系统研究。

(1) 与参加本文研究的多个边界层相关研究团队合作,对国内外在气溶胶-边界层相互作用领域的最新进展做了全面系统的回顾评估[68]。重点内容包括:① 近年来在空气污染和气溶胶观测领域的主要进展;② 边界层基本原理与边界层观测领域主要进展;③ 影响气溶胶-边界层相互作用的主要物理、化学和动力过程;④ 从大气环流、边界层、天气和气候变化等角度阐述了空气污染的未来变化趋势。

(2) 借助中国气象局新一代秒级高分辨业务探空观测资料,首次获得了中国地区长时间序列一日两次边界层高度数据集;利用夏季加密探空,得到一天四次(02、08、14 和 20 时)边界层高度信息。详细分析了边界层的时空变化规律[68,69]。

(3) 基于 CALIOP 激光雷达卫星,利用 Haar 小波和最大方差算法得到了午后边界层高度数据集,填补了大范围冬季边界层高度观测不足的空白,为研究气溶胶-边界层相互作用提供了重要数据支撑[70]。同时为了提高 PBL 估算精度,发展了融合探空和卫星资料探测大气边界层的新方法[71]。

(4) 边界层类型对边界层发展过程的影响。按照热力大气稳定性,把边界层划分为对流、稳定和中性边界层,在此基础上,分别研究了夏季午后不同类型边界层分布特征。研究

发现在高云量条件下容易出现中性边界层，这主要是由强烈的云辐射效应引起的[72]。

（5）利用全国的边界层高度数据集，研究大气污染气象成因机制、气溶胶-边界层相互作用机理。从气溶胶和云辐射效应角度，结合多尺度大气环流，在全国和区域尺度上探讨气溶胶-边界层相互作用，评估局地和区域尺度气象强迫和气溶胶对边界层高度的相对贡献[73—75]。

（6）系统研究边界层高度与地面的 $PM_{2.5}$ 相关关系的制约因素，提出将这些影响因素考虑在内的新算法以提高 $PM_{2.5}$ 的估算精度[74]。利用大量的地面观测结合辐射传输模式，揭示气溶胶垂直结构对低层大气稳定度和边界层发展的关键影响[75]。

2. 大气廓线、边界层、气溶胶和近地面颗粒物质量浓度探测技术

大气廓线、边界层、气溶胶和近地面颗粒物质量浓度是本研究的核心参数，为此我们首先对已有探测技术和产品进行了系统、严格的评估，发现并解决了许多存在的问题，也发展了一些新的探测技术、遥感算法和产品。利用多种地面仪器（探空仪、拉曼激光雷达、超高分辨率红外光谱仪、多波段微波辐射计）得到大气温度、湿度和气溶胶廓线资料，利用辐射仪、热通量仪等仪器得到边界层地面参数，计算边界层高度和逆温层（TIL），开发多种观测技术增强大气的连续观测和高分辨率大气廓线的反演。

（1）利用多波段微波辐射计（MWR），开发了一种称为批处理规范化和鲁棒神经网络（BRNN）的深度学习方法。与传统的神经网络方法相比，解决了过拟合问题，并具有更强的学习能力来描述 MWR 测量值与大气结构信息之间的非线性关系，从而显著提高了探测精度，特别是对于近地表温度和相对湿度廓线的反演[76]。

（2）评估、发展大气气溶胶和近地表细颗粒物浓度遥感反演技术和产品，利用全球和中国气溶胶地基观测网络，系统评估了各种太阳同步轨道卫星（MODIS、VIIRS）和地球同步轨道卫星（Himawiri-8）产生的气溶胶遥感产品，估算产品精度和误差来源，合成了全新的气溶胶产品[77—81]。

（3）研究发现不同气溶胶卫星遥感产品在不同地区的表现能力存在显著差异，特别是对于陆地上人类活动密集地区（如中国）和植被覆盖稀少的高亮地表（如裸地和荒漠等）。为此我们研发了新产品，可以显著减少误差。也在以前产品的基础上改进了 MODIS 气溶胶产品的融合方案，该方案可以显著降低气溶胶产品的估计偏差，明显提高全球气溶胶产品的空间覆盖率和整体精度，得到了全球更为准确的 MODIS 气溶胶光学厚度数据集。考虑地表 BRDF 的影响，提出通用动态阈值云检测算法，利用时间序列分析法定义了区域季节/月尺度气溶胶类型，成功应用于多源卫星传感器的气溶胶反演。与官方气溶胶产品相比，本产品空间分辨率提高了 3～10 倍，空间覆盖也显著增加，整体精度得到明显改善[82—84]。

（4）MODIS 细模态气溶胶（FMF）遥感反演的改进研究。本研究团队开发了一套基于光谱反卷积法的查找表算法（Look Up Table-based Spectral Deconvolution Algorithm，LUT-SDA）获取 FMF 产品。相较 MODIS FMF 产品，本方法可大幅提升 FMF 的估算精度和时空覆盖率，细模态气溶胶与人类活动有更紧密的关系，因此利用本产品可对大气环境与人类活动的关系进行更深入研究，也为定量评估全球尺度人为气溶胶排放提供科学依据[77,85]。

3. 气溶胶吸湿增长和气溶胶含水量及其对雾霾的影响

除了污染物排放,气溶胶吸湿增长是造成雾霾形成的另一个重要因素,因此我们系统研究了气溶胶粒子的吸湿特性及气溶胶含水量(ALWC)。为了深入理解雾霾形成,在大气重污染期间,进行加强观测试验。借助地面综合观测仪器,获得大气边界层内气溶胶各种理化特性数据以便研究灰霾形成规律。灰霾研究的观测重点在于气溶胶前体物、粒径谱分布、化学组分、光学性质和气溶胶吸湿增长特性等的观测。基于典型大气重污染过程,分析气溶胶的形成及老化规律及其时空变化特征。

(1) 研究发现高排放高污染地区的气溶胶吸湿特性与其他地方有明显区别。大量的前体气体污染物排放及强烈的大气氧化能力使得华北平原中南部地区新粒子生成现象频发,大气颗粒物快速老化,气溶胶具有明显的内混特征,并具有较强的吸湿性,从而促进了该地区雾霾的快速形成[86]。在华北平原地区实施的短期减排措施能够有效降低气溶胶的吸湿性,气溶胶的外混特征也更明显,说明减排期间气溶胶的吸湿性的减弱降低了颗粒物的老化和增长速度,从而抑制了区域空气污染的形成[87]。

(2) 基于外场观测研究了华北区域高排放高污染地区的气溶胶特性,发现与其他地区有明显区别。邢台地区气溶胶粒子的内混程度较高,不同粒径范围内的亚微米气溶胶粒子的吸湿性组分相似,这与其他地区气溶胶吸湿性有显著差别,吸湿性明显高于其他地区,因而更容易出现严重雾霾[79]。

(3) 综合利用拉曼激光雷达、微脉冲激光雷达、气溶胶粒子谱观测系统、地面颗粒物化学组分监测仪器和L波段探空观测等多种数据,研究分析了不同地区不同类型气溶胶的吸湿增长效应和对光学参数的影响,包括忻州[88]、邢台[89]和北京[90]。

(4) 研究发现一次气溶胶对ALWC形成影响不大,而二次气溶胶对ALWC形成起决定性作用,这说明气溶胶吸湿性的增强对ALWC形成有着显著影响。在重霾初期通过多相反应形成二次气溶胶的过程中,有机物贡献的ALWC起着重要作用[91]。综合气溶胶吸湿特性和ALWC的结果证明了华北地区气溶胶吸湿性的增强促进了ALWC的快速形成,从而通过液相和非均相化学反应促进了二次气溶胶的快速生成,这就是气溶胶吸湿特性对空气污染形成的正反馈作用[87,91,92]。

(5) 量化了由新粒子生成触发的重雾霾污染过程中化学组成和粒子增长对吸湿特性和核化特性的贡献,发现由于大气中的细粒子本身已经具有较强的吸湿特性,因此其化学组成的改变(或吸湿性的进一步增强)对其核化特性的增强贡献仅为10%~20%,而粒子的增长却贡献了80%以上[93]。

(6) 一般认为新粒子生成仅受制于气体前体物化学成分,其增长过程研究主要注重于光化学反应,大多数研究忽视了微观尺度湍流的影响。基于传统化学成核机制理论,从成核分子在大气湍流控制下的流场分布规律入手,通过外场观测和分子动力学模拟验证,提出大气湍流发展对于新粒子生成和发展的重要影响,并提出新的物理影响机理[94]。

2.3 研究方案

本研究以京津冀大气污染严重地区(包括河北香河、邢台和北京亦庄)为重点,在大气重污染期间,进行加强试验,并结合卫星、飞机和地面站点的常规大气和气溶胶理化特性综合观测,获得大气边界层结构和气溶胶理化特征。同时利用同步卫星、飞机和地面气象观测,结合 WRF-Chem 模拟,分析比对不同类型气溶胶和边界层相互作用的差异,研究两者与大气重污染过程之间的相互作用及反馈机理。我们将分以下几个主题分别阐述研究方案及其技术路线。

2.3.1 观测实验

本研究团队拥有比较完整的气溶胶和大气观测仪器(见表 2-1)。

表 2-1　超大城市综合气象观测试验北京观测试验设备信息表

北师大团队仪器						
设备名称	生产厂家	型号	主要观测变量	主要技术指标	数量	工作功率
纳米颗粒粒径分析仪	TSI	NANO-SMPS	超细气溶胶粒子数浓度尺度	时间分辨率:5 min 尺度范围:1.98～64 mm	1	500 W
扫描电迁移粒子谱仪	TSI	SMPS(DMA3081+CPC3772)	气溶胶数浓度尺度谱分布	时间分辨率:5 min 尺度范围:10～560 mm	1	200 W
空气动力学粒径谱仪	TSI	APS-3321	粒径谱分布	时间分辨率:5 min 尺度范围:0.5～20 μm	2	500 W
云凝结核计数器	DMT	CCNc-100	云凝结核数浓度	时间分辨率:1 s	1	500 W
气溶胶化学组成在线监测仪	Aerodyne	Q-ACSM	$PM_{2.5}$化学成分	时间分辨率:15 min	1	300 W
微波辐射计	RPG	RPG-HATPRO-G4	微波亮温	亮温时间分辨率约 3 s	1	120 W
红外高光谱	LR-tech	ASSIST-Ⅱ	下行长波辐射	波数分辨率 1 cm^{-1}	1	850 W
拉曼激光雷达	安光所	BNU-TWARL	温度、水汽、气溶胶、云	时间分辨率:可设置 空间分辨率:7.5 m	1	3000 W
微脉冲激光雷达	SigmaSpace	MPL-4B	云底、多层云时空分布监测;边界层时空分布监测	探测距离为 0～30 km 垂直分辨率:30 m 时间分辨率:30 s	1	800 W
水汽、CO_2 通量测量仪	LI-COR	Li-7500A	水汽、CO_2 通量、超声风	时间分辨率:30 min	1	20 W
探空仪	Graw	DFM-09	温度、湿度、气压、风	时间分辨率:1 s	1	80 W

续表

北师大团队仪器						
设备名称	生产厂家	型号	主要观测变量	主要技术指标	数量	工作功率
吸湿性/挥发性-串联电迁移差分分析仪	赛克玛	H/V-TDMA3000	气溶胶吸湿性与挥发性	时间分辨率：约 30 min	1	1300 W
吸湿浊度计	赛克玛	Aurora 3000	气溶胶光学吸湿性	时间分辨率：约 30 min	1	2400 W
3D 扫描激光雷达	怡孚和融科技有限公司	EV-Lidar-CAM	$PM_{2.5}$垂直分布	垂直分辨率：7.5 m/15 m/30 m 可调 时间分辨率：1 min	1	150 W
毫米波测云仪	23 所	MMCR	云、雨的位置、分布、回波强度、径向速度等	8 mm 35 GHz	1	80 W

这些仪器可以获得如下参数：

(1) 气溶胶物理(粒子谱)、化学(成分)、光学(散射/吸收)、吸湿特性；

(2) 大气廓线：温度、湿度、气溶胶；

(3) 云、降水物理参量；

(4) 地面通量：辐射、湍流热通量、潜热通量。

此研究最重要的观测包括气溶胶观测系统和边界层大气观测系统(图 2.1)：

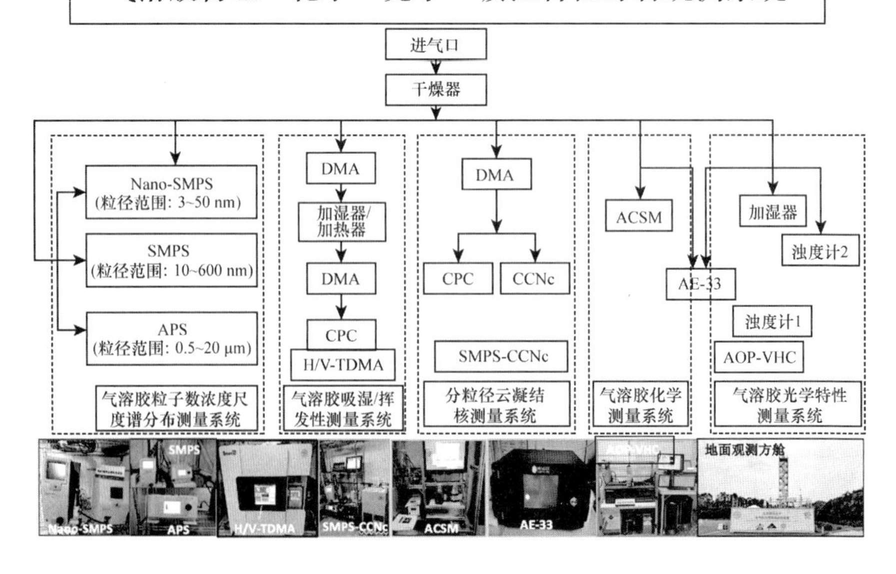

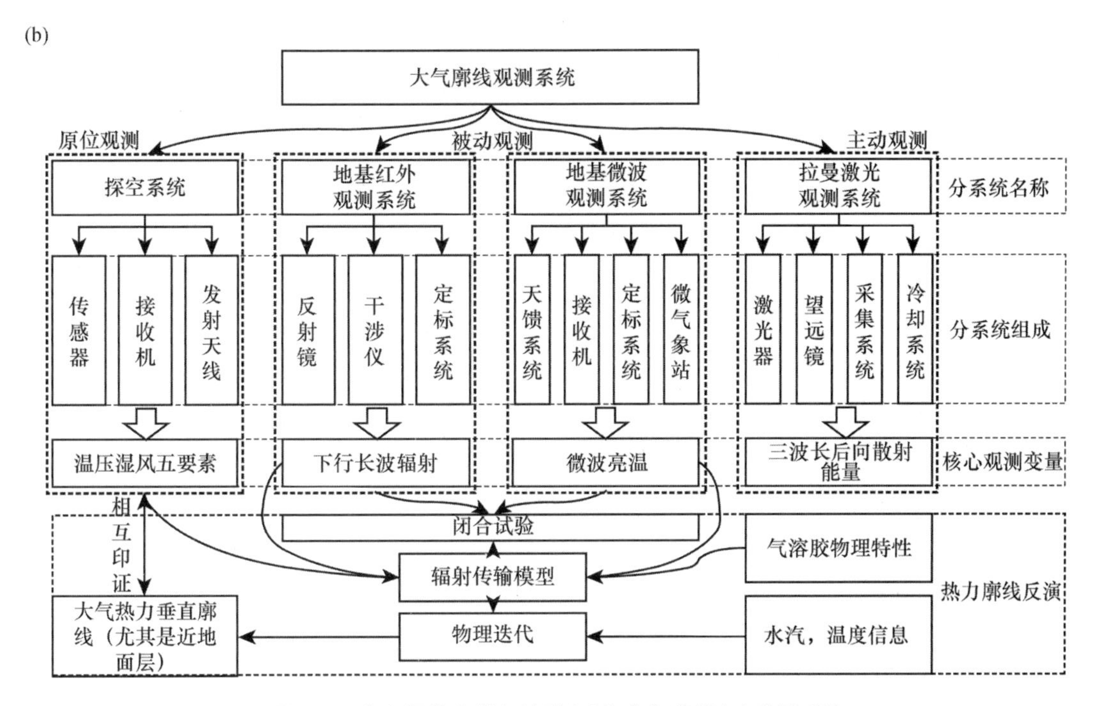

图 2.1 北京师范大学气溶胶(a)和大气廓线(b)观测系统

1. 气溶胶粒径谱观测系统(Nano-SMPS,SMPS,APS)

本研究建立了气溶胶粒子数浓度尺度谱分布测量系统,该系统由两部分组成,其中(纳米)扫描电迁移率粒径谱仪(Nano-SMPS 和 SMPS)分别配备了美国 TSI 公司生产的两种差分电迁移率分析仪(DMA3086 和 3081L)及两种醇基凝聚核粒子计数器(CPC3756 和 3772),分别测量 1.98～64.8 nm 和 10.9～553 nm 气溶胶粒子数浓度尺度谱分布;空气动力学粒径谱仪(APS3321)则测量 0.5～20 μm 粒子数浓度谱分布。

2. 气溶胶吸湿/挥发特性测量系统(H/V-TDMA)

气溶胶吸湿性和挥发性对雾霾形成和云滴形成有重要作用。气溶胶吸湿性描述了在亚饱和及过饱和条件下气溶胶与水汽的相互作用,是描述气溶胶生命周期、气溶胶活化能力以及气溶胶直接和间接气候效应的重要参数,我们基于气溶胶吸湿性、挥发性的观测结果研究了气溶胶的混合状态和老化程度,及大气颗粒物中二次气溶胶的形成。

3. 气溶胶化学组分测量系统

利用气溶胶化学组成在线监测仪(ACSM)测量非难溶性化学组分,包括有机物、硫酸盐(SO_4^{2-})、硝酸盐(NO_3^-)、铵盐(NH_4^+)和氯化物(Cl^-)。有机物质谱数据通过正交矩阵因子分解(PMF)进行解析,可以区分有机气溶胶的不同来源;根据有机物氧化程度的差异,也可以区分一次和二次有机气溶胶。而气溶胶中的难熔性成分(以黑碳为主)可由黑碳仪(AE-33)测得,AE-33 还可同时得到气溶胶的吸收系数。依据气溶胶化学组分的测量结果,结合热力学平衡模式(如 ISORROPIA Ⅱ),可以得到气溶胶液态水含量,再结合 HTDMA 的测量结果,可以分析不同因子对 ALWC 的影响。

4. 气溶胶垂直发布、边界层观测系统

气溶胶垂直观测系统由两部分组成：532 nm 波段偏振微脉冲激光雷达(MPL)和振动-转动拉曼激光雷达(Raman lidar)，后者测量 355 nm、532 nm、1064 nm 波段的米散射回波信号，354 nm、353 nm 纯转动拉曼散射回波信号以及 386 nm、407 nm 拉曼散射回波信号。两部激光雷达系统获取的回波信号均可以在去除云后，根据信号突变的特性获取物质边界层的高度；并且可以结合探空气象廓线数据在保证相对稳定环境条件下，根据激光雷达获取的光学参数廓线对垂直气溶胶吸湿特性进行研究[90]。

5. 大气廓线

除了能够获得云气溶胶的廓线信息外，拉曼激光雷达在进行标定之后能够获取水汽及温度廓线信息。另外，我们还使用微波辐射计(德国 RPG-G4)和红外高光谱(美国 ASSIST)观测大气温、湿廓线。反演结合探空或再分析资料，通过神经网络训练或辐射传输模式物理迭代得到近地面温度湿度廓线。红外高光谱信量比微波辐射计大得多，反演垂直分辨以及精度都优于微波辐射计。但微波不受云影响可用于全天候观测。将红外与微波两者相结合能够得到更加完整、准确的反演结果。

2.3.2 分析研究

相关大气边界层参数算法研究。通过同步的气象观测(包括探空)、气溶胶光学特性和消光系数垂直观测，进行五大边界层气象参数计算，主要包括边界层高度、逆温层、气溶胶辐射加热率、大气稳定度及地表热通量，并结合典型大气重污染过程，分析其变化特征。

不同大气稳定度对气溶胶的影响。首先，依据不同气溶胶浓度/类型、大气辐射加热率以及地面冷却的强弱对大气稳定度进行分类，研究气溶胶浓度的变化与稳定度变化关系。由于散射性气溶胶和吸收性气溶胶对地表和大气能量具有不同的影响，因此，研究中对两者的效应加以区分。气溶胶引起的地表冷却和大气加热抑制对流，研究中将区分不同类型的气溶胶，同时利用观测的温-湿度廓线反演得到 PBL。

气象条件和气溶胶对边界层影响的分离。近地面空气污染和 PBL 都受到天气系统的影响。为了分离气象条件对气溶胶与 PBLH 相互作用机制的可能影响，首先需将天气系统分类。分为气旋中心、低压、气旋底、冷锋、反气旋边缘(AE)和反气旋中心(AC)等类型[95]。这些分类结果将作为研究气溶胶和 PBL 以及近地面大气污染关系的约束条件。针对观测期间出现的典型天气过程，利用 WRF-Chem 进行敏感性试验，结合不同天气系统下气溶胶的传输和扩散过程，分析气溶胶对 PBL 特征影响的程度。

不同类型气溶胶对边界层发展的影响。选取以吸收性气溶胶为主导的站点，利用临近平原(代表污染地区)和不同高度山区(代表清洁地区)的差别，研究不同高度上的气溶胶光学厚度(可用卫星产品)的变化趋势及其与边界层的相互关系。同样，也选择弱吸收性气溶胶(如硫酸盐)为主导的我国典型区域进行类似的研究，并期望得到两者间更弱甚至相反的关系。

边界层-气溶胶-重大大气污染过程相互作用机理。为了更好地理解气溶胶对边界层的可能影响机制，在全面整合分析地面、飞机和卫星气溶胶观测数据的基础上，挑选数个重污染过程进行闭合试验。同时，结合 WRF-Chem 模式模拟气溶胶浓度、边界层和重污染过程的演变特征，将这些模拟结果与实测数据进行对比，识别和量化气溶胶对边界层的影响，推断在极端大气污染过程中三者之间内在联系的可能机制。具体技术路线见图 2.2：

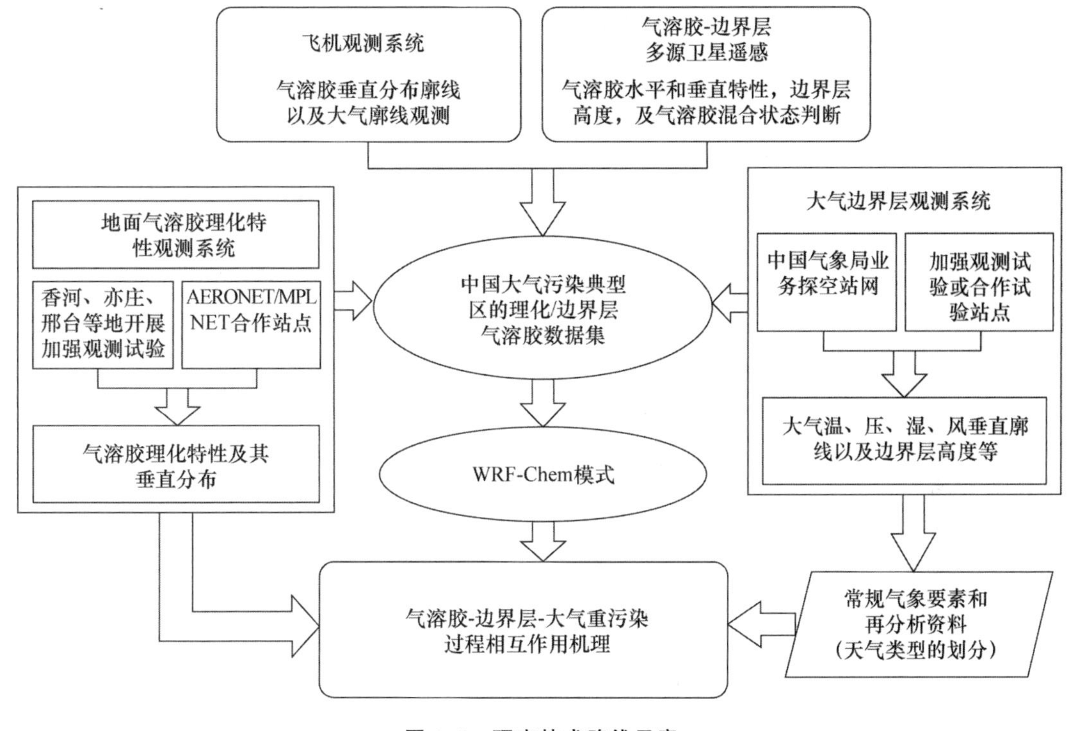

图 2.2　研究技术路线示意

2.4　主要进展与成果

2.4.1　气溶胶、边界层及其相互作用对地面 $PM_{2.5}$ 影响

气象条件也会对重污染过程的形成和发展起到关键的作用。在各种气象要素中，大气边界层高度通过各种相互作用和反馈机制影响近地面污染物的传输，从而调节地表 $PM_{2.5}$ 浓度的重要参数。气溶胶与边界层存在较强的相互作用，并在相当程度上影响地面污染[96]。气溶胶可以通过散射和吸收太阳辐射造成地表冷却，从而减少驱动 PBL 发展的感热通量。与此同时，气溶胶吸收的太阳辐射被用于加热大气，从而加强边界层顶逆温。虽然气溶胶对整个地-气系统辐射能量平衡的扰动较小，但是由于其冷却地面的同时可加热大气，从而在大气内部和地面引起截然相反的温度变化，造成大气变得异常稳定。大气稳定度的增加导致 PBL 内湍流减弱，自由对流层通过夹卷进入 PBL 的干空气减少，PBL 内水汽增多，两者

的综合作用使相对湿度(RH)上升。升高的 RH 更有利于气溶胶的吸湿增长和二次气溶胶的形成,前者将增强气溶胶对太阳辐射的散射能力,而后者可能增强黑碳气溶胶的吸收能力,从而导致 PBLH 进一步下降,形成更有利于大气污染物积聚的浅薄 PBL。通过获得并分析中美边界层资料,发现中美类似气候条件下边界层高度存在高达一倍多的系统差异(图 2.3)。

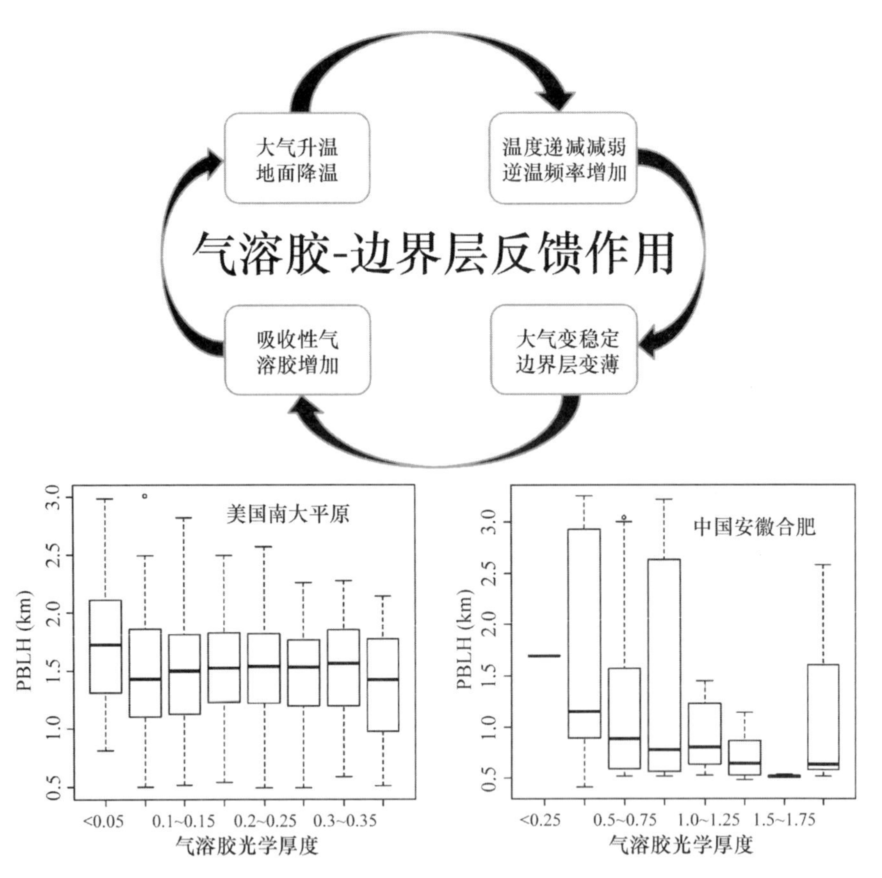

图 2.3　气溶胶-边界层通过影响温度和大气稳定度相互作用机理(上);美国和中国类似气候带常年平均边界层高度和气溶胶光学厚度比较(下)

利用 2 年的 MPL 数据、13 年(2002—2014)的 MODIS 气溶胶光学厚度(Aerosol Optical Depth,AOD)数据和 35 年(1980—2014)的能见度数据,我们分析了关中地区气溶胶与边界层的长期相互作用,发现该地区存在大量的吸收性气溶胶,使到达地面的太阳辐射显著减少,同时对边界层上部大气加热作用明显,导致边界层逆温增强、边界层高度下降,造成关中地区不同海拔高度上气溶胶浓度长期相反的变化趋势。将这一研究扩展到全国范围内,发现 2002—2014 年北方地区近地面污染加重、高空污染减轻,而这一现象在南方地区不明显(图 2.4),这与该地区气溶胶黑碳含量相对较低有关,表明气溶胶-边界层反馈作用在气溶胶吸收性强的地区(中西部)对大气污染的影响更为显著[97]。

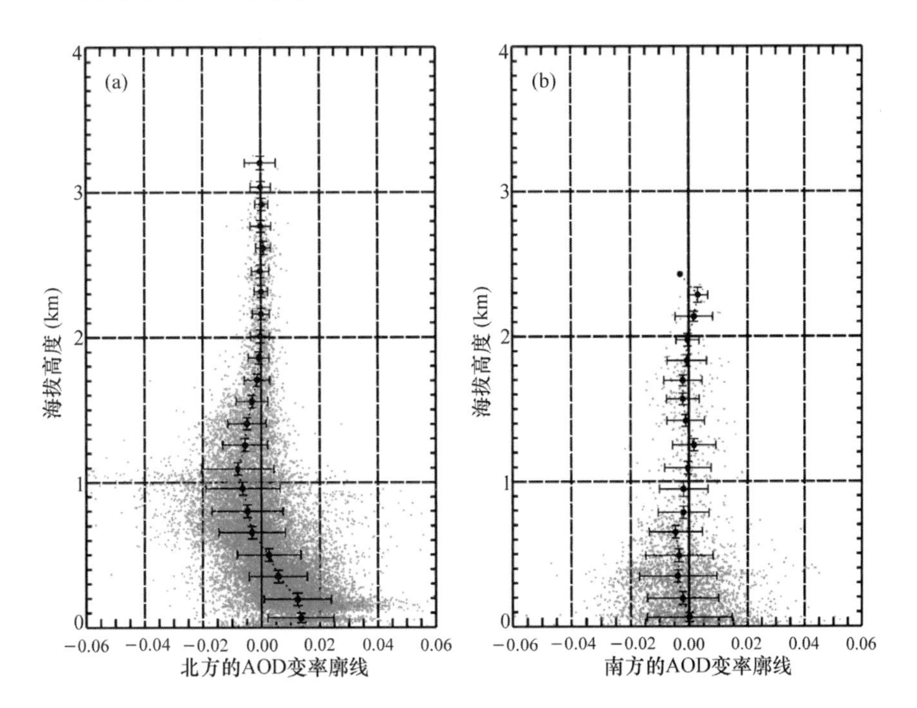

图 2.4　北方(a)和南方(b)2002—2014 年夏季气溶胶光学厚度变率廓线

上述有关边界层和地表污染物的相互作用原理已比较清楚，但在实际应用中，多种环境因素交织在一起相互影响，边界层高度和地表污染物的关系依然需要进一步分析以理清不同因素的影响。这些问题都要求有完整的气溶胶、边界层和 PM 数据集。我们长时间缺乏大范围的长期的边界层高度观测数据，现有的边界层高度信息主要来自两个渠道：第一，来自个别加强实验的观测反演结果；第二，来自国外的再分析资料。本文利用 2011—2015 年全国 120 个探空站 02、08、14、20 时(北京时)探空观测温度、湿度、风等秒级精细廓线数据，通过改进的整体理查森算法，首次获得了覆盖全国不同地区不同季节的边界层高度气候数据集，基于此分析了中国大范围的边界层高度时空分布特征。夏季边界层发展较高、而冬季较低，东部低西部高，这与到达地面的太阳辐射引起的地面热通量变化有关。

当然，边界层高度和空气污染变化都受天气系统影响。利用 NCEP 925hPa 再分析资料，采用主成分分析方法，我们划分了 7 种不同天气型。研究表明北京夏季气溶胶污染物浓度偏高，与 925 hPa 东南方向存在高位势的 3 种天气型密切相关。借助北京地区的 L 波段探空资料、地基云量观测以及气溶胶观测，系统阐明了气象要素与不同 $PM_{2.5}$ 污染等级之间的关系。为了阐明其相互作用机制，我们利用 WRF-Chem 模式进行了无云条件下的敏感性试验，揭示了夏季北京地区的污染与边界层相互作用易受以下四种主要因素影响(图 2.5)：(1) 云量；(2) 西北方向地形激发的高空暖平流；(3) 东南方向海陆热力差异导致低空的冷平流；(4) 近地面气溶胶-边界层相互作用的正反馈[73]。

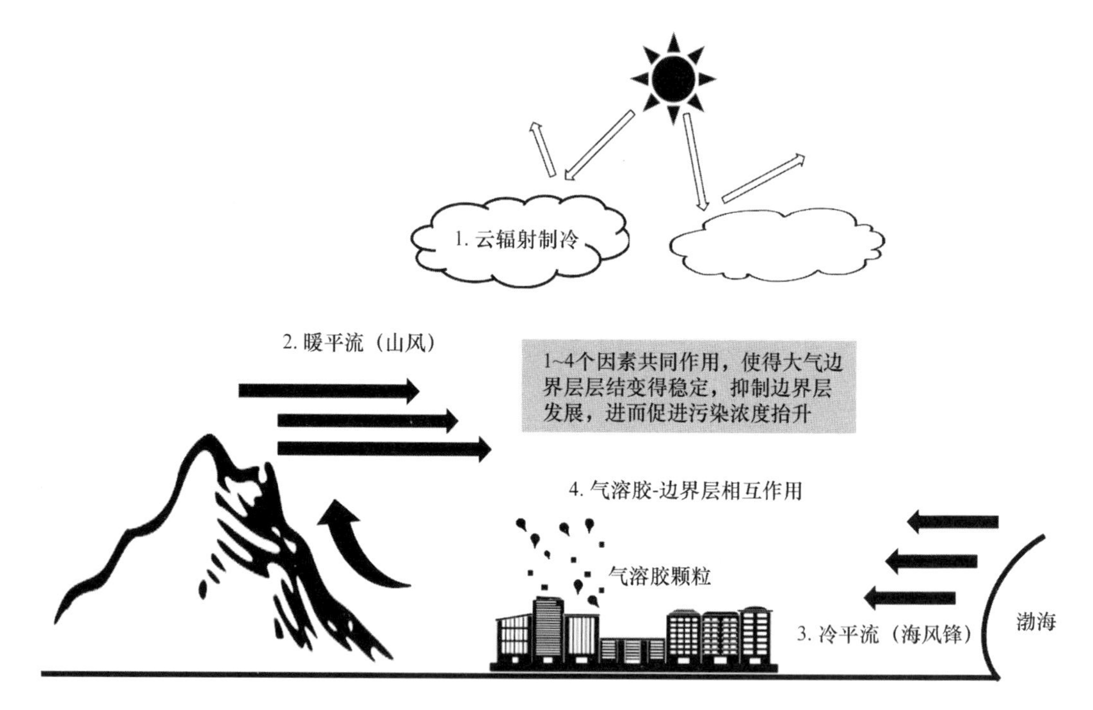

图 2.5　北京夏季边界层气溶胶相互作用影响主要机制示意

利用星载和地基激光雷达反演的边界层高度，与地面的 1500 个 $PM_{2.5}$ 观测站进行匹配，我们研究了全国四大区域（华北、东北、长三角和珠三角）边界层和地表污染物的关系[74]。发现它们的关系有很强的区域性和季节性，并受地形和风速的影响。尽管在大多数情况下，边界层高度和 $PM_{2.5}$ 呈现负相关，但其强度、显著性，甚至正负性都随地理位置、季节和气象条件大幅变化。同时发现 $PM_{2.5}$ 对边界层变化的响应呈非线性，特别是对于污染较严重的华北平原（图 2.6）。当边界层较浅且 $PM_{2.5}$ 浓度高时，边界层和污染物显示出较强的相互作用主要发生于冬季。对于污染较轻的区域，边界层和 $PM_{2.5}$ 的相关性一般偏弱。利用气溶胶光学厚度对地表 $PM_{2.5}$ 进行归一化处理后，与边界层的相关性显著增强，并减弱了相关性的区域差异。强风对于降低地表污染物也起了较大作用，并导致较弱的边界层和 $PM_{2.5}$ 关系。此外，地形因素也显著影响边界层和地表污染物的关系，边界层高度和 $PM_{2.5}$ 的相关性在低海拔地区更为显著，这与平原上更频繁的静稳天气和集中的污染物排放源有关。

利用北京长期的综合观测，我们研究了气溶胶垂直分布对于边界层内大气稳定度的影响[75]。观测数据包括激光雷达的气溶胶垂直分布、太阳光度计的光学特性、探空仪的廓线以及地面的 $PM_{2.5}$ 浓度和气象要素。根据边界层内气溶胶垂直分布的观测，气溶胶的垂直分布被分为了三种类型，即混合均匀、气溶胶大体上随高度递减或随高度递增。在不同的垂直结构下，边界层和 $PM_{2.5}$ 的关系和日变化呈现出明显不同的特征。在递增结构下，边界层增长速率较低，同时 $PM_{2.5}$ 在白天持续增加。边界层和气溶胶的相关性在递增结构下相对较强，尤其对于吸收性气溶胶。基于大量的观测结果，我们进一步使用辐射模型来研究气溶胶辐射强迫随高度变化。在不同的气溶胶垂直结构下，气溶胶的辐射效应有较大的差异。在递增结构下，气溶胶对于上部边界层有更强的加热效应，从而有助于增强边界层内的稳定性，降低边界层高度。

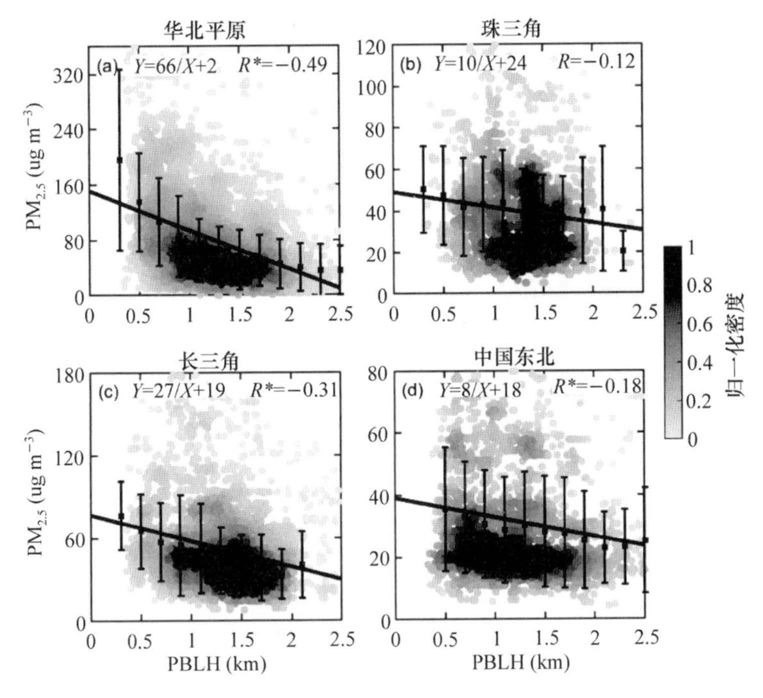

图 2.6　针对四个研究区域，星载激光雷达(CALIPSO)反演的边界层高度和 $PM_{2.5}$ (单位：μg m^{-3}) 之间的关系

2.4.2　气溶胶新粒子形成、吸湿增长与重雾霾发生机理

灰霾能否发生很大程度上取决于气溶胶新粒子的生成和增长(当然外部传输也是重要来源)。人类活动产生的大气颗粒物污染多来源于由气态前体物转化生成的二次气溶胶，新粒子生成产生的二次气溶胶占了很大比例。新粒子生成对于区域大气污染和全球环境演化具有重要的影响。一般认为新粒子生成仅受制于气体前体物浓度，其增长过程研究主要注重于光化学反应，但这些不能完全解释实际发生的新粒子生成和增长现象，也给重污染事件预报带来很大的不确定性。

利用在北京南郊观象台近 2 年的综合观测数据，我们分析发现在中国超大城市背景下新粒子生成的新物理机制，并验证了美国和芬兰发生的大量新粒子生成事件及其伴随的大气和气溶胶各种特征参数观测，发现尽管这些地区大气前体物成分和含量有很大不同，但有一个共同点：新粒子生成事件发生前都伴随着不稳定大气下增强的湍流发展趋势(图 2.7)。基于传统化学成核机理和超细粒子在实际大气中的分布特征，结合成核分子在大气湍流控制下的流场中的分布变化特征，通过对复杂污染背景下的超大城市外场观测的总结和全球典型站点(美国 SGP、芬兰 Hyytiälä)的验证，我们发现大气湍流发展对于新粒子生成和发展有重要影响，提出如图 2.7 所示的物理影响的新机理[94]，并采用分子动力学模式对该理论进行模拟验证,得到了跟观测一致的结果,验证了上述机理。

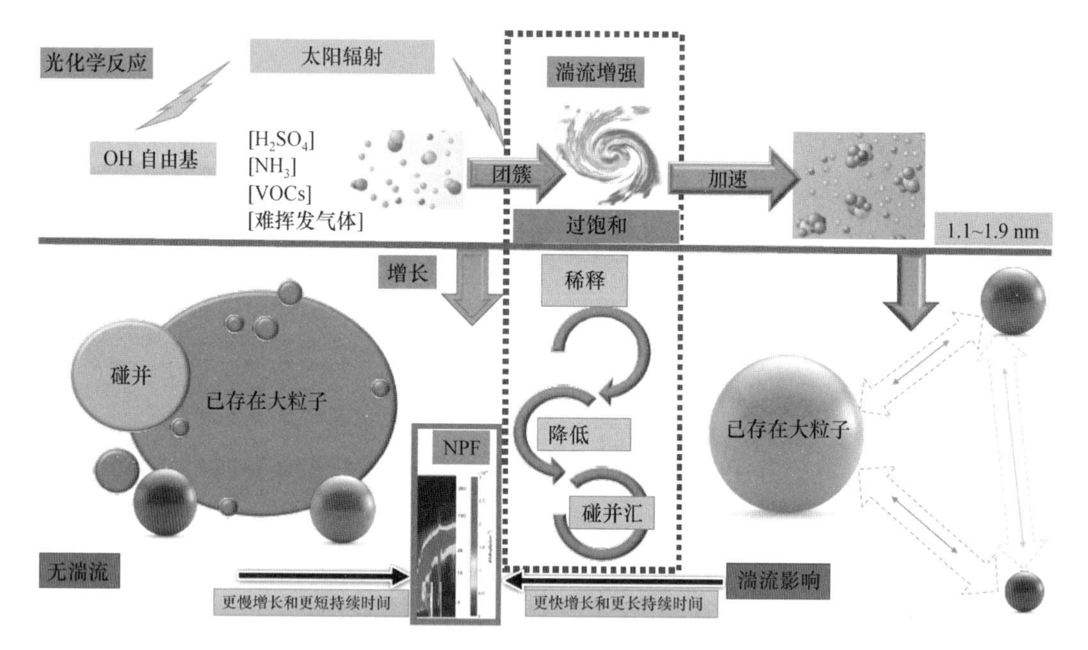

图 2.7 超大城市复杂污染背景下提出的湍流发展对新粒子形成过程的影响示意

粒子形成阶段：湍流增强发展可以有效地提高可凝结分子生成团簇的效率,增加局部过饱和度、加速团簇成核的过程,从而增强源的贡献,促进成核;粒子增长阶段：新生成的小粒子容易被已有的大粒子通过碰并、吸附等过程清除掉,而湍流的混合效应有效稀释了大粒子浓度,降低了汇的作用从而促使新生成粒子的快速增长。

粒子生成后吸收水分及在其表面进行液相化学反应是吸湿性气溶胶增长的主要机制,也是雾霾快速形成的重要原因,因此气溶胶增长很大程度上取决于气溶胶的吸湿特性,即在大气水汽亚饱和(RH＜100%)状态下气溶胶粒子吸收水汽而使其粒径增大的过程。气溶胶吸湿性参数是描述气溶胶环境效应和气候效应的重要物理量,气溶胶的吸湿增长及其活化特性对于制定大气污染防治措施以及应对气候变化都具有重要意义。气溶胶液态水是大气颗粒物的重要组成部分,对气溶胶光学性质以及大气化学过程等有重要的影响。基于对气溶胶吸湿性的观测结果,我们对气溶胶吸湿性及其影响因子开展了一系列研究,探讨了气溶胶吸湿增长,并进一步研究了气溶胶液态水含量对空气污染形成的作用,系统研究了不同大气环境条件下气溶胶吸湿增长特性、混合状态及其来源[86,87,89,91,92]。

利用北京 2015 年阅兵期间(减排阶段)及其前后的气溶胶理化特性及吸湿性数据,研究了不同污染程度下气溶胶吸湿性及挥发性的变化。通过对选出的三个阶段(Clean 1 阶段,干净,控制排放;Clean 2 阶段,干净,无控制排放;Pollution 阶段,污染,无控制排放)观测数据的对比分析,我们发现[87]：

(1) 减排措施使得亚微米气溶胶吸湿增长特性减弱、挥发特性增强。Clean 1 和 Clean 2 阶段相比,40～200 nm 气溶胶粒子的吸湿性参数(κ)减弱 8.5%～32.0%,40～300 nm 气溶胶的挥发性缩小因子(SF)减小(即挥发性增强)7.5%～10.5%。

(2) 减排措施能够改变吸湿性参数概率密度分布函数(κ-PDF)及挥发性塌缩因子概率密度分布函数(SF-PDF)的日变化特征。以 κ-PDF 的日变化为例进行说明,在 Clean 1 阶段,对于核模态粒子(如 40 nm 粒子),κ-PDF 全天只有一个弱吸湿性模态,与 Clean 2 和 Pollution 阶段相比有显著不同;另外,Clean1 阶段大粒子凌晨的强吸湿性模态也不存在,可能与减排期间夜间氮氧化物减少有关。

利用北京冬季气溶胶吸湿性串联差分电迁移率分析仪(H-TDMA)创新性地对超细模态(粒径<100 nm)、积聚模态(粒径>100 nm)气溶胶来源进行同步研究。研究发现超细模态、积聚模态气溶胶粒子的吸湿性增长因子概率密度分布函数(GF-PDF)的模态分布在干净/污染条件下存在显著差别,在干净/污染阶段的转变过程中 GF-PDF 的模态分布存在相反的变化趋势。结合气溶胶粒子谱分布、气溶胶化学组分等数据进一步分析发现超细模态、积聚模态气溶胶在干净/污染条件下具有不同的来源(图 2.8)[92]。干净条件下超细模态气溶胶粒子主要来源于经光化学反应产生的新粒子生成事件,积聚模态气溶胶粒子主要来源于人为一次排放;而污染条件下超细模态气溶胶粒子主要来源于一次排放,积聚模态气溶胶粒子则主要来源于多相化学反应。

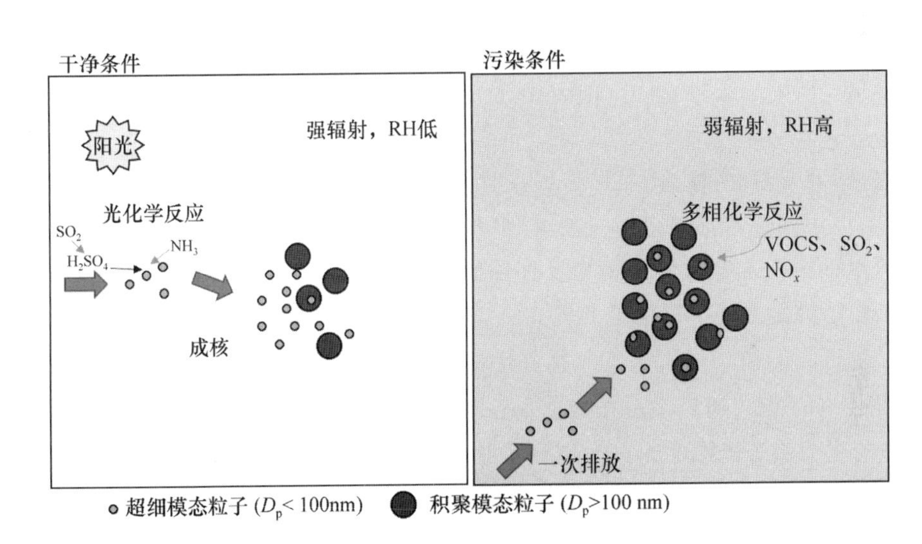

图 2.8　不同污染条件下大城市超细模态及积聚模态气溶胶来源及形成过程示意

ALWC 难以进行直接观测。我们基于 2017 年 11 月 8 日至 12 月 15 日在超大城市北京的城市站点观测的气溶胶数据,深入研究了 ALWC 随气溶胶环境 RH、吸湿增长因子和粒子数浓度谱分布(PNSD)的变化规律,并且还通过 ISORROPIA Ⅱ 热力学模型结合气溶胶化学组分数据成功模拟了 ALWC。在实验期间进行的关于几乎所有气溶胶特性的丰富测量使我们不仅可以得出 ALWC,而且还可以研究各组分对 ALWC 的贡献。研究表明,有机物对 ALWC 的贡献显著(图 2.9),这与前人的研究结果——有机物的贡献可以忽略有很大差异。此外,ALWC 与硫酸盐、硝酸盐和二次有机气溶胶的质量浓度均有很好的相关性。同时我们还注意到积聚模态的粒子在确定 ALWC 中起关键作用,在所有气溶胶模式中占主导地位。此外,ALWC 是环境相对湿度的指数函数,其日变化主要受强烈的环境 RH 日变化的影响。然而,ALWC 和环境 RH 的极值之间存在三小时的时间差,这是由于 PNSD 和气溶胶化学成分的日变化引起的。最后,个例研究表明,有机物贡献的 ALWC 在北京重雾霾发生初期通过多相反应在二次气溶胶的形成中发挥重要作用。

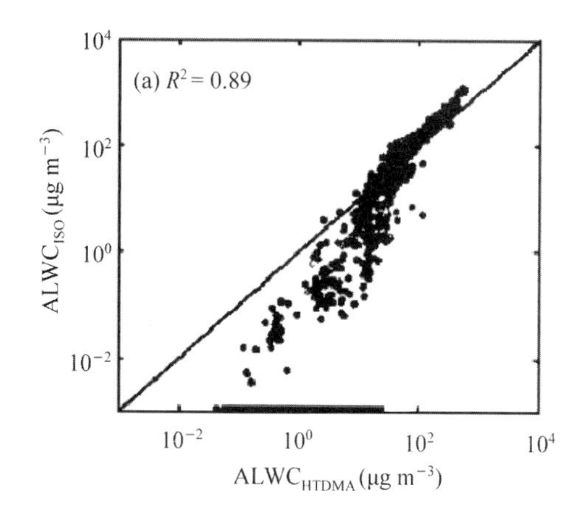

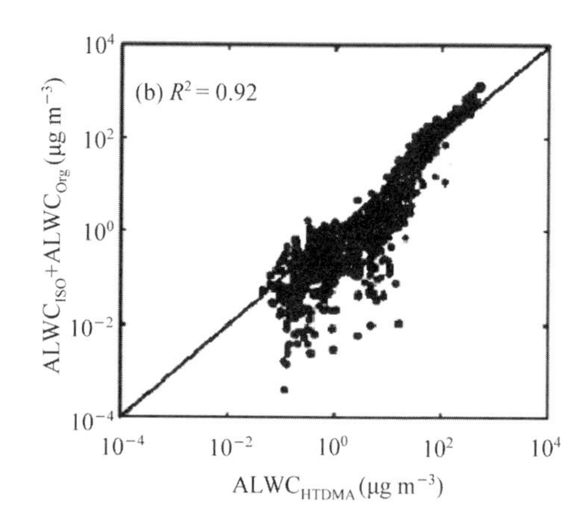

图 2.9 $ALWC_{HTDMA}$与(a) $ALWC_{ISO}$,(b) $ALWC_{ISO}$+$ALWC_{Org}$间的相关性分析

图 2.9 中 R^2 代表相关系数。$ALWC_{HTDMA}$ 是根据 HTDMA 观测计算的 ALWC;$ALWC_{ISO}$是根据热力学模式 ISORROPIA Ⅱ 模拟的 ALWC;$ALWC_{Org}$ 是有机物贡献的 ALWC。

对于黑碳(非吸湿)气溶胶,基于短期强化观测、实验室烟雾箱模拟以及模型计算等多种手段和方法,以中国近几年强减排、强控制的情境下但雾霾仍然频频发生为着重点,针对我国高浓度水平的一次细颗粒物黑碳和气态前体物,设计并控制在不同湿度条件下开展了新鲜排放的 BC 暴露在大气中最常见的气态污染物(SO_2,NO_2 和 NH_3)中的烟雾箱模拟实验,揭示了 BC 表面催化 SO_2 的氧化反应过程中硫酸盐的形成和增长,及该反应的化学机理和影响因素(图2.10)[98]。研究发现在极低的 SO_2 浓度和中等相对湿度下该反应就可快速生成 $PM_{2.5}$中的主要成分硫酸盐。进一步将实验室烟雾箱的结果应用到实际大气中硫酸盐生成的估算中,发现这种黑碳表面的催化反应途径对轻/中度雾霾和重度雾霾期间硫酸盐总量的贡献分别达到了 90%~100%和 30%~50%。此外,基于辐射传输模型模拟计算,发现该反应机制显著增强了黑碳气溶胶对大气的加热效应和对地表的冷却效应,但同时,增强的大气加热效应和地表冷却效应几乎可抵消,因此其对大气层顶的总辐射强迫几乎不变。

这种新的机制解释厘清了为何在大力减排 SO_2 的情境下,我国近几年轻/中度雾霾仍然频频发生的原因和化学机理;指出了 BC 对区域环境产生的重要影响。近期国家对工业源实施减排有效地减少了空气中 SO_2 的浓度,但控制 SO_2 的浓度仅减少了重度雾霾的发生频率,不能根本消除大城市区域重度雾霾的发生与减少轻/中度雾霾发生的频率。研究指出需同时控制一次排放的黑碳以及其他大城市群排放的污染气态物(NO_x 和 NH_3 等)。该发现对我国及世界其他发展中国家科学制定减排措施以治理雾霾、改善空气质量及应对气候变化均具有指导意义。

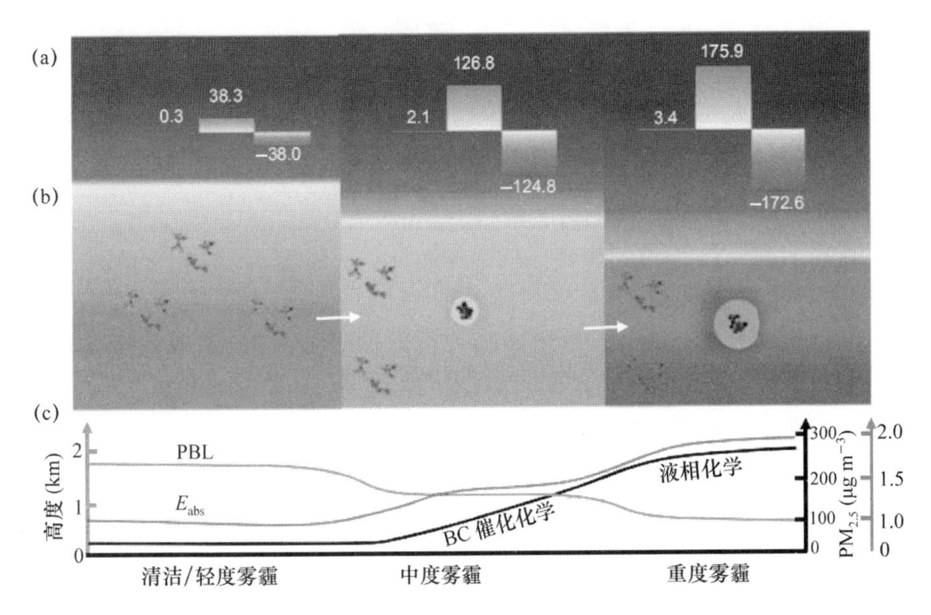

图 2.10　黑碳气溶胶表面催化反应驱动大城市区域雾霾的生成及其辐射强迫的变化

2.4.3　气溶胶光学厚度、细颗粒物含量、颗粒物质量浓度反演算法、产品和长期变化特征

大气气溶胶含量通常用气溶胶光学厚度和质量浓度量度。由于细模态气溶胶与人为产生的气溶胶关系更密切，细模态气溶胶比(Fine Mode Fraction，FMF)、$PM_{2.5}$(直径小于或等于 2.5 μm 的气溶胶)质量浓度和 PM_1(直径小于或等于 1 μm 的气溶胶)质量浓度受到更广泛关注。FMF 被定义为细模态对总光学厚度的贡献比例(Fine Mode Fraction AOD＝fAOT＝AOT×FMF)。细颗粒物能在空气中悬浮较长的时间，输送距离远，易附带有毒、有害物质，引起呼吸道和心脑血管疾病，对人体健康影响更大。因此，实现大气气溶胶和细颗粒物监测对生态环境、经济及人类健康具有十分重要的意义。本研究团队系统评估并改进了全球和区域气溶胶遥感算法和产品，包括 AOD、FMF 和 PM 产品，为空气污染监控和理解其形成变化规律奠定了基础。

1. AOD 反演算法和产品

2017 秋季发布的 MODISAOD 气溶胶产品(Collection 6.1)已得到广泛使用。这是使用不同算法得到的 3 种产品：暗目标法(Dark Target，DT)、深蓝算法(Deep Blue，DB)和两者融合产品(Combined DT and DB，DTB)，空间分辨率为 10 km。我们首先系统评估了这 3 类产品，并研究了地表反射率、气溶胶类型、污染程度、地表类型和地表高程对气溶胶反演结果的影响。研究发现不同算法在陆地局部地区的表现能力存在明显的差异，DT 算法在浓密植被覆盖地区表现良好；除高亮地表地区(如沙漠、裸地等)外，DB 算法在植被地区也展现出较好的精度。DB 产品在多数地区和超过半数以上的站点表现最优，表明 DTB 融合产品在全球范围内并不总是最优的[78]。一个重要原因是全球使用同一个基于 NDVI 的组合算法，但据我们研究应该对不同地表类型(包括林地、草地、耕地、城市、裸地和水体)采用不同的算法。由此得到的气溶胶融合产品空间覆盖率和精度明显提高[79]。

尽管融合得到的新气溶胶产品整体精度得到改善,但由于MODIS气溶胶产品的空间分辨率整体较低,为3~10 km,很难满足中小尺度地区(如城市)的大气污染研究,同时官方气溶胶产品在亮度非均匀地表仍存在较大估计偏差。因此,研究提出了一种改进的基于陆表先验参数支持(I-HARLS)的高分辨率气溶胶反演算法[99]。该方法使用经过严格大气校正后的MODIS 8天合成地表反射率产品构建先验全球地表反射率数据库,提供亮地表及稀疏植被真实地表反射率数据;利用众数合成法确定全球季节性气溶胶类型数据库,其主要气溶胶光学特性由气溶胶地基观测网络(AErosol RObotic NETwork,AERONET)历史气溶胶光学特性月平均测量值确定。基于该算法,得到了全球1 km AOD产品。选择四个典型区域(包括欧洲、北美洲、京津冀和撒哈拉沙漠)进行气溶胶反演实验,并与AERONET地基观测数据和MODIS 3 km AOD产品进行精度验证和对比。结果表明,我们产品的整体精度和空间覆盖率均明显提高。

该算法在某些局部地区仍存在较大偏差,这主要是由地表反射率和气溶胶类型的估算偏差导致的。针对该问题,我们又提出一种适用于不同微型传感器的区域稳健的高空间分辨率气溶胶反演算法,该方法考虑了地表双向反射分布函数,利用RossThick-LiSparse模型计算逐日地表双向反射率,降低BRDF效应,提高地表反射率的估计精度和时间分辨率;利用AERONET站点提供的气溶胶光学特性历史资料,采用时间序列分析和聚类分析方法,得到了更精准的区域月尺度气溶胶类型。同时应用通用动态阈值云检测法构建不同卫星传感器云检测模型,识别并掩膜影像中的云等。基于该方法,反演得到MODIS和VIIRS不同卫星1 km和750 m高精度气溶胶光学厚度数据集,并与地基观测数据和官方气溶胶产品进行精度验证和对比。反演结果整体优于官方产品,特别是城市地区。这也得益于空间分辨率的大幅提高,是官方气溶胶产品的3到10倍,因此可提供更精细的气溶胶空间分布信息[83,84]。

2. FMF反演算法和产品

通过卫星遥感方法获取FMF至今仍是一个世界性难题,尤其是在陆地上。MODIS气溶胶反演算法可以较精确地反演海上FMF,但陆地FMF非常不可靠,因此NASA气溶胶官方团队不推荐使用该数据产品。AERONET可获取较精确的FMF,但站点分布较为稀疏,在空间覆盖度上远不及卫星观测的方法。本研究团队提出了一套系统的细模态气溶胶光学厚度反演算法LUT-SDA[77,100]。LUT-SDA仅用两波段光学厚度值就成功解算了细模态比例,从而获取到了较为准确的细模态气溶胶光学厚度值(图2.11)。该算法于2017年首次提出并且在城市尺度(中国北京、中国香港和日本大阪)开展了验证[100]。在2019年,本研究团队对算法进行了进一步改进,在计算过程中加入了气溶胶的季节性特征,结果表明改进后反演精度有了明显提高,并且被成功应用于反演亚洲区域细模态气溶胶空间分布特征[77]。同时,研究团队结合LUT-SDA和机器学习的方法,反演得到了近10年全球尺度下的细模态气溶胶分布结果,改进后的全球细模态气溶胶反演结果比目前MODIS官方产品在精度上有明显提高，R^2 从 0.34 提高到 0.65，RMSE 从 0.284 下降到 0.185[85]。

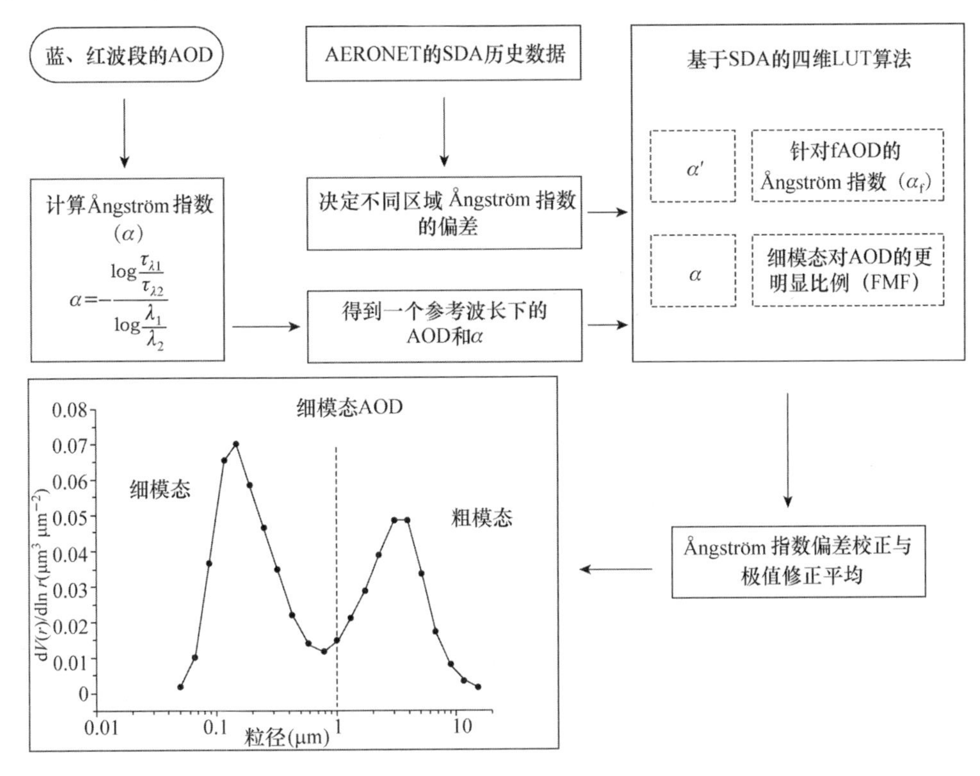

图 2.11　基于 LUT-SDA 的 FMF 反演算法示意

传统上，遥感 PM 一般利用 AOD-PM 关系，该关系考虑到(1) AOD 是气溶胶大气柱总含量，而 PM 代表近地面浓度；(2) AOD 表征气溶胶对到达地面太阳能的削弱，它对气溶胶吸湿敏感，而 PM 则不敏感。因此，它们之间的关系与气溶胶垂直变化和吸湿特性相关。利用遥感获得这些参数存在很大不确定性，因此这个传统方法面临较大挑战。为了提高遥感反演 $PM_{2.5}$ 的精度，我们尝试开发利用机器学习的方法。此类算法最有代表性的方法是神经网络，已有近 25 年历史，但是传统的神经网络机器学习模型只含有 1 个隐含层，表达非线性关系的能力往往不如含有多个隐含层的深度学习模型。

为了提高卫星遥感数据反演 $PM_{2.5}$ 的精度，我们先后开发了多种人工智能(机器学习)方法，包括时空-随机森林模型[101]和时空-极端随机树模型[102]，后者更为准确。该方法在模型性能和预测能力方面均优于广泛使用的回归模型和其他机器学习模型。使用 MODIS MAIAC 1 km AOD 产品，综合考虑气象条件、地表变化等自然因素，人类活动分布、污染排放等人为因素，以及大气污染时空变化特性，首次重构了中国 2000—2018 年 1 km 高质量 $PM_{2.5}$ 历史数据集。新生产的 $PM_{2.5}$ 产品的空间分辨率是大多数传统产品的 3 到 10 倍，空间覆盖范围更广，大气污染信息更精细，这对于研究城市地区的空气质量具有十分重要的意义[103]。

验证结果表明，我们的模型能准确估算中国当前的 $PM_{2.5}$ 浓度(如 $CV-R^2=0.86\sim0.90$)和重建历史 $PM_{2.5}$ 浓度(如 $R^2=0.80\sim0.82$)。基于该数据集，可较准确地分析中国从全国到区域、再到城市的 $PM_{2.5}$ 污染暴露情况及长时间变化情况。结果表明，中国大部分地

区都面临 $PM_{2.5}$ 暴露风险，尤其是冬季。自 2000 年以来 $PM_{2.5}$ 污染发生了很大的变化。2008 年以前 $PM_{2.5}$ 浓度明显增加，一直到 2012 年保持相对稳定。然而，2013 年以来 $PM_{2.5}$ 浓度显著下降，在 2013—2018 年间，中国 $PM_{2.5}$ 浓度下降幅度最大，尤其是京津冀、长三角和四川盆地，这得益于中国大气污染防治计划(图 2.12)[103]。

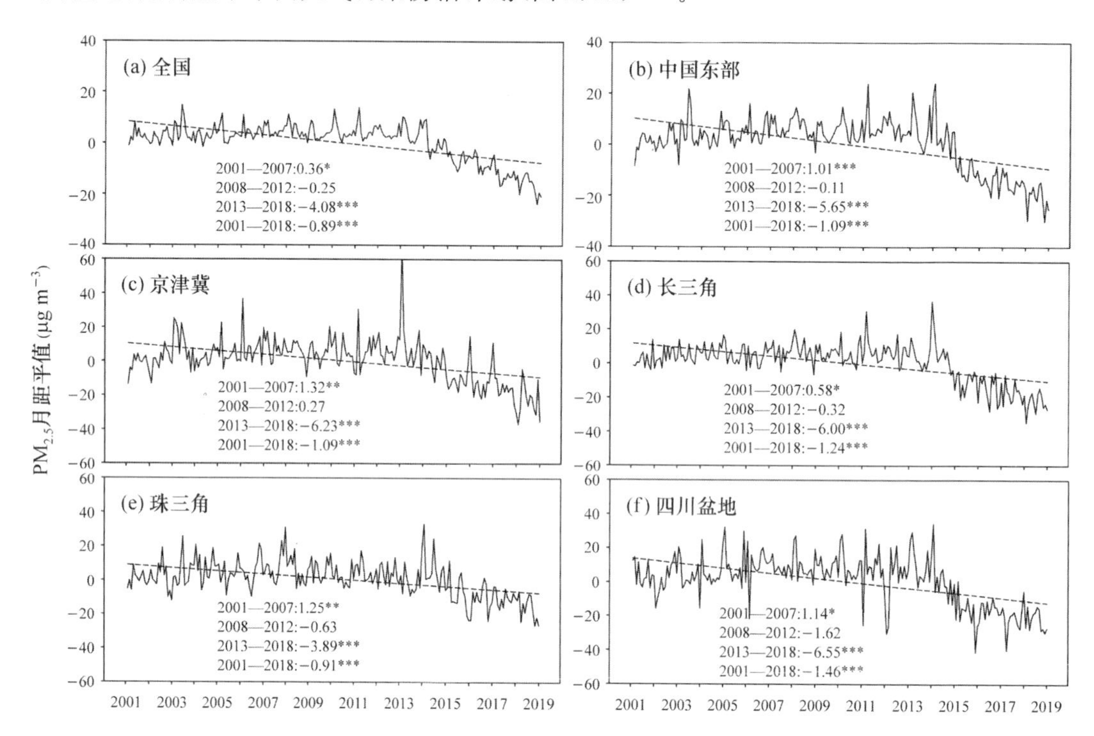

图 2.12　中国 2001—2018 年(a)全国、(b)东部和[(c)～(f)]四个典型地区的 $PM_{2.5}$ 月距平值的时间序列

采用同类方法，基于中国气象局提供的 PM_1 地基观测数据、卫星遥感产品、再分析资料和气候/化学模式的污染排放清单等数据，首次生产了中国 2014—2018 年 1 km PM_1 数据集[102](即 China High PM_1)(图 2.12)。本模型可以较准确地估算 PM_1 日浓度，平均 $CV-R^2$ 为 0.77，均方根误差为 14.6 $\mu g\ m^{-3}$，平均绝对误差为 8.9 $\mu g\ m^{-3}$。相较于以往的研究，本模型在 PM_1 估计方面显示出了更优越的性能。我国大部分地区 PM_1 浓度普遍偏低，但华北平原和四川盆地是人类活动频繁、自然条件恶劣的地区，PM_1 浓度较高，尤其是冬季。此外，得益于中国的污染减排，过去五年，PM_1 污染显著降低，平均每年减少 3.0 $\mu g\ m^{-3}$ ($p<0.001$)；对于四个典型的城市群，我们也观察到显著的 PM_1 下降趋势。这些资料能够为各级政府制定大气污染防治政策和策略提供科学支撑。

除了发展长期 PM 数据集、分析长时间尺度污染变化，我们还研发了另一种深度学习模型 Entity Dense Net[81]用于 $PM_{2.5}$ 实时追踪。该模型包括：一个输入层、两个隐含层和一个输出层。隐含层中包含有一个全连接层(FC Layer)、一个 ReLU 层、一个 BN 层和一个 dropout 层。在输出层，数据将会通过一个 FC 层和一个 Sigmoid 层进行处理。Sigmoid 层的引入保证输出结果都在一个合理的范围内，不会出现极端异常值。在对比实验中，此模型架构不仅保证了算法的稳定性，减少了过拟合现象，还提高了计算速度。

3. 气溶胶含量、吸湿特性和粒子谱的垂直变化

气溶胶特性的垂直变化也非常重要，特别是边界层内的气溶胶分布，对判断污染物的生成和传输具有重要意义。地基遥感观测（例如激光雷达后向散射）可以获得气溶胶含量垂直变化的近似信息，但更精确的信息需要飞机观测给出。

我们在河北邢台开展了较大型的空地联合观测试验。相较以往的飞机观测主要集中在粒子浓度、尺度和组成成分等方面，本研究侧重于光学特征的地面-空中对比观测[104]。该试验利用搭载的 Nephelometer 和 PSAP 等气溶胶光学探测仪器，选择晴空少云天气，在对流层低层（＜3000 m）针对河北南部地区开展了 11 架次的飞机观测研究。结合地面 CPAS 直接观测和 CIMEL 太阳光度计地基遥感测量，围绕以下三个问题开展了研究：(1) 河北南部地区不同下垫面条件下气溶胶光学特性的垂直分布特征（图 2.13）；(2) 气溶胶光学特性的不同观测数据来源，例如地面观测、地基遥感和飞机观测之间的相互验证；(3) 不同边界层结构下气溶胶的主要来源以及 σ_{sca} 垂直分布与 RH 的相关关系。研究发现，受局地排放和污染物长距离输送影响，河北南部地区近地层污染主要以吸收型气溶胶为主（SSA≈0.85±0.02），不同下垫面对应的气溶胶光学特性及垂直分布廓线有显著不同。污染物大多集中在 2000 m 以下，其垂直分布受边界层结构和大气水汽含量影响显著，在相对湿度较低的情况下，存在较高的吻合度。污染物垂直分布特征可分为边界层底层聚集型、中高层聚集型和多层型。结合气团来向分析，不同来源的污染物特性差异明显。

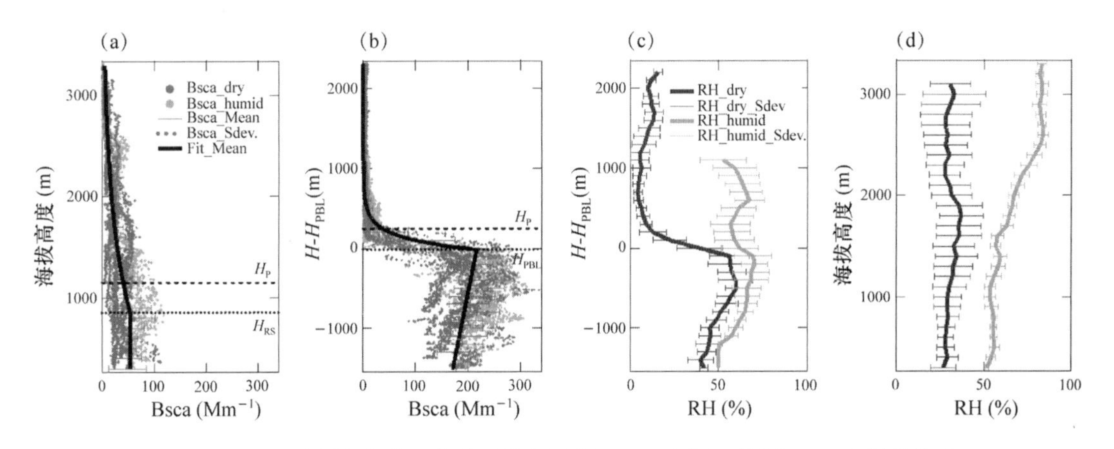

图 2.13　不同边界层条件下气溶胶散射系数（σ_{sca_550}）分布以及和 RH 之间的关系。(a)，(c)：清洁条件下；(b)，(d)：气溶胶低层聚集条件下

我们尝试用激光雷达来测量和分析气溶胶吸湿特性在垂直方向上的变化。气溶胶后向散射系数的吸湿增强因子 $f_\beta(\mathrm{RH},\lambda)$ 可以表示为

$$f_\beta(\mathrm{RH},\lambda) = \beta(\mathrm{RH},\lambda)/\beta(\mathrm{RH}_{ref},\lambda) \tag{2.1}$$

式中，$\beta(\mathrm{RH},\lambda)$ 和 $\beta(\mathrm{RH}_{ref},\lambda)$ 分别表示波长为 λ 时，一定相对湿度和参考相对湿度下，气溶胶的后向散射系数。对于浊度计，气溶胶的吸湿增强因子可以通过 532 nm 波长上的全散射系数随着相对湿度的变化来表示

$$f_\sigma(\mathrm{RH},\lambda) = \sigma(\mathrm{RH},\lambda)/\sigma(\mathrm{RH}_{ref},\lambda) \tag{2.2}$$

式中，$\sigma(RH,\lambda)$和$\sigma(RH_{ref},\lambda)$分别是指波长为λ时，一定相对湿度和参考相对湿度下的气溶胶的全散射系数。为了获得激光雷达和浊度计得到的吸湿增强因子随相对湿度变化的函数$f(RH)$，通过最小二乘法选择最优拟合模型，常见的拟合公式如下

$$f_{\xi}(RH,\lambda)=[(1-RH)/(1-RH_{ref})]^{-\gamma} \tag{2.3}$$

$$f_{\xi}(RH,\lambda)=a[1-(RH/100)]^{-b} \tag{2.4}$$

利用激光雷达研究气溶胶吸湿特性时，由于是在开放大气条件下进行的，只能对下述特殊个例情况开展：大气边界层均匀混合、相对湿度变化大（如云底附近）以及气溶胶后向散射系数和相对湿度均随着高度的增加而增大[88]。通过分析忻州、邢台和北京的观测资料，我们均发现满足此类条件的个例，并对所对应的不同类型的气溶胶吸湿特性进行了仔细研究。

利用北京南郊大型外场观测试验中拉曼激光雷达、微脉冲激光雷达、气溶胶粒子谱观测系统、地面颗粒物化学组分监测仪器和L波段探空观测数据研究分析了该地区沙尘型气溶胶对吸湿增长效应的影响以及不同情况下光学参数的差异。就相同湿度范围内计算得出的吸湿增强因子$f(RH)$而言，含有沙尘的粗模态气溶胶（Case I）和不含有沙尘的细模态气溶胶（Case Ⅱ）均具有较强吸湿特性。在相对湿度为86%时，分别约为1.4和3.1，无沙尘气溶胶的吸湿性远高于含有沙尘的情况（图2.14）。非沙尘细模态气溶胶在吸湿性增长过程中起到主导作用，而非吸湿性沙尘气溶胶会降低单位体积内的气溶胶总吸湿性。

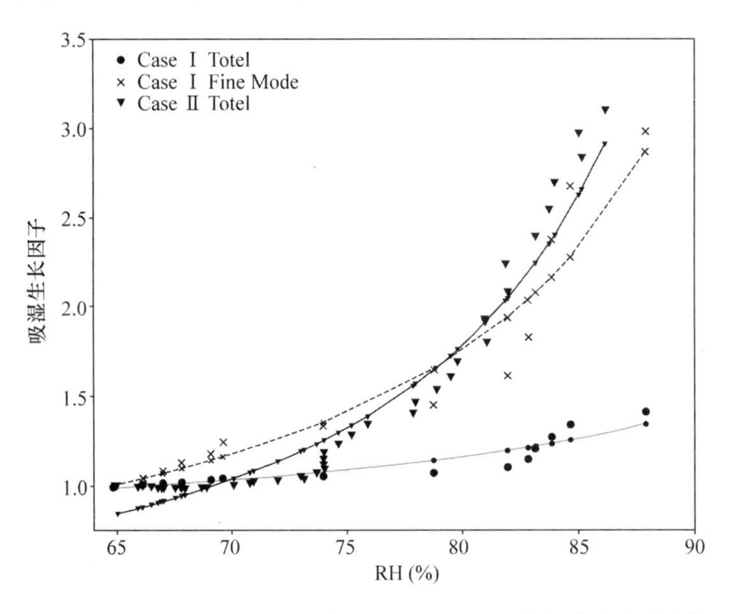

图2.14 “•”与“▾”及其相对应拟合线为Case Ⅱ在利用POLIPHON将气溶胶类型分离之后的结果；虚线与“×”表示在Case I内获取的不含有沙尘的细模态气溶胶的吸湿生长因子

2.4.4 本项目资助发表论文

[1] Chen J, Li Z, Lv Z, et al. Aerosol hygroscopic growth, contributing factors and impact on haze events in a severely polluted region in northern China. Atmospheric Chemistry and Physics, 2019, 19: 1-16.

[2] Chen L, Zhang F, Yan P, et al. The large proportion and absorption enhancement of black carbon (BC)-containing aerosols in the urban atmosphere. Environmental Pollution, 2020, 263, 114507.

[3] Dong Z, Li Z, Yu X, et al. Oppositelong-term trends in aerosols between low and high altitudes: A testimony to the aerosol-PBL feedback. Atmospheric Chemistry and Physics, 2017, 17: 7997-8009.

[4] Fan J, Rosenfeld D, Zhang Y, et al. Substantial convection and precipitation enhancements by ultrafine aerosol particles. Science, 2018, 359: 411-418.

[5] Guo J, Miao Y, Zhang Y, et al. The climatology of planetary boundary layer height in China derived from radiosonde and reanalysis data. Atmospheric Chemistry and Physics, 2016, 16: 13309-13319.

[6] Guo J, Liu H, Li Z, et al. Aerosol-induced changes in the vertical structure of precipitation: A perspective of TRMM precipitation radar. Atmospheric Chemistry and Physics, 2018, 18: 13329-13343.

[7] Guo J, Lou M, Miao Y, et al. Trans-Pacific transport of dust aerosol originated from East Asia: Insights gained from multiple observations and modeling. Environmental Pollution, 2017, 230: 1030-1039.

[8] Jiang M, Feng J, Li Z, et al. Potential influences of neglecting aerosol effects on the NCEP GFS precipitation forecast. Atmospheric Chemistry and Physics, 2017, 17: 13967-13982.

[9] Jin X, Wang Y, Li Z, et al. Significant contribution of organics to aerosol liquid water content in winter in Beijing, China. Atmospheric Chemistry and Physics, 2020, 20(2): 901-914.

[10] Li J, Chen H, Li Z, et al. Low-level temperature inversions and their effect on aerosols under different large-scale synoptic atmospheric circulation conditions. Advances in Atmospheric Sciences, 2015, 32: 898-908.

[11] Li Y, Zhang F, Li Z, et al. Influences of aerosol physiochemical properties and new particle formation on CCN activity from observation at a suburban site of China. Atmospheric Research, 2017, 188: 80-89.

[12] Li S, Zhang F, Jin X, et al. Characterizing the ratio of nitrate to sulfate in ambient fine particles of urban Beijing during 2018—2019. Atmospheric Environment, 2020, 237: 117662.

[13] Li Z, et al. Aerosol and monsoon interactions in Asia. Reviews of Geophysics, 2016, 54(4): 866-929.

[14] Li Z, Guo J, Ding A, et al. Aerosols and boundary-layer interactions and impact on air quality. National Science Review, 2017, 4: 810-833.

[15] Li Z, Rosenfeld D, Fan J. Aerosols and their impact on radiation, clouds, precipitation, and severe weather events. Oxford Research Encyclopedia of Environmental Science, 2017.

[16] Li Z, et al. East Asian Study of Tropospheric Aerosols and their Impact on Regional Clouds, Precipitation, and Climate (EAST-AIRCPC). Journal of Geophysical Research: Atmospheres, 2019, doi: 10.1029/2019JD030758.

[17] Liang C, Zang Z, Li Z, et al. An improved global land anthropogenic aerosol product based on satellite retrievals from 2008 to 2016. IEEE Geoscience and Remote Sensing Letters, 2020, 99: 1-5.

[18] Liu H, He J, Guo J, et al. The blue skies in Beijing during APEC 2014: A quantitative assessment of emission control efficiency and meteorological influence. Atmospheric Environment, 2017, 167: 235-244.

[19] Liu J, and Li Z. Significant underestimation in the optically-based estimation of the aerosol first indirect effect induced by the aerosol swelling effect. Geophysical Research Letters, 2018, doi: 10.1029/2018GL077679.

[20] Liu L, Li Z, Yang X, et al. The long-term trend in the diurnal temperature range over Asia and its natural and anthropogenic causes. Journal of Geophysical Research: Atmospheres, 2016, 121: 3519-3533.

[21] Lv M, Wang Z, Li Z, et al. Retrieval of cloud condensation nuclei number concentration profiles from lidar

extinction and backscatter data . Journal of Geophysical Research: Atmospheres,2018,123: 6082-6098.

[22] Lv M,Liu D,Li Z,et al. Hygroscopic growth of atmospheric aerosol particles based on lidar,radiosonde, and in situ measurements: case studies from the Xinzhou field campaign. J. Quan. Spectroscopy & Radiative Transfer,2016,doi:10. 1016/j. jqsrt. 2015. 12. 029.

[23] Miao Y,Guo J,Liu S,et al. Classification of summertime synoptic patterns in Beijing and their associations with boundary layer structure affecting aerosol pollution. Atmospheric Chemistry and Physics, 2017,17: 3097-3110.

[24] Miao Y,Guo J,Liu S,et al. Relay transport of aerosols to Beijing-Tianjin-Hebei region by multi-scale atmospheric circulations. Atmospheric Environment,2017,165: 35-45.

[25] Ren J,Zhang F,Wang Y,et al. Using different assumptions of aerosol mixing state and chemical composition to predict CCN concentrations based on field measurements in Beijing. Atmospheric Chemistry and Physics,2018,18: 6907-6921.

[26] Su T,Li Z,and Kahn R. Relationships between the planetary boundary layer height and surface pollutants derived from lidar observations over China: Regional pattern and influencing factors. Atmospheric Chemistry and Physics,2018,18: 15921-15935.

[27] Su T,Li Z and Kahn R. A new method to retrieve the diurnal variability of planetary boundary layer height from lidar under different thermodynamic stability conditions. Remote Sensing of Environment, 2020,237: 111519.

[28] Su T,Li Z,Li C,et al. The significant impact of aerosol vertical structure on lower atmosphere stability and its critical role in aerosol-planetary boundary layer (PBL) interactions. Atmospheric Chemistry and Physics,2020,20(6): 3713-3724.

[29] Wang F,Li Z,Ren X,et al. Vertical distributions of aerosol optical properties during the spring 2016 ARIAs airborne campaign in the North China Plain. Atmospheric Chemistry and Physics, 2018, 18: 8995-9010.

[30] Wang F,Li Z,Jiang Q,et al. Evaluation of hygroscopic cloud seeding in liquid-water clouds. Atmospheric Chemistry Physics,2019,19: 14967-14977.

[31] Wang Q,Li Z,Guo J,et al. The climate impact of aerosols on the lightning flash rate: Is it detectable from long-term measurements?. Atmospheric Chemistry Physics,2018,12: 797-812+816.

[32] Wang Y,Zhang F,Li Z,et al. Enhanced hydrophobicity and volatility of submicron aerosols under severe emission control conditions in Beijing. Atmospheric Chemistry Physics,2017,17: 5239-5251.

[33] Wang Y,Li Z,Zhang Y,et al. Characterization of aerosol hygroscopicity,mixing state,and CCN activity at a suburban site in the central North China Plain. Atmospheric Chemistry Physics,2018,18: 739-752.

[34] Wang Y,Li Z,Zhang R,et al. Distinct ultrafine- and accumulation-mode particle properties in clean and polluted urban environments. Geophysical Research Letters,2018,46(10): 918-925.

[35] Wei J, et al. An improved high-spatial-resolution aerosol retrieval algorithm for MODIS images over land. Journal of Geophysical Research: Atmospheres,2018,123(21): 12-291.

[36] Wei J,Li Z,Peng Y,et al. MODIS Collection 6. 1 aerosol optical depth products over land and ocean: Validation and comparison. Atmospheric Environment,2018,201: 428-440.

[37] Wei J,Z Li,Sun L,et al. Improved merge schemes for MODIS Collection 6. 1 Dark Target and Deep Blue combined aerosol products. Atmospheric Environment,2019,202: 315-327.

[38] Wei J,Li Z,Sun L,Peng Y,et al. Evaluation and uncertainty estimate of next-generation geostationary

meteorological Himawari-8/AHI aerosol products. Science of The Total Environment, 2019, 692: 879-891.

[39] Wei J, Li Z, Peng Y, et al. A regionally robust high-spatial-resolution aerosol retrieval algorithm for MODIS images over Eastern China. Institute of Electrical and Electronics Engineers Transactions on Geoscience and Remote Sensing, 2019, doi:10.1109/TGRS.2019.2892813.

[40] Wei J, Li Z, Sun L, et al. Enhanced aerosol estimations from Suomi-NPP VIIRS images over the Beijing-Tianjin-Hebei region in China. Institute of Electrical and Electronics Engineers Transactions on Geoscience and Remote Sensing, 2019, doi:10.1109/TGRS.2019.2927432.

[41] Wei J, et al. Estimating 1-km-resolution $PM_{2.5}$ concentrations across China using the space-time random forest approach. Remote Sensing of Environment. 2019, doi:10.1016/j.rse.2019.111221.

[42] Wei J, et al. Satellite-derived 1-km-resolution PM_1 concentrations from 2014 to 2018 across China. Environmental Science and Technology, 2019, 53(13): 265-274.

[43] Wei J, et al. MODIS Collection 6.1 3 km resolution aerosol optical depth product: Global evaluation and uncertainty analysis. Atmospheric Environment, 2020, 240: 117768.

[44] Wei J, et al. Improved 1 km resolution $PM_{2.5}$ estimates across China using enhanced space-time extremely randomized trees. Atmospheric Chemistry and Physics, 2020, 20: 3273-3289.

[45] Wei J, et al. Reconstructing 1-km-resolution high-quality $PM_{2.5}$ data records from 2000 to 2018 in China: Spatiotemporal variations and policy implications. Remote Sensing of Environment, 2021, 252: 112136.

[46] Wu H, et al. The impact of the atmospheric turbulence development tendency on new particle formation: A common finding on three continents. National Science Review, 2020, doi:10.1093/nsr/nwaa157.

[47] Wu T, et al. Hygroscopicity of different types of aerosol particles: Case studies using multi-instrument data in megacity Beijing, China. Remote Sensing, 2020, 12(5): 785.

[48] Yan X, et al. An improved algorithm for retrieving the fine-mode fraction of aerosol optical thickness. Remote Sensing of Environment, 2017, doi:10.1016/j.rse.2017.02.005.

[49] Yan X, et al. An improved algorithm for retrieving the fine-mode fraction of aerosol optical thickness. Part 2: Application and validation in Asia. Remote Sensing of Environment, 2019, 222: 90-103.

[50] Yan X, et al. New interpretable deep learning model to monitor real-time $PM_{2.5}$ concentrations from satellite data. Environment International, 2020, 144: 106060.

[51] Yang X, et al. Distinct weekly cycles of thunderstorms and a potential connection with aerosol type in China. Geophysical Research Letters, 2016, 43: 8760-8768.

[52] Yang X, et al Wintertime cooling and a potential connection with transported aerosols in Hong Kong during recent decades. Atmospheric Research, 2018, 211: 52-61.

[53] Zhang F, et al. Impacts of organic aerosols and its oxidation level on CCN activity from measurements at a suburban site in China. Atmospheric Chemistry Physics, 2016, 16: 5413-5425.

[54] Zhang F, et al. Uncertainty in predicting CCN activity of aged and primary aerosols. Journal of Geophysical Research: Atmospheres, 2017, doi: 10.1002/2017JD027058.

[55] Zhang F, et al. Significantly enhanced aerosol CCN activity and number concentrations by nucleation-initiated haze events: A case study in urban Beijing. Journal of Geophysical Research, 2019, 124: 14102-14113.

[56] Zhang F, et al. An unexpected catalyst dominates formation and radiative forcing of regional haze. Proceedings of the National Academy of Science of the United States of America, 2020, 117(8): 3960-3966.

[57] Zhang W, et al. Planetary boundary layer height from CALIOP compared to radiosonde over China.

Atmospheric Chemistry Physics, 2016, 16: 9951-9963.

[58] Zhang W, et al. On the summertime planetary boundary layer with different thermodynamic stability in China: A radiosonde perspective. Journal of Climate, 2018, 31(4): 1451-1465.

参考文献

[1] Chen S, Huang J, Qian Y, et al. An overview of mineral dust modeling over East Asia. Journal of Meteorological Research, 2017, 31(4): 633-653.

[2] Guo J, Deng M, Lee S, et al. Delaying precipitation and lightning by air pollution over the Pearl River Delta. Part I: Observational analyses. Journal of Geophysical Research: Atmospheres, 2016a, 121(11): 6472-6488.

[3] Li Z, Guo J, Ding A, et al. Aerosol and boundary-layer interactions and impact on air quality. National Science Review, 2017, 4(6): 810-833.

[4] Li M, Liu H, Geng G, et al. Anthropogenic emission inventories in China: A review. National Science Review, 2017a, 4(6): 834-866.

[5] Qian Y, Leung L, Ghan S, et al. Regional climate effects of aerosols over China: Modeling and observation. Tellus B: Chemical and Physical Meteorology, 2003, 55(4): 914-934.

[6] Zhang X , Wang Y, Niu T, et al. Atmospheric aerosol compositions in China: Spatial/temporal variability, chemical signature, regional haze distribution and comparisons with global aerosols. Atmospheric Chemistry Physics, 2012, 12(2): 779-799.

[7] Li C, Mclinden C, Fioletov V, et al. India is overtaking China as the world's largest emitter of anthropogenic sulfur dioxide. Scientific Reports, 2017, 7(1): 14304.

[8] Zhang Q, Zheng Y, Tong D, et al. Drivers of improved $PM_{2.5}$ air quality in China during 2013—2017. Proceedings of the National Academy of Sciences of the United States of America, 2019, 116(49): 24463-24469.

[9] Cohen A, Brauer M, Burnett R, et al. Estimates and 25-year trends of the global burden of disease attributable to ambient air pollution: An analysis of data from the Global Burden of Diseases Study 2015. Lancet, 2017, 389(10082): 1907-1918.

[10] Yin P , Guo J, Wang L, et al. Higherrisk of cardiovascular disease associated with smaller size-fractioned particulate matter. Environmental Science and Technology Letters, 2020, 7(2): 95-101.

[11] Ramanathan V, Crutzen P J, Kiehl J T, et al. Aerosols, climate, and the hydrological cycle. Science, 2002, 294(5549): 2119-2124.

[12] Koren I, Altaratz O, Remer L A, et al. Aerosol-induced intensification of rain from the tropics to the mid-latitudes. Nature Geoscience, 2012, 5(2): 118-122.

[13] Fan J, Rosenfeld D, Zhang Y, et al. Substantial convection and precipitation enhancements by ultrafine aerosol particles. Science, 2018, 359(6374): 411-418.

[14] Jáuregui E, Romales E. Urban effects on convective precipitation in Mexico City. Atmospheric Environment, 1996, 30(20): 3383-3389.

[15] Grimmond S. Urbanization and global environmental change: Local effects of urban warming. The Geographical Journal, 2007, 173(1): 83-88.

[16] Ding A J,Fu C B,Yang X Q,et al. Intense atmospheric pollution modifies weather: A case of mixed biomass burning with fossil fuel combustion pollution in eastern China. Atmospheric Chemistry and Physics,2013,13: 10545-10554.

[17] Ding A J,Huang X,Nie W,et al. Enhanced haze pollution by black carbon in megacities in China. Geophysical Research Letters,2016,43: 2873-2879.

[18] Liao H,Chang W Y,et al. Climatic effects of air pollutants over China: A review. Advances in Atmospheric Sciences,2015,32(1): 115-139.

[19] Li Z,Lau W,Ramanathan V,et al. Aerosol and monsoon climate interactions over Asia. Reviews of Geophysics,2016,54(4): 866-929.

[20] Li Z,Rosenfeld D,Fan J. Aerosols and their impact on radiation,clouds,precipitation and severe weather events. Oxford Research Encyclopedia of Environmental Science,2017b.

[21] Jiang M,Feng J,Sun R,et al. Potential influences of neglecting aerosol effects on the NCEP GFS precipitation forecast. Atmospheric Chemistry and Physics,2017,17(22): 1-49.

[22] Rosenfeld D,Lohmann U,Raga G B,et al. Flood or drought: How do aerosols affect precipitation?. Science,2008,321(5894): 1309-1313.

[23] Li Z,Li C,Chen H,et al. East Asian Studies of Tropospheric Aerosols and their Impact on Regional Climate (EAST-AIRC): An overview. Journal of Geophysical Research,2011,116: D00K34.

[24] Li Z,et al. East Asian Study of Tropospheric Aerosols and their Impact on Regional Clouds,Precipitation, and Climate (EAST-AIRCPC). Journal of Geophysical Research: Atmospheres, 2019, 124 (23): 13026-13054.

[25] Fan J,Leung L R,Rosenfeld D,et al. Microphysical effects determine macrophysical response for aerosol impacts on deep convective clouds. Proceedings of the National Academy of Sciences of the United States of America,2013,110(48): E4581-E4590.

[26] Guo J P,Zhang X Y,Wu Y R,et al. Spatio-temporal variation trends of satellite-based aerosol optical depth in China during 1980—2008. Atmospheric Environment,2011,45(37): 6802-6811.

[27] Luo Y,Lu D,Zhou X,et al. Characteristics of the spatial distribution and yearly variation of aerosol optical depth over China in last 30 years. Journal of Geophysical Research Atmospheres,2001,106(D13): 14501-14514.

[28] 张小曳,等. 我国雾-霾成因及其治理的思考. 科学通报,2013,58(13): 1178-1187.

[29] Zhang R,Li Q,Zhang R. Meteorological conditions for the persistent severe fog and haze event over eastern China in January 2013. Science China Earth Sciences,2014,57: 26-35.

[30] Zhang J,Sun Y,Liu Z,et al. Characterization of submicron aerosols during a month of serious pollution in Beijing,2013. Atmospheric Chemistry and Physics,2014,14: 2887-2903.

[31] Huang X,He Y,Hu M,et al. Highly time-resolved chemical characterization of atmospheric submicron particles during 2008 Beijing Olympic Games using an Aerodyne High-Resolution Aerosol Mass Spectrometer. Atmospheric Chemistry and Physics,2010,10: 8933-8945

[32] Wang T,Nie W,Gao J,et al. Air quality during the 2008 Beijing Olympics: Secondary pollutants and regional impact. Atmospheric Chemistry and Physics,2010,10: 7603-7615.

[33] Bond T,Doherty S,Fahey D et al. Bounding the role of black carbon in the climate system: A scientific assessment. Journal of Geophysical Research,2013,118(11): 5380-5552.

[34] Li J,Zhang Q,Wang G,et al. Optical properties and molecular compositions of water-soluble and water-

insoluble brown carbon (BrC) aerosols in Northwest China. Atmospheric Chemistry and Physics, 2020, 20: 4889-4904.

[35] Jacobson M. Strong radiative heating due to the mixing state of black carbon in atmospheric aerosols. Nature, 2001, 409: 695-697.

[36] Wang Y, Khalizov A, Levy M, et al. New directions: Light absorbing aerosols and their atmospheric impacts. Atmospheric Environment, 2013, 81: 713-715.

[37] Yu H, Liu S, Dickinison R. Radiative effects of aerosol on the evolution of the atmospheric boundary layer. Journal of Geophysical Research, 2002, 107(D12): AAC 3-1-AAC 3-14.

[38] Medeiros B, Hall A, Stevens B. What controls the mean depth of the PBL?. Journal of Climate, 2005, 18: 3157-3172.

[39] Huang J, Fu Q, Su J, et al. Taklimakan dust aerosol radiative heating derived from CALIPSO observations using the Fu-Liou radiation model with CERES constraints. Atmospheric Chemistry and Physics, 2009, 9: 4011-4021.

[40] Stull B. An introduction to boundary layer meteorology. Kluwer academic publishers, Dordrecht, the Netherlands, 1988.

[41] Malek E, Davis T, Martin R, et al. Meteorological and environmental aspects of one of the worst national air pollution episodes (January, 2004) in Logan, Cache Valley, Utah, USA. Atmospheric Research, 2006, 79(2): 108-122.

[42] Silva P, Vawdrey E, Corbett M, et al. Fine particle concentrations and composition during wintertime inversions in Logan, Utah, USA. Atmospheric Environment, 2007, 41(26): 5410-5422.

[43] Grell G, Peckham S, Schmitz R, et al. Fully coupled online chemistry within the WRF model. Atmospheric Environment, 2005, 39(37): 6957-6975.

[44] Fast J, Gustafson Jr. W, Berg L, et al. Transport and mixing patterns over Central California during the Carbonaceous Aerosol and Radiative Effects Study (CARES). Atmospheric Chemistry and Physics, 2012, 12(4): 1759-1783.

[45] Zhang Y, Wen X, Jang C. Simulating chemistry-aerosol-cloud-radiation-climate feedbacks over the continental U. S. using the online-coupled Weather Research Forecasting Model with chemistry (WRF/Chem). Atmospheric Environment, 2010, 44(29): 3568-3582.

[46] Marion F, Yang X, Li Z. New evidence of orographic precipitation suppression by aerosols in central China. Meteorology and Atmospheric Physics, 2013, 119(1-2): 17-29.

[47] Yang X, Yao Z, Li Z, et al. Heavy air pollution suppresses summer thunderstorms in central China. Journal of Atmospheric and Solar-Terrestrial Physics, 2013, 95-96: 28-40.

[48] Yang X, Li Z. Increases in thunderstorm activity and relationships with air pollution in Southeast China. Journal of Geophysical Research, 2014, 119(4): 1835-1844.

[49] Seidel D, Zhang Y, Beljaars A, et al. Climatology of the planetary boundary layer over the continental United States and Europe. Journal of Geophysical Research: Atmospheres, 2012, 117(D17).

[50] Zhang W, Guo J, Miao Y, et al. On the summertime planetary boundary layer with different thermodynamic stability in China: A radiosonde perspective. Journal of Climate, 2018, 31(4): 1451-1465.

[51] Guo J, Li Y, Cohen J, et al. Shift in the temporal trend of boundary layer height trend in China using long-term (1979—2016) radiosonde data. Geophysical Research Letters, 2019, 46 (11): 6080-6089.

[52] Sawyer V, Li Z. Detection, variations and intercomparison of the planetary boundary layer depth from ra-

diosonde, lidar, and infrared spectrometer. Atmospheric Environment, 2013, 79: 518-528.

[53] Goldsmith J, Newsom R, Turner D, et al. Long-term evaluation of temperature profiles measured by an operational Raman lidar. Journal of Atmospheric and Oceanic Technology, 2013, 30: 1616-1634.

[54] Su T, Li J, Li C, et al. An intercomparison of long-term planetary boundary layer heights retrieved from CALIPSO, ground-based lidar, and radiosonde measurements over Hong Kong. Journal of Geophysical Research: Atmospheres, 2017, 122(7): 3929-3943.

[55] Su T, Li Z, Kahn R. A new method to retrieve the diurnal variability of planetary boundary layer height from lidar under different thermodynamic stability conditions. Remote Sensing of Environment, 2020, 237: 111519.

[56] Turner D, Loehnert U. Information content and uncertainties in thermodynamic profiles and liquid cloud properties retrieved from the ground-based Atmospheric Emitted Radiance Interferometer (AERI). Journal of Applied Meteorology and Climatology, 2014, 53(3), 752-771.

[57] Loehnert U, Turner D. Ground-based temperature and humidity profiling using spectral infrared and microwave observations. Part 1: Simulated retrieval performance in clear sky conditions. Journal of Applied Meteorology and Climatology, 2009, 48(5): 1017-1032.

[58] Liu S, Liang Z. Observed diurnal cycle climatology of planetary boundary layer height. Journal of Climate, 2010, 23: 5790-5809.

[59]洪钟祥，钱敏伟，胡非. 由地基遥感资料确定大气边界层特征. 大气科学，1998，22(4)：613-624.

[60]王式功，姜大膀，杨德保，等. 兰州地区最大混合层厚度变化特征分析. 高原气象，2000，19(3)：363-369.

[61]胡非，洪钟祥，雷孝恩. 大气边界层和大气环境研究进展. 大气科学，2003，27(4)：712-728.

[62]杨勇杰，谈建国，郑有飞，等. 上海市近 15 a 大气稳定度和混合层厚度的研究. 气象科学，2006，26(5)：536-541.

[63] Su T, Li Z, Li C, et al. The significant impact of aerosols vertical structure on lower-atmosphere stability and its critical role in aerosol-planetary boundary layer (PBL) interactions. Atmospheric Chemistry and Physics, 2020, 20: 3713-3724.

[64] Su T, Li Z, Zheng Y, et al. Abnormally shallow boundary layer associated with severe air pollution during the COVID-19 lockdown in China. Geophysical Research Letters, 2020c, 47: e2020GL90041.

[65] Su T, Li Z, Kahn R. Relationships between the planetary boundary layer height and surface pollutants derived from lidar observations over China: Regional pattern and influencing factors. Atmospheric Chemistry and Physics, 2018, 18: 15921-15935.

[66] 张小曳. 中国不同区域大气气溶胶化学成分浓度、组成与来源特征. 气象学报，2014，72(6)：1108-1117.

[67] Cao J J, Lee S C, Chow J C, et al. Spatial and seasonal distributions of carbonaceous aerosols over China. Journal of Geophysical Research, 2007, 112: D22S11.

[68] Guo J, Miao Y, Zhang Y, et al. The climatology of planetary boundary layer height in China derived from radiosonde and reanalysis data. Atmospheric Chemistry and Physics, 2016, 16: 13309-13319.

[69] Li Z, Guo J, Ding A, et al. Aerosols and boundary-layer interactions and impact on air quality. National Science Review, 2017, 4: 810-833.

[70] Zhang W, et al. Planetary boundary layer height from CALIOP compared to radiosonde over China. Atmospheric Chemistry Physics, 2016, 16: 9951-9963.

[71] Su T, Li Z and Kahn R. A new method to retrieve the diurnal variability of planetary boundary layer height from lidar under different thermodynamic stability conditions. Remote Sensing of Environment, 2020, 237: 111519.

[72] Zhang W, et al. On the summertime planetary boundary layer with different thermodynamic stability in China: A radiosonde perspective. Journal of Climate, 2018, 31(4): 1451-1465.

[73] Miao Y, Guo J, Liu S, et al. Classification of summertime synoptic patterns in Beijing and their associations with boundary layer structure affecting aerosol pollution. Atmospheric Chemistry and Physics, 2017, 17: 3097-3110.

[74] Su T, Li Z, and Kahn R. Relationships between the planetary boundary layer height and surface pollutants derived from lidar observations over China: Regional pattern and influencing factors. Atmospheric Chemistry and Physics, 2018, 18: 15921-15935.

[75] Su T, Li Z, Li C, et al. The significant impact of aerosol vertical structure on lower atmosphere stability and its critical role in aerosol-planetary boundary layer (PBL) interactions. Atmospheric Chemistry and Physics, 2020, 20(6): 3713-3724.

[76] Yan X, et al. New interpretable deep learning model to monitor real-time $PM_{2.5}$ concentrations from satellite data. Environment International, 2020, 144: 106060.

[77] Yan X, et al. An improved algorithm for retrieving the fine-mode fraction of aerosol optical thickness. Part 2: Application and validation in Asia. Remote Sensing of Environment, 2019, 222: 90-103.

[78] Wei J, Z Li, Sun L, et al. Improved merge schemes for MODIS Collection 6. 1 Dark Target and Deep Blue combined aerosol products. Atmospheric Environment, 2019, 202: 315-327.

[79] Wei J, Li Z, Sun L, et al. Evaluation and uncertainty estimate of next-generation geostationary meteorological Himawari-8/AHI aerosol products. Science of The Total Environment, 2019, 692: 879-891.

[80] Wei J, Li Z, Peng Y, et al. A regionally robust high-spatial-resolution aerosol retrieval algorithm for MODIS images over eastern China. Institute of Electrical and Electronics Engineers Transactions on Geoscience and Remote Sensing, 2019, doi:10. 1109/TGRS. 2019. 2892813.

[81] Wei J, et al. MODIS Collection 6. 1 3 km resolution aerosol optical depth product: Global evaluation and uncertainty analysis. Atmospheric Environment, 2020, 240: 117768.

[82] Wei J, et al. An improved high-spatial-resolution aerosol retrieval algorithm for MODIS images over land. Journal of Geophysical Research: Atmospheres, 2018, 123(21): 12-291.

[83] Wei J, Li Z, Sun L, et al. Enhanced aerosol estimations from Suomi-NPP VIIRS images over the Beijing-Tianjin-Hebei region in China. Institute of Electrical and Electronics Engineers Transactions on Geoscience and Remote Sensing, 2019, doi:10. 1109/TGRS. 2019. 2927432.

[84] Wei J, et al. Estimating 1-km-resolution $PM_{2.5}$ concentrations across China using the space-time random forest approach. Remote Sensing of Environment. 2019, doi:10. 1016/j. rse. 2019. 111221.

[85] Liang C, Zang Z, Li Z, et al. An improved global land anthropogenic aerosol product based on satellite retrievals from 2008 to 2016. IEEE Geoscience and Remote Sensing Letters, 2020, 99: 1-5.

[86] Wang Y, Li Z, Zhang Y, et al. Characterization of aerosol hygroscopicity, mixing state, and CCN activity at a suburban site in the central North China Plain. Atmospheric Chemistry Physics, 2018, 18: 739-752.

[87] Wang Y, Zhang F, Li Z, et al. Enhanced hydrophobicity and volatility of submicron aerosols under severe emission control conditions in Beijing. Atmospheric Chemistry Physics, 2017, 17: 5239-5251.

[88] Lv M, Liu D, Li Z, et al. Hygroscopic growth of atmospheric aerosol particles based on lidar, radiosonde, and in situ measurements: Case studies from the Xinzhou field campaign. J. Quan. Spectroscopy & Radiative Transfer, 2016, doi:10. 1016/j. jqsrt. 2015. 12. 029.

[89] Chen J, Li Z, Lv Z, et al. Aerosol hygroscopic growth, contributing factors and impact on haze events in a severely polluted region in northern China. Atmospheric Chemistry and Physics, 2019, 19: 1-16.

[90] Wu T, et al. Hygroscopicity of different types of aerosol particles: Case studies using multi-instrument data in megacity Beijing, China. Remote Sensing, 2020, 12(5): 785.

[91] Jin X, Wang Y, Li Z, et al. Significant contribution of organics to aerosol liquid water content in winter in Beijing, China. Atmospheric Chemistry and Physics, 2020, 20(2): 901-914.

[92] Wang Y, Li Z, Zhang R, et al. Distinct ultrafine- and accumulation-mode particle properties in clean and polluted urban environments. Geophysical Research Letters, 2018, 46(10): 918-925.

[93] Zhang F, et al. Significantly enhanced aerosol CCN activity and number concentrations by nucleation-initiated haze events: A case study in urban Beijing. Journal of Geophysical Research, 2019, 124: 14102-14113.

[94] Wu H, et al. The impact of the atmospheric turbulence development tendency on new particle formation: A common finding on three continents. National Science Review, 2020, doi: 10. 1093/nsr/nwaa157.

[95] Li J, Chen H, Li Z, et al. Low-level temperature inversions and their effect on aerosols under different large-scale synoptic atmospheric circulation conditions. Advances in Atmospheric Sciences, 2015, 32: 898-908.

[96] Li Z, Rosenfeld D, Fan J. Aerosols and their impact on radiation, clouds, precipitation, and severe weather events. Oxford Research Encyclopedia of Environmental Science, 2017.

[97] Dong Z, Li Z, Yu X, et al. Opposite long-term trends in aerosols between low and high altitudes: A testimony to the aerosol-PBL feedback. Atmospheric Chemistry and Physics, 2017, 17: 7997-8009.

[98] Zhang F, et al. An unexpected catalyst dominates formation and radiative forcing of regional haze. Proceedings of the National Academy of Science of the United States of America, 2020, 117(8): 3960-3966.

[99] Wei J, Li Z, Peng Y, Sun L. MODIS Collection 6. 1 aerosol optical depth products over land and ocean: validation and comparison. Atmospheric Environment, 2018, 201: 428-440.

[100] Yan X, et al. An improved algorithm for retrieving the fine-mode fraction of aerosol optical thickness. Remote Sensing of Environment, 2017, doi: 10. 1016/j. rse. 2017. 02. 005.

[101] Wei J, et al. Satellite-derived 1-km-resolution PM_1 concentrations from 2014 to 2018 across China. Environmental Science and Technology, 2019, 53(13): 265-274.

[102] Wei J, et al. Improved 1 km resolution $PM_{2.5}$ estimates across China using enhanced space-time extremely randomized trees. Atmospheric Chemistry and Physics, 2020, 20: 3273-3289.

[103] Wei J, et al. Reconstructing 1-km-resolution high-quality $PM_{2.5}$ data records from 2000 to 2018 in China: Spatiotemporal variations and policy implications. Remote Sensing of Environment, 2021, 252: 112136.

[104] Wang F, Li Z, Jiang Q, et al. Evaluation of hygroscopic cloud seeding in liquid-water clouds. Atmospheric Chemistry and Physics, 19: 14967-14977.

第3章　近几十年我国冬季强霾事件的变化特征以及排放和气候的分别贡献

廖宏[1]，李柯[1]，李建东[1]，党瑞君[2]，陈磊[1]

[1]南京信息工程大学，[2]中国科学院大气物理研究所

近年来我国东部大范围的强霾事件频繁发生，观测到的 $PM_{2.5}$ 日均浓度可达 300～600 μg m^{-3}，对人民群众的身体健康和生产生活造成了严重影响。本文结合我国现有 $PM_{2.5}$ 浓度和大气能见度等观测数据，揭示了我国灰霾重污染事件的时空分布特点。利用大气化学传输模式 GEOS-Chem，模拟了 1985—2017 年我国冬季强霾天数和强度（$PM_{2.5}$ 浓度）以及相应气溶胶组分的变化特点，并区分了气象场和排放变化对我国典型污染区过去数十年冬季强霾事件频率和强度的分别贡献。利用气溶胶-气候双向耦合模式发现全球变暖增加冬季强霾事件发生的频次和持续时间，并通过模式的敏感性数值试验揭示短期减排能在多大程度上减少减弱强霾污染事件，为我国的强霾污染控制提供科学支撑。

3.1　研究背景

随着社会经济的发展，我国目前成为气溶胶浓度的高值区，伴随而来的是近年来我国东部大范围的强霾事件频繁发生。强霾事件中观测到的 $PM_{2.5}$ 浓度高达 300～600 μg m^{-3}[1—5]，远高于世界卫生组织 $PM_{2.5}$ 浓度日均值不超过 25 μg m^{-3} 的标准，对人民群众的身体健康和生产生活造成了严重影响，受到来自公众、舆论和中央等各个层面的迫切关注。

霾的主要成分是大气气溶胶，即大气中固态和（或）液态的微粒。我国大气中主要的气溶胶成分包括硫酸盐、硝酸盐、铵盐、有机碳、黑碳和沙尘。能源、交通、民用、工农业生产等释放的气溶胶前体物和气溶胶是霾的人为排放来源，近地面的自然过程也产生沙尘气溶胶。大气气溶胶的浓度除了受到排放的影响以外，还跟当地的气象参数有密切关系。不利气象条件例如地面弱风、边界层高度低、相对湿度高以及不利的环流背景场等都会促进强霾事件的发生[2,6,7]。基于近十几年我国大气能见度的观测数据，一系列的研究表明中国东部霾污染事件的频率显著增加[8—16]。强霾事件可以发生在任何季节，但冬季是霾事件强度和频次最大的季节[9,15—18]。

针对我国的严重污染状况，我国已经出台了一系列的污染防治措施，但目前对强霾事件长期变化规律和机制的研究还非常少。认识我国冬季强霾事件的长期变化特征以及气候和

排放的分别贡献，分析短期减排措施是否能有效控制强霾污染事件的发生，既有极其重要的科学意义，又是国民经济和社会发展中迫切需要解决的关键科技问题。

3.1.1　国内外研究现状

1. 霾强度的定义

目前我国霾的监测主要包括对大气能见度和 $PM_{2.5}$ 浓度的监测。中国气象局地面观测规范霾的判据是能见度小于 10 km，且相对湿度小于 80%；相对湿度在 80%～95%时，按照地面气象观测规定的描述或大气成分指标进一步判识。霾的等级根据能见度的不同，可分为轻微霾（5～10 km）、轻度霾（3～5 km）、中度霾（2～3 km），以及重度霾（小于 2 km）。大气能见度依赖于大气相对湿度，因此大气能见度并不是大气气溶胶浓度的准确表达。2012 年 2 月 29 日，我国新修订的《环境空气质量标准》增加了 $PM_{2.5}$ 浓度限值监测指标，将居住区、商业交通居民混合区、文化区、工业区和农村地区的 $PM_{2.5}$ 浓度日均和年均限值分别设为 75 和 35 $\mu g\ m^{-3}$。

2. 强霾个例的研究进展

目前关于强霾的研究大多数是关于强霾个例的研究。在观测研究方面，强霾期间观测到的 $PM_{2.5}$ 日均浓度可达 300～600 $\mu g\ m^{-3}$。例如 2010 年 1 月天津最大的日均 $PM_{2.5}$ 浓度达到 400 $\mu g\ m^{-3}$[2]，2011 年 11 月北京最大 $PM_{2.5}$ 浓度约为 450 $\mu g\ m^{-3}$[4]，2013 年 1 月 11 日石家庄的 $PM_{2.5}$ 浓度超过 600 $\mu g\ m^{-3}$[19]，2013 年 1 月 12 日北京的 $PM_{2.5}$ 浓度达到 550 $\mu g\ m^{-3}$[1]，2013 年 12 月保定的 $PM_{2.5}$ 浓度超过了 300 $\mu g\ m^{-3}$[20]。观测研究还发现强霾发生时二次气溶胶的贡献很大[21,22]。通过对强霾发生时气象条件的分析，发现局地气象要素场，如弱风、强的逆温层、低的边界层高度有利于污染物的累积[2,6]，高的相对湿度有利于二次气溶胶的吸湿增长[2,7]。特殊的环流背景，如暖湿的南风平流[23]、弱的冬季风环流[24]以及异常的西伯利亚高压的位置[25]等也有利于强霾的发生和维持。

在强霾个例的模拟研究方面，发现模式能模拟出强霾发生，但较难模拟出强霾时 $PM_{2.5}$ 的最大浓度值[3,26]，促进了模式化学机制的改进。Wang 等[3]提出湿的气溶胶表面对 SO_2 的非均相吸收是强霾发生时硫酸盐浓度增加的重要途径。Huang 等[26]指出过渡金属的催化氧化也是冬季灰霾期间硫酸盐浓度增加的重要途径。耦合的气溶胶-天气模式的模拟试验发现反馈机制对强霾的发生也有重要作用[27—30]。Zhang 等[30]利用 WRF-Chem 模式模拟了 2013 年 1 月华北地区的强霾过程，敏感性试验表明气溶胶的辐射效应可以造成地表向下的短波辐射通量、2 m 温度、10 m 风速和边界层高度分别减少 84 $W\ m^{-2}$、3.2℃、0.8 $m\ s^{-1}$ 和 268 m。气溶胶-气象场的反馈作用使得边界层的稳定性增加，有利于污染物的积累，导致局地 $PM_{2.5}$ 浓度增加 5%～30%[28]。此外，区域输送也是强霾发生的重要原因[1,7,20]。

这些强霾个例研究揭示了强霾的主要化学特征和相应的气象场特点，但不能提供强霾事件长期变化的特征和机制。

3. 基于观测的数十年霾变化特点的研究进展

目前已有很多利用地面辐射、日照时间、气溶胶光学厚度（AOD）与能见度长期变化数据研究我国灰霾强度在过去数十年总体变化特征的工作。Che 等[31]发现 1961—2000 年间中国区域地面直接辐射通量和日照时数均呈下降的趋势，分别为 $-6.6\ \mathrm{W\ m^{-2}\ decade^{-1}}$ 和 $-1.28\%\ \mathrm{decade^{-1}}$。Qian 等[32]分析发现 1954—2001 年间中国 537 个气象站的太阳总辐射通量减少了 $3.1\ \mathrm{W\ m^{-2}\ decade^{-1}}$。Gao[33]分析了 1961—2005 年间中国 621 个气象站点数据，指出华北、长江中下游地区和华南地区霾日数变化趋势与日照时数变化趋势相反。Guo 等[34]分析了中国区域 TOMS 500 nm AOD（1980—2001 年）和 MODIS 550 nm AOD（2000—2008 年）数据，发现 AOD 在各区域呈现出不同的趋势，在东部增长最明显。近 50 年来，中国大部分地区能见度呈下降的趋势[8,10,15,16,35—38]。Che 等[8]发现 1981—2005 年间，中国 682 个气象站能见度以 $2.1\ \mathrm{km\ decade^{-1}}$ 的速率递减。Wu 等[37]分析了 1960—2009 年间中国 543 个气象站能见度数据，发现大部分站点近 50 年能见度呈下降的趋势，其中中国东南部下降最为明显，达到 $10\ \mathrm{km\ decade^{-1}}$。气溶胶浓度的增加被认为是地面辐射、日照时间、能见度减少的主要原因。

也有不少研究基于能见度数据分析了我国灰霾天数的变化特点。近年来，中国大部分地区的灰霾天数呈显著上升的趋势，但各地区和各站点的变化不尽相同。Gao[33]发现 1961—2005 年间我国东部大部分地区年霾日数呈现增加趋势，霾多发地区在长江中下游、珠江流域以及华北等地。Hu 和 Zhou[39]分析了 1961—2007 年间全国 721 个气象站的霾日数，结果表明中国的霾天气主要分布在 100°E 以东、42°N 以南地区，中国霾日数总体趋势增多。我国西部地区和东北大部分地区则以减少趋势为主。其他研究也得到了相似的结论[15,16,37,40—44]。

少数研究关注了强霾天数和强度的长期变化特征。Che 等[9]利用 1981—2005 年 31 个省会城市、自治区首府、直辖市的大气能见度数据分析发现冬季是能见度最低（霾最强）的季节。近年来中国大部分地区强霾天数、持久灰霾（3～6 d）发生的频率也在升高[17,43]。Fu 等[17]分析了 1960—2009 年间 483 个站点持久型强灰霾事件（能见度＜5 km 且持续时间＞3 d）的变化趋势，发现此类霾事件在东部的北方、长江中下游以及南方地区显著增加。Ding 和 Liu[15]分析了 1961—2011 年间 553 个气象站点的能见度数据，发现严重灰霾（能见度 1～4 km）能见度呈下降的趋势。Yin 等[18]分析了 1961—2012 年北方 78 个站点的霾天数特征，发现严重灰霾（能见度 1～2 km）天数在 1980—2000 年期间有所上升。Zhang 等[45]发现 1981—2013 年期间，京津冀持续性霾日数（霾天气连续 2 d 以上）呈显著增加趋势，占年霾日数的一半以上。

霾天数和强度的增加不仅归因于人类活动导致的气溶胶前体物及气溶胶排放量的增加，也受气象场变化的显著影响。气象场影响我国霾日数的长期变化研究主要包括：单一气象要素与霾日数的统计分析，以及大尺度环流背景的变化影响霾日数的研究。在单一气象要素与霾日数的统计分析方面，Hu 和 Zhou[39]分析了 1961—2007 年全国 721 个气象站的霾日数，发现风速（大气污染物稀释扩散能力）的变化对霾日数增减趋势的影响非常显著。Song 等[43]分析了 1961—2012 年间 664 个站点的冬半年的气象观测数据，发现降水天数在我国中东部的大部分地区呈下降的趋势（$-4\ \mathrm{d\ decade^{-1}}$），与冬半年灰霾天数呈负相关，同时平均风速和强风天呈下降趋势、微风天呈增加的趋势。相似地，Qu 等[46]分析发现 1973—

2012年中国东部能见度的下降与地面风速的减少(-18%,$-0.15\ m\ s^{-1}\ decade^{-1}$)有着密切的关系。在大尺度环流背景变化影响霾日数的研究方面,研究表明东亚季风强度的减弱加剧了近几十年中国东部冬季能见度的降低[16,18,24,46,47],冬季风的减弱造成了寒潮发生率和冷空气活动频率的减少,伴随着地面风速的减弱,地面风速和纬向水平风速的垂直切变减小,不利于污染物水平方向的输送和垂直方向的扩散,导致了污染的堆积。Chen和Wang[16]基于能见度的分析指出,1960—2012年期间北方霾事件的频繁发生与海陆气压差的减弱、近地面北风的减弱以及逆温层的异常有关,同时还伴随着对流层中部东亚大槽的减弱和对流层上部东亚急流的北移,而东亚季风的减弱是这些现象的主要原因。Hui和Xiang[48]的研究也显示ENSO对我国霾天数有影响。在厄尔尼诺(拉尼娜)年,西太平洋海温降低(增加),西伯利亚高压-阿留申低压系统较弱,北方西风急流减弱,东亚冬季风减弱(增强),从而导致中国东部雾霾天数增加(减少)。

以上观测研究提供了近几十年我国霾污染加剧的重要观测事实,特别是冬季我国东部强霾事件频率和强度增加的观测研究结论是本章着重研究冬季强霾事件的原因。但目前对霾日数和霾强度长期变化特征的研究主要是基于大气能见度观测数据,缺乏基于气溶胶成分变化的认识。同时,对霾日数和霾强度长期变化机制的研究也主要是基于大气能见度数据与再分析气象场之间的统计分析,缺乏对物理、化学过程和机制的定量描述。因为不同的气溶胶成分对不同的气象参数敏感,例如硫酸盐对温度敏感[49—51]、硝酸盐对温度和湿度敏感[50,52,53]、黑碳主要受风和沉降的影响等,因而基于能见度数据和气象参数的统计分析在研究方法上是有其局限性的。统计分析也不能区分人为排放变化和气象场变化对强霾长期变化特征的分别贡献。

4. 我国霾长期变化的模拟研究进展

随着长期排放清单数据(包括气溶胶和气溶胶前体物NO_x、CO、非甲烷挥发性有机物NMVOCs、SO_2、NH_3、BC和OC的排放数据)的出现和空气质量模式的发展和完善,利用数值模式模拟数十年气溶胶浓度和组分的变化已经成为认识大气成分历史变化和空气质量中长期计划的有用工具。例如Regional Emission inventory in Asia(REAS)提供亚洲区域1980—2010年逐年的排放数据[54],EDGAR v4.2有全球1970—2008年的逐年排放清单(http://edgar.jrc.ec.europa.eu),政府间气候变化专门委员会(IPCC)提供全球1850—2100年每十年一套的排放数据[55],都为模拟数十年的气溶胶变化提供了基础。目前的大气化学模式已能模拟出各气溶胶组分浓度和分布的基本量级和特征,例如GEOS-Chem、CMAQ、WRF-Chem等模式已被广泛地用于模拟我国及世界其他地区气溶胶的分布特点[53,56—62]。已有的模拟中国气溶胶浓度长期变化特点的研究工作,按模式的特性来分,主要包括再分析气象场驱动的大气化学传输模式的模拟以及气溶胶-气候耦合模式的模拟。

利用再分析气象场驱动的气溶胶长期变化的模拟,其优势在于能够较准确地模拟气象场对化学物质浓度的影响。Streets等[63]利用GOCART全球化学传输模式模拟了1980—2000年中国气溶胶AOD的变化,在1995—1996年AOD达到峰值(0.305)。Wang等[62]利用GEOS-Chem模式模拟了我国硫酸盐、硝酸盐和铵盐2000—2015年间的变化趋势,发现

2000—2006年期间中国区域硫酸盐、硝酸盐和铵盐年均总浓度增加了约60%，2006—2015年间这几种气溶胶浓度的变化趋势受NH_3排放变化的控制。Jeong和Park[64]也利用GEOS-Chem模式模拟了东亚1986—2006年硫酸盐、硝酸盐和铵盐浓度的变化特点。笔者的课题组在此方面也做了一部分工作。Zhu等[65]利用GEOS-Chem模式模拟了中国硫酸盐、硝酸盐、铵盐、黑碳和有机碳气溶胶在1986—2006年间的变化特点，发现在人为排放固定的情况下，中国东部气溶胶的浓度与东亚夏季风强度呈负相关，弱季风年的中国东部气溶胶浓度比强季风年高大约20%，表明中国过去数十年的夏季风减弱导致的环流场的变化起着增加东亚气溶胶浓度的作用。Mu和Liao[53]利用GEOS-Chem模式模拟了2004—2012年我国气溶胶浓度逐年变化的特点，结果显示华北和华南$PM_{2.5}$浓度的平均年际变化幅度是11%～17%和9%～14%，与2013年国务院《大气污染防治行动计划》中京津冀、长三角、珠三角细颗粒物浓度2012至2017年分别减排25%、20%和15%的减排目标量级非常接近，表明在评估我国短期污染控制措施的有效性时需区分减排和气象场的影响。Xing等[66]利用WRF-CMAQ化学传输模式，模拟了1990—2010年北半球空气质量的变化，发现中国东部$PM_{2.5}$、硫酸盐、硝酸盐、铵盐和黑碳的年增长率分别为2.2%、2.8%、5.4%、3.4%和1.0%。

气溶胶-气候耦合模式的模拟研究方面，全球气候模式的发展已能同步模拟气相化学机制（气溶胶前体物）和大气气溶胶的主要成分，此类模式被同时用于空气质量和气候中长期变化的研究[67,68]。目前利用气溶胶-气候耦合模式研究中国区域气溶胶历史变化的工作还较少。国际上参与大气化学和气候模式比较计划（ACCMIP）的10个气溶胶-气候模式模拟了1850—2000年全球气溶胶的变化趋势，但研究关注的是气溶胶的辐射强迫，并未对中国气溶胶的历史变化做仔细分析[68]。由于气溶胶-气候耦合模拟计算需求昂贵，很多研究都是挑出关注的年份来模拟研究中国气溶胶的浓度和分布特点。例如，Chen等[69]利用在线耦合区域气候模式WRF-CAM5比较了2006年和2011年东亚气溶胶的变化。Li等[70]利用在线耦合区域气候化学模式RIEMS-Chemaero模拟了1850、1970、1980、1990、2000和2010年中国气溶胶的特点。目前还没有利用气溶胶-气候耦合模式模拟我国强霾事件长期变化特征的研究。

模式研究能从化学组分上明确各类气溶胶浓度的变化特点[53,62,71]，能区分排放和气象场的相对贡献[65,72]，也能通过模式的质量守恒诊断，明确主要物理和化学过程（排放、化学生成、化学清除、输送、干沉降、湿沉降）对某一气溶胶成分浓度的影响[53,73—77]。过程分析的方法已用于描述一次污染过程[76,78]及年际[79]到年代际尺度[80]模拟中影响化学物种浓度的主导过程。

迄今为止，模式研究只是关注气溶胶浓度平均态（月均值、季节均值和年均值）的长期变化情况，还没有针对强霾事件的长期变化特点和机制的模拟研究工作。各气溶胶成分（硫酸盐、硝酸盐、铵盐、黑碳、有机碳）对强霾时$PM_{2.5}$浓度的贡献有何长期变化特点？强霾天数和强度的历史变化中气象场和排放变化的分别贡献有多大？减排能否减少强霾的频率？减排能在多大程度上减弱强霾事件时的霾强度（$PM_{2.5}$浓度）？这些问题需要利用模式进行较为全面和系统的研究。

综上所述，深入和系统地研究我国冬季强霾事件长期变化的化学特征、物理和化学机制以及气象场和排放的分别贡献，既有极其重要的科学意义，又是国民经济和社会发展的迫切需求。此研究拟结合我国现有 $PM_{2.5}$ 浓度和大气能见度等观测数据，利用大气化学传输模式 GEOS-Chem 和气溶胶-气候双向耦合模式，模拟 1985—2017 年我国冬季强霾天数和强度（$PM_{2.5}$ 浓度）以及相应气溶胶组分的变化特点。基于对物理和化学过程的定量诊断，揭示气象场和排放变化对我国典型污染区（京津冀、长三角、珠三角、四川盆地）过去数十年冬季强霾事件频率和强度的分别贡献，获得对我国冬季强霾事件的系统和深入的认识；并通过模式的敏感性数值试验揭示短期减排能在多大程度上减少减弱强霾污染事件，为我国的强霾污染控制提供科学支撑。

3.2 研究目标与研究内容

3.2.1 研究目标

认识我国典型区域（京津冀、长三角、珠三角、四川盆地）冬季强霾天数和强霾时气溶胶浓度在 1985—2017 年间的变化特点，明确不同气溶胶组分对强霾时 $PM_{2.5}$ 浓度的贡献在过去数十年的变化特征及相应机制，区分气象场和排放对近数十年强霾天数和强度变化的分别贡献，为更好地减排和控制我国的强霾污染提供科学支撑。

3.2.2 研究内容

（1）结合 $PM_{2.5}$ 观测和大气能见度观测，利用 GEOS-Chem 模式模拟 1985—2017 年气溶胶浓度的变化，分析强霾天数和强度的变化特点、各气溶胶组分的变化特点，分析强霾变化的物理和化学过程机制，以及气象场和排放对近数十年冬季强霾天数和强度变化的分别贡献；基于能见度数据和模拟结果，通过判定出的强霾事件的合成分析，获得我国典型区域（京津冀、长三角、珠三角、四川盆地）1985 年以来冬季强霾事件变化规律和机制。

（2）利用气溶胶-气候双向耦合的模式进行模拟，获得气溶胶-气候相互作用对强霾（日数和强度）的影响。这部分研究是气象场和排放同步变化的模拟，但通过打开或关闭气溶胶直接和间接气候效应对气象场的反馈，比较这两个模拟试验结果获得气溶胶-气候相互作用对我国典型区域强霾（日数和强度）的影响。

（3）利用 GEOS-Chem 模式评估我国短期减排措施对控制强霾的有效性。这里的短期减排是指为达到 2013 年国务院《大气污染防治行动计划》年均 $PM_{2.5}$ 浓度减小目标而实施的 2012—2017 年 SO_2、NO_x、NH_3 和 VOCs 减排。模拟时区分单一物质减排和所有物质同时减排的影响，比较减排对年均气溶胶浓度和强霾时气溶胶浓度影响程度的异同。

3.2.3 拟解决的关键科学问题

（1）过去数十年我国典型区域（京津冀、长三角、珠三角、四川盆地）冬季强霾变化特点

(强霾天数和强霾时气溶胶浓度)如何?

(2) 各气溶胶组分对冬季强霾时 $PM_{2.5}$浓度的贡献在1985—2017年间的变化特点及相应机制。

(3) 气象场和排放对近数十年冬季强霾天数和强度变化的分别贡献有多大?

(4) 短期减排措施在减小气溶胶年平均浓度的同时,对控制强霾污染有多大效果?

3.3 研究方案

3.3.1 整合并分析我国 $PM_{2.5}$观测数据、大气能见度观测数据

(1) 分析获得典型区域(京津冀、长三角、珠三角、四川盆地)1985—2017年强霾日数。本文定义观测 $PM_{2.5}$日均值 $\geqslant 150\ \mu g\ m^{-3}$ 为强霾天。因为我国近几年才有连续观测 $PM_{2.5}$数据,强霾的长期变化分析可用能见度数据和模式模拟浓度。利用能见度和模拟浓度判断强霾的方法如下:在关注的典型区域,选出同时有 $PM_{2.5}$和能见度观测的时段,统计分析观测的 $PM_{2.5}$和能见度日均值,获得观测 $PM_{2.5}$为 $150\ \mu g\ m^{-3}$ 时对应的能见度,定义为能见度临界值VQ,日均能见度≤VQ为强霾天;在同时有 $PM_{2.5}$观测值和模式模拟值的时段,统计分析观测的 $PM_{2.5}$和模拟的 $PM_{2.5}$日均值,获得观测 $PM_{2.5}$为 $150\ \mu g\ m^{-3}$ 对应的模拟 $PM_{2.5}$值,定义为模拟浓度临界值MQ,模拟日均 $PM_{2.5}$浓度≥MQ为强霾天。这样的判断方式使基于观测 $PM_{2.5}$、观测能见度、模拟 $PM_{2.5}$获得的强霾日可以互相比对,也避免了模式因水平分辨率等原因造成的模拟结果的系统偏差影响对强霾的判断。

(2) 基于大气能见度观测,获得我国典型区域(京津冀、长三角、珠三角、四川盆地)1985年以来冬季强霾事件变化规律,包括强霾天数以及强度的变化、持久强霾(强霾持续时间大于等于3 d)事件发生频率及强度等。

(3) 基于大气能见度观测,对各典型区域的冬季强霾日(持久强霾事件)进行合成分析,获得强霾日(持久强霾事件)的环流、温度、湿度等气象场的特点。

3.3.2 利用GEOS-Chem模式模拟和分析1985—2017年我国冬季强霾变化

1. 数值模拟

采用数十年排放清单数据和由再分析气象场驱动的GEOS-Chem模式,模拟1985—2017年气溶胶(硫酸盐、硝酸盐、铵盐、黑碳、有机碳、沙尘)质量浓度的变化,并基于这些组分浓度计算出 $PM_{2.5}$浓度的变化。模拟时段的选择是由现有最长年份的MERRA-2再分析数据的年份决定的(http://wiki.seas.harvard.edu/geos-chem/index.php/MERRA-2),GEOS-Chem模式模拟需要的再分析气象参数远多于常用的NCEP数据所能提供的(不能用其他再分析数据驱动GEOS-Chem模式)。模式输出各气溶胶成分和 $PM_{2.5}$逐小时浓度。

GEOS-Chem 全球模式水平的分辨率有 4°×5° 和 2°×2.5°，在东亚区域(11°S～55°N，70°E～150°E)嵌套加密网格分辨率可达 0.5°×0.625°，已有广泛应用，垂直方向地面至 0.01 hPa 间有 47 层。嵌套网格区域的化学物质边界条件来源于同化学机制、同年份排放的全球模拟，保证了嵌套区域外向嵌套区域化学物质输送的准确表达。

本研究拟进行如下模拟试验区分人为排放和气象场总体以及分别对强霾历史变化的贡献：

(1) 参照试验(CTRL)：在 1985—2017 年气象场和排放(人为＋自然源)均随时间变化。

(2) 只有排放变化试验(EMIS)：气象场固定在 1985 年，人为排放在 1985—2017 年随时间变化。在此假设下气象参数敏感的自然源也固定在 1985 年值。

(3) 只有气象场变化试验(MET)：人为排放固定在 1985 年，气象场在 1985—2017 年随时间变化，相应对气象参数敏感的自然源在 1985—2017 年也随时间变化。

GEOS-Chem 是哈佛大学管理的全球大气化学传输模式，其气态化学物质和气溶胶的模拟考虑 100 多种化学物质和 300 多个化学反应。笔者团队已有多篇论文验证过其模拟中国各成分气溶胶季节平均浓度量级和分布的能力。因此模式验证主要关注模式 CTRL 试验模拟的强霾事件在有观测的年份与 3.3.1 中基于 $PM_{2.5}$ 和能见度数据获得的强霾事件是否一致。

2. 典型区域 1985—2017 年强霾变化特点和机制分析

利用 CTRL 试验结果，分析典型区域冬季强霾天数和强霾时不同成分气溶胶浓度在 1985—2017 年的变化特点。基于质量守恒，诊断典型区域各气溶胶组分的收支(排放、输送、化学反应、干湿沉降)，并研究这些过程的时间序列变化特点。由季节平均诊断量和多强霾事件诊断量的对比分析，获得影响强霾时气溶胶浓度的最主要的物理和化学过程。

比较 EMIS 和 MET 试验结果，分析排放和气象场对各典型区域强霾天数和强度($PM_{2.5}$ 浓度)长期变化的分别贡献有多大？在各区域气象场是促进还是减弱了强霾事件发生？通过过程分析确定气象场中具体哪些气象参数(温度、湿度等)是促进或减弱强霾的最主要参数。气象场影响的分析与前文数值模拟中的气候动力学分析相结合。

3. 利用气溶胶-气候耦合模式模拟和分析我国冬季强霾变化

GEOS-Chem 模式是再分析气象场驱动的大气化学传输模式，能够较准确地代表气象场变化对气溶胶的影响，但不能考虑气溶胶本身的直接和间接辐射效应对气象场的影响并进一步反馈到气溶胶浓度。为获得气溶胶-气候相互作用对强霾的影响，拟用气溶胶-气候双向耦合模式做如下模拟试验：

(1) NoFBK：气候变化由温室气体、太阳常数的变化驱动，气溶胶及其前体物的排放随年份变化，海洋用 Q-flux 模块。令在气候模式积分的每个时间步长模拟的气象参数影响气溶胶模拟，但不让气溶胶的直接和间接辐射强迫反馈影响模拟的气候。

(2) FBK：与 NoFBK 相同，但气候模拟的气候影响气溶胶模拟，在每个时间步长让气溶胶的直接和间接辐射强迫反馈影响到模拟的气候。

比较 FBK 和 NoFBK 模拟的强霾天数和强度，可以得到相对于 NoFBK，气溶胶-气候双向耦合模拟的强霾天数增加或减少的百分比，以及强霾的强度。

4. 减排对控制强霾的有效性模拟试验及分析

2013 年 9 月国务院发布的《大气污染防治行动计划》提出的污染控制目标为，到 2017 年京津冀、长三角、珠三角等区域细颗粒物浓度分别下降 25%、20%、15%左右。2012—2017 年减排措施对强霾事件的影响可以在项目执行的后 2 年进行回报模拟试验。考虑到模拟的强霾事件可以与 2012—2017 年环保部(现生态环境部)数百个站点的 $PM_{2.5}$ 浓度直接比较，利用再分析气象场驱动的高分辨率(0.5°×0.625°)的 GEOS-Chem 模式是最好的选择。拟进行下面 2 组 2012—2017 年气溶胶模拟试验：

(1) NoREDU：2012—2017 年气象场，所有年份都用 2012 年排放。

(2) REDU：2012—2017 年气象场，2012—2017 年排放逐年变化(SO_2、NO_x、NH_3 和 VOCs 等污染物的 2012—2017 年减排量根据环保部统计数据获得，将减排量在 2012—2017 年线性插值)，减排试验可将各物种分别和一并减排。

比较 REDU 和 NoREDU，分析减排时各气溶胶成分和 $PM_{2.5}$ 冬季平均浓度与强霾时浓度的变化是否成比例。换句话说，减排对平均浓度的影响更大些还是对强霾时浓度的影响更大些(用相对变化百分数表示)？减排哪种化学物质对控制强霾最为有效？

3.4 主要进展与成果

3.4.1 我国强霾污染天的时空分布特征

$PM_{2.5}$ 作为灰霾天气的主要成分，能降低大气能见度[81]，危害人体健康[82]，影响生态系统[83]、天气和气候[84]。目前对中国区域 $PM_{2.5}$ 平均浓度的时空变化特征已有较为清楚的认识，但仍缺乏对强霾事件的研究。不利天气条件是影响当前强霾污染的最主要因素，总结强霾期间的典型天气形势特征对强霾短期预警有重要意义。

1. 中国强霾天数的时空变化特征

利用 2013 年 4 月至 2018 年 2 月全国 $PM_{2.5}$ 监测数据，根据强霾天的定义(日均 $PM_{2.5} \geqslant 150\ \mu g\ m^{-3}$)，计算了 2013—2017 年中国区域的强霾天数。2013—2017 年，强霾天数的空间分布特征为北方高于南方，内陆高于沿海。京津冀地区的强霾天数最多，污染最重的邢台市在 2013 年的强霾天数甚至接近全年天数的三分之一。京津冀区域在 2013—2017 年间，每年强霾天数的最大值分别为 122、95、57、78 和 31 d。作为对比，我国南方污染最重的长三角区域在 2013—2017 年期间强霾天数的最大值分别为 33、17、15、18 和 25 d。山东省中西部、河南北部、山西和关中平原的年强霾天数也较高。中国西北部的城市陆续从 2015 年开始发布 $PM_{2.5}$ 观测数据。从 2015—2017 年的统计结果来看，西北区域的部分城市强霾天数已与京津冀地区的城市相当(甚至更高)。比如喀什在 2015—2017 年的强霾天数分别为 108、76

和 56 d。未来空气质量管理需要更多地关注西北城市群的强霾污染。除了西安、太原和乌鲁木齐以外，所有城市的强霾天数均呈逐年降低趋势。这说明《大气污染防治行动计划》对 2013—2017 年的强霾污染改善效果显著。京津冀城市强霾天数的降幅最大，一半的城市每年强霾天数下降超过 10 d a^{-1}。其中河北省邢台市降幅最大，达到 −22.2 d a^{-1}。北京市 2013 年至 2017 年强霾天数分别为 32、39、36、46 和 8 d，降幅较小，为 4.1 d a^{-1}。长三角的城市群在 2013—2017 年间，强霾天数的降幅为 2～6 d a^{-1}。

强霾发生时，$PM_{2.5}$小时浓度往往能达到清洁天的数倍甚至数十倍。我们也评估了不同季节强霾期间的 $PM_{2.5}$浓度峰值。强霾的强度定义为研究时间段内所有强霾天当天 $PM_{2.5}$浓度最大值的算术平均。春季，受到沙尘事件的影响，西北部（新疆维吾尔自治区、青海省、甘肃省）和内蒙古的部分城市的强霾强度最大，浓度水平为 500～600 μg m^{-3}。夏季，西北部的部分城市仍然会受到沙尘天气的影响，强霾天的 $PM_{2.5}$浓度较高；山东、河南和江苏北部的部分城市 $PM_{2.5}$浓度也较高，这可能与 6 月份的生物质燃烧事件有关；京津冀区域的强霾强度为 250～300 μg m^{-3}。秋季，东北三省（黑龙江、吉林和辽宁）的强霾强度最大，浓度为 500～600 μg m^{-3}。冬季，34°N 以北的城市强霾强度为 300～400 μg m^{-3}；南方各城市的强霾强度要低于北方城市，大部分在 200～300 μg m^{-3}。冬季，由于春节期间的烟花爆竹燃放，导致福建、广东和广西的部分城市的强霾强度超过 500 μg m^{-3}。

2. 京津冀地区强霾期间的典型天气特征

京津冀区域在 2013 年 4 月至 2018 年 2 月期间，有 237 天为强霾天，其中 199 天发生在 10 月—次年 2 月。我们着重关注 10 月—次年 2 月期间强霾天的天气形势。利用从 ECMWF 获取的 ERA-Interim 再分析数据集，选择海平面气压场（SLP）、850 hPa 位势高度场和 500 hPa 位势高度场（GPH）作为输入变量并使用 T-PCA 的方法分类，我们把 199 个强霾天的天气形势归为五类。其中第二类（Type 2）和第三类（Type 3）天气型是强霾期间最主要的天气型，分别占到 35.7% 和 31.2%，其次为第四类（Type 4，16.6%）、第一类（Type 1，12.1%）和第五类（Type 5，4.4%）天气型。

利用合成分析的方法来分析每一类天气型下的 500 hPa 位势高度场及风场、850 hPa 位势高度场及风场、海平面气压场和 10 m 风场、温度和相对湿度在 37°N～41°N 区域的垂直分布特征。首先关注海平面气压场和 10 m 风场的分布。第一类天气型中，西伯利亚冷高压异常偏弱，日本海存在一个弱高压，京津冀近地面主要为南风。第二类天气型中，中心气压为 1038 hPa 的冷高压位于蒙古高原西部和新疆北部，东移扫过整个中国东北部；京津冀区域在高压的南侧底部，近地面为偏西风。第三类天气型中，冷高压偏弱并从新疆维吾尔自治区一直延伸到整个中国中东部，导致中东部地区气压梯度较小，这种均一气压场有利于大范围污染事件的发生；京津冀区域近地面为西风和南风。第四类天气型中，西伯利亚高压中心气压达到 1040 hPa，位置偏西，京津冀区域受高压的影响较小，近地面为弱西北风。第五类天气型中，京津冀区域受西伯利亚高压和朝鲜半岛弱高压影响，处于风汇合区，近地面为风速较小的南风和东南风。

从对流层低层 850 hPa 来看，在中国东部海域存在一个反气旋高压。整个中国东部受高压西侧偏南气流影响，东亚冬季风减弱，有利于污染物的累积。另一方面，南边的暖湿气流使得京津冀区域大气中的水汽含量增加，有利于二次污染物的生成。从对流层中层500 hPa来看，强霾期间东亚大槽减弱，京津冀区域主要受高压脊或者平直西风气流型环流控制，导致冷空气活动难以南下，天气形势稳定，有利于污染的发生和维持。

京津冀区域的东边在海平面气压场和850 hPa位势高度场均存在一个反气旋中心，伴随的异常南风使得近地面风速较小，五类天气型对应的地面风速约为1.5 m s^{-1}。850 hPa的异常南风不仅减弱了冬季盛行的东北风，当京津冀区域为南风时(第一类和第五类)，暖湿气流导致边界层以内的湿度增加，促进了污染期间的二次化学生成。此外，南风还会促进污染物的输送。从温度垂直结构来看，强霾期间京津冀区域整层大气呈偏暖状态，这与之前分析中500 hPa位势高度场环流型指示的冷空气活动减弱一致。此外，850 hPa的温度异常要大于近地面，这表明边界层大气层结呈稳定状态有利于逆温的发生，抑制了污染物的垂直扩散。京津冀区域在强霾期间，随着近地面污染物的累积，达到地面的太阳辐射减少，近地面大气温度降低，同时由于西北风干冷气团减少，边界层以内的大气相对湿度增加。高相对湿度有利于气溶胶吸湿增长并促进污染物的多相化学反应，进一步通过边界层与气溶胶的反馈作用使地面污染物浓度增加。

3.4.2 1985—2017年我国强霾污染频次和强度的变化

本节利用嵌套版本的GEOS-Chem模式(version 11-01)模拟了中国地区1985—2017年33个冬季(当年12月至次年2月)$PM_{2.5}$浓度的历史变化，并利用敏感性试验探究了人为排放和气象场变化对我国强霾频次和强度长期变化的影响。

1. 变化特点和主导过程分析

图3.1给出了模式模拟的1985—2017年京津冀地区冬季强霾频次、强度以及强霾时$PM_{2.5}$各组分浓度的时间序列。不同于整个中国的平均情况，京津冀地区的冬季强霾于20世纪末就已频繁发生。具体地说，京津冀地区冬季强霾频次经历了以下四个阶段：20世纪80年代末的缓慢上升(从1985年的14日上升至1992年的29日)，20世纪90年代的突然下降(下降至2001年的10日)，21世纪的快速上升(上升至2012年的47日)以及近年来的快速下降(下降至2017年的15日)。这一年代际变化与先前研究报道的华北平原冬季霾日数[85]、气溶胶消光系数[86]和冬季平均$PM_{2.5}$浓度[87]的历史变化十分一致。整体来看，在过去33年间，京津冀地区冬季强霾频次呈显著上升趋势，其线性趋势值为4.5 d $decade^{-1}$；冬季强霾强度呈持续上升，上升趋势值为13.5 μg m^{-3} $decade^{-1}$，远大于京津冀地区冬季平均$PM_{2.5}$浓度的上升趋势(10.1 μg m^{-3} $decade^{-1}$)。具体到各$PM_{2.5}$组分，硝酸盐气溶胶浓度的增速最大，其在1985—2017年上的线性趋势为15.6 μg m^{-3} $decade^{-1}$；其次是铵盐气溶胶，贡献为4.5 μg m^{-3} $decade^{-1}$。硫酸盐气溶胶和黑碳气溶胶的贡献非常小。有机碳气溶胶呈现−6.8 μg m^{-3} $decade^{-1}$的下降趋势，与OC排放的变化基本一致。

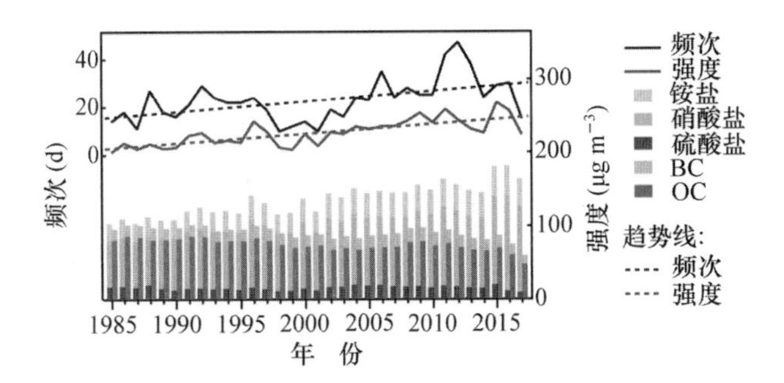

图3.1 模式模拟的京津冀地区冬季强霾的历史变化(1985—2017)。图中深色实线代表强霾频次(单位:d),浅色实线代表强霾强度(单位:$\mu g\ m^{-3}$),条形填色代表$PM_{2.5}$各组分浓度(单位:$\mu g\ m^{-3}$),虚线分别代表频次和强度在1985—2017年的线性趋势

为进一步理解京津冀地区冬季强霾的形成机制,我们选取了一个京津冀区域(36°N～42.5°N,113.75°E～120°E)的盒子(从地表至模式的第11层,约850 hPa)来进行过程分析。以该京津冀区域盒子为研究对象,诊断了每日尺度上各个物理/化学过程(排放、输送、化学反应、云过程、干沉降和边界层扩散)带来的整个盒子的气溶胶收支。各个过程对京津冀地区冬季强霾形成的相对贡献$\%PC_i$可由下式计算:

$$\%PC_i = \frac{PC_{\mathrm{SWHD}\_i} - PC_{\mathrm{SM}\_i}}{\sum_i^n abs(PC_{\mathrm{SWHD}\_i} - PC_{\mathrm{SM}\_i})} \times 100 \tag{3.1}$$

其中,n是被诊断的过程总数,其值为6;PC_{SM_i}为过程i带来的京津冀盒子气溶胶日收支的冬季平均值(1985—2017);PC_{SWHD_i}为过程i带来的京津冀盒子气溶胶日收支在所有冬季强霾日的平均值(1985—2017)。各个过程相对贡献的绝对值总和$\sum_i^n abs(\%PC_i)$为100%。

过程分析结果显示,在1985—2017年的冬季平均态,京津冀地区$PM_{2.5}$浓度的升高主要由化学反应(10.1 Gg d^{-1})和局地排放(5.5 Gg d^{-1})贡献。净输送过程将京津冀区域的颗粒物输送至下风方向或上层的对流层(−12.1 Gg d^{-1}),起到清洁的作用。边界层的湍流扩散、干沉降和云过程的贡献很小,分别为−0.8 Gg d^{-1}、−1.8 Gg d^{-1}和−0.9 Gg d^{-1}。在1985—2017年冬季,以上六个过程带来的$PM_{2.5}$日净收支为0.004 Gg d^{-1}。在1985—2017年的冬季强霾日,京津冀区域向外输送的颗粒物大幅减少(输出量从12.2 Gg d^{-1}下降至4.8 Gg d^{-1}),导致区域内污染物的大量累积。同时,更强的化学生成(从10.1 Gg d^{-1}上升至12.0 Gg d^{-1})、静稳天气下更弱的湍流扩散作用(从0.8 Gg d^{-1}下降至0.4 Gg d^{-1})也促进了京津冀地区气溶胶浓度的进一步增加。由于强霾日的颗粒物浓度更高,所以强霾日的干湿沉降量相比平均态有所增加。在1985—2017年的所有冬季强霾日,以上六个过程带来的$PM_{2.5}$日净收支为8.1 Gg d^{-1}。由式3.1定量计算各个过程的百分比贡献可以发现,输送、化学生成、云过程、干沉降和边界层湍流扩散的相对贡献分别为65.3%、17.6%、−7.5%、−6.4%和3.2%。因此,京津冀区域向外输送颗粒物的大量减少是促进该地区冬季强霾形成与维持的最关键因素。

2. 排放和气象场的分别贡献

为探究人为排放变化和气象场变化对中国冬季强霾历史变化的分别贡献，本节共设计两组敏感性试验，即 EMIS 和 MET，用来与 CTRL 试验进行对比：(1) 参照试验(CTRL)，在 1985—2017 年气象场和排放(人为源＋自然源)均随时间变化。(2) 仅有排放变化试验(EMIS)，气象场固定在 1985 年，人为排放在 1985—2017 年随时间变化。(3) 仅有气象场变化试验(MET)，人为排放固定在 1985 年，气象场在 1985—2017 年随时间变化。

图 3.2(a)给出了三组试验模拟的京津冀地区冬季强霾频次的时间变化序列。1985—2017 年，当同时考虑排放和气象场的变化时，CTRL 试验得到的京津冀地区冬季强霾频次呈显著上升趋势(4.5 d $decade^{-1}$)；当仅考虑排放变化时，EMIS 试验的强霾频次同样显著上升(5.9 d $decade^{-1}$)；当仅考虑气象场变化时，MET 试验的模拟结果未通过显著性检验。考虑到线性趋势计算对选取时段的敏感性，图 3.2(b)～(d)分别给出了三组试验中，不同选取时段上计算得到的线性趋势值。可以看到，CTRL 试验中的京津冀地区冬季强霾频次经历了 20 世纪 80 年代末的缓慢上升，自 1991 年的显著下降，以及自 1997 年的大幅上升。EMIS 和 MET 试验结果也呈现类似的趋势分布，但其在各时段上的变化幅度有所不同。在 CTRL 试验中，京津冀冬季强霾频次的最大降幅出现在 1992—2001 年，其线性趋势值为 −20.1 d $decade^{-1}$。在同一时段(1992—2001 年)，EMIS 和 MET 试验计算得到的线性趋势分别为 −3.3 d $decade^{-1}$ 和 −20.1 d $decade^{-1}$。因此可知，气象场变化主导了京津冀地区冬季强霾频次在 20 世纪 90 年代的下降，同时期人为排放的减少也促进了冬季强霾频次的减少。在 CTRL 试验中，京津冀地区冬季强霾频次的最大增幅出现在 2003—2012 年，其线性趋势值为 23.6 d $decade^{-1}$。在同一时段(2003—2012 年)，EMIS 和 MET 试验中的频次趋势分别为 27.3 d $decade^{-1}$ 和 12.5 d $decade^{-1}$。也就是说，人为排放的增加和气象场的变化均促进了京津冀地区冬季强霾频次在 21 世纪初的上升。值得注意的是，MET 试验中冬季强霾频次在 20 世纪 90 年代的大幅下降和 21 世纪初的上升可能与大尺度环流背景场的年代际变化有关。Chen 和 Wang[5]研究发现，相比于 1993—2001 年时段，1984—1992 年时段和 2002—2010 年时段上的气象场更有利于中国北方冬季 $PM_{2.5}$ 重污染事件的生成，如对流层低层更弱的风速、增加的水汽输送，对流层中层更弱的东亚大槽，以及对流层上层东亚急流的北移。

类似地，我们分析了三组试验模拟的京津冀地区冬季强霾强度的时间变化序列。1985—2017 年，CTRL、EMIS、MET 试验获得的京津冀地区冬季强霾强度的线性趋势分别为 13.5、5.2 和 8.3 $\mu g\ m^{-3}\ decade^{-1}$。可见，气象场变化和人为排放的增加都是促进 1985—2017 年京津冀地区冬季强霾强度增强的重要因素。从不同时段上的趋势分析来看，过去 33 年间，CTRL 试验的京津冀地区冬季强霾强度一直呈上升趋势，仅在 1992—2001 年前后出现过轻微的下降。该时段强霾强度的下降与同时期强霾频次减少的原因类似，均由气象场变化主导，同时受人为排放减少的影响。

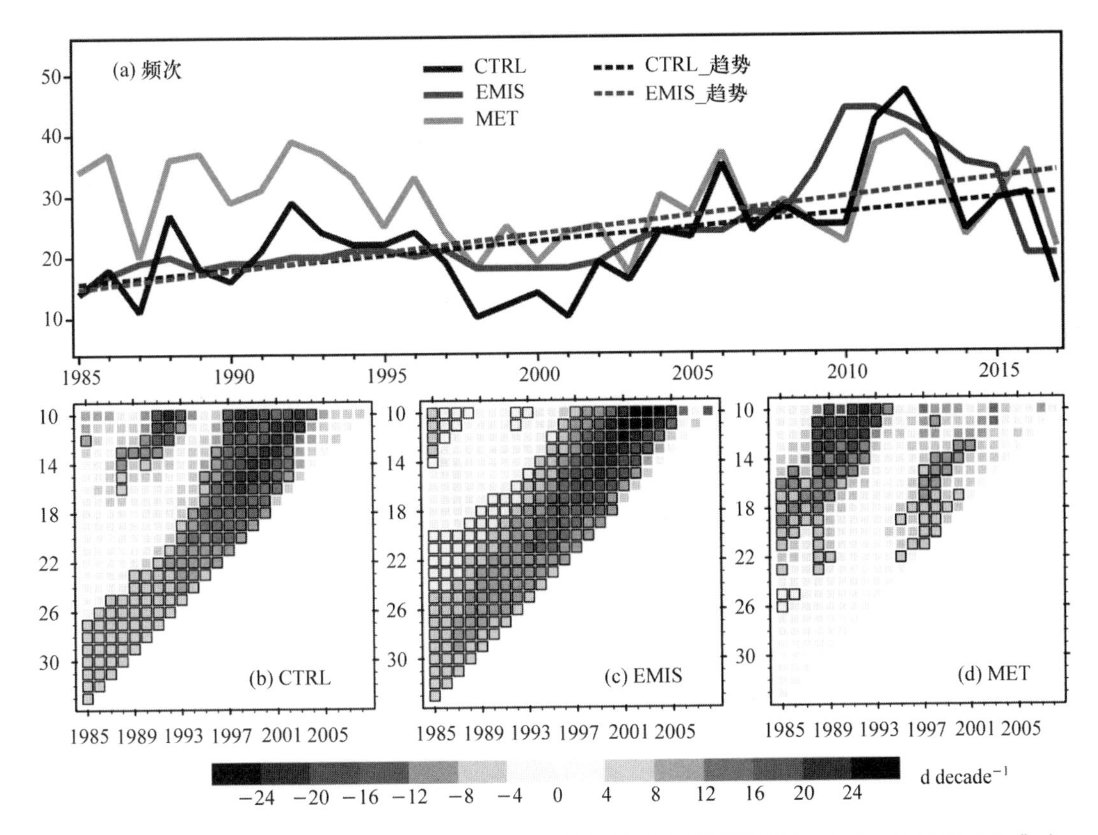

图 3.2 (a) CTRL(黑线)、EMIS(深灰线)及 MET(浅灰线)试验模拟得到的 1985—2017 年京津冀地区冬季强霾频次的时间序列(单位: d);虚线分别代表强霾频次的线性趋势,MET 试验的模拟结果未通过 95%的显著性检验。(b)～(d) 京津冀地区冬季强霾频次在不同选取时段上的线性趋势(单位: d decade^{-1}): (b) CTRL,(c) EMIS,(d) MET 试验的结果;图中横坐标是选取时段的起始年份,纵坐标是选取时段的区间长度(最短 10 年),填色为该时段上计算得到的线性趋势值,黑色方框表示该线性趋势通过 95%的显著性检验

3.4.3 全球气候变化对强霾污染的影响

1. 全球气候增暖背景下未来强霾预估

本节以北京冬季强霾事件作为研究对象,探究未来气候增暖背景对强霾事件的影响。本节基于观测资料建立起强霾事件与环流背景间的统计关系,利用 CMIP5 多模式资料预估的未来环流场的变化,说明北京强霾事件的发生频率在未来气候增暖背景下是显著增加的。因此未来减排温室气体排放,对减缓北京空气污染具有重要的意义。

(1) HWI(Haze Weather Index,雾霾天气指数)的建立

我们选取 $V850$、ΔT、$U500$ 这三个与 $PM_{2.5}$ 相关性最高且大尺度的气象要素场去构建一个量化的指标,用来描述强霾发生时的天气形势。其中,$V850$ 是 850 hPa(30°N～47.5°N,115°E～130°E)区域平均的纬向风速,ΔT 是对流层低层(850 hPa)和高层(250 hPa)的垂直温度差,$U500$ 是 500 hPa 北京北侧区域(42.5°N～52.5°N,110°E～137.5°E)和北京南侧区

域(27.5°N～37.5°N,110°E～137.5°E)平均纬向风的差。由于这三个变量间是互相不独立的,首先将这三个变量各自进行标准化,然后将标准化后的三个变量相加,最后将得到的新的时间序列再进行标准化,将得到的指数定义为HWI。标准化的逐日HWI及其三个分量的序列是NCEP/NCAR 1948—2015年再分析数据相对于30年(1986—2015)的气候态得到的。2009—2015年冬季$PM_{2.5}$浓度与HWI时间序列的相关系数可以达到0.66。HWI>0事件可以捕捉观测中89%的强霾事件。

(2) 未来北京强霾天气形势的变化

为了探究温室气体增加导致的全球变暖对北京强霾天气形势的影响,我们比较了CMIP5模式模拟的50年Historical(1950—1999)和Future(2050—2099)气候条件下冬季HWI的变化。提供Historical气候数据的试验是指在给定的1850—2005年实测的温室气体、气溶胶、火山等外强迫以及太阳常数等条件下,使模式从1850运行至2005年。提供Future气候数据的试验运行主要从2006年至2100年,其与Historical试验的区别在于外强迫数据使用的是高温室气体排放情景(RCP8.5)。本文使用的逐日的气候模式数据共来自可获得数据的15个气候模式。通过对比Historical试验和RCP8.5试验的差异,可以探究北京强霾天气形势在高的温室气体排放情景下的变化。

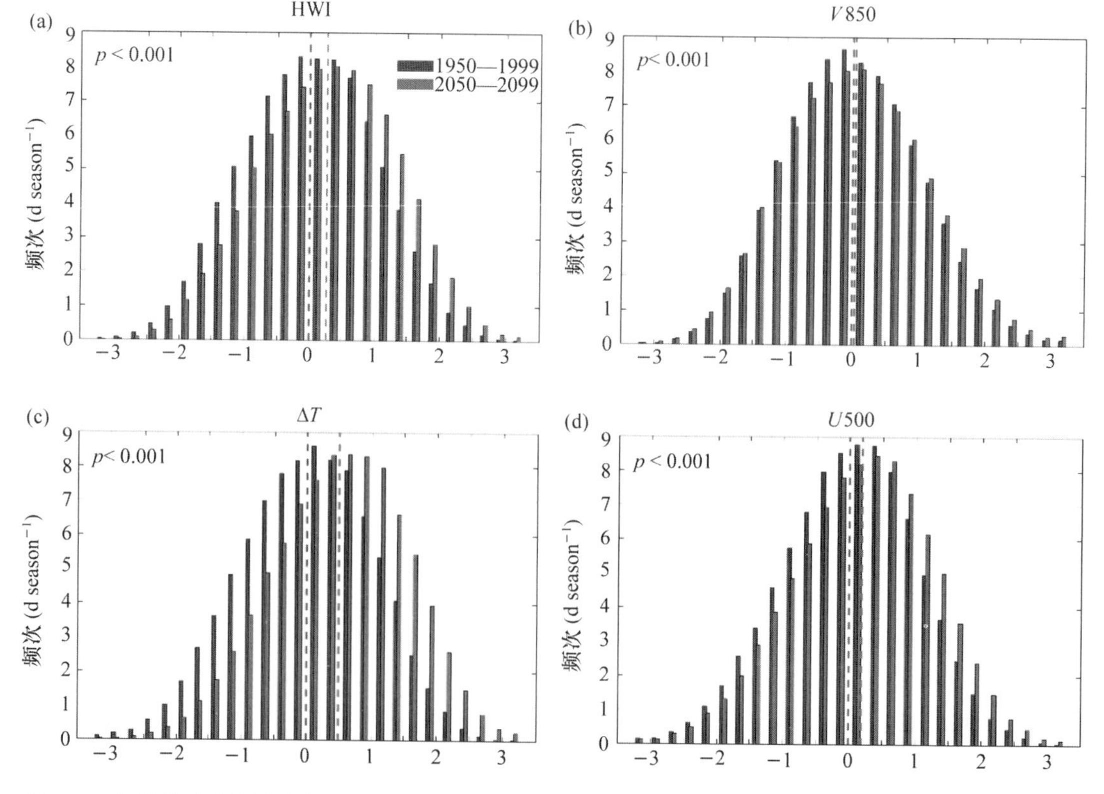

图3.3 气候模式模拟的未来北京冬季强霾天气形势的变化。(a) Historical(1950—1999)(深灰)和Future(2050—2099)(浅灰)RCP8.5情景下HWI的频率直方图,所有结果都是15个气候模式的平均值。(b)～(d) 类似于(a),分别对于三个分量*V*850、Δ*T*、*U*500的未来的变化。如图中的*p*值所示,这两个时期HWI平均值的差异的显著性在99%以上

如图 3.3(a)所示,Future 气候条件下 HWI 相对于 Historical 时期呈现系统性的增加,这主要是因为 $V850$ 代表的北风偏弱,ΔT 表征的是低层大气稳定结构,$U500$ 相关的东亚大槽减弱在 Future 气候条件下的发生频率是增加的。15 个气候模式平均的结果显示,Future 气候相对于 Historical 气候,HWI>0 事件的发生频率增加 20%,HWI>0.5 事件的发生频率增加 32%,HWI>2 事件的发生频率增加 131%。特别地,同 2013 年 1 月的强霾事件(强霾事件平均的 HWI 为 1.02)类似的 HWI>1 事件的发生频率增加超过 50%。上述多模式预估的未来强霾天气显著增加具有很高的模式一致性,15 个模式中有 14 个模式预估的 HWI>0 事件是增加的。

(3) 影响未来强霾天气形势的大尺度环流背景

为了探究未来强霾天气形势增加的机制,我们对环流场平均态的变化进行了分析,发现强霾天气形势频率的增加与影响北京周围的环流场的平均态的变化是一致的。

首先,在温室气体增暖背景下,近地表大气增暖较快导致中低层大气更加稳定[88,89]。其次,由于大陆增暖比海洋快,导致东亚冬季风变弱同时近地表和高层大气的北风减弱,东亚大槽的位置和强度的变化也支持这一现象[90,91]。未来气候条件下东亚大槽变浅,位置更加向东北方向移动,使得干冷的西北风更少影响北京地区。在近地面,海平面气压在极区降低但在中纬度地区增加,这与北极涛动正位相所对应的海平面气压分布是一致的,而这种分布型在温室气体增暖背景下是增加的[92,93]。为了检查模式中海平面气压的变化趋势,我们使用经验正交函数(EOF)方法对冬季 1950—2100 年北半球的海平面气压异常场(相对于 Historical 的平均态)进行分解。EOF 展开在大气资料分析中有非常广泛的应用。通过经验正交函数展开可以集中识别出主要的相互正交的空间分布型及其相联系的时间权重来描述复杂的实际场的变化。分析发现,EOF 分解的第一模态与正位相的北极涛动的分布型非常一致。在中纬度地区的海平面气压是不均一的,但是在北太平洋上呈现高压中心,该气压分布有利于北京附近出现异常的南风。此外,15 个模式中 14 个模式的气压分布型的变化是一致的。上述因素的共同作用导致了强霾天气形势的增加。我们的结果表明,虽然排放的增加是强霾事件增加的主要原因,但是全球温室气体排放增加导致的环流变化也起到重要作用。因此,全球温室气体的减排将会降低北京冬季强霾事件发生的风险。

2. 典型强霾事件的异常环流归因

本节基于气候模式,通过分析有人为活动强迫和没有人为活动强迫的试验结果,评估了气候变化中人为活动强迫对易诱发强霾事件的大尺度异常环流型的贡献。

我们利用 C20C+探测和归因计划提供的模式数据来研究人为活动强迫对有利于发生强霾环流型的贡献。C20C+项目提供的多模式数据集已被广泛用于极端天气和气候事件的探测和归因,如热浪、干旱和强降水[94—97]。本节使用的气候模式为 MIROC5 [97]提供的两组试验设计,分别为历史全强迫试验(All-Hist)和自然强迫试验(Nat-Hist)。在 All-Hist 试验中,MIROC5 考虑历史的人为活动强迫、自然强迫和观测的海表温度和海冰驱动。在 Nat-Hist 试验中,人为活动和土地覆盖/利用被设定为工业化前的水平,并去除人为活动强迫对观测的海表温度和海冰的影响 [98]。All-Hist 和 Nat-Hist 试验均包含 2006 年 1 月至 2015 年 12 月的 100 个模式集合。

(1) 典型强霾事件及其环流特征

为了建立强霾污染与大气异常环流之间的联系,我们选取 2013 年 1 月和 2015 年 12 月作为最严重的强霾事件进行研究。

分析2013年1月强霾事件发现，在近地面层，中国北方的低压异常和延伸至东北亚海岸的高压异常之间存在异常的SLP梯度，导致冬季盛行的近地面西北风减弱。在对流层中层500 hPa，异常高压位于东亚大槽位置，削弱了达到中国东部的寒冷干燥的西北气流。对于2015年12月的强霾事件，东部沿海的SLP异常覆盖了西北太平洋的大部分地区，与之相关的暖湿南风延伸至中国东部，对流层中层500 hPa的高压异常主导了整个东亚地区的环流形势。以往的研究也表明SLP的东西向异常梯度、东亚大槽减弱和近地面南风异常是中国东部灰霾发生的主要特征[99—102]。

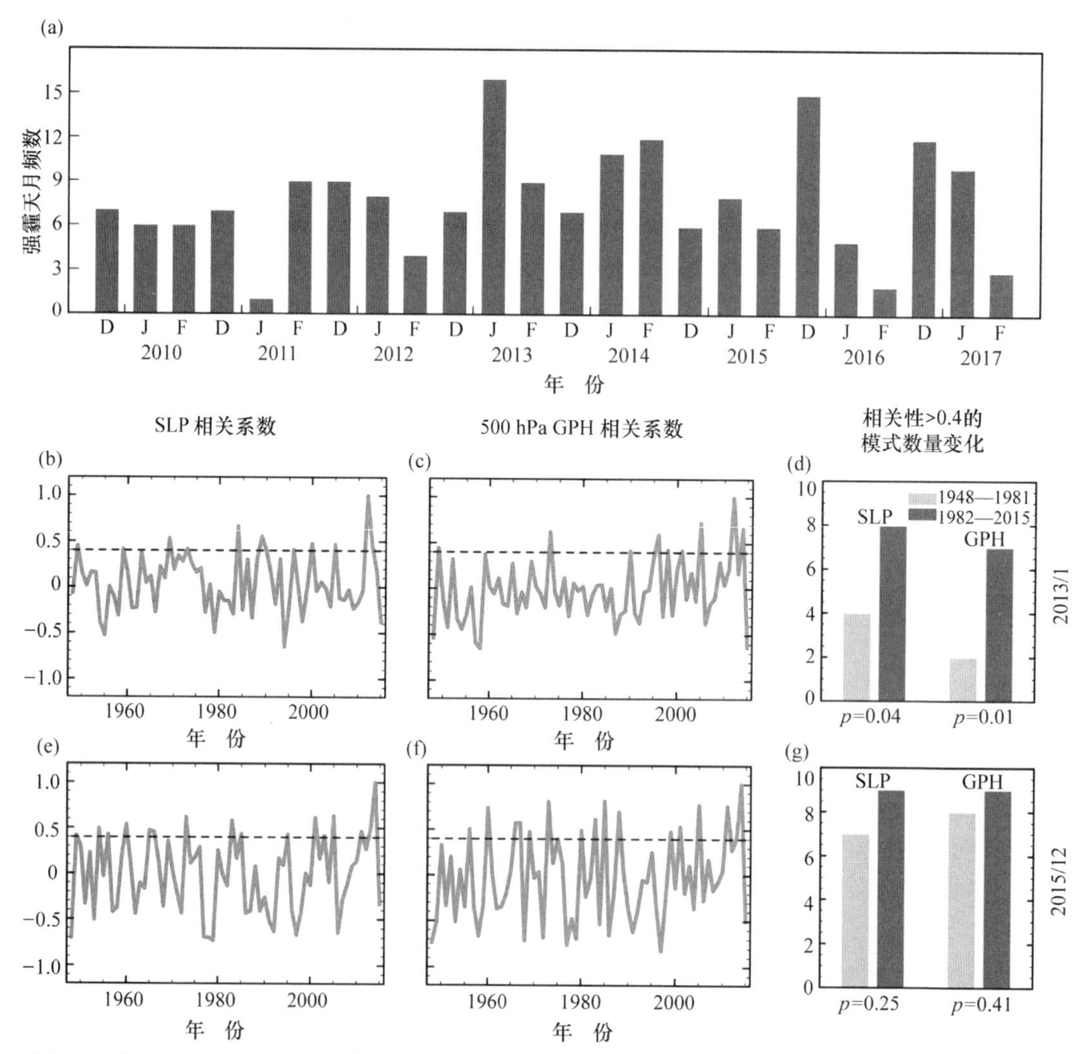

图3.4 (a) 2009—2017年北京冬季强霾天的月频数，2013年1月和2015年12月是污染最重的两个月。(b)和(c)分别为2013年1月海平面气压场(SLP)和500 hPa地势高度场(GPH)与其他年份(1948—2015)的相关系数时间序列。黑色虚线为+0.4的相关系数阈值，用来界定“中度到高度相关”。(d)与2013年1月具有中度至高度相关性(>0.4)的SLP和500 hPa GPH的模式数量变化。左列代表1948—1981年期间的发生情况；右列代表1982—2015年期间的发生情况。(e)～(g)与(b)～(d)相同，为2015年12月的结果

图3.4(b)和(c)与图3.4(e)和(f)分别显示了2013年1月与2015年12月和其他年份(1948—2015年)的SLP和500 hpa GPH异常在相同区域(25°N～60°N,90°E～160°E)上的空间相关系数的时间序列。虽然SLP和GPH的相关系数时间序列都没有统计学上的显著趋势,但我们发现1948—1981年和1982—2015年之间表现出与2013年1月和2015年12月观测到的GPH或SLP模式具有中等到高的相关性(模式相关性>0.4)[103]的年份频率增加。特别是对于2013年1月强霾事件,增加的频率在统计学上显著高于95%的置信度。需要指出的是,上述异常环流可能受到自然气候内部变异的影响,如厄尔尼诺[104]、太平洋年代际涛动[105],以及冰雪圈的强迫,因此不能将单一事件归因于人为气候变化。然而,全球气候变暖可能会导致这种异常环流型更频繁地发生[99]。

(2) 人为活动强迫对异常环流型的影响

为了研究人为活动对不利环流型的影响,我们首先对MIROC5模式进行了评估。在历史全强迫模拟试验中,100个环流模式集合的气候平均态可以较好地重现东亚区域的环流特征。通过分析两组试验的差异(All-Hist减Nat-Hist)可以明确人为活动对环流变化的影响。

在有人为活动强迫下,东亚地区的低气压和东部沿海的高气压之间存在异常的带状SLP梯度,西北太平洋上空存在经向的SLP梯度,导致中国东部周围出现异常的南风。在对流层中层,东亚上空的异常高压减少了达到中国东部的清洁西北气流。2013年1月的个例中,人为活动强迫引起的环流变化与观测较为一致,说明人为活动影响对2013年1月的大气环流异常场有重要作用。同样,对于2015年12月的个例分析,发现模式模拟的人为活动强迫导致的异常环流型也与观测的结果吻合较好。需要注意的是,人为活动强迫引起的环流变化强度不能完全解释2013年1月或2015年12月观测到的异常环流特征,这可能是因为气候模式未能较好地模拟大气内部变率。

为了进一步量化人为活动的作用,我们比较了All-Hist和Nat-Hist试验分别与2013年1月和2015年12月高度空间相似的模式的频率。在All-Hist试验中,100个模式的集合平均并不能重现观测到的异常环流型。通过设定高相关系数阈值(0.6),从2013年1月和2015年12月个例中分别挑选出了5个和6个模拟最好的模式,发现其集合平均可以较好地模拟出观测到的异常环流特征。

我们进一步比较了在All-Hist和Nat-Hist试验中100个模式集合的空间相关系数超过某个阈值的频率。结果表明,All-Hist试验中通过相似度判断的模式数量明显增加。2013年1月,与SLP场空间相关系数超过0.4(中度到高度相关)的模式个数从Nat-Hist情景下的11个增加到All-Hist情景下的16个,2015年12月则从48个增加到61个。人为活动强迫使得类似于2013年1月和2015年12月这种有利于强霾发生的环流型的概率分别增加了约45%和27%。在未来几十年气候持续变暖背景下,需要采取更严格的减排措施来改善空气质量,全球范围内减少温室气体的排放可以降低中国东部地区发生严重雾霾的风险。

3.4.4 减排对强霾频次和强度的影响

为探究减排对强霾控制的有效性,本节我们设计两组试验:(1) CTRL,中国地区人为排放采用 MIX 清单[106]，其余年份的比例系数由 EDGAR v4.2 清单和 MEIC 清单获得；(2) 减排试验 REDU，除农业 NH_3 排放外，SO_2、NO_x、NH_3、BC、OC、CO、NMVOCs 的人为排放均减少 25%。两组试验的模拟时段均为 1985—2015 年冬季，模式输出气溶胶的日均浓度。

为讨论减排对北京冬季强霾频次的影响，我们定义频次减排效率(Frequency Reduction Efficiency，FRE)如式 3.2。其中 Freq_CTRL，Freq_REDU 分别代表 CTRL 和 REDU 试验模拟得到的冬季强霾频次。

$$\mathrm{FRE} = \frac{\mathrm{Freq\_CTRL} - \mathrm{Freq\_REDU}}{\mathrm{Freq\_CTRL}} \times 100\% \tag{3.2}$$

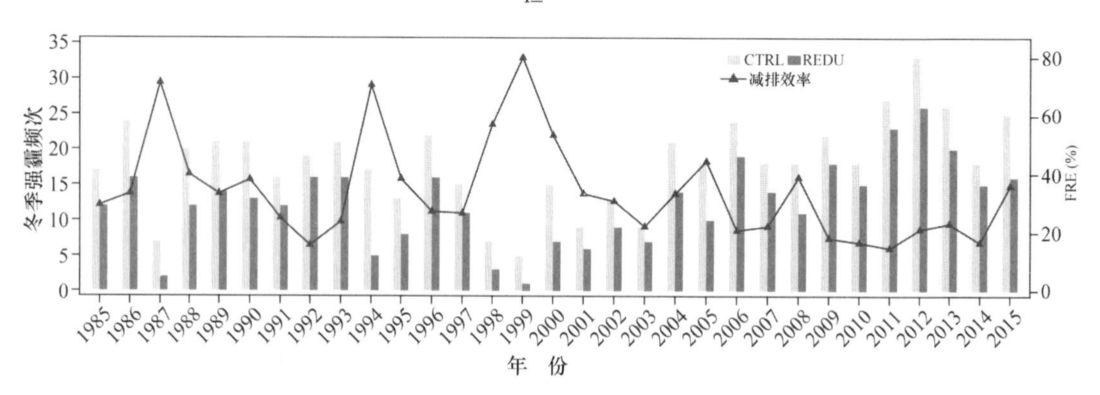

图 3.5 减排对北京冬季强霾频次的影响(1985—2015 年)。条形图为模式模拟的冬季强霾频次(单位：d)，其中浅灰色为 CTRL 的模拟结果，深灰色为 REDU 的模拟结果，折线图为计算得到的强霾频次减排效率 FRE(单位：%)

图 3.5 给出了北京市冬季强霾 FRE 的时间变化序列(1985—2015 年)。可以看到，FRE 呈现先增大再减小的趋势。其在 1985～1999 年的增加趋势为10.8% decade^{-1}，在 2000—2015 年的减小趋势为−12.2% decade^{-1}，即在进入 21 世纪后，即使进行相同程度(百分比)的减排，强霾频次的减少效率却逐年降低，减排的作用越来越弱。此外，在相同强度的减排措施下，FRE 呈现显著的年际变化，其变化范围为 20%～80%，这主要是由于气象场的年际变化影响污染物的化学生成和区域输送。

类似地，为讨论减排对北京冬季强霾强度的影响，我们定义浓度减排效率(Concentration Reduction Efficiency，CRE)如式 3.3。其中 Conc_CTRL 为 CTRL 试验中一个冬季所有强霾日的日均 $PM_{2.5}$ 浓度，Conc_REDU 为 REDU 试验中的强霾日在减排情境下的日均 $PM_{2.5}$ 浓度。

$$\mathrm{CRE} = \frac{\mathrm{Conc\_CTRL} - \mathrm{Conc\_REDU}}{\mathrm{Conc\_CTRL}} \times 100\% \tag{3.3}$$

图 3.6 给出了不同污染条件下，北京市冬季强霾浓度减排效率 CRE 的时间变化序列(1985—2015 年)。上三角、圆形和下三角分别为强霾天、轻霾天、清洁天下计算得到的 CRE。可以看到，减排对强霾强度的削弱作用(19.7%)要优于轻霾天(19.1%)和清洁天(15.6%)。重点关注对强霾的浓度减排效率，发现其同样呈现先增大再减小的趋势。其在

1985—1999 年的增加趋势为 1.3% $decade^{-1}$，2000—2015 年的减小趋势为 −2.0% $decade^{-1}$。即在进入 21 世纪后，减排不仅对强霾频次的作用减弱，对强霾强度的作用也在减弱。这或许与 21 世纪以来有利于强霾形成的环流场的增多（冬季风减弱）有关。

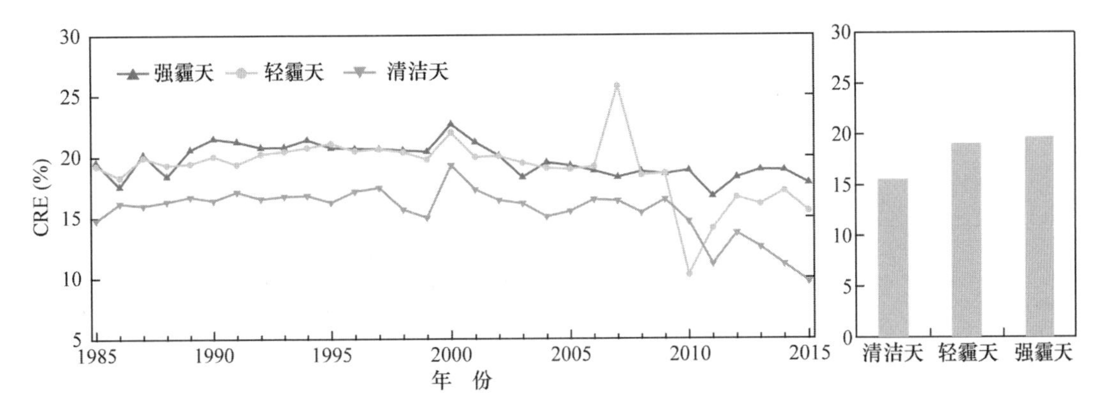

图 3.6 减排对北京冬季日均 $PM_{2.5}$ 浓度的影响。左图给出了不同程度污染天[清洁天（下三角，0～75 μg m^{-3}）、轻霾天（圆形，75～150 μg m^{-3}）、强霾天（上三角，＞150 μg m^{-3}）]下计算得到的浓度减排效率 CRE（单位：%）的时间变化序列。右图给出了浓度减排效率 CRE（单位：%）的多年平均值

3.4.5 本项目资助发表论文

[1] Gong C, Liao H. A typical weather pattern for ozone pollution events in North China. Atmospheric Chemistry and Physics, 2019, 19(22): 13725-13740.

[2] Dang R J, Liao H. Radiative forcing and health impact of aerosols and ozone in China as the Consequence of Clean Air Actions over 2012—2017. Geophysical Research Letters, 2019, 46: 12511-12519.

[3] Dang R J, Liao H. Severe winter haze days in the Beijing-Tianjin-Hebei region from 1985 to 2017 and the roles of anthropogenic emissions and meteorology. Atmospheric Chemistry and Physics, 2019, 19(16): 10801-10816.

[4] Chen L, Zhu J, Liao H, et al. Assessing the formation and evolution mechanisms of severe haze pollution in the Beijing-Tianjin-Hebei region using process analysis. Atmospheric Chemistry and Physics, 2019, 19(16): 10845-10864.

[5] Fu Y, Liao H, Yang Y. Interannual and decadal changes in tropospheric ozone in China and the associated chemistry-climate interactions: A review. Advances in Atmospheric Sciences, 2019, 36(9): 975-993.

[6] Li J D, Liao H, Hu J L, et al. Severe particulate pollution days in China during 2013—2018 and the associated typical weather patterns in Beijing-Tianjin-Hebei and the Yangtze River Delta regions. Environmental Pollution, 2019, 248: 74-81.

[7] Zhang Y, Liao H, Ding X, et al. Implications of RCP emissions on future concentration and direct radiative forcing of secondary organic aerosol over China. Science of the Total Environment, 2018, 640-641: 1187-1204.

[8] 唐颖潇，邱雨露，朱佳，等. 基于模式分析一次沙尘暴过程中沙尘表面非均相化学过程对中国地区污染物浓度的影响. 气候与环境研究，2018，23(4)：413-428.

[9] Li K, Liao H, Cai W, et al. Attribution of anthropogenic influence on atmospheric patterns conducive to

recent most severe haze over eastern China, Geophysical Research Letters, 2018, 45(4): 2072-2081.

[10] Cai W J, Li K, Liao H, et al. Weather conditions conducive to Beijing severe haze more frequent under climate change. Nature Climate Change, 2017, 7(4): 257-262.

[11] 刘瑞金，廖宏，常文渊，等. 基于国际大气化学——气候模式比较计划模式数据评估未来气候变化对中国东部气溶胶浓度的影响. 大气科学，2017，41(4)：739-751.

[12] Zhu J, Liao H, Mao Y H, et al. Interannual variation, decadal trend, and future change in ozone outflow from East Asia. Atmospheric Chemistry and Physics, 2017, 17(5): 3729-3747.

[13] Tang Y X, Liao H. Estimating the emission and concentration of road dust aerosol over China by using the GEOS-Chem model. Atmospheric and Oceanic Science Letters, 2017, 10(4): 298-304.

[14] Qiu Y L, Liao H, Zhang R J, et al. Simulated impacts of direct radiative effects of scattering and absorbing aerosols on surface layer aerosol concentrations in China during a heavily polluted event in February 2014. Journal of Geophysical Research: Atmospheres, 2017, 122(11): 5955-5975.

[15] Liu R J, Liao H. Assessment of aerosol effective radiative forcing and surface air temperature response over eastern China in CMIP5 models. Atmospheric and Oceanic Science Letters, 2017, 10(3): 228-234.

[16] Zhu J, Liao H. Future ozone air quality and radiative forcing over China owing to future changes in emissions under the Representative Concentration Pathways (RCPs). Journal of Geophysical Research: Atmospheres, 2016, 121(4): 1978-2001.

[17] Yang Y, Liao H, Lou S J. Increase in winter haze over eastern China in recent decades: Roles of variations in meteorological parameters and anthropogenic emissions. Journal of Geophysical Research: Atmospheres, 2016, 121(21): 13050-13065.

[18] Li K, Liao H, Zhu J, et al. Implications of RCP emissions on future $PM_{2.5}$ air quality and direct radiative forcing over China. Journal of Geophysical Research: Atmospheres, 2016, 121(21): 12985-13008.

[19] Gu Y X, Liao H. Response of fine particulate matter to reductions in anthropogenic emissions in Beijing during the 2014 Asia-Pacific Economic Cooperation summit. Atmospheric and Oceanic Science Letters, 2016, 9(6): 411-419.

[20] Gu Y X, Liao H, Bian J C. Summertime nitrate aerosol in the upper troposphere and lower stratosphere over the Tibetan Plateau and the South Asian summer monsoon region. Atmospheric Chemistry and Physics, 2016, 16(11): 6641-6663.

[21] Feng J, Liao H, Li J P. The impact of monthly variation of the Pacific-North America (PNA) teleconnection pattern on wintertime surface-layer aerosol concentrations in the United States. Atmospheric Chemistry and Physics, 2016, 16(8): 4927-4943.

[22] Feng J, Liao H, Gu Y X. A comparison of meteorology-driven interannual variations of surface aerosol concentrations in the eastern United States, eastern China, and Europe. Sola, 2016, 12: 146-152.

[23] Feng J, Quan J, Liao Hong, et al. An air stagnation index to qualify extreme haze events in northern China. Journal of the Atmospheric Sciences, 2018, 75: 3489-3505.

[24] Mao Y H, Liao H, Chen H S. Impacts of East Asian summer and winter monsoons on interannual variations of mass concentrations and direct radiative forcing of black carbon over eastern China. Atmospheric Chemistry and Physics, 2017, 17(7): 4799-4816.

[25] Mao Y H, Liao H. Impacts of meteorological parameters and emissions on decadal, interannual, and seasonal variations of atmospheric black carbon in the Tibetan Plateau. Advances in Climate Change Research, 2016, 7(3): 123-131.

[26] Mao Y H, Liao H, Han Y M, et al. Impacts of meteorological parameters and emissions on decadal and interannual variations of black carbon in China for 1980—2010. Journal of Geophysical Research: Atmospheres, 2016, 121(4): 1822-1843.

参考文献

[1] 王自发,等. 2013年1月我国中东部强霾污染的数值模拟和防控对策. 中国科学:地球科学, 2014, 44(1): 3-14.

[2] Zhao X J, et al. Analysis of a winter regional haze event and its formation mechanism in the North China Plain. Atmospheric Chemistry and Physics, 2013, 13(11): 5685-5696.

[3] Wang Y X, et al. Enhanced sulfate formation during China's severe winter haze episode in January 2013 missing from current models. Journal of Geophysical Research: Atmospheres, 2014, 119(17): 16.

[4] Gao J J, et al. The variation of chemical characteristics of $PM_{2.5}$ and PM_{10} and formation causes during two haze pollution events in urban Beijing, China. Atmospheric Environment, 2015, 107: 1-8.

[5] Jiang J. Particulate matter distributions in China during a winter period with frequent pollution episodes (January 2013). Aerosol and Air Quality Research, 2014, 15(2): 494-503+i.

[6] Xu W Y, et al. Characteristics of pollutants and their correlation to meteorological conditions at a suburban site in the North China Plain. Atmospheric Chemistry and Physics, 2011, 11(9): 4353-4369.

[7] Sun Y L, et al. Investigation of the sources and evolution processes of severe haze pollution in Beijing in January 2013. Journal of Geophysical Research: Atmospheres, 2014, 119(7): 4380-4398.

[8] Che H, et al. Horizontal visibility trends in China 1981—2005. Geophysical Research Letters, 2007, 34(24): L24706.

[9] Che H, et al. Haze trends over the capital cities of 31 provinces in China, 1981—2005. Theoretical and Applied Climatology, 2009, 97(3): 235-242.

[10] Chang D, et al. Visibility trends in six megacities in China 1973—2007. Atmospheric Research, 2009, 94(2): 161-167.

[11] Tie X, et al. Lung cancer mortality and exposure to atmospheric aerosol particles in Guangzhou, China. Atmospheric Environment, 2009, 43(14): 2375-2377.

[12] Zhao P S, et al. Long-term visibility trends and characteristics in the region of Beijing, Tianjin, and Hebei, China. Atmospheric Research, 2011, 101(3): 711-718.

[13] Chen Y, Xie S. Temporal and spatial visibility trends in the Sichuan Basin, China, 1973 to 2010. Atmospheric Research, 2012, 112: 25-34.

[14] Cheng Z, et al. Long-term trend of haze pollution and impact of particulate matter in the Yangtze River Delta, China. Environmental Pollution, 2013, 182: 101-110.

[15] Ding Y H, Liu Y J. Analysis of long-term variations of fog and haze in China in recent 50 years and their relations with atmospheric humidity. Science China Earth Sciences, 2014, 57(1): 36-46.

[16] Chen H P, Wang H J. Haze Days in North China and the associated atmospheric circulations based on daily visibility data from 1960 to 2012. Journal of Geophysical Research: Atmospheres, 2015, 120(12): 5895-5909.

[17] Fu C, et al. Consecutive extreme visibility events in China during 1960—2009. Atmospheric Environ-

ment,2013,68: 1-7.

[18] Yin Z,et al. Climatic change features of fog and haze in winter over North China and Huang-Huai Area. Science China Earth Sciences,2015,58(8): 1370-1376.

[19] Wang H,et al. A study of the meteorological causes of a prolonged and severe haze episode in January 2013 over central-eastern China. Atmospheric Environment,2014,98: 146-157.

[20] Jiang C,et al. Modeling study of $PM_{2.5}$ pollutant transport across cities in China's Jing-Jin-Ji region during a severe haze episode in December 2013. Atmospheric Chemistry and Physics, 2015, 15(10): 5803-5814.

[21] Guo S,et al. Elucidating severe urban haze formation in China. Proceedings of the National Academy of Sciences of the United States of America,2014,111(49): 17373-17378.

[22] Huang R J,et al. High secondary aerosol contribution to particulate pollution during haze events in China. Nature,2014,514(7521): 218-222.

[23] Ye X X,et al. Study on the synoptic flow patterns and boundary layer process of the severe haze events over the North China Plain in January 2013. Atmospheric Environment,2016,124: 129-145.

[24] Li Q,et al. Interannual variation of the wintertime fog-haze days across central and eastern China and its relation with East Asian winter monsoon. International Journal of Climatology,2015,36(1): 346-354.

[25] Jia B,et al. A new indicator on the impact of large-scale circulation on wintertime particulate matter pollution over China. Atmospheric Chemistry and Physics,2015,15(20): 11919-11929.

[26] Huang X,et al. Pathways of sulfate enhancement by natural and anthropogenic mineral aerosols in China. Journal of Geophysical Research: Atmospheres,2014,119(24): 14165-14179.

[27] Wang J D,et al. Impact of aerosol-meteorology interactions on fine particle pollution during China's severe haze episode in January 2013. Environmental Research Letters,2014,9(9): 7.

[28] Gao Y, et al. Modeling the feedback between aerosol and meteorological variables in the atmospheric boundary layer during a severe fog-haze event over the North China Plain. Atmospheric Chemistry and Physics,2015,15(8): 4279-4295.

[29] Wang H,et al. Mesoscale modelling study of the interactions between aerosols and PBL meteorology during a haze episode in China Jing-Jin-Ji and its near surrounding region-Part 2: Aerosols' radiative feedback effects. Atmospheric Chemistry and Physics,2015,15(6): 3277-3287.

[30] Zhang B,et al. Simulating aerosol-radiation-cloud feedbacks on meteorology and air quality over eastern China under severe haze conditions in winter. Atmospheric Chemistry and Physics, 2015, 15(5): 2387-2404.

[31] Che H Z,et al. Analysis of 40 years of solar radiation data from China,1961—2000. Geophysical Research Letters,2005,32(6): 5.

[32] Qian Y,et al. More frequent cloud-free sky and less surface solar radiation in China from 1955 to 2000. Geophysical Research Letters,2006,33(1): L01812.

[33] Gao G. The climatic characteristics and change of haze days over China during 1961—2005. Acta Geographica Sinica,2008,6(7): 761-768.

[34] Guo J P,et al. Spatio-temporal variation trends of satellite-based aerosol optical depth in China during 1980—2008. Atmospheric Environment,2011,45(37): 6802-6811.

[35] Cheng Y J,et al. Contribution of changes in sea surface temperature and aerosol loading to the decreasing precipitation trend in southern China. Journal of Climate,2005,18(9): 1381-1390.

[36] Liang F, Xia X A. Long-term trends in solar radiation and the associated climatic factors over China for 1961—2000. Annales Geophysicae, 2005, 23(7): 2425-2432.

[37] Wu J, et al. Trends of visibility on sunny days in China in the recent 50 years. Atmospheric Environment, 2012, 55: 339-346.

[38] Qu W, et al. Effect of the strengthened western Pacific subtropical high on summer visibility decrease over eastern China since 1973. Journal of Geophysical Research: Atmospheres, 2013, 11(13): 7142-7156.

[39] Hu Y, Zhou Z. Climatic characteristics of haze in China. Meteorological Monthly, 2009, 35(7): 73-78.

[40] Sun Y, et al. Characteristics of climate change with respect to fog days and haze days in China in the past 40 years. Climatic and Environmental Research, 2013, 18(3): 397-406.

[41] Fu C, Dan L. Spatiotemporal characteristics of haze days under heavy pollution over central and eastern China during 1960—2010. Climatic and Environmental Research, 2014, 19(2): 219-226.

[42] Wu D, et al. Temporal and spatial variation of haze during 1951—2005 in Chinese mainland. Acta Meteorologica Sinica, 2010, 68(5): 680-688.

[43] Song L-C, et al. Analysis of China's haze days in the winter half-year and the climatic background during 1961—2012. Advances in Climate Change Research, 2014, 5(1): 1-6.

[44] Xiao D, et al. Plausible influence of Atlantic Ocean SST anomalies on winter haze in China. Theoretical and Applied Climatology, 2015, 122(1-2): 249-257.

[45] Zhang Y, et al. Climatic characteristics of persistent haze events over Jing-jin-ji during 1981—2013. Meteorological Monthly, 2015, 41(3): 311-318.

[46] Qu W J, et al. Effect of cold wave on winter visibility over eastern China. Journal of Geophysical Research: Atmospheres, 2015, 120(6): 2394-2406.

[47] Zhou W D, et al. Possible effects of climate change of wind on aerosol variation during winter in Shanghai, China. Particuology, 2015, 20: 80-88.

[48] Hui G, Xiang L. Influences of El Nino Southern Oscillation events on haze frequency in eastern China during boreal winters. International Journal of Climatology, 2015, 35(9): 2682-2688.

[49] Aw J, Kleeman M J. Evaluating the first-order effect of intraannual temperature variability on urban air pollution. Journal of Geophysical Research: Atmospheres, 2003, 108(D12): 20.

[50] Dawson J P, et al. Sensitivity of $PM_{2.5}$ to climate in the Eastern US: A modeling case study. Atmospheric Chemistry and Physics, 2007, 7(16): 4295-4309.

[51] Kleeman M J. A preliminary assessment of the sensitivity of air quality in California to global change. Climatic Change, 2008, 87: S273-S292.

[52] Pye H O T, et al. Effect of changes in climate and emissions on future sulfate-nitrate-ammonium aerosol levels in the United States. Journal of Geophysical Research: Atmospheres, 2009, 114: 18.

[53] Mu Q, Liao H. Simulation of the interannual variations of aerosols in China: Role of variations in meteorological parameters. Atmospheric Chemistry and Physics, 2014, 14(18): 9597-9612.

[54] Ohara T, et al. An Asian emission inventory of anthropogenic emission sources for the period 1980—2020. Atmospheric Chemistry and Physics, 2007, 7(16): 4419-4444.

[55] Lamarque J F, et al. Historical (1850—2000) gridded anthropogenic and biomass burning emissions of reactive gases and aerosols: Methodology and application. Atmospheric Chemistry and Physics, 2010, 10(15): 7017-7039.

[56] Gao Y, et al. WRF-Chem simulations of aerosols and anthropogenic aerosol radiative forcing in East A-

sia. Atmospheric Environment,2014,92: 250-266.

[57] Liu X H,et al. Understanding of regional air pollution over China using CMAQ,part Ⅱ. Process analysis and sensitivity of ozone and particulate matter to precursor emissions. Atmospheric Environment,2010, 44(30): 3719-3727.

[58] Wang L T,et al. Assessment of air quality benefits from national air pollution control policies in China. Part I: Background,emission scenarios and evaluation of meteorological predictions. Atmospheric Environment,2010,44(28): 3442-3448.

[59] Wang S X,et al. Verification of anthropogenic emissions of China by satellite and ground observations. Atmospheric Environment,2011,45(35): 6347-6358.

[60] Fu T M,et al. Carbonaceous aerosols in China: Top-down constraints on primary sources and estimation of secondary contribution. Atmospheric Chemistry and Physics,2012,12(5): 2725-2746.

[61] Jiang F,et al. Regional modeling of secondary organic aerosol over China using WRF/Chem. Journal of Aerosol Science,2012,43(1): 57-73.

[62] Wang Y,et al. Sulfate-nitrate-ammonium aerosols over China: Response to 2000—2015 emission changes of sulfur dioxide,nitrogen oxides,and ammonia. Atmospheric Chemistry and Physics,2013,13(5): 2635-2652.

[63] Streets D G, et al. Aerosol trends over China, 1980—2000. Atmospheric Research, 2008, 88(2): 174-182.

[64] Jeong J I,Park R J. Effects of the meteorological variability on regional air quality in East Asia. Atmospheric Environment,2013,69: 46-55.

[65] Zhu J L,et al. Increases in aerosol concentrations over eastern China due to the decadal-scale weakening of the East Asian summer monsoon. Geophysical Research Letters,2012,39: 6.

[66] Xing J,et al. Observations and modeling of air quality trends over 1990—2010 across the Northern Hemisphere: China, the United States and Europe. Atmospheric Chemistry and Physics, 2015, 15(5): 2723-2747.

[67] Liao H,et al. Effect of chemistry-aerosol-climate coupling on predictions of future climate and future levels of tropospheric ozone and aerosols. Journal of Geophysical Research-Atmospheres,2009,114: 21.

[68] Shindell D T,et al. Radiative forcing in the ACCMIP historical and future climate simulations. Atmospheric Chemistry and Physics,2013,13(6): 2939-2974.

[69] Chen Y,et al. Application of an online-coupled regional climate model,WRF-CAM5,over East Asia for examination of ice nucleation schemes: Part I. Comprehensive model evaluation and trend analysis for 2006 and 2011. Climate,2015,3(3): 627-667.

[70] Li J,et al. Model analysis of long-term trends of aerosol concentrations and direct radiative forcings over East Asia. Tellus B: Chemical and Physical Meteorology,2013,65(1): 20410.

[71] Fu Y,Liao H. Simulation of the interannual variations of biogenic emissions of volatile organic compounds in China: Impacts on tropospheric ozone and secondary organic aerosol. Atmospheric Environment,2012,59: 170-185.

[72] Fu Y,Liao H. Impacts of land use and land cover changes on biogenic emissions of volatile organic compounds in China from the late 1980s to the mid-2000s: Implications for tropospheric ozone and secondary organic aerosol. Tellus Series B: Chemical and Physical Meteorology,2014,66: 17.

[73] Liao H,et al. Interactions between tropospheric chemistry and aerosols in a unified general circulation

model. Journal of Geophysical Research: Atmospheres, 2003, 108(D1): 23.

[74] Liao H, et al. Global radiative forcing of coupled tropospheric ozone and aerosols in a unified general circulation model. Journal of Geophysical Research: Atmospheres, 2004, 109(D16): 33.

[75] Liao H, et al. Role of climate change in global predictions of future tropospheric ozone and aerosols. Journal of Geophysical Research: Atmospheres, 2006, 111(D12): 18.

[76] Goncalves M, et al. Contribution of atmospheric processes affecting the dynamics of air pollution in south-western Europe during a typical summertime photochemical episode. Atmospheric Chemistry and Physics, 2009, 9(3): 849-864.

[77] Jiang H, et al. Projected effect of 2000—2050 changes in climate and emissions on aerosol levels in China and associated transboundary transport. Atmospheric Chemistry and Physics, 2013, 13(16): 7937-7960.

[78] José R S, et al. MM5-CMAQ air quality modelling process analysis: Madrid case. Advances in Air Pollution, 2002, 11: 171-179.

[79] Zhang Y, et al. Probing into regional O-3 and particulate matter pollution in the United States: 2. An examination of formation mechanisms through a process analysis technique and sensitivity study. Journal of Geophysical Research: Atmospheres, 2009, 114: 31.

[80] Civerolo K, et al. Evaluation of an 18-year CMAQ simulation: Seasonal variations and long-term temporal changes in sulfate and nitrate. Atmospheric Environment, 2010, 44(31): 3745-3752.

[81] Yang Y, et al. Increase in winter haze over eastern China in recent decades: Roles of variations in meteorological parameters and anthropogenic emissions. Journal of Geophysical Research: Atmospheres, 2016, 121(21): 13050-13065.

[82] Hu J, et al. Premature mortality attributable to particulate matter in China: Source contributions and responses to reductions. Environmental Science & Technology, 2017, 51(17): 9950-9959.

[83] Yue X, et al. Ozone and haze pollution weakens net primary productivity in China. Atmospheric Chemistry and Physics, 2017, 17(9): 6073-6089.

[84] Liao H, et al. Climatic effects of air pollutants over china: A review. Advances in Atmospheric Sciences, 2014, 32(1): 115-139.

[85] Chen H P, Wang H J. Haze days in North China and the associated atmospheric circulations based on daily visibility data from 1960 to 2012. Journal of Geophysical Research: Atmospheres, 2015, 120(12): 5895-5909.

[86] Li J, et al. Changes in surface aerosol extinction trends over China during 1980—2013 inferred from quality-controlled visibility data. Geophysical Research Letters, 2016, 43(16): 8713-8719.

[87] Yang Y, et al. Recent intensification of winter haze in China linked to foreign emissions and meteorology. Scientific Reports, 2018, 8: 10.

[88] Jacob D J, Winner D A. Effect of climate change on air quality. Atmospheric Environment, 2009, 43(1): 51-63.

[89] Horton D E, et al. Occurrence and persistence of future atmospheric stagnation events. Nature Climate Change, 2014, 4: 698-703.

[90] Hori M E, Ueda H. Impact of global warming on the East Asian winter monsoon as revealed by nine coupled atmosphere-ocean GCMs. Geophysical Research Letters, 2006, 33(3): L03713.

[91] Xu M, et al. Responses of the East Asian winter monsoon to global warming in CMIP5 models. International Journal of Climatology, 2016, 36(5): 2139-2155.

[92] Shindell D T, et al. Simulation of recent northern winter climate trends by green house-gas forcing. Nature, 1999, 399(6735): 452-455.

[93] Fyfe J C, et al. The Arctic and Antarctic oscillations and their projected changes under global warming. Geophysical Research Letters, 1999, 26(11): 1601-1604.

[94] Angélil O, et al. An independent assessment of anthropogenic attribution statements for recent extreme temperature and rainfall events. Journal of Climate, 2016, 30(1): 5-16.

[95] Lewis S C, Karoly D J. Are estimates of anthropogenic and natural influences on Australia's extreme 2010—2012 rainfall model-dependent?. Climate Dynamics, 2015, 45(3): 679-695.

[96] Ma S, et al. Increased chances of drought in southeastern periphery of the Tibetan Plateau induced by anthropogenic warming. Journal of Climate, 2017, 30(16): 6543-6560.

[97] Shiogama H, et al. An event attribution of the 2010 drought in the South Amazon region using the MIROC5 model. Atmospheric Science Letters, 2013, 14(3): 170-175.

[98] Christidis N, et al. A new HadGEM3-A-Based system for attribution of weather- and climate-related extreme events. Journal of Climate, 2013, 26(9): 2756-2783.

[99] Lv B L, et al. Daily estimation of ground-level $PM_{2.5}$ concentrations at 4 km resolution over Beijing-Tianjin-Hebei by fusing MODIS AOD and ground observations. Science of the Total Environment, 2017, 580: 235-244.

[100] Chen H, Wang H. Haze days in North China and the associated atmospheric circulations based on daily visibility data from 1960 to 2012. Journal of Geophysical Research: Atmospheres, 2015, 120(12): 5895-5909.

[101] Zhang R, et al. Meteorological conditions for the persistent severe fog and haze event over eastern China in January 2013. Science China Earth Sciences, 2014, 57(1): 26-35.

[102] Zhang Z, et al. Possible influence of atmospheric circulations on winter haze pollution in the Beijing-Tianjin-Hebei region, northern China. Atmospheric Chemistry and Physics, 2016, 16(2): 561-571.

[103] Swain D L, et al. Trends in atmospheric patterns conducive to seasonal precipitation and temperature extremes in California. Science Advances, 2016, 2(4): e1501344.

[104] Chang L, et al. Impact of the 2015 El Nino event on winter air quality in China. Scientific Reports, 2016, 6: 34275.

[105] Zhao S, et al. Decadal variability in the occurrence of wintertime haze in central eastern China tied to the Pacific Decadal Oscillation. Scientific Reports, 2016, 6: 27424.

[106] Li M, et al. MIX: A mosaic Asian anthropogenic emission inventory under the international collaboration framework of the MICS-Asia and HTAP. Atmospheric Chemistry and Physics, 2017, 17(2): 935-963.

第4章 天气和边界层变化中长三角秋冬季霾过程的观测和模拟研究

朱彬[1],康汉青[1],刘晓慧[1],郭照冰[2],于兴娜[1],安俊琳[3],王成刚[1],刘端阳[2],徐宏辉[3]

[1]南京信息工程大学,[2] 江苏省气象局,[3] 浙江省气象科学研究所

近年来,长江三角洲地区气溶胶污染严重,霾天频发,致使能见度降低并危害人们的健康。长三角秋冬季霾发生的天气形势、边界层变化、大气污染物来源及其区域间输送都各有特点。本章围绕长三角天气系统变化下多点边界层物理化学结构探测、霾形成的物理机制研究及霾形成的概念模型提炼三个研究目标开展工作,取得以下成果:(1) 系统开展了长三角秋冬季霾过程的大气污染物和气象的多点垂直观测,描述了天气-边界层变化下霾发生发展的完整图像;(2) 从区域尺度上阐明了天气系统移动中,沿途的边界层结构具有时空一致的演变特征,受各地源排放的影响产生各地不同的污染差异;(3) 将该地区霾划分为区域整体型和输入型污染,利用耦合在线源追踪技术的空气质量模式揭示了 2 类污染的来源贡献和过程机制,建立了霾的输送污染指数;(4) 建立了天气-边界层过程与霾污染过程的配置关系,提炼出长三角秋冬季霾发生的概念模型;(5) 探讨了雾-霾长期变化归因和气溶胶-边界层-污染物的相互作用。本研究深入揭示了长三角秋冬季霾形成与华北地区的不同之处,加深了对天气-边界层-大气污染形成各环节的认识,为长三角和其他地区大气污染区域联防联控提供了科学支撑和决策依据。

4.1 研究背景

大气气溶胶粒子是指悬浮在大气中的固态或液态颗粒物,粒径一般为 $10^{-3}\sim10^{2}$ μm。大气气溶胶中的干性粒子是形成霾天气的主要物质,包括硫酸盐、硝酸盐、黑碳、有机物粒子、海盐以及尘埃等。大气气溶胶也是造成我国大气复合污染的主要物质成分[1]。气溶胶的一次排放、二次形成、转化等物理化学过程是大气复合污染形成的重要机制。

大气气溶胶的时空分布受气候因子、天气系统和边界层变化过程的控制[2-4];而气溶胶粒子则可以通过直接辐射效应和间接效应影响大气温度和降水等气候因子的变化,造成气候系统的调整[5]。国际上许多重大大气化学研究计划都将大气气溶胶作为重点展开研究,如针对亚洲洲际尺度污染物输送研究项目有 PEM-West-B(全球对流层实验-西太平洋探测研究,1994 年 2—3 月)[6]、ACE-Asia(气溶胶特征亚洲实验,2001 年春季)[7]、TRACE-P(太

平洋地区输送和化学实验,2001 年 3—4 月)[8]、ABC 计划(大气棕色云)[5]及 INTEX-B(洲际化学输送实验,2006 年春季)。这些研究探讨了污染气体、气溶胶及其前体物的形成、输送,气溶胶粒子的物理、化学、光学特性,以及它们与气象因子、云、辐射过程及气候变化的相互作用和反馈关系等。

长期以来空气污染研究更多地集中在城市尺度。在特大城市空气污染研究方面,MILAGRO(Megacity Initiative: Local and Global Research Observations)计划[9,10]特别关注特大城市墨西哥城由前体气体形成二次有机气溶胶的物理化学过程,并评估城市、区域乃至全球尺度污染气体和气溶胶的输送及转化关系。徐祥德主持的"973 计划"项目"BECAPEX",通过对北京城市边界层动力、热力、化学综合结构特征的研究,建立了"空气污染物穹隆"的概念模型,揭示了逆温、动力结构与"空气污染物穹隆"空间三维特征的关系[11]。Guo 等[12]、Sun 等[13]、Zheng 等[14]利用观测资料研究了 2013 年 1 月北京严重霾污染的形成过程与天气、边界层结构、化学转化的关系,并探讨了局地污染和外源输入对大气污染物的贡献。

在介于城市和洲际之间的城市群大陆尺度上,针对美国得克萨斯州东南墨西哥湾沿岸,开展了两次有关臭氧等反应性气体和气溶胶细粒子污染特征的研究,探讨了前体气体与细粒子的关系及其输送过程(TexAQS,2000)。由于认识到霾和光化学烟雾属区域污染,污染物可长距离输送,所以第二次 TexAQS Ⅱ(2006)扩大了研究区域,更强调了臭氧与区域霾的关系,为区域污染控制提供了思路[15]。欧洲建立了激光雷达联网体系 EARLINET(A European Aerosol Research Lidar Network),用以研究气溶胶分布、长距离输送及其对空气质量的影响等气候特征[16]。

在城市群尺度上,我国科学家在京津冀-环渤海地区、长江三角洲地区和珠江三角洲地区[17—20]开展了有关大气环境和灰霾气溶胶的科学研究(如 MTX2006、BECAPEX、CARE-Beijing、PRIDE-PRD、HACHI 和"大气灰霾追因与控制"等)。研究发现,京津冀-环渤海区域霾天增加的本质是化石燃料燃烧排放的细粒子增加以及高湿状态下吸湿粒子增长导致大气消光加强;京津冀地区大气污染物存在严重的区域内城市间相互输送的问题,氮、硫等酸性物质和重金属等有害物沉降量很高,急需协同治理。

据统计,长三角地区已是我国主要的严重霾区[18,21]。该地区污染源分布广、强度高,受化工等行业影响 VOCs 浓度高,气候温和湿润,有利于气态污染物向颗粒物转化,霾天发生频次高且有逐年增加的趋势。其中,南京、杭州等城市近年的灰霾天数甚至超过 200 d[22],比珠三角城市更严重。上海、南京、杭州城市之间的灰霾变化趋势相似[7],体现了长三角的区域污染特征。在研究边界层特征和气溶胶垂直分布上,系留飞艇[23]、激光雷达[24]也已成为重要手段,与星载激光雷达[25]、地面太阳光度计结合,可以更全面合理地分析霾过程中气溶胶廓线和边界层变化过程。罗云峰等[26]、李成才等[27]、Yu 等[28]分别通过地基和卫星资料发现,长三角地区是 AOD(气溶胶光学厚度)增加较快的区域之一。Ding 等[29]从观测上发现:高浓度气溶胶可以显著改变天气过程,如降低地表温度、改变降水等。

吴兑[30]指出:气象条件是霾发生的外因,但是与霾粒子物理化学特性相比,对它与成霾关系的认识还很不足。天气形势、逆温层位置强度、混合层厚度、水平/垂直输送和湍流扩散等动力热力因子何者为致霾的主要气象因子还不易确定[32]。就季节与霾的关系而言,中国中东部地区霾发生频率较高的季节是秋、冬季。冬季中国大陆主要受冷高压控制，高空西风带上有较大高空槽移来并伴随地面气旋发展，诱导北方强冷高压南下，造成一次冷空气或寒潮天气过程。整个冬季基本上就是一次次冷空气活动、停滞、变性的重复过程[32]。长三角冬季霾多发生在冷高压或均压场控制下的稳定期中，在此期间污染物不断积聚，且高压晴好天气中大气化学过程较活跃，直至下一次冷空气过程将大气污染物移除。与冬季类似，冷空气南下入侵也是秋季霾清除的主要过程，常伴有降水湿清除过程。

京津冀地区霾发生的天气型和气象条件一般是高压和均压场控制下的静稳或偏南小风天，由于其西北方向人为污染低，一旦有北风侵入，空气质量基本转好。与此不同，长三角霾不单单在静稳小风天发生。根据我们的观测[33]，在任意风向和部分北风风速较大情况下($4\sim6\ m\ s^{-1}$)也常有霾发生。这是由于长三角的周边，特别是北风情形下上游华北平原污染源分布广且强，污染物浓度高，在冷锋推进较慢时可使长三角污染加重；同时长三角内污染源众多，外源、子区域和城市间污染物相互输送明显，当不利的气象条件与大气化学过程耦合时，形成一次/二次污染物的污染[34]。

长期以来，国内外气溶胶来源解析常根据源-受体的统计关系或气团来源轨迹，通过分析观测的源和受体气溶胶化学组成、物理性质来推断污染来源[35]，估算各类污染源的贡献率，如采用化学元素平衡法、因子分析法等。或者结合气团轨迹定性判断局地和外源污染及污染类型[36]。该类方法的缺点是不能很好地确定二次气溶胶贡献和描述从源到受体气溶胶经历的物理化学过程。

应用数值模式进行气溶胶收支分析是另一种研究源-受体关系的方法，主要取决于模式对气溶胶源和各物理化学过程描述的准确水平。数值模式的主要优点是可以定量描述气溶胶如何进入大气，形成、转化、干湿沉降等源/汇，以及各物理化学过程对气溶胶收支的贡献，避免源-受体统计模型不能完整描述气溶胶生命史的缺陷。通过数值模拟的收支分析，还可以动态分析污染物浓度、总量、分布及其与天气和边界层过程的关系，这也是源-受体统计模型所不具备的。目前，相对气体(臭氧、硫化物)而言，应用数值模式研究气溶胶的源/汇和收支还比较有限。Brugh 等[37]应用嵌套网格全球化学输送模式(TM5)，模拟研究了欧洲地区主要种类气溶胶的收支情形。该研究收支分析表明，欧洲是人为气溶胶(硫酸盐、硝酸盐、黑碳、有机碳)的源区和输出地区(约 50%的人为气溶胶从欧洲输出)，又是自然气溶胶(沙尘和海盐)的汇区和输入地区。薛文博等[38]以 WRF-CAMx 空气质量模式为基础，开发了以大气污染物年均浓度达标为约束的大气环境容量迭代算法，得到我国主要城市 SO_2、NO_x、一次 $PM_{2.5}$ 及 NH_3 的最大允许排放量。Wang 等[39]应用 WRF-Chem 和一个区域空气质量模式，在长三角开展了重点城市空气质量和区域霾天气的预报。近年来，为精确定量污染源-受体关系，在空气质量模式中引入在线污染物源追踪新技术[40—42]。该方法可以克服改变源强的敏感性试验中化学反应非线性带来的误差，并可提高总计算效率。Gao 等[43]应用 WRF-Chem 模式研究了 2013 年 1 月华北平原气溶胶与边界层温湿风结构的反馈过程。

Kley[44]早就指出：由于不同大气污染物寿命的差异，在输送和扩散中大气化学反应的条件将发生显著改变。从大气输送扩散的多尺度物理过程看，霾的形成无论是先由外源输入引发、再由局地贡献加强或反之或二者同时作用，都是在天气和中小尺度环流及气象要素作用下，很大程度上由边界层结构和要素的变化控制。但目前有关天气和中小尺度环流对区域边界层结构和要素的影响以及它们之间关系的研究还很不系统，天气和边界层变化对大气化学过程的影响和改变研究较为鲜见。与京津冀地区相比，长三角无论是霾发生的天气环流型、边界层结构、局地和区域污染物相互影响，还是污染源和化学反应条件（VOCs源强高、辐射强、湿度高等）都有所不同。

长三角作为特大城市群之首，其空气质量问题亟待开展综合评估、提出治理建议。本文拟针对长三角秋冬季天气过程、边界层过程和霾过程，在该地区开展多点霾过程的地面和垂直观测，理清霾过程中大气污染物的分布、积聚、物理化学变化和清除途径；明确天气和边界层发展过程对污染过程的作用机制；建立该地区秋冬季霾形成的概念模型。

4.2 研究目标与研究内容

4.2.1 研究目标

(1) 通过区域多点边界层物理化学垂直探测和综合观测资料分析，获得长三角秋冬季典型地区15次以上霾发生过程中完整的大气污染物的浓度分布、积聚、物理化学变化和清除途径的资料集；明确不同天气和中小尺度环流下区域边界层的变化特征，以及它们对霾形成过程的作用机制。

(2) 利用WRF-CMAQ空气质量模式，并结合在线气溶胶源追踪和过程量分析技术，研究冷锋南下过程中，上游地区气溶胶输送、本地积累和各物理化学收支项对霾形成的定量贡献。建立静稳指数和输送指数表征并判定长三角污染类型和污染程度。

(3) 通过观测分析和数值模拟，描绘长三角秋冬季霾过程发生的天气和大气成分变化的完整图像，揭示天气-边界层过程与霾过程的配置关系，建立了该地区秋冬季霾过程的概念模型。

4.2.2 研究内容

1. 霾过程中边界层物理化学结构观测和资料收集

针对长三角秋冬季霾形成、发展及消散过程，2016年12月在南京、寿县和苏州3个站点同时开展了一次场外观测，2017—2019年秋冬季在南京开展了4次场外观测，获得了15次以上完整霾过程数据集。同时收集整编了同期从天气尺度到中小尺度气象和边界层探空资料，生态环境部实时发布的地级及以上城市大气污染六要素小时数据。收集整编了MODIS AOD、AOD细粒子比(FM fraction)、Angstrom指数等，以及CALIPSO、OMI等高时空分辨率的卫星气溶胶和污染气体遥感资料；比对了地面激光雷达、太阳光度计AOD和边界层探测资料，得到了较完整精确的大气气溶胶四维时空动态变化规律。与长三角其他研究者合作，收集相关研究资料，整理已有的气溶胶、气体、排放源和天气图等资料，交换数据。

2. 基于观测的霾过程分析和排放源清单选用

通过4.2.1(1)中数据的综合分析、轨迹分析以及天气和多点边界层气象条件分析，揭示了长三角秋冬季霾过程中区域边界层特征量、气溶胶、污染气体、能见度及有关物理化学因子的变化过程；研究了各类天气和中小尺度环流下，边界层结构与霾发生过程的关系，分析了霾过程中气溶胶水平和垂直分布特征与天气型、边界层结构、多层逆温等的关系。建立了基于长三角边界层热力动力条件、风场和地面大气污染物观测的静稳指数和输送指数。综合比较了 MEIC 2010/2012、TRACE-P 2001、INTEX-B 2006、REAS 2008 和 EDGAR4.2 2008 排放源，发现 MEIC 2012 排放源的模拟效果较好且排放源年份与所研究时间最为接近，最终选择 MEIC 2012 排放源作为模式的人为源，自然源使用 MEGAN v2.10 制作的实时自然排放源。

3. 空气质量模式优化验证，以及污染物源汇和收支分析

运行基于气象场同化的 WRF-CMAQ 空气质量模式系统，以全球大气化学模式 MOZART-4 输出结果为初始/边界条件，模拟秋冬季长三角地区气溶胶、污染气体、气象因子的空间分布和时间变化。基于站点观测资料的同化，改进了模式对边界层温湿结构的模拟性能，对气象场、气溶胶、污染气体的模拟能力都有较大改善；收支分析的输送项、化学产生项和沉降项能达到较好效果。

4. 建立概念模型

结合了定性观测分析和定量数值模拟两方面的成果，阐明了长三角地区秋冬季不同天气过程和区域边界层特征，以及与霾过程的配置关系；定量估算了霾过程中气溶胶输送通量、浓度和物理化学收支项的变化，以及上述变量对气溶胶浓度变化的贡献。揭示了新的观测事实，如长三角输送型污染发生频次高于静稳型污染、天气型-多层逆温-污染的动态变化关系等，由模式模拟深化对霾形成机理的揭示，建立了该地区秋冬季霾污染过程的概念模型。

4.3　研究方案

（1）研究期内，先后在南京城/郊、杭州、临安区域大气本底站、苏州城/郊、无锡、淮安至少 8 个站点，开展秋冬季近地面气象要素、气溶胶质量浓度和反应性气体的在线连续观测（包括：气温、气压、湿度、风向风速、降水、地温、能见度、辐射、SO_2、NO_x、O_3、CO、CO_2、PM_{10}、$PM_{2.5}$、PM_1 等）；在其中 5 个站点开展霾形成、发展和消散过程中气溶胶物理化学特征和边界层特征的加强观测。获得生态环境部实时发布的长三角 194 个站点六要素小时数据。利用 MODIS 和 CALIPSO、OMI 等高时空分辨率的卫星遥感资料，获得长三角地区大气气溶胶大尺度的水平和垂直分布特征，配合地面太阳光度计和米散射激光雷达 MPL 观测结果，捕获霾过程中较为完整的大气气溶胶三维空间分布。利用笔者参加的相关项目以及与其他项目组的合作交流，收集包括同期其他城市的气溶胶和其他相关要素的观测资料。

（2）分析长三角地区与气象、环境相关的历史和实时监测数据，发现不同天气-边界层过程对气溶胶化学和光化学作用的观测迹象。结合上述资料、后向轨迹模拟、天气分析以及卫星火点资料等，对长三角霾污染进行分类，找出霾污染和清洁对比个例。

通过(1)～(2)研究方案的工作，由观测事实初步揭示长三角秋冬季霾污染的演变过程及其与天气、中小尺度环流和边界层特征的配置关系。

(3) 选择并融合多种排放源，更新长三角排放源。主要应用清华大学 MEIC 2010 和 2012 源清单(0.25°×0.25°)，以及结合不同版本和基础年份的其他源资料。

(4) 应用全球化学模式 MOZART-4 模拟气溶胶(硫酸盐、黑碳、硝酸盐、一次/二次有机气溶胶)和污染气体，输出结果作为区域模式的初始/边界条件。应用美国国家环境预报中心(NCEP)资料以及站点气象资料同化 WRF 模式，提高模式对风场、云、降水的模拟能力。WRF-CMAQ 水平分辨率从 27 km 至 9 km(中国东部至长三角)，取小时平均值分析。定量分析天气-边界层过程对气溶胶的化学作用机制。

(5) 开展输送型和静稳型霾个例和清洁个例模拟，采用“在线污染源追踪”技术模拟长三角区域外输入、长三角区域内排放、子区域局地贡献、区域内化学产生、干湿沉降、粒子谱转化和输出等收支项，及其对长三角边界层和自由对流层气溶胶的贡献；讨论长三角各子区域间气溶胶的相互输送量，以及各子区域气溶胶收支的差异。

通过(3)～(5)研究方案的工作，可以阐明长三角秋冬季不同天气过程中，霾污染个例的气溶胶输送、浓度和收支项的变化过程，长三角各子区域气溶胶的相互影响，以及天气-边界层变化对区域气溶胶变化的作用机制。

(6) 结合资料分析与数值模拟的研究成果，建立霾形成的概念模型。

由完整细致的霾过程、天气和边界层过程资料揭示新的观测事实(定性、半定量)，由模式模拟深化对观测资料的解释(定量)，得到霾发生与气象要素、气溶胶浓度、环境容量、物理化学收支等变量的配置关系，提升对霾过程中物理化学耦合机制的认识，进而建立该地区秋冬季霾污染的概念模型。

4.4 主要进展与成果

本章将观测资料分析与数值模拟结果结合，针对长江三角洲地区天气-边界层对气溶胶理化特性、源汇收支、过程贡献等进行研究，厘清长三角秋冬季霾的形成机制，进而建立了该地区秋冬季霾过程的概念模型。收集并综合了长江三角洲地区秋冬季霾形成、发展和消散过程中气溶胶质量浓度、物理化学特征、边界层特征、近地面气象要素和反应性气体的在线连续观测数据并集成了污染源排放清单。量化了各源区对长三角不同污染类型下地面和高空气溶胶的贡献量以及各物理化学过程在其中所起的作用。综合揭示了天气-边界层过程与霾过程的配置关系，建立该地区秋冬季霾过程的概念模型。探讨了雾、霾长期变化特征及其归因，和气溶胶-边界层-污染物的相互作用。具体成果如下：

4.4.1 长三角秋冬季霾过程多点垂直观测及所获天气-边界层变化下霾发生发展的完整图像

2015 年 1 月，在南京城/郊、苏州城/郊和临安进行了外场立体综合观测，取得了 3 个完整霾过程多点同步边界层和化学资料。2016 年 1 月—2019 年 12 月对南京、寿县和苏州开展了数次外场观测，获取 15 次以上的霾过程资料，结合地面自动气象站资料、污染物浓度资料及天气图资料，我们对长江中下游地区多次重污染的积累和清除过程展开了分析。

1. 冬季大气边界层结构特征及其对污染物浓度的影响

利用 2015 年 1 月 15—27 日在苏州东山气象观测站系留气艇观测数据以及细颗粒物浓度观测资料，对东山大气边界层结构特征及其对污染物垂直结构分布的影响进行分析研究。观测仪器主要是 XLS-Ⅱ型系留气艇探空系统(图 4.1)，气艇容量为 5.25 m^3；拉线最大拉力为 175 kg；有效载荷为 1～12 kg，含激光雷达、CEM DT-9881M 颗粒物粒子计数空气质量检测仪及 BAM-1020 粒子监测仪(美国 METONE 公司产品)等。通常系留气艇只能获取温、压、湿、风等气象要素，而 BAM-1020 粒子监测仪只能测得地面颗粒物浓度，无法获取边界层内污染物垂直结构的分布。因此，本次试验特将便携式颗粒物粒子计数仪缚于系留艇上，即可同时获取边界层范围内各高度的温度、气压、湿度、风向、风速、$PM_{2.5}$ 和 PM_{10}，利于讨论边界层内污染物垂直结构分布，以及边界层垂直结构特征对它的影响。颗粒物粒子计数仪启动延时为 3 s，采样间隔为 5 s，采样时间为 10 s，采样体积为 0.472 L。系留气艇每天观测 8 次(02、05、08、11、14、17、20 和 23 时)，其数据采集速率为每秒 1 组。由于受风速和天气形势的影响，探测高度一般只有 700～800 m 左右，在风速较大(>6 m s^{-1})的情况下会停止观测，使得某些时次的探测高度偏低(如 20 日 05、08 时的探测高度分别为 264 m、187 m)。

图 4.1　XLS-Ⅱ型系留气艇探空系统

系留气艇获得原始数据的时间间隔为 2 s。首先，剔除采样时段内由于仪器故障、人为影响等因素造成的野点。由于 $PM_{2.5}$ 颗粒物粒子计数空气质量检测仪原始数据获取的时间间隔为 15 s，与系留气艇的数据不一致，为了保持两者的一致性，分别对原始数据进行 30 s 平均，并进行检验。根据资料分析的需求，将探空观测的气压、温度、相对湿度转化为位温(θ)、比湿(q)和虚位温(VPT)，其计算公式为：

$$\theta = (t + 273.15)\left(\frac{P_0}{P}\right)^{0.286} \tag{4.1}$$

$$q = 0.622 \times \left(\frac{\mathrm{e}}{p - 0.37\mathrm{e}}\right) \tag{4.2}$$

$$VPT = \theta(1 + 0.608q) \tag{4.3}$$

其中 p_0 为1000 hpa的标准气压，p 为观测气压。

图4.2是19—20日东山站大气边界层内的虚位温、污染物浓度、温度、相对湿度(RH)、风速和风向的气象要素不同时次的垂直分布。探测仪器捆绑在系留气艇上，受天气环境的影响，各个时次的探测最大高度略有差异。

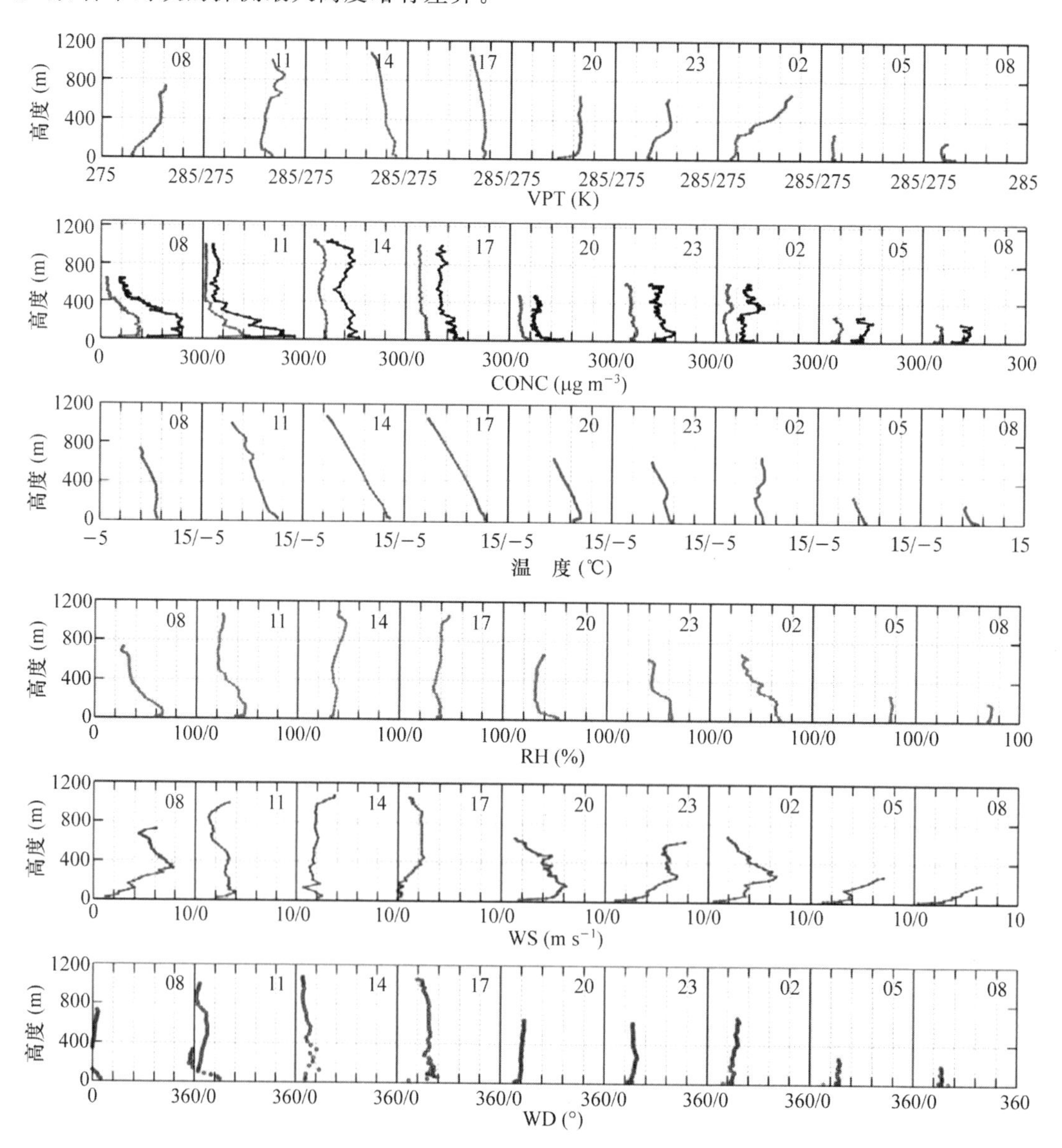

图4.2　2015年1月19—20日各个时刻(每小图右上角数字)的虚位温(VPT)、污染物浓度(CONC，浅色线为 $PM_{2.5}$，深色线为 PM_{10})、温度、相对湿度(RH)、风速(WS)和风向(WD)廓线(横坐标刻度：斜杠左为左侧小图的最大刻度，斜杠右为右侧小图的最小刻度。)

由虚位温(VPT)廓线(图4.2)可知，在本次观测期间大气边界层高度具有明显的日变化特征。19日08时存在明显的稳定边界层，高度约为380 m；随着太阳辐射增强，地表温度升高，湍流运动增强，边界层高度持续上升，11 时混合层高度达到 800 m；到 14 时大气层结更不稳定，边界层高度继续上升。17 时地面净辐射转为负值，近地面开始出现稳定层，到 23 时稳定状态明显增强，边界层高度明显下降，约为 350 m。大气边界层是污染物聚集的主要场所，结合 PM 浓度垂直分布(图 4.2)可知，$PM_{2.5}$、PM_{10} 主要聚集在边界层范围内且其浓度随高度递增而减小。同时，边界层高度为污染物扩散稀释提供了潜在的空气体积。当边界层高度较低时，细颗粒物的扩散空间较小，$PM_{2.5}$、PM_{10} 主要堆积于近地层；当边界层高度较高时，混合层厚度增加，扩散空间增大，下层的细颗粒物开始往上输送，上下混合剧烈，导致 $PM_{2.5}$、PM_{10} 质量浓度垂直分布趋向均一。大气稳定度也是影响污染物扩散的重要因素。在早晨和夜间，大气均属于稳定状况，可抑制 $PM_{2.5}$、PM_{10} 向上输送，使其在近地面层积聚。而中午前后大气处于最不稳定状态，湍流运动剧烈，$PM_{2.5}$、PM_{10} 质量浓度的垂直分布均匀。

在此次污染过程中，边界层内多个时刻均存在明显的逆温现象。由于地面辐射冷却的作用，19 日 20 时近地层出现逆温层，强度达到 2.4℃ $(100\ m)^{-1}$；23 时逆温层出现在中高空，其强度为 0.9℃ $(100\ m)^{-1}$；20 日 02 时在 300～400 m 高度上更是出现多层逆温层。结合污染物浓度垂直分布可知，在 19 日 20、23 时逆温层底部细颗粒不易扩散，$PM_{2.5}$、PM_{10} 浓度显著增加；20 日 02 时，多层逆温对应高度上的细颗粒物浓度(图 4.2)明显比近地面浓度高，且在 350 m 高度出现峰值。这可能是由于逆温层抑制了污染物输送扩散能力。在逆温层下层 300 m 高度以下，其风速相比前一个时刻(19 日 23 时)整体略有下降，平均风速减小 0.6 $m\ s^{-1}$，而在逆温层中的风速随高度呈递减趋势，与 23 时同高度风速相比有明显下降，平均减小 2.3 $m\ s^{-1}$，上层污染物输送稀释速率明显小于下层的扩散速率，从而导致中高空出现细颗粒物浓度的极值。总的来说，霾天气的发生、发展和维持一般在边界层内会出现明显的逆温层结，抑制了水汽和污染物的向上输送。

2. 雾对气溶胶垂直分布的影响

除边界层结构对气溶胶有一定影响外，雾对气溶胶垂直分布也有一定影响。2017 年 1 月 2—3 日在寿县成功观测到一次雾过程。

图 4.3 为寿县站点雾过程中 $PM_{2.5}$ 浓度、温度、风速和整体理查森数 R_B 的垂直变化情况。从图 4.3(b)中的温度廓线看，地表的长波辐射冷却是雾形成的主要原因。雾前 17 时到 20 时地面辐射降温，温度下降 4 ℃，形成逆温。而地面辐射降温会使得土壤热通量向上传输，土壤含水量减少，大气中含水量增大，促使地面雾形成。23 时，20 m 处出现强逆温[8.6℃$(100\ m)^{-1}$]，由于雾顶有强烈的辐射冷却作用，因此判定该高度为雾顶高度。雾形成后，近地面水汽凝结释放潜热补偿地面，使得地面降温减弱，雾顶的辐射冷却降温率超过地面的辐射降温率，近地面逆温消失，地面温度递减率为 3.5℃ $(100\ m)^{-1}$，超过湿绝热递减率 0.6℃ $(100\ m)^{-1}$，此时近地面 20 m 范围内层结不稳定，有利于湍流的产生，而湍流的发展和雾顶的辐射冷却促使雾层迅速向上发展。03 时，雾顶高度发展到 70 m，雾顶逆温强度为 14.1℃ $(100\ m)^{-1}$，此时的逆温强度达到最大，雾顶进一步向上发展。03 时后雾顶逆温开始减弱，地面的温度开始回升，07 时雾顶高度发展至 120 m，随着日出后地面升温，此次雾过程在 10 时消散(地面观测)。

在雾过程中，将 $PM_{2.5}$ 浓度低于 75 μg m^{-3} 看成雾对 $PM_{2.5}$ 具有很好的清除作用。从地面资料分析来看，地面 $PM_{2.5}$ 浓度在雾中显著减少，而 $PM_{2.5}$ 垂直廓线也有相同的特征，$PM_{2.5}$ 从地面开始被清除，且清除高度不断上升。$PM_{2.5}$ 垂直方向的清除高度主要受雾顶高度的影响。20 时，地面的逆温层被破坏，地面开始有雾产生，此时 $PM_{2.5}$ 浓度为 280 μg m^{-3}；23 时地面 $PM_{2.5}$ 浓度下降到 65 μg m^{-3}，$PM_{2.5}$ 清除层高度为 10 m；24 时地面 $PM_{2.5}$ 浓度为 40 μg m^{-3}，$PM_{2.5}$ 清除层高度为 26 m；到次日 07 时，$PM_{2.5}$ 清除高度达到 102 m。雾层内 $PM_{2.5}$ 清除作用强，这可能与雾中湍流的发展有关；而雾顶之上 $PM_{2.5}$ 浓度相对较高，且雾顶处会出现 $PM_{2.5}$ 峰值，这是因为雾顶处存在强逆温，而弱高压控制下以下沉气流为主，从而使得 $PM_{2.5}$ 浓度在雾顶之上存在堆积[图 4.3(a)]，在雾顶之上也会存在风速的峰值[图 4.3(c)]，这也是逆温阻碍动量向下传输的结果。

起雾后，$PM_{2.5}$ 从地面开始被清除，清除高度主要受雾顶高度的影响，雾顶之上会出现 $PM_{2.5}$ 峰值。雾过程中湍流与雾顶的辐射冷却作用共同促进了雾层向上发展。湍流使得雾滴吸附大气中细粒子的效率提高，且湍流的发展高度与 $PM_{2.5}$ 的清除高度相互对应，可见雾层内湍流的发展是 $PM_{2.5}$ 浓度显著减少的一个重要因素。

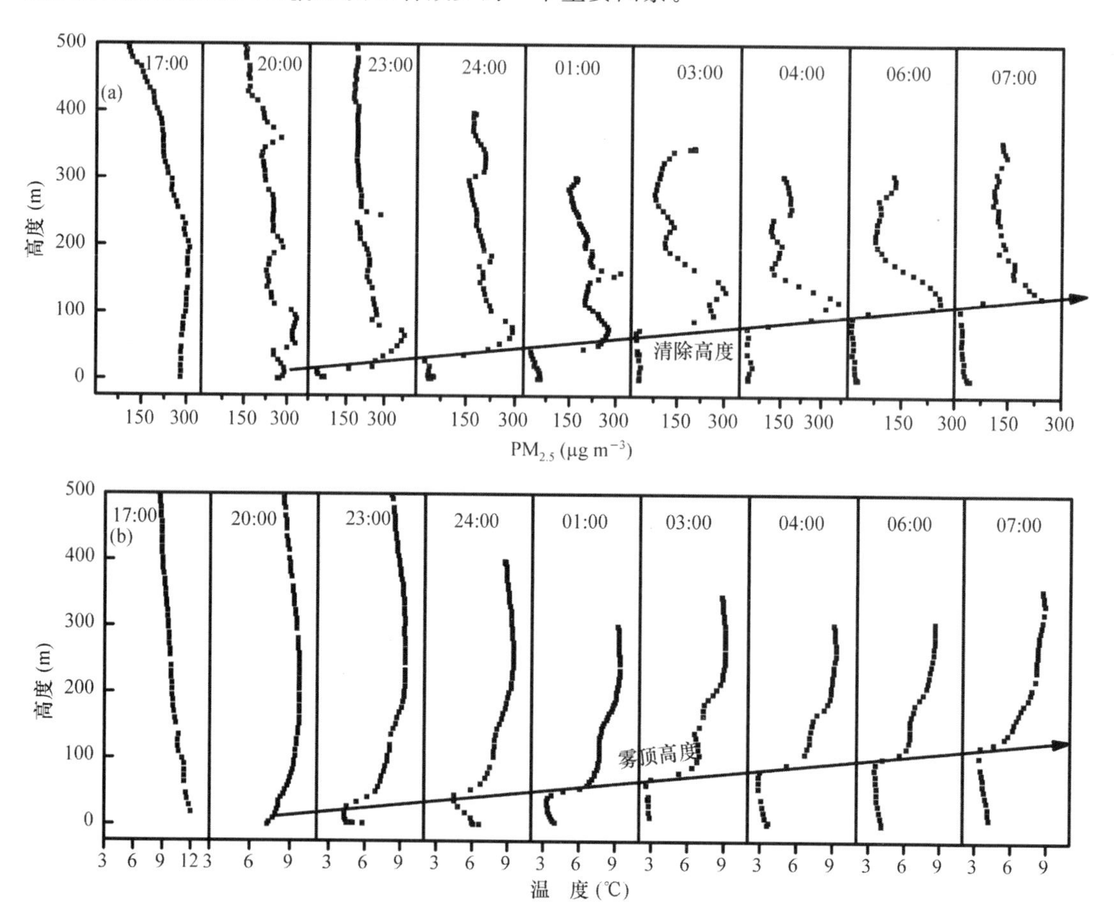

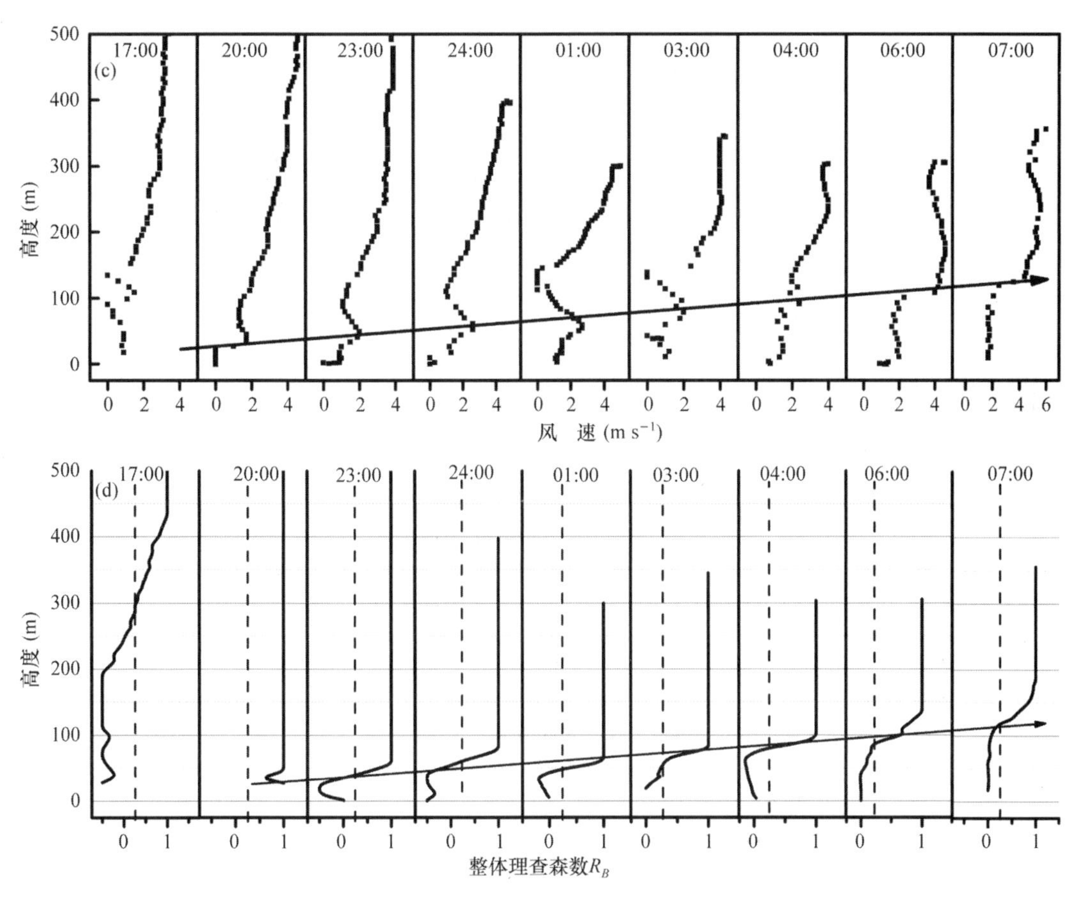

图 4.3　寿县站点雾过程中(a) $PM_{2.5}$浓度;(b) 温度;(c) 风速;(d) 整体理查森数 R_B 的垂直变化特征

4.4.2　天气系统移动中,沿途的边界层结构及各地的污染特征

本节讨论了长三角地区冬季双层逆温形成的天气背景及其对 $PM_{2.5}$的影响。根据 2016 年 12 月—2017 年 1 月于长三角 3 个典型站点(安徽寿县、江苏南京、苏州东山)进行的外场垂直观测试验,分析了观测期间三个站点的天气形势、边界层内双层逆温特征及其形成原因以及双逆温对各站点 $PM_{2.5}$的影响。观测点分布及详细描述见表 4-1。

表 4-1　观测点的具体描述

观测点	位置 (°N,°E)	站点类型	$PM_{2.5}$排放源强度 * (kg day^{-1} km^{-2})	站点附近概况
寿县	32.5,116.7	农村	4.7	周围是农田和民居,四周视野开阔,地势较为平坦,常有农田和生活源秸秆燃烧
南京	32.0,118.4	城郊结合部	7.9	东靠公路,南临龙王山,北部和西部多为居民区和农田,距东面工业区约 4 km
东山	31.0,120.4	居民区	3.0	位于太湖半岛,三面环湖,四周视野开阔,北边是大片农田,地势比较平坦

* 人为排放源(一次 $PM_{2.5}$,基准年=2016,月=12)来自中国多尺度排放清单模型数据库(http://www.meicmodel.org/)。

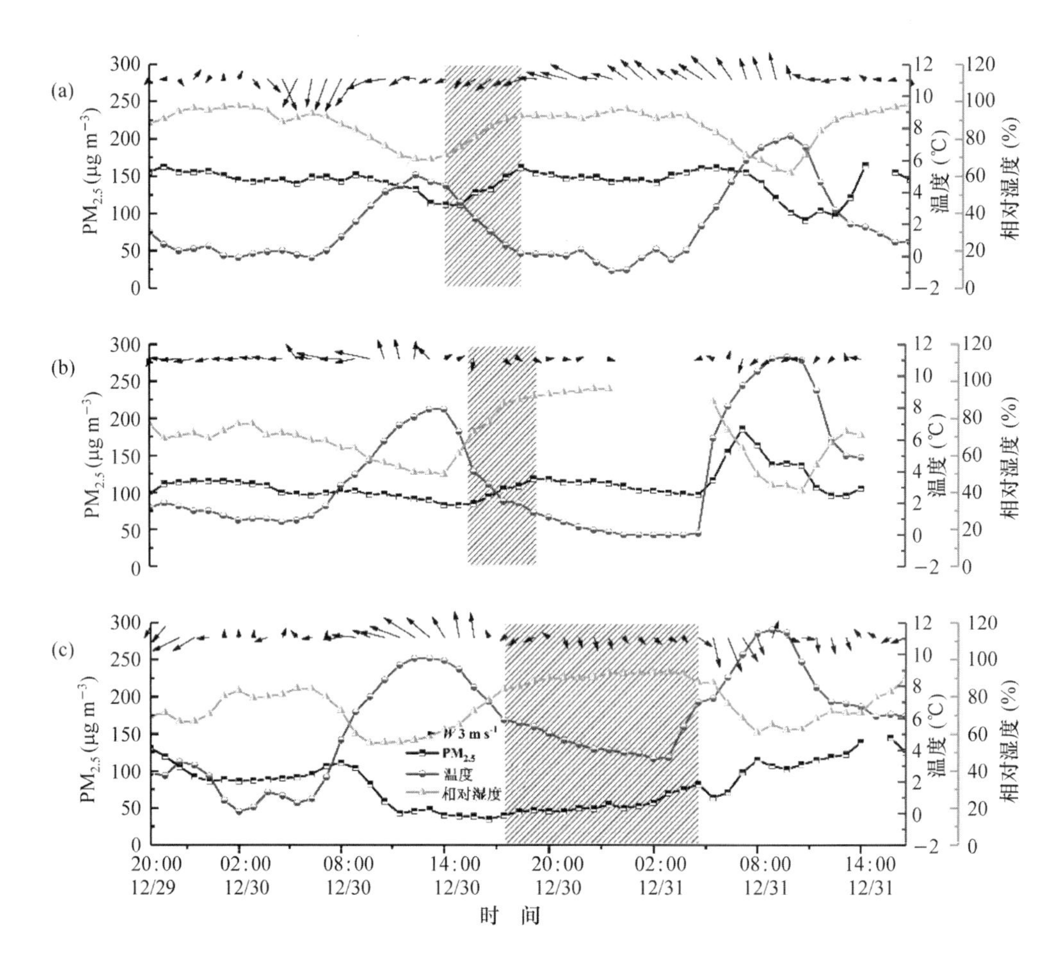

图 4.4 2016 年 12 月 29 日 20: 00 到 31 日 23: 00 期间,寿县(a)、南京(b)、东山(c)三个站点地面温度(℃)、湿度(%)、风速(m s^{-1})、风向(°)和 $PM_{2.5}$ 浓度(μg m^{-3})随时间变化曲线

2016 年 12 月 30—31 日期间,850 hPa 以下长三角地区受高压影响,高压中心自西向东移动,从寿县经南京到东山最后入海,三站点都位于高压控制的弱气压场内,等压线稀疏,从而使得地面风速较小。中低层大气有明显的辐散下沉运动,高压控制区域要素分布也较为均匀。地面受到高压均压场控制,云量较少,夜间辐射冷却较强,易形成逆温和污染物累积。

寿县站从 30 日 14 时到 18 时期间首先出现 $PM_{2.5}$ 的累积;南京站紧随其后,晚了 2 h 左右,$PM_{2.5}$ 开始升高;东山站最后升高。其中寿县站与南京站的 $PM_{2.5}$ 浓度在累积的短暂过程后表现出稳定的高值,东山站的 $PM_{2.5}$ 浓度则表现为较长时间的积聚(图 4.4 阴影区域)。

12 月 30 日 11 时,寿县站点首先在 800 m 处出现了逆温[图 4.5(a)];而贴地逆温于 30 日 20 时出现,逆温层出现在 90 m 以下,由此边界层内形成双层逆温结构[图 4.5(a)],双层逆温结构持续到 30 日 23 时。31 日 02 时上层逆温已不清晰,基本与地面逆温融合,只有在 520 m 以下存在逆温,逆温强度为 0.84℃ (100 m)$^{-1}$。在这个过程中,从地面到高空风向呈现偏南风向转变偏西风,风向随高度右旋,风随高度分布满足 Ekman 螺线定律,说明在大尺度天气系统相对稳定时，气象场垂直分布特征由边界层局地特征决定。出现上层逆温时，风向转变高度与上层逆温出现的高度基本一致；上层逆温消失后，风向的转变发生在贴地逆温层内；日出后辐射逆温逐渐消失，整层风向呈偏南风。

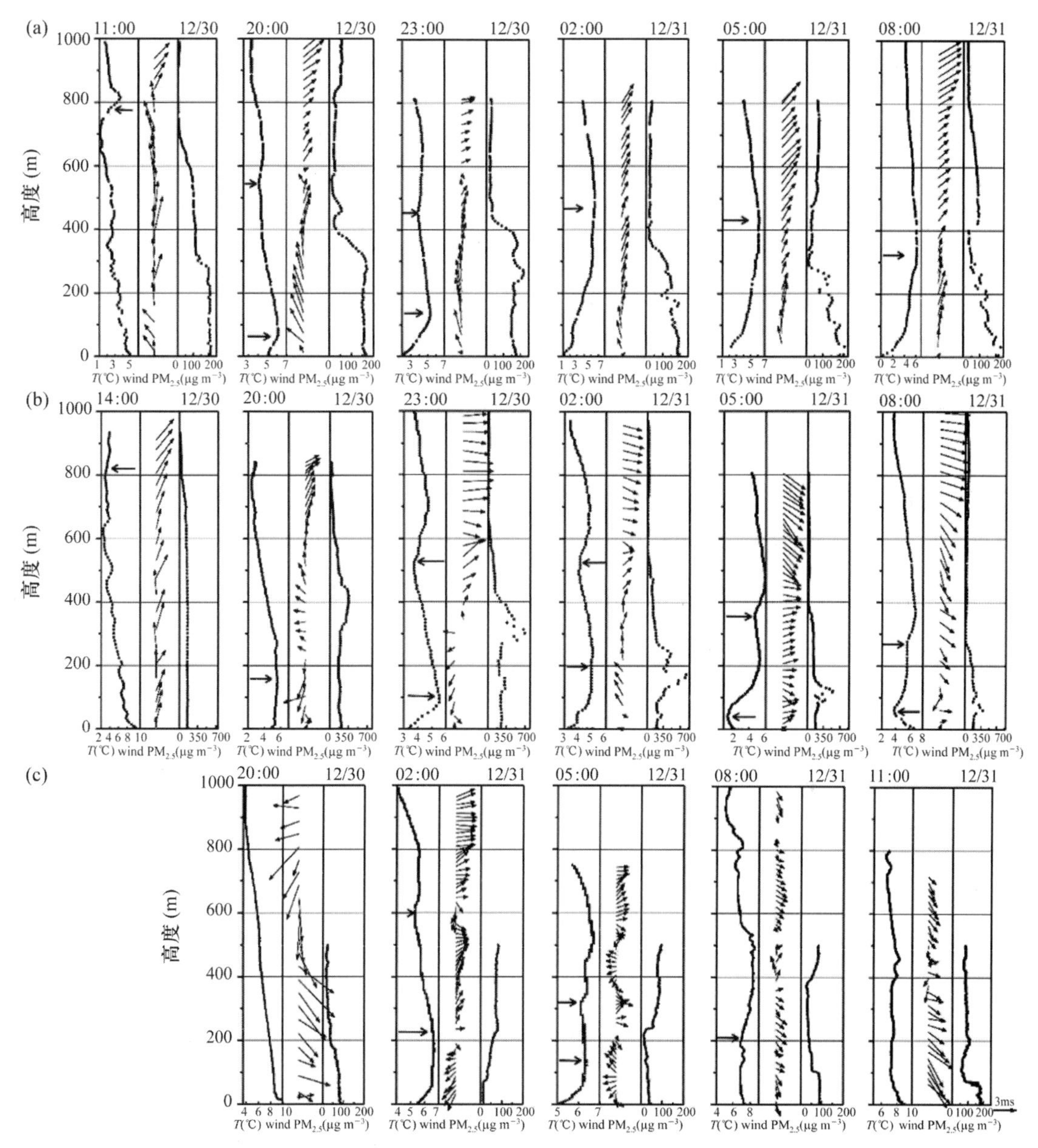

图4.5　2016年12月30—31日三站点各时次温度(℃)、风矢量(即图中wind)、污染物浓度(μg m^{-3})垂直廓线。(a)安徽寿县站点；(b)南京北郊站点；(c)苏州东山站点。灰色箭头所指的位置为逆温层所在位置，图中均为北京时间

寿县站夜间20时双逆温形成后，$PM_{2.5}$集聚在上层逆温层以下[图4.5(a)]，该高值区污染物垂直分布较均匀，浓度在180 μg m^{-3}左右，与此阶段地面观测的$PM_{2.5}$浓度基本一致。23时上层逆温下降，该$PM_{2.5}$高值区的顶高也随之降低。31日凌晨02时高压中心东移，位于寿县的辐散中心消失，上层逆温消失，上层 $PM_{2.5}$ 明显降低；而污染物分布高度主要受贴地逆温控制，$PM_{2.5}$ 在贴地逆温层内不断累积。

南京站与寿县站边界层变化趋势相似，但逆温出现时间比寿县站要晚 3 个小时。12 月 30 日 14 时，南京站点上空 800 m 以上出现了逆温层[图 4.5(b)]，随后逆温层高度不断下降。南京站地面逆温出现时间也晚于寿县站，30 日 20 时南京站贴地逆温强度最弱。此双层逆温持续到 31 日 08 时，在这一期间上层逆温不断增强。出现双层逆温结构的夜间同样出现了风向的转变，从地面到高空的风向有明显的东南风向西南风转变的趋势[图 4.5(b)]。东山站逆温出现时间最晚，于 31 日 02 时在 230 m 以下和 600～700 m 内出现了两层逆温。05 时日出前，上层逆温层逐渐下降至 340～530 m 之间，08 时上层逆温再降至 210～490 m 间，上午 11 时边界层内逆温消失。

垂直观测数据分析表明，时间和空间上自西北到东南在寿县、南京和东山先后出现双层逆温，这是由于边界层上部高压辐散中心的下沉和移动以及夜间地面辐射冷却造成的。寿县站周围区域大气污染物排放源较强且以农业生物质燃烧源为主，因此寿县站 $PM_{2.5}$ 在地表至上层逆温以下的浓度分布一直较为均匀，且污染物集聚高度与上层逆温层高度变化一致；南京站排放源相对较强并有工业高架源，南京站 $PM_{2.5}$ 在近地层以上出现了一个明显的峰值，且这个峰值高度随上层逆温下降而下降；东山站排放源较弱，地面 $PM_{2.5}$ 浓度在三站中最低，夜间 $PM_{2.5}$ 在 100 m 以上的残余层浓度较高，可能来自东山站点西部中远距离输送。从凌晨至上午，上层污染向上消散，地面污染浓度则升高。双层逆温和大气污染来源的差异是导致三站点 $PM_{2.5}$ 垂直分布特征各不相同的原因。

对比寿县、南京站地面和高空 $PM_{2.5}$ 浓度可以发现，寿县地面污染物浓度明显高于南京(图 4.4)，而南京高空污染物浓度显著高于寿县(图 4.5)。这可能与两地排放源的差异有关，寿县周边区域排放源以地表农业和生活源秸秆焚烧为主，附近无工业高架源；而南京站点地表排放源以交通源(500 m 以外)和城市生活源为主，站点东侧 4 km 左右是化工区，工业高架源众多。对比图 4.5(b)可见，夜间至凌晨上空 $PM_{2.5}$ 浓度峰值增加正对应着偏东风，南京站点上空高 $PM_{2.5}$ 很可能与附近的工厂通过烟囱排放的高架点源污染有关。这些烟囱的高度在 100～200 m 之间，热烟流抬升可直接进入夜间稳定边界层之上的残留层中，在双层逆温之间污染烟团难以向下/向上扩散，导致 200～400 m 高度浓度超高峰值。图 4.6 示意了该污染特征和大气边界层结构。31 日 05 时近地层风向转向偏西风时，$PM_{2.5}$ 浓度峰值开始明显下降。

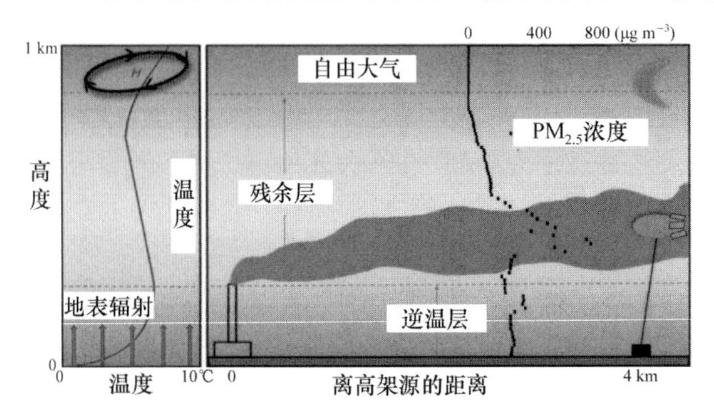

图 4.6　夜间高架源烟羽分布与大气边界层结构(1000 m 以下)关系示意

4.4.3 长三角地区霾分类和类霾的数值模拟研究

1. 长三角地区冬季天气分析和霾类型

长三角秋冬季发生霾的天气型可划分为两大类：冷锋型和静稳型。冷锋型主要是通过冷高压前部的锋面快速自北向南移动，将华北地区及上游地区的污染物长输送到长三角。静稳型是由弱气压场触发了不利于扩散的气象条件（动力热力条件弱、单层或多层逆温、地面和边界层输送通量小）。我们提取了 2013 年到 2018 年冬季海平面气压场和 10 m 水平风（u 和 v），用 cost733 对东亚地区（20°N～50°N，100°E～130°E）进行天气形势分型。根据高压和低压的位置，天气形势可分为以下 4 类：P1，主体高压位于西伯利亚，长三角位于高压前部，地面为东北气流，冷空气沿东北路径南下；P2，主体高压位于西伯利亚，长三角位于高压前部，地面为偏西北气流，与 P1 不同的是，冷空气沿西北路径南下；P3，主体高压在西伯利亚，长三角位于西伯利亚高压分裂下来的弱高压底部（高压中心在山东）；P4，长三角位于海上高压后部，地面气压场弱，风速小，地面为偏南气流。

这 4 种天气类型占比分别为 25.7%、20.8%、30.8%和 22.7%。P1 和 P2 利于污染物向长三角地区输送。值得注意的是，由于华北平原强而广的排放源分布，在西北气流的控制下，污染物较容易从华北平原输送到长三角地区，因此 P1 天气形势下对长三角地区的污染物输送特征比 P2 明显。P4 天气类型下，地面气压梯度小，利于污染物积累。P3 天气类型下，长三角地区受弱气压场控制，利于污染物局地累积。

为直观地分析两种污染类型的差异性，从北京到温州选取了 14 个站点，以 2 个为例来分析长三角地区静稳型污染和输送型污染的 $PM_{2.5}$ 分布（表 4-2）。从图 4.7 中可看出，2016 年 12 月 31 日到 2017 年 1 月 4 日长三角地区发生了一次静稳型污染，风场弱，污染重。2016 年 12 月 31 日开始，长三角地区 $PM_{2.5}$ 浓度逐渐增加。2017 年 1 月 3 日长三角地区 $PM_{2.5}$ 平均浓度达到最大（147 $\mu g\ m^{-3}$）。这次污染长三角位于高压后部，地面为均压场，天气形势为 P4。该污染类型 $PM_{2.5}$ 浓度增长缓慢，污染持续时间较长，并且主要以 P4 天气类型为主。

在 2016 年 12 月 22—23 日长三角地区发生了一次输送污染。2016 年 12 月 22 日（图 4.7）污染主要集中在京津冀地区，京津冀地区中南部 $PM_{2.5}$ 浓度达到200 $\mu g\ m^{-3}$，长三角地区 $PM_{2.5}$ 浓度为 50～100 $\mu g\ m^{-3}$；22 时污染由京津冀地区中南部向长三角移动，长三角地区 $PM_{2.5}$ 浓度迅速上升。$PM_{2.5}$ 高值浓度呈现由北往南的带状分布。23 日 06 时京津冀中南部污染减弱，长三角南部维持重度污染，23 日 16 时污染结束。整个污染过程持续时间短，长三角地区 $PM_{2.5}$ 浓度迅速上升，峰值浓度较高，污染由北往南减弱。此类污染通常伴有比较强的偏北风，长三角位于西伯利亚高压前，等压线密集。冷空气南下将上游的污染输送到长三角地区，天气形势由 P2 转为 P3。

表 4-2　14 个站点信息

站点	纬度(°N)	经度(°E)	站点	纬度(°N)	经度(°E)
北京	40.06	116.4	淮安	33.6	119
廊坊	39.55	116.72	扬州	32.4	119.4
沧州	38.32	116.87	南京	32.1	118.8
济南	36.65	116.98	湖州	30.9	120.1
泰安	36.22	117.7	杭州	30.2	120.1
临沂	36.18	117.13	丽水	28.4	119.9
宿迁	33.96	118.28	温州	28	120.7

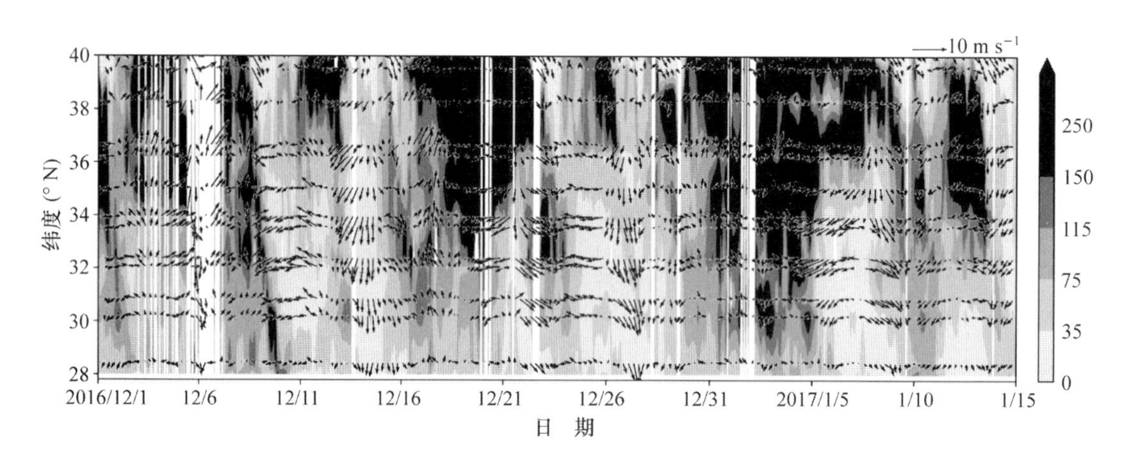

图 4.7　2016 年 12 月 1 日—2017 年 1 月 15 日 14 个站点的 10 m 风场和地面 $PM_{2.5}$ 浓度分布

基于上文对污染类型特征的分析，我们将两类污染的定义如下：(1) 如果 $PM_{2.5}$ 浓度增长缓慢，并且整个长三角地区 $PM_{2.5}$ 呈现区域性增长，地面为弱偏南风，我们定义此类污染类型为静稳型污染；(2) 如果长三角地区 $PM_{2.5}$ 浓度增长迅速，$PM_{2.5}$ 浓度高值呈现由北往南的带状分布，长三角地区地面风向以偏北风为主，我们定义此类污染为输送型污染。我们将长三角地区(30°N～33°N，118°E～122°E)$PM_{2.5}$ 的平均浓度超过 75 $\mu g\ m^{-3}$，定义为一次污染过程。总结了 2013 年到 2018 年长三角地区冬季所有的污染类型和天气类型(表 4-3)，发现有 31 次静稳型污染，共 69.75 d，平均一次静稳型污染为 2.25 d；有 52 次输送型污染，共 45.25 d，平均一次输送型污染为 0.87 d。造成静稳型污染的天气类型以 P4 为主，其中有少数个例天气形势为 P3 转 P4 或者 P3；造成输送型污染的地面天气形势通常伴随着偏北风，P1、P2 天气类型均有可能发生，其中以 P2 为主，在少数个例中，天气形势为 P1 转 P2、P1 转 P3 或 P2 转 P3。

表 4-3　2013—2018 年冬季长三角地区污染类型、污染过程和天数统计

污染型	污染过程(次)	污染天数(d)	污染过程持续时间(d/次)
静稳型	31	69.75	2.25
输送型	52	45.25	0.87

2. 长三角地区冬季 2 种污染类型的数值模拟研究

针对长三角地区的这两类污染类型，我们结合 WRF-CMAQ 模式分析了 2016 年冬季不同污染类型下长三角地区 $PM_{2.5}$来源。首先我们利用各版本东亚和长三角排放源清单，融合出一套最优的长三角排放源。通过同化气象资料、选用参数化方案来优化空气质量模式模拟结果，进而讨论长三角秋冬季污染形成机制并定量气溶胶区域来源贡献。

利用中尺度气象模式 WRF 中五种边界层参数化方案，对长江中下游地区进行高分辨率的数值模拟，评估边界层参数化方案对不同气象要素以及边界层结构的模拟能力。结果表明，两种非局地方案（ACM2、YSU）在云层存在的时间、云底高度、云底厚度方面模拟效果较好，局地方案模拟结果较差；对于向下短波辐射模拟，ACM2 方案更接近观测值；对于 2 m 温度和比湿模拟，ACM2 方案最好，而局地方案在风速和风向上存在优势。垂直结构方面，白天弱不稳定条件下，非局地方案考虑大涡输送更能表征位温廓线和湿度廓线，而风速和风向廓线的模拟，除了 MYJ 方案外，其他方案均能成功模拟；在夜间弱稳定条件下，5 种方案都能模拟出弱不稳定层结、逆湿结构、急流等。

利用地面 $PM_{2.5}$和气象要素观测资料发现秋季长三角大气污染多与华北平原大气污染物对长三角的输送有关。结合 WRF-CMAQ 模式，模拟了 2016 年秋冬季长三角 $PM_{2.5}$污染的形成机制及其来源。发现对于中国北部地区（例如京津冀地区）来说，冷锋过境会使该地区空气质量迅速转好。但冷空气南下会将华北地区的污染物快速输送至长三角，造成长三角地区空气质量恶化。这种输送型污染可占长三角秋冬季 $PM_{2.5}$污染次数的 75%左右，远高于本地累积造成的污染（静稳型）。

冷空气过境时，华北地区污染物的输入会使得长三角 $PM_{2.5}$浓度短时间内急剧上升，同时锋前暖气团抬升会将长三角近地面污染物向高空输送。冷锋过境后，长三角 $PM_{2.5}$浓度迅速下降，同时下沉气流又将高空的污染物向近地面输送，并将局地排放的污染物抑制在近地面（图 4.8）。

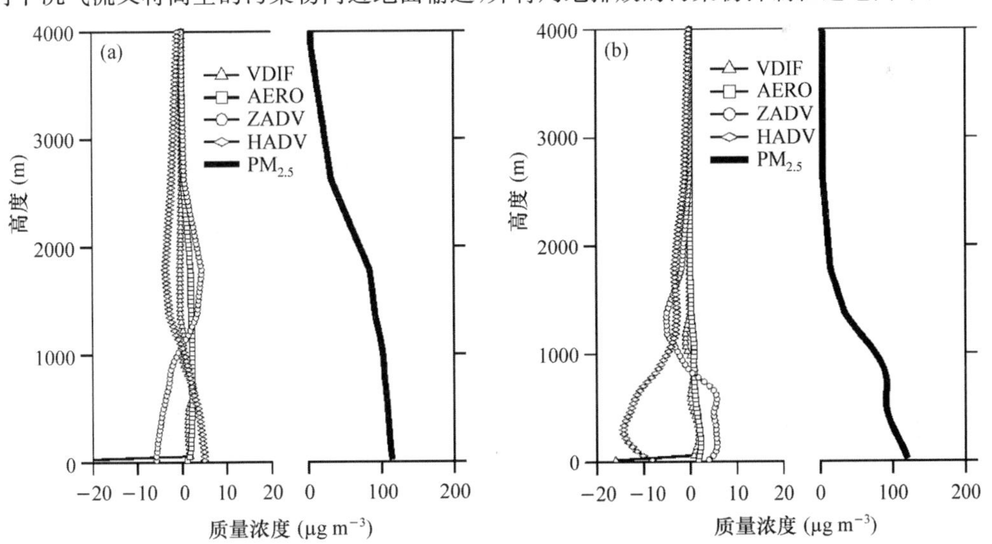

图 4.8　长三角（30°N～33°N）平均 $PM_{2.5}$浓度垂直廓线（实线）和各物理化学过程对浓度变化的贡献。(a) 冷锋过境时；(b) 冷锋过境时后期。VDIF：垂直扩散；AERO：气溶胶化学；ZADV：垂直平流；HADV：水平平流

利用在线源解析技术分析了长三角地表和高空 $PM_{2.5}$ 的来源贡献，发现冷锋过境时近地面长三角本地贡献占 35%，华北地区贡献占 29%；而静稳型污染期间长三角本地平均贡献高达 61.5%，华北的贡献仅占 14.5%左右(图 4.9)。冷锋过程中华北地区对长三角高空(0.5～1.5 km)$PM_{2.5}$ 的贡献率可达 50%，而长三角本地的贡献仅占 7%～15%；静稳型污染事件中长三角本地排放对高空 $PM_{2.5}$ 的贡献率在 20%～50%之间，并随高度递减，华北地区的贡献率占 10%～20%。

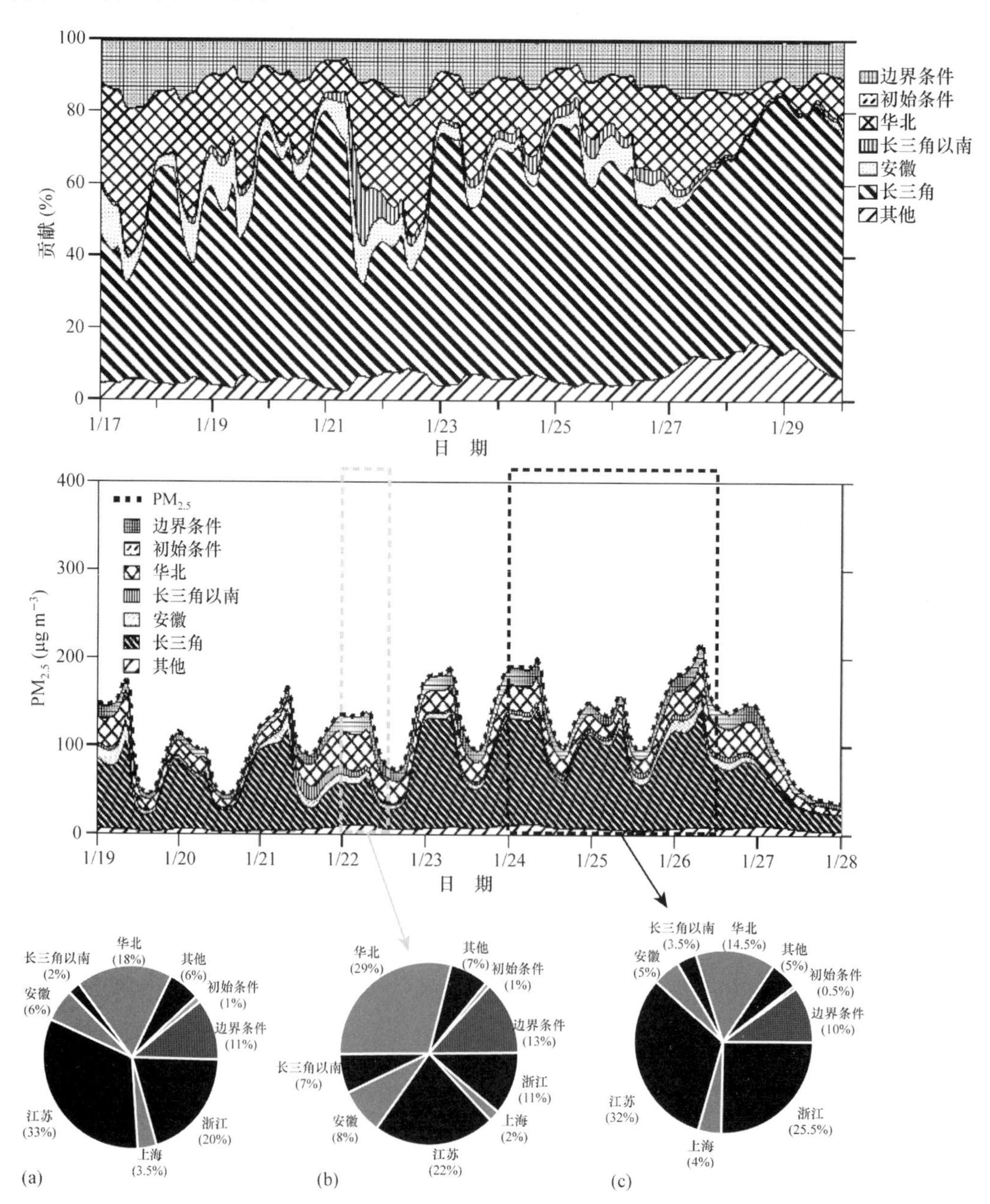

图 4.9 冷锋过境过程中长三角 $PM_{2.5}$ 浓度的区域来源和区域源百分比贡献，其中(a) 总平均贡献；(b) 输送型污染平均贡献；(c) 静稳型污染平均贡献

4.4.4 霾的静稳指数、输送指数和霾的概念模型

1. 霾的静稳指数和输送指数

针对长三角地区的污染特点，建立了表征 $PM_{2.5}$ 浓度的静稳指数(SWI)和输送指数(TPI)。我们采用相关分析和线性回归的统计方法，将长三角地区(30°N～33°N，117°E～122°E)有关气象变量进行了区域平均。其中气象因子选取了 FNL 再分析资料中提供的 1000 hPa、925 hPa 的相对湿度和 1000 hPa 风场，边界层高度(PBLH)，表面风速(uvs)。其他的气象因子由以下公式计算而得。

(1) 通风量

由边界层高度内的风场参与计算而来。该变量反映了边界层的通风情况，其值越大，越利于污染物扩散。

$$\mathrm{ven} = \frac{1}{1000}\int_0^h \sqrt{u_i^2 + v_i^2}\,\mathrm{d}Z_i \tag{4.4}$$

h 是边界层高度，u_i 和 v_i 分别是在第 i 层的纬向风和径向风。

(2) 大气稳定度

该因子用于表征中低层大气的稳定度。计算了 A 指数和 925 hPa 和 1000 hPa 的温度差。

$$T_{925-1000} = T_{925} - T_{1000} \tag{4.5}$$

$$A_i = (T_{850} - T_{500}) - [(T - T_\mathrm{d})_{850} + (T - T_\mathrm{d})_{700} + (T - T_\mathrm{d})_{500}] \tag{4.6}$$

其中 T 和 T_d 分别代表空气温度和露点温度，下标 1000、925，850、700 和 500 分别代表 1000 hPa、925 hPa、850 hPa、700 hPa 和 500 hPa。

在长三角地区选了 6 个典型站点，计算了 6 个站点 2013—2017 年冬季(420 个样本量) $PM_{2.5}$ 与气象因子的相关性(表 4-4)，筛选出相关系数大于 0.30 的气象因子作为影响该站点 $PM_{2.5}$ 的主要气象因子，用于 SWI 的计算。由于得到的每个气象变量并不是独立变量，需将每个变量进行归一化处理，并将这几个变量矢量相加得到一个单一指标，单一指标再进行归一化得到 SWI。

表 4-4　长三角 6 个站点 $PM_{2.5}$ 与气象因子的相关性

站点	v1	v2	v3	v4	v5	v6	v7	v8	v9
常州	0.27 *	−0.16 *	0.30 *	−0.27 *	−0.40 *	0.28 *	−0.33 *	−0.37 *	−0.41 *
南京	0.33 *	−0.08	0.34 *	−0.17 *	−0.39 *	0.27 *	−0.35 *	−0.36 *	−0.44 *
南通	0.22 *	−0.24 *	0.31 *	−0.29 *	−0.35 *	0.39 *	−0.27 *	−0.33 *	−0.37 *
上海	0.10	−0.30 *	0.21 *	−0.32 *	−0.26 *	0.40 *	−0.15 *	−0.25 *	−0.24 *
无锡	0.19 *	−0.20 *	0.32 *	−0.25 *	−0.34 *	0.31 *	−0.26 *	−0.33 *	−0.34 *
扬州	0.38 *	−0.14 *	0.46 *	−0.27 *	−0.41 *	0.26 *	−0.38 *	−0.39 *	−0.48 *

v1：$T_{925\sim1000}$；v2：A_i；v3：T_{925}；v4：RH_{925}；v5：U_{1000}；v6：U_{925}；v7：ven；v8：U_s；v9：PBLH。
* 通过 0.01 显著性检验。

由图 4.10 可看出，对于非输送型污染，6 个站点 SWI 与 $\ln PM_{2.5}$ 的相关系数 R_s 为

0.52～0.62，SWI 能有效地代表 $PM_{2.5}$ 浓度。但是在输送型污染下，SWI 对 $PM_{2.5}$ 浓度表征较差，6 个站点的 R_s 均在 0.4 以下，其中南京和上海没有通过 0.01 显著性检验（$R_s=0.28$，$a=0.01$），由此可见 SWI 并不能完全表征输送型污染。在 4.2.1 部分也详细介绍了输送型污染不容忽视，因此需要建立 TPI 来表征输送型污染，期望 SWI 与 TPI 相结合能更好地表征长三角地区的 $PM_{2.5}$ 浓度。

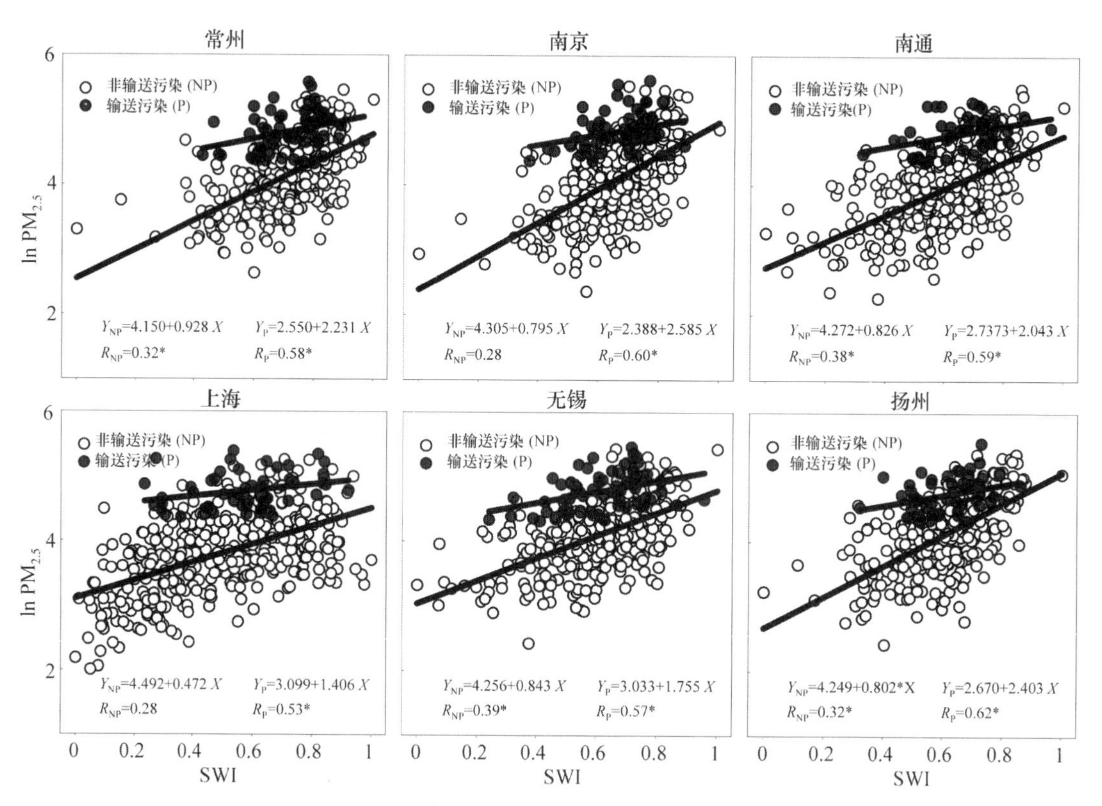

图 4.10　长三角 6 个站点 SWI 与 $\ln PM_{2.5}$ 的散点图（实心圆代表输送污染下 SWI 与 $\ln PM_{2.5}$ 的分布；空心圆代表非输送污染下 SWI 与 $\ln PM_{2.5}$ 的分布；黑色实线分别代表其拟合线。）

将东亚地区的水平空间网格化，即把 0～60°N，70°E～140°E 区域分成 0.1°×0.1°的水平网格，依次统计每条后向轨迹在网格内出现的概率，得到每条轨迹的输送概率场 R_l。将每条轨迹的概率输送场与 $PM_{2.5}$ 观测浓度由式 4.7 计算得到该条轨迹的输送强度，将该轨迹的所有输送强度相加得到它对污染物的输送强度值。为了使输送指数起到预报的作用，本文将后向 24～48 h 的输送强度累加得到输送指数。我们计算了长三角 6 个站点的 TPI，发现常州、南京、南通、上海、无锡和扬州的 TPI 与 $\ln PM_{2.5}$ 相关系数（R_t）分别为 0.62、0.57、0.67、0.65、0.56 和 0.63。

$$T_{l(i,j)} = R_{l(i,j)} E_{l(i,j)} W_{dl(i,j)} W_{tl(i,j)} \tag{4.7}$$

$$R_{l(i,j)} = \frac{\tau_{l(i,j)}}{n_l} \tag{4.8}$$

$$W_{dl(i,j)} = \frac{1}{\frac{d(i,j)}{5}+1} \tag{4.9}$$

$$W_{tl(i,j)} = \frac{1}{\frac{t(i,j)}{18}+1} \tag{4.10}$$

$T_{l(i,j)}$ 为输送强度，$R_{l(i,j)}$ 为输送概率，$E_{l(i,j)}$ 为上游 $PM_{2.5}$ 浓度实况，$W_{dl(i,j)}$ 为距离权重函数，dl 为网格 (i,j) 与观测点的距离，$W_{tl(i,j)}$ 为时间权重函数，tl 为网格 (i,j) 移动到观测点所需时间。$\tau_{l(i,j)}$ 为轨迹 l 在网格 (i,j) 内的停留时间，n_l 为轨迹运行的总时间，下标 l 和 (i,j) 分别为轨迹和网格。

我们将 6 个站点 2013—2017 年冬季的 SWI 和 TPI(420 样本量)用于建立数学模型，用 2018 年冬季的数据进行模型验证。由表 4-5 可看出，将 SWI 和 TPI 结合后，相关系数 (R_{s+t}) 比单独考虑 SWI 或者单独考虑 TPI 时高。

为了验证所得到的多元线性方程的准确性，我们计算出 2018 年冬季 6 个站点的 SWI 和 TPI，将其代入所建立的多元线性回归方程中得到 $PM_{2.5}$ 的拟合值，与 $PM_{2.5}$ 观测值进行验证(图 4.11)，结果表明，将 SWI 和 TPI 结合能较好地表征长三角地区 $PM_{2.5}$ 浓度。

表 4-5　6 站点线性回归方程及其与 $PM_{2.5}$ 的相关系数

站点	线性回归	R_{s+t}
常州	$\ln PM_{2.5}=1.516s+0.529t+2.854$	0.70 *
南京	$\ln PM_{2.5}=1.961s+0.463t+2.595$	0.69 *
南通	$\ln PM_{2.5}=1.389s+0.628t+2.908$	0.74 *
上海	$\ln PM_{2.5}=0.914s+0.718t+3.121$	0.70 *
无锡	$\ln PM_{2.5}=1.076s+0.459t+3.292$	0.63 *
扬州	$\ln PM_{2.5}=1.696s+0.482t+2.876$	0.74 *

* 通过 0.01 显著性检验。s：SWI；t：TPI；R_{s+t}：SWI 和 TPI 结合后相关系数。

2. 天气-边界层过程与霾过程的配置关系，长三角秋冬季霾过程的概念模型

根据天气分型和污染类型，我们总结了霾发生时的天气形势。主要包括弱高压型(P3)、冷空气扩散南下型(P1、P2)及入海高压后部型(P4)。

弱高压型[图 4.12(a)]：地面处于弱高压内或均压场，高空环流平直，天气静稳。以晴好天气为主，夜间辐射降温，易形成贴地逆温。静小风为主，多低于 3 m s^{-1}。相对湿度总体不大。主要是本地污染物的累积效果，重污染范围小，常有日变化，即夜间和上午污染重，下午略有好转。

冷空气扩散南下型[图 4.12(b)]：上空有高空槽引导北方冷空气扩散南下的过程。天气逐渐转差，云系增多或出现降水(污染期间小雨为主)。逐渐自北向南转偏北风，风力加大。前期本地污染和自北向南的外源输送共同作用造成重污染，持续时段和冷空气强弱及南下速度有关。影响区域与冷空气强度有关，较强冷空气输送可影响至浙北。大范围的重污染过程往往出现在此类天气过程中。

入海高压后部型[图 4.12(c)]：入海高压后部西侧(西南地区)常有低压倒槽东伸。高

空槽东移影响。天气逐渐转差,出现降水(污染期间小雨为主)。江淮地区以偏南风为主,风力逐渐加大。相对湿度明显加大,有利于污染物吸湿增长,能见度下降,污染加重。以前期本地污染累积为主,主要是湿度加大,污染加重,有一定的污染输送(多在苏南和浙江北部),随着风力进一步加大,污染也减弱。

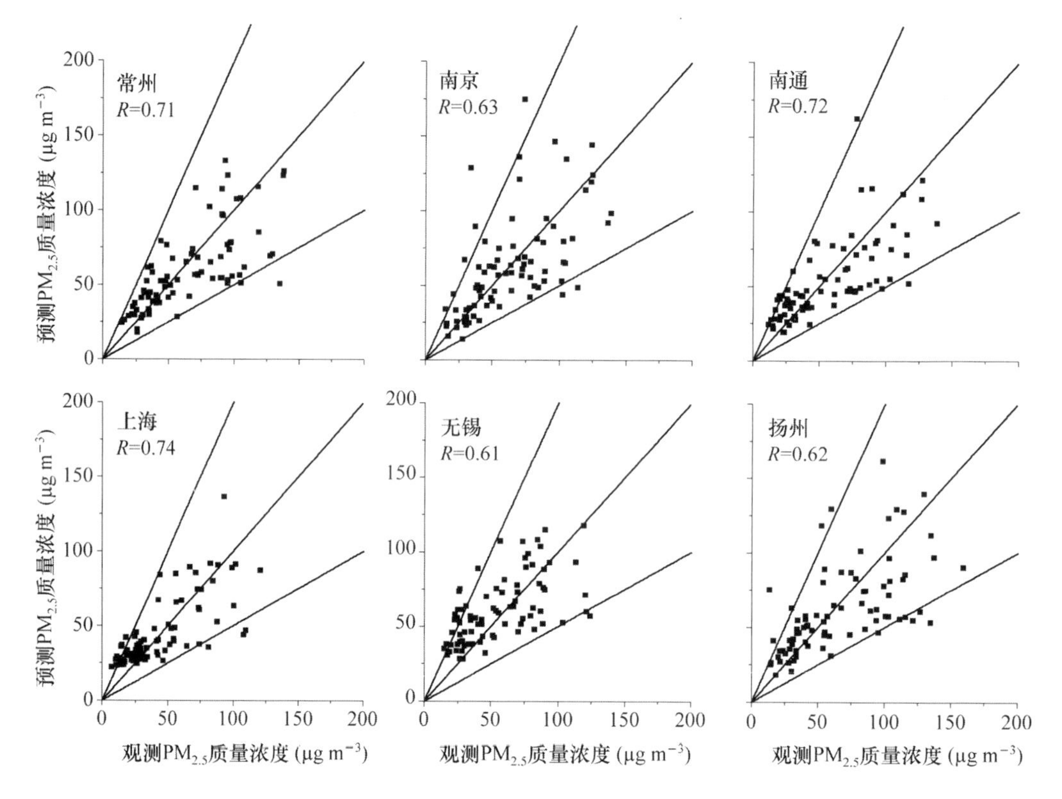

图 4.11　6 个站点观测和拟合 $PM_{2.5}$ 散点图。(3 条实线分别为拟合和观测之比 2∶1,1∶1 和 1∶2)

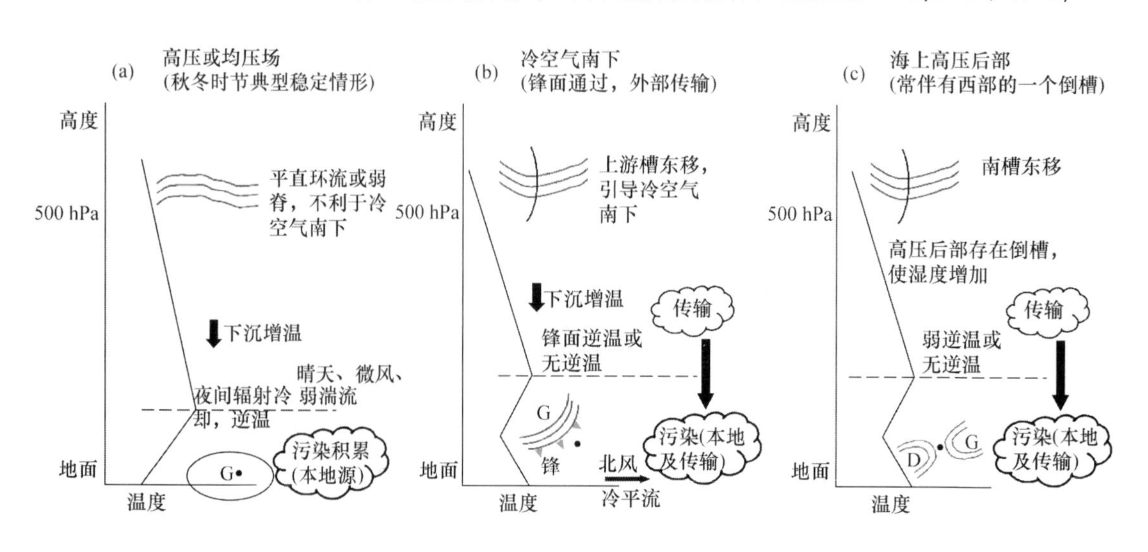

图 4.12　长三角地区霾及污染天气-边界层三种配置关系

总结以上的研究成果，我们得到了长三角地区秋冬季成霾的天气概念模型(图 4.13)。长三角地区秋冬季霾主要存在两种类型：静稳型和输送型。

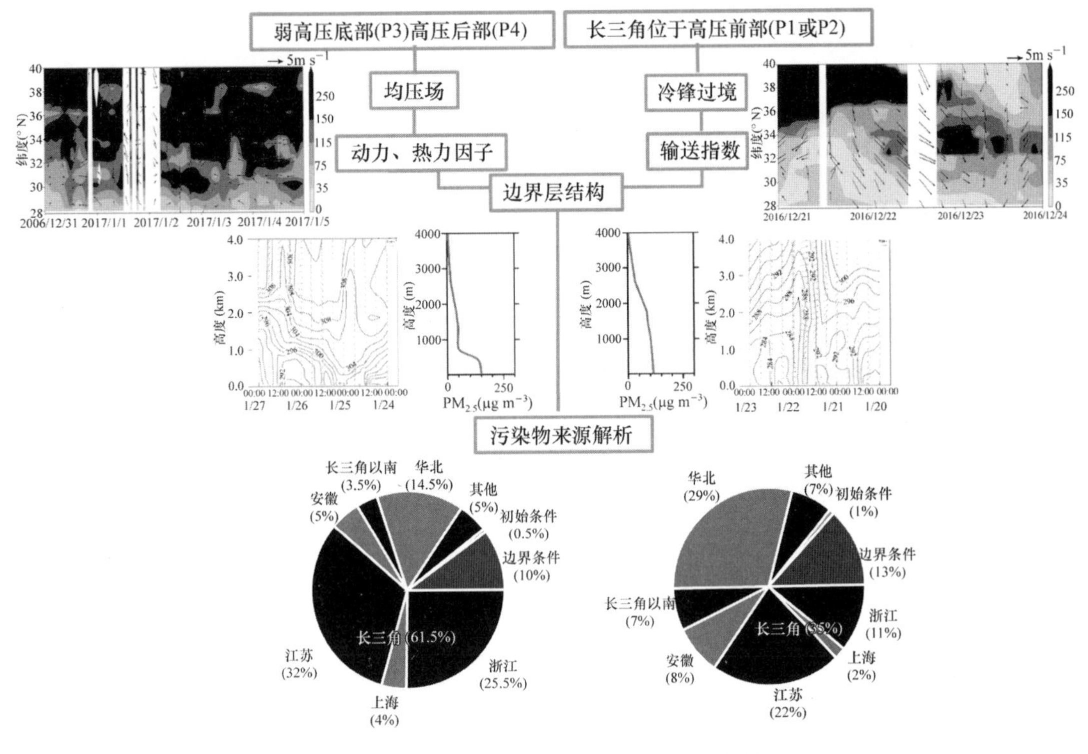

图 4.13　长三角地区秋冬季成霾天气概念模型

静稳型污染：P3 和 P4 容易造成长三角静稳型污染，以 P4 天气形势为主。P3 和 P4 天气类型下，长三角地面为均压或弱高压控制，风速小，不利于污染物扩散，$PM_{2.5}$浓度增长缓慢，污染区域范围大，造成的是区域整体污染。对于该类污染可用静稳指数来表征其 $PM_{2.5}$ 浓度变化。静稳型污染发生时，边界层内多存在明显的逆温结构，抑制了污染物在垂直方向上的扩散。$PM_{2.5}$的来源主要以局地为主，本地贡献达 61.5%。

输送型污染：P1 和 P2 容易造成长三角输送型污染，以 P2 天气形势为主。P1 与 P2 天气类型下，长三角均位于高压前。P1 天气形势下，长三角地面为东北风，冷空气沿东北路径南下；P2 天气形势下，长三角地面为西北风，冷空气沿西北路径南下。其中 P2 天气类型下，西北风容易将华北地区的污染物输送到长三角地区，造成长三角地区污染。该类污染可用输送指数来表征其 $PM_{2.5}$浓度变化。相比于静稳型污染，该类污染下 $PM_{2.5}$的外来源明显增加，华北平原贡献为 29%。

4.4.5　雾-霾长期变化及其归因和气溶胶-边界层-污染物的相互作用研究

本研究利用 1960—2012 年全国地面长期气象数据，分析我国三大污染区(京津冀、长三角、珠三角)雾日、霾日长期变化趋势，定量阐述各影响因子对雾的作用。通过相对湿度

(RH)与能见度(VIS)来客观定义雾、霾。若当日14时RH<90%且VIS<10 km,则定义为霾日;若一天任意时刻RH>90%且VIS<1.0 km,则定义为雾日。通过夜间卫星灯光数据将站点划分为大、小城市站。

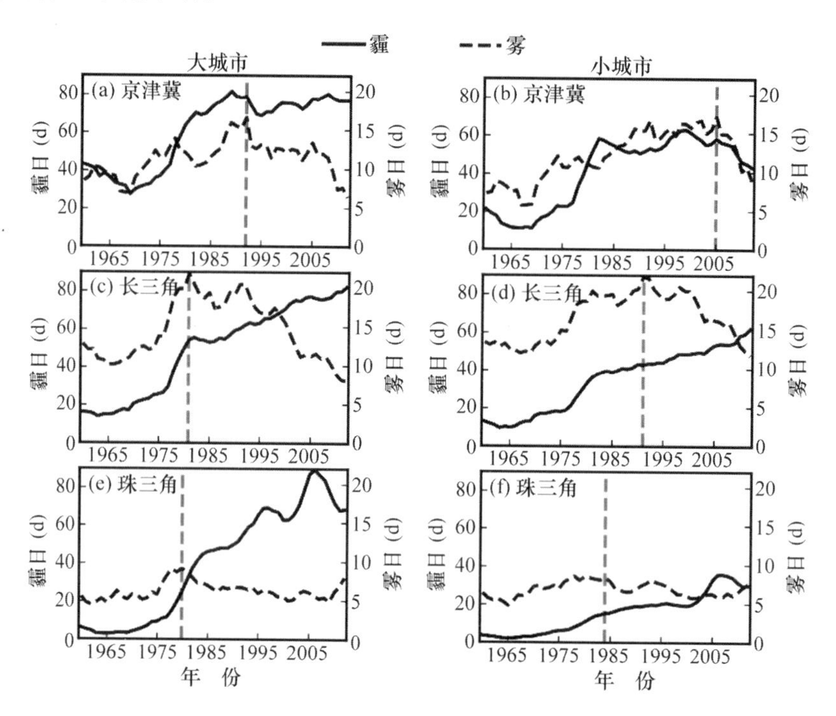

图 4.14 京津冀[(a)~(b)]、长三角[(c)~(d)]、珠三角[(e)~(f)]的大、小城市雾日(虚线)、霾日(实线)变化趋势。垂直虚线表示雾日先增后减的转折年份

图4.14比较了大、小城市雾日变化特征,雾日也呈现先增后减趋势,转折点发生在80至90年代,大城市雾日下降时间提前于小城市5~15年。雾日的初始增加可能是因为气溶胶排放增多促进了雾的形成,之后雾日减少可能是因为高强度城市热岛、干岛效应与高浓度气溶胶对雾起阻碍作用。为进一步揭示气候变化、城市化、气溶胶这三个影响因子对雾日变化的定量影响,基于多元线性回归提出一个定量分离的方法:

$$\text{fog days} = c_0 + \sum_{i=1}^{3} c_i f_i \tag{4.11}$$

其中fog days为城市站雾日,f_1、f_2、f_3分别为气候变化、城市化、气溶胶的表征量(并进行归一化处理),c_i为回归系数。某一因子f_i对雾日变化的百分比贡献为

$$f_i\text{对雾日变化贡献} = \frac{c_i}{|c_1| + |c_2| + |c_3|} \times 100\% \tag{4.12}$$

气候变化表征因子(f_1)选取为背景站RH,城市化表征因子(f_2)选取为城市站与背景站RH之差,气溶胶表征因子(f_3)选取为年均霾日。表4-6揭示了各因子在不同城市发展阶段对雾的定量贡献。在城市化发展初期(1960—1985),气溶胶的贡献为正且量值最大(45%~85%),表明此阶段雾日增多的主导因子为气溶胶污染的加重,因为大量吸湿性气溶胶在有利情况下能促进雾的形成。在城市化发展快速期(1985—2012),气溶胶的促进作用

减弱，城市化抑制效应增强，成为最主要的贡献因子（53%～60%），表明高强度热岛、干岛效应明显阻碍雾的形成与发展。在整体研究时段（1960—2012），气溶胶对雾起促进作用（20%～40%），城市化、气溶胶的贡献之和至少是气候变化的 1.6 倍。

表 4-6　气候变化（f_1）、城市化（f_2）、气溶胶（f_3）对京津冀（BTH）、长三角（YRD）、珠三角（PRD）大、小城市不同阶段雾日变化的相对贡献（%）

区域		阶段 1（1960—1985）			阶段 2（1986—2012）			整体（1960—2012）		
		f_1	f_2	f_3	f_1	f_2	f_3	f_1	f_2	f_3
BTH	大城市		—[a]		16.5	60.1	23.4	27.9	53.4	18.7
	小城市		—[b]		24.0	45.9	30.0	37.7	42.3	20.1
YRD	大城市	3.9	4.2	91.9	42.2	66.1	−8.3	19.5	43.8	36.7
	小城市	15.7	5.7	78.6	43.3	54.5	2.2	26.4	37.3	36.3
PRD	大城市	14.1	37.2	48.7	12.8	57.9	29.3	7.4	49.0	43.6
	小城市	27.4	33.5	39.1	19.7	48.1	32.2	19.4	46.0	34.6

a，b：因缺测数据过多，不予计算。

寿县及其四周为宽广的农田，可代表无城市化情形、相对清洁情形。共设置 4 组实验（表 4-7）。u0e0 为原始情形、控制实验。在敏感性实验中，以安徽大城市合肥为模板，将以寿县为中心的 11×13 网格（面积与合肥建成区相近），下垫面类型替换为城市，排放强度替换为合肥中心的排放强度。

模拟结果表明（图 4.15），城市热岛、干岛效应抑制近地面雾，使雾推迟 3 h 形成，提前 1.5 h 消散，雾水浓度降低；然而，城市化导致的上升气流能促进抬升冷却与水汽辐合，可能会使 150 m 以上雾增强。气溶胶整体上对雾起促进作用，使雾水浓度增加，雾滴数浓度增多，平均半径减小，并且进一步实验表明，我国当前污染水平可能一直促进雾的形成。当城市化与气溶胶共同作用时，城市化效应远强于气溶胶效应，气溶胶效应相比之下可忽略。探究各实验下对雾影响最强的物理过程，气溶胶对各物理过程影响轻微，而城市化影响很明显。在微物理、边界层、平流过程中，城市化对微物理过程的影响最大（52.1%）；在各微物理过程中，城市化对凝结/蒸发过程的影响最大（72.7%）。

表 4-7　各实验设置

实验名	描述	下垫面设置	排放源设置
u0e0	原始情形	/	/
u3e0	城市化情形	以寿县为中心的 11×13 网格，替换为城市下垫面	/
u0e3	气溶胶污染情形	/	以寿县为中心的 11×13 网格，替换为合肥中心的排放强度
u3e3	城市化与气溶胶综合情形	同 u3e0	同 u0e3

注："/"表示保持不变。

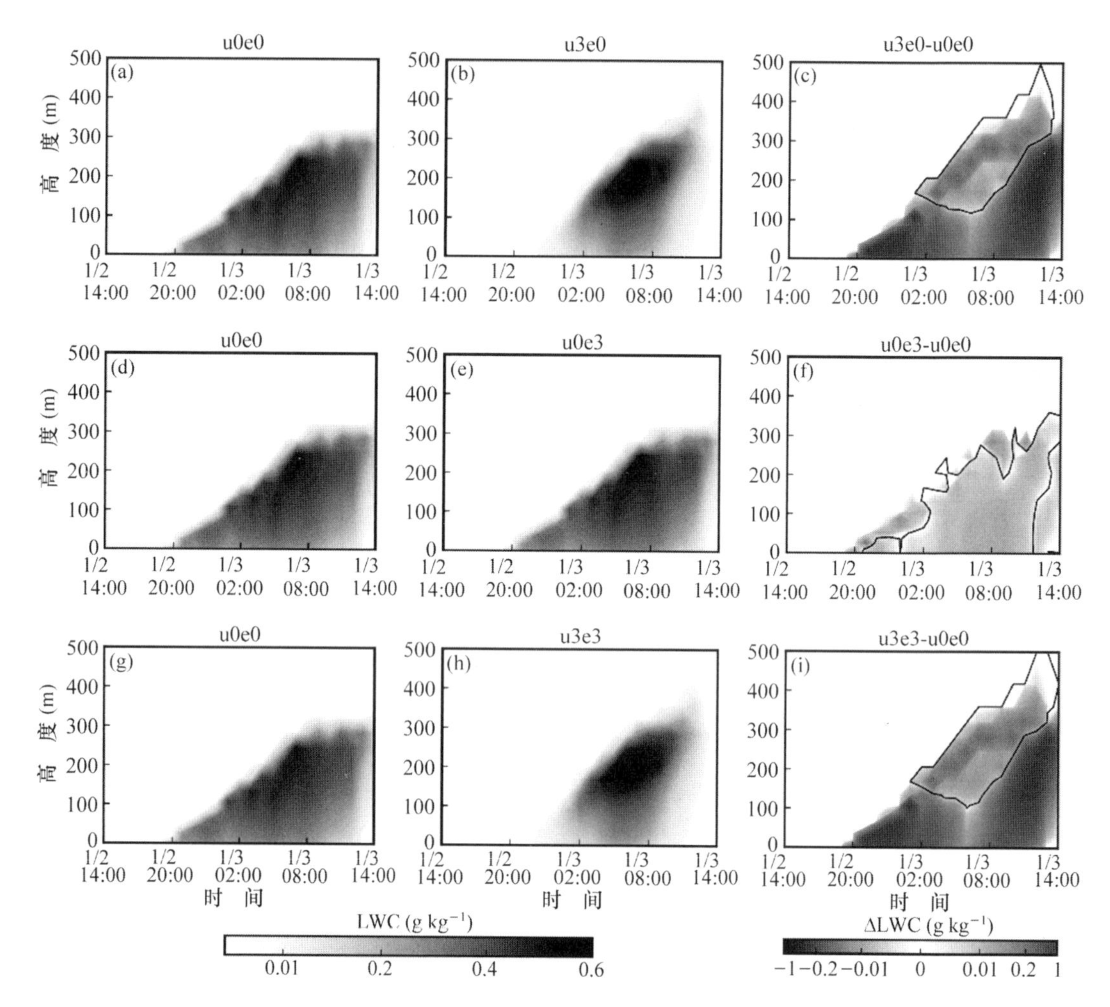

图 4.15 原始情形(u0e0)、城市化情形(u3e0)、气溶胶污染情形(u0e3)、城市化与气溶胶综合情形(u3e3)下雾含水量(LWC;填色)的时间-高度分布(前两列),及城市化效应、气溶胶效应、综合效应对雾的影响(第三列)。第三列的黑线内部代表变化为正,黑线外为负

4.4.6 本项目资助发表文章

[1] Kang H Q, Zhu B, Gao J H, et al. Potential impacts of cold frontal passage on air quality over the Yangtze River Delta, China. Atmospheric Chemistry and Physics, 2019, 19(6): 3673-3685.

[2] Kang H Q, Zhu B, van der A Ronald J, et al. Natural and anthropogenic contributions to long-term variations of SO_2, NO_2, CO, and AOD over East China. Atmospheric Research, 2019, 215: 284-293.

[3] Xu Y W, Zhu B, Shi S S, et al. Two inversion layers and their impacts on $PM_{2.5}$ concentration over the Yangtze River Delta, China. Journal of Applied Meteorology and Climatology, 2019, 58(11): 2349-2362.

[4] Zhu J, Zhu, B, Huang Y, et al. $PM_{2.5}$ vertical variation during a fog episode in a rural area of the Yangtze River Delta, China. Science of the Total Environment, 2019, 685: 555-563.

[5] Lu Y, Zhu B, Huang Y, et al. Vertical distributions of black carbon aerosols over rural areas of the Yangtze River Delta in winter. Science of the Total Environment, 2019, 661: 1-9.

[6] Gao J H, Zhu B, Xiao H, et al. Effects of black carbon and boundary layer interaction on surface ozone in Nanjing, China. Atmospheric Chemistry and Physics, 2018, 18(10): 7081-7094.

[7] Zhang Y, Zhu B, Gao J. The source apportionment of primary $PM_{2.5}$ in an aerosol pollution event over Beijing-Tianjin-Hebei region using WRF-Chem, China. Aerosol & Air Quality Research, 2017, 17: 2966-2980.

[8] Hou X W, Zhu B, Kumar K R, et al. Inter-annual variability in fine particulate matter pollution over China during 2013—2018: Role of meteorology. Atmospheric Environment, 2019, 214: 116842.

[9] Pan C, Zhu B, Gao J H, et al. Quantitative identification of moisture sources over the Tibetan Plateau and the relationship between thermal forcing and moisture transport. Climate Dynamics, 2019, 52 (1-2): 181-196.

[10] Pan C, Zhu B, Gao J H, et al. Source apportionment of atmospheric water over East Asia-a source tracer study in CAM5.1. Geoscientific Model Development, 2017, 10(2): 673-688.

[11] Pan C, Zhu B, Gao J. Quantifying Arctic lower stratospheric ozone sources in winter and spring. Scientific Reports, 2018, 8(1): 8934.

[12] Yan S Q, Zhu B, Kang H Q. Long-term fog variation and its impact factors over polluted regions of East China. Journal of Geophysical Research: Atmospheres, 2019, 124(3): 1741-1754.

[13] Gao J, Zhu B, Xiao H, et al. Diurnal variations and source apportionment of ozone at the summit of Mount Huang, a rural site in eastern China. Environmental Pollution, 2017, 222: 513-522.

[14] Jing A K, Zhu B, Wang H L, et al. Source apportionment of black carbon in different seasons in the northern suburb of Nanjing, China. Atmospheric Environment, 2019, 201: 190-200.

[15] Hong L, Zhu B, Yu X N, et al. Chemical composition of dew water at a suburban site in Nanjing, China, during the 2016—2017 winter. Atmospheric Environment, 2019, 211: 226-233.

[16] Wang D D, Zhu B, Jiang Z H, et al. The impact of the direct effects of sulfate and black carbon aerosols on the subseasonal march of the East Asian subtropical summer monsoon. Journal of Geophysical Research: Atmospheres, 2016, 121(6): 2610-2625.

[17] Hou X W, Zhu B, Fei D D, et al. Simulation of tropical tropospheric ozone variation from 1982 to 2010: The meteorological impact of two types of ENSO event. Journal of Geophysical Research: Atmospheres, 2016, 121(15): 9220-9236.

[18] Jiang L, Zhang Z, Zhu B. Comparison of parameterizations for the atmospheric extinction coefficient in Lin'an, China. Science of the Total Environment, 2018, 621: 507-515.

[19] Zhang L, Zhu B, Gao J H, et al. Impact of Taihu Lake on city ozone in the Yangtze River Delta. Advances in Atmospheric Sciences, 2017, 34(2): 226-234.

[20] Yan S Q, Zhu B, Huang Y, et al. To what extents do urbanization and air pollution affect fog?. Atmospheric Chemistry and Physics, 2020, 20: 5559-5572.

[21] 贺瑶，朱彬，李锋，等. 长江三角洲地区 $PM_{2.5}$ 两种污染来源对比分析. 中国环境科学，2017，37(04)：1213-1222.

[22] 施双双，王红磊，朱彬，等. 冬季临安大气本底站气溶胶来源解析及其粒径分布特征. 环境科学，2017，38(10)：4024-4033.

[23] 俞布，朱彬，窦晶晶，等. 杭州地区污染天气型及冷锋输送清除特征. 中国环境科学，2017，37(02)：452-459.

[24] 蒋琳，朱彬，王红磊，等. 霾与轻雾天气下水溶性离子的组分特征——冬季长江三角洲地区一次污染过

程分析. 中国环境科学,2017,37(10):3601-3610.

[25] 康晖,朱彬,王红磊,等. 长三角典型站点冬季大气 $PM_{2.5}$ 中 OC、EC 污染特征. 环境科学,2017,39(3):961-971.

[26] 翟华,朱彬,赵雪婷,等. 长江三角洲初冬一次重污染天气成因分析. 中国环境科学,2018,38(11):4001-4009.

[27] 郭振东,朱彬,王红磊,等. 长江三角洲霾天气 $PM_{2.5}$ 中水溶性离子特征及来源解析. 中国环境科学,2019,39(03):928-938.

[28] 郭婷,朱彬,康志明,等. 1960—2012 年长江三角洲地区雾日与霾日的气候特征及其影响因素. 中国环境科学,2016,36(04):961-969.

[29] 沙丹丹,王红磊,朱彬,等. 冬季 $PM_{2.5}$ 中含碳气溶胶的污染特征——长江三角洲地区一次区域重污染过程分析. 中国环境科学,2017,37(10):3611-3622.

[30] 王东东,朱彬,江志红,等. 人为气溶胶对中国东部冬季风影响的模拟研究. 大气科学学报,2017,40(04):541-552.

[31] 刘璇,朱彬,关学锋,等. 华东地区气溶胶分布和变化特征研究. 沙漠与绿洲气象,2017,11(01):11-21.

[32] 刘璇,朱彬,袁亮,等. 基于 CALIPSO 卫星资料的华东地区气溶胶垂直分布特征. 沙漠与绿洲气象,2016,10(05):79-86.

[33] Li Z,Guo J,Ding A,et al. Aerosol and boundary-layer interactions and impact on air quality. National Science Review,2017,4(6):810-833.

[34] Hou X,Fei D,Kang H. Seasonal statistical analysis of the impact of meteorological factors on fine particle pollution in China in 2013—2017. Natural Hazards,2018,93(2):677-698.

[35] Guo Z,Guo Q,Chen S,et al. Study on pollution behavior and sulfate formation during the typical haze event in Nanjing with water solubleinorganicions and sulfur isotopes. Atmospheric Research,2019,217:198-207.

[36] Chen S,Guo Z,Guo Z. Sulfur isotopic fractionation and its implication: Sulfate formation in $PM_{2.5}$ and coal combustion under different conditions. Atmospheric Research,2017,194(1):142-149.

[37] Wang J,Guo Z,Shen X,et al. Gamma irradiation-induced decomposition of sulfamethoxazole in aqueous solution: The influence of additives, biological inhibitory, and degradation mechanisms. Environmental Science and Pollution Research,2017,24(30):23658-23665.

[38] Yu X,Lu R,Liu C,et al. Seasonal variation of columnar aerosol optical properties and radiative forcing over Beijing,China. Atmospheric Environment,2017,166:340-350.

[39] Yu X,Ma J,An J,et al. Impacts of meteorological condition and aerosol chemical compositions on visibility impairment in Nanjing,China. Journal of Cleaner Production,2016,131:112-120.

[40] Lu R,Yu X,Jia H,et al. Aerosol optical properties and direct radiative forcing at Taihu. Applied Optics,2017,56(25):7002-7012.

[41] Yu X,Shen L,Xiao S,et al. Chemical and optical properties of atmospheric aerosols during the polluted periods in a megacity in the Yangtze River Delta,China. Aerosol and Air Quality Research,2019,19(1):103-117.

[42] An J,Wang J,Zhang Y. Source apportionment of volatile organic compounds in an urban environment at the Yangtze River Delta,China. Archives of Environmental Contamination & Toxicology,2017,72(3):1-14.

[43] An J,Cao Q,Zou J. Seasonal variation in water-soluble ions in airborne particulate deposition in the sub-

urban Nanjing area, Yangtze River Delta, China, during haze days and normal day. Archives of Environmental Contamination & Toxicology, 2017, 9: 1-15.

[44] An J, Shi Y, Wang J, et al. Temporal variations of O-3 and NO_x in the urban background atmosphere of Nanjing, East China. Archives of Environmental Contamination and Toxicology, 2016, 71(2): 224-234.

[45] Wang C, Sheng J, Luo F, et al. Comparison and analysis of several planetary boundary layer schemes in-WRF model between clear and overcast days. Chinese Journal of Geophysics, 2017, 60(2): 141-153.

[46] Kang N, Kumar K, Hu K, et al. Long-term (2002—2014) evolution and trend in Collection 5.1 Level-2 aerosol products derived from the MODIS and MISR sensors over the Chinese Yangtze River Delta. Atmospheric Research, 2016, 181: 29-43.

[47] Kang N, Kumar K, Yu X, et al. Column-integrated aerosol optical properties and direct radiative forcing over the urban-industrial megacity Nanjing in the Yangtze River Delta, China. Environmental Science and Pollution Research, 2016, 23(17): 17532-17552.

[48] Liu D, Liu X, Wang H, et al. A new type of haze? The December 2015 purple (magenta) haze event in Nanjing, China. Atmosphere, 2017, 8(4): 0-76.

[49] Liu D, Li Z, Yan W, et al. Advances in fog microphysics research in China. Asia-Pacific Journal of Atmospheric Sciences, 2017, 53(1): 131-148.

[50] Xu J, Xu M, Snape C, et al. Temporal and spatial variation in major ion chemistry and source identification of secondary inorganic aerosols in Northern Zhejiang Province, China. Chemosphere, 2017, 179: 316-330.

[51] Xu J, Jia C, He J, et al. Biomass burning and fungal spores as sources of fine aerosols in Yangtze River Delta, China-Using multiple organic tracers to understand variability, correlations and origins. Environmental Pollution, 2019, 251: 155-165.

[52] Yu H, Dai W, Ren L, et al. The effect of emission control on the submicron particulate matter size distribution in Hangzhou during the 2016 G20 Summit. Aerosol and Air Quality Research, 2018, 18(8): 2038-2046.

[53] Tomatis M, Xu Ho, Wei C, et al. A comparative study of Mn/Co binary metal catalysts supported on two commercial diatomaceous earths for oxidation of benzene. Catalysts, 2018, 8(3): 0-111.

[54] 郭安可，郭照冰，张海潇，等. 南京北郊冬季 $PM_{2.5}$ 中水溶性离子以及碳质组分特征分析. 环境化学，2017，36(2):248-256.

[55] 沈潇雨，郭照冰，姜文娟，等. 生物质室内燃烧产物的碳质特征及 EC 同位素组成. 中国环境科学，2017，37(10):3669-3674.

[56] 韩珣，任杰，陈善莉，等. 基于硫氧同位素研究南京北郊夏季大气中硫酸盐来源及氧化途径. 环境科学，2018，39(5):2010-2014.

[57] 杨光俊，丁力，郭照冰. 基于 CFD 方法的燃煤电厂烟气排放数值模拟. 环境科学研究，2017，30(12):124-133.

[58] 于兴娜，时政，马佳，等. 南京江北新区大气单颗粒来源解析及混合状态. 环境科学，2019，40(4):1521-1528.

[59] 肖思晗，于兴娜，朱彬. 南京北郊黑碳气溶胶的来源解析. 环境科学，2018，39(1):9-17.

[60] 张程，于兴娜，安俊琳. 南京北郊不同大气污染程度下气溶胶化学组分特征. 环境科学，2017，38(12):4932-4942.

[61] 张程，于兴娜，沈丽. 南京北郊冬季气溶胶散射特征及其与 $PM_{2.5}$ 化学组成的关系. 生态环境学报，2018，

27(1):101-107.

[62] 张程，于兴娜，安俊琳. 南京北郊不同大气污染程度下气溶胶化学组分特征. 环境科学，2017，38(12)：4932-4942.

[63] 师远哲，安俊琳，王红磊. 南京青奥会期间不同天气条件下大气气溶胶中水溶性离子的分布特征. 环境科学，2016，37(12)：4475-4481.

[64] 张玉欣，安俊琳，林旭. 南京北郊冬季挥发性有机物来源解析及苯系物健康评估. 环境科学，2017，38(1)：1-12.

[65] 张玉欣，安俊琳，王健宇. 南京北郊大气 BTEX 变化特征和健康风险评估. 环境科学，2017，38(2)：453-460.

[66] 刘静达，安俊琳，张玉欣. 南京工业区夏冬季节二次有机气溶胶浓度估算及来源解析. 环境科学，2017，38(5)：1733-1742.

[67] 梁静舒，安俊琳，王红磊. 南京北郊大气细粒子在人体呼吸系统沉积特性. 环境科学，2017，38(5)：1743-1752.

[68] 王俊秀，安俊琳，邵平. 南京北郊大气臭氧周末效应特征分析. 环境科学，2017，38(6)：2256-2263.

[69] 苏筱倩，安俊琳，张玉欣. 支持向量机回归在臭氧预报中的应用. 环境科学，2019，40(4)：179-186.

[70] 苏筱倩，安俊琳，张玉欣. 基于支持向量机回归和小波变换的 O_3 预报方法. 中国环境科学，2019，39(9)：3719-3726.

[71] 王成刚，李颖，曹乐. 苏州东山冬季大气边界层结构特征及其对污染物浓度的影响. 热带气象学报，2017，33(6)：912-921.

[72] 韩彦霞，王成刚，严家德. 新型边界层气象探空系统的开发与应用. 气象科技，2017，45(5)：804-810.

[73] 王成刚，沈滢洁，罗峰，等. 晴天及阴天条件下 WRF 模式中几种边界层参数化方案的对比分析研究. 地球物理学报，2017，60(3)：924-934.

[74] 王天正，王成刚，曹乐. 2015 年冬季南京一次污染过程的天气形势分析. 科学技术与工程，2017，17(32)：345-355.

[75] 魏夏潞，王成刚，凌新锋，等. 安徽寿县黑碳气溶胶浓度观测分析研究. 环境科学学报，2019，39(11)：3630-3638.

[76] 何松蔚，王成刚，姜海梅. 2015 年冬季苏州城市热岛特征研究. 长江流域资源与环境，2018，27(9)：2078-2089.

[77] 钱俊龙，刘端阳，曹璐，等. 冷空气过程对江苏持续性霾的影响研究. 环境科学学报，2017，38(01)：52-61.

[78] 浦静姣，徐宏辉，马千里. 长江三角洲背景地区大气污染对能见度的影响. 中国环境科学，2017，37(12)：4435-4441.

[79] 徐宏辉，徐婧莎，何俊. 高效液相色谱-三重四极杆质谱法快速测定真菌气溶胶示踪物. 环境化学，2017，36(12)：2683-2689.

[80] 孔锋，吕丽莉，方建，等. 中国空气污染指数时空分布特征及其变化趋势(2001—2015). 灾害学，2017，32(2)：117-123.

[81] 徐宏辉，徐婧莎，何俊，等. 生物质燃烧有机示踪物液相色谱质谱分析方法研究. 分析化学，2018，46(9)：1432-1437.

[82] 徐宏辉，徐婧莎，何俊，等. 浙北地区真菌气溶胶示踪物季节分布特征. 环境科学学报，2018，38(9)：3430-3437.

[83] 徐宏辉，徐婧莎，何俊，等. 杭甬地区大气中含碳气溶胶特征及来源分析. 环境科学，2018，39(8)：

3511-3517.

[84] 徐宏辉,徐婧莎,何俊,等.浙北地区 $PM_{2.5}$ 中多环芳烃特征.中国环境科学,2018,38(9):3247-3253.

[85] 于燕,王泽华,崔雪东,等.长三角地区重点源减排对 $PM_{2.5}$ 浓度的影响.环境科学,2019,40(1):11-23.

[86] 浦静姣,徐宏辉,姜瑜君,等.杭州地区大气 CO_2 体积分数变化特征及影响因素.环境科学,2018,39(7):3082-3089.

[87] 吴序鹏,刘端阳,谢真珍.江苏淮安地区大气污染变化特征及其与气象条件的关系.气象与环境科学,2018,41(1):31-38.

[88] 严文莲,刘端阳,康志明.江苏臭氧污染特征及其与气象因子的关系.气象科学,2019,39(4):6-12.

[89] 周一鸣,韩珣,王瑾瑾,等.南京春季北郊地区大气 $PM_{2.5}$ 中主要化学组分及碳同位素特征.环境科学,2018,39(10):4439-4445.

[90] 张海潇,郭照冰,陈善莉,等.南京北郊冬夏季大气 $PM_{2.5}$ 中碳质组分浓度及同位素组成研究.环境科学学报,2018,38(9):3424-3429.

参考文献

[1] 张小曳,孙俊英,王亚强,等.我国雾-霾成因及其治理的思考.科学通报,2013,58(13):1178-1187.

[2] Fan S J,Wang B M,Tesche M,et al. Meteorological conditions and structures of atmospheric boundary layer in October 2004 over Pearl River Delta area. Atmospheric Environment,2008,42(25): 6174-6186.

[3] Holzer M,Hall T M,Stull R B. Seasonality and weather-driven variability of transpacific transport. Journal of Geophysical Research: Atmospheres,2005,110(D23): D23103.

[4] Wang M,Cao C,Li G,et al. Analysis of a severe prolonged regional haze episode in the Yangtze River Delta,China,2015. Atmospheric Environment,2015,102: 112-121.

[5] Ramanathan V,Crutzen P J,Lelieveld J,et al. The Indian Ocean experiment: An integrated analysis of the climate forcing and effects of the great Indo-Asian haze. Journal of Geophysical Research: Atmospheres,2001,106(D22): 22371-22398.

[6] Talbot R W,Dibb J E,Lefer B L,et al. Chemical characteristics of continental outflow from Asia to the troposphere over the western Pacific Ocean during February-March 1994: Results from PEM-West B. Journal of Geophysical Research: Atmospheres,1997,102: 28255-28274.

[7] Huebert B J,Bates T,Russell P B,et al. An overview of ACE-Asia: Strategies for quantifying the relationships between Asian aerosols and their climatic impacts. Journal of Geophysical Research: Atmospheres,2003,108(D23): 8633.

[8] Jacob D J,Crawford J H,Kleb M M,et al. Transport and chemical evolution over the Pacific (TRACE-P) aircraft mission: Design, execution, and first results. Journal of Geophysical Research: Atmospheres,2003,108(D20): 9000.

[9] Fast J D,de Foy B,Acevedo Rosas,et al. A meteorological overview of the MILAGRO field campaigns. Atmospheric Chemistry and Physics,2007,7(9): 2233-2257.

[10] Molina L T,Foy B,Martinez O V,et al. Air quality,weather and climate in Mexico City. WMO Bulletin,2009,58(1): 48-53.

[11] 徐祥德,丁国安,卞林根.BECAPEX科学试验城市建筑群落边界层大气环境特征及其影响.气象学报,2004,62(5):663-671.

[12] Guo S,Hu M,Zamora M L,et al. Elucidating severe urban haze formation in China. Proceedings of the National Academy of Sciences,2014,111(49): 17373-17378.

[13] Sun Y,Jiang Q,Wang Z,et al. Investigation of the sources and evolution processes of severe haze pollution in Beijing in January 2013. Journal of Geophysical Research: Atmospheres, 2014, 119 (7): 4380-4398.

[14] Zheng G J,Duan F K,Su H,et al. Exploring the severe winter haze in Beijing: The impact of synoptic weather,regional transport and heterogeneous reactions. Atmospheric Chemistry and Physics,2015,15(6): 2969-2983.

[15] Parrish D D,Zhu T. Clean air for megacities. Science,2009,326: 674-675.

[16] Pappalardo G,Amodeo A,Pandolfi M. Aerosol lidar intercomparison in the framework of the EARLINET project. 3. Raman lidar algorithm for aerosol extinction,backscatter,and lidar ratio. Applied Optics,2004,43(28): 5370-5385.

[17] Wu D,Tie X,Li C,et al. An extremely low visibility event over the Guangzhou region: A case study. Atmospheric Environment,2005,39: 6568-6577.

[18] Zhang X Y,Wang Y Q,Niu T,et al. Atmospheric aerosol compositions in China: Spatial/temporal variability,chemical signature,regional haze distribution and comparisons with global aerosols. Atmospheric Chemistry and Physics,2012,12(2): 779-799.

[19] Zhao X J,Zhao P S,Xu J,et al. Analysis of a winter regional haze event and its formation mechanism in the North China Plain. Atmospheric Chemistry and Physics,2013,13(11): 5685-5696.

[20] Zhang Y H,Hu M,Zhong L J,et al. Regional integrated experiments on air quality over Pearl River Delta 2004 (PRIDE-PRD2004): Overview. Atmospheric Environment,2008,42(25): 6157-6173.

[21] 吴兑,吴晓京,朱小祥. 雾和霾. 北京:气象出版社,2009.

[22] 童尧青,银燕,钱凌,等. 南京地区灰霾天气的气候特征分析. 中国环境科学,2007,27(5):584-588.

[23] Velasco E,Marquez C,Bucno E,et al. Vertical distribution of ozone and VOCs in the low boundary layer of Mexico City. Atmospheric Chemistry and Physics,2008,8(12): 3061-3079.

[24] Hennemuth B,Lammert A. Determination of the atmospheric boundary layer height from radiosonde and lidar backscatter. Boundary Layer Meteorology,2006,120: 181-200.

[25] Winker D M,Hunt W H,McGill M J. Initial performance assessment of CALIOP. Geophysical Research Letters,2007,34(19): L19803.

[26] 罗云峰,吕达仁,李维亮,等. 近 30 年来中国地区大气气溶胶光学厚度的变化特征. 科学通报,2000,45(5):549-554.

[27] 李成才,毛节泰,刘启汉,等. 利用 MODIS 研究中国东部地区气溶胶光学厚度的分布和季节变化特征. 科学通报,2003,48(19):2094-2100.

[28] Yu X,Zhu B,Yin Y. Seasonal variation of columnar aerosol optical properties in Yangtze River Delta in China. Advances in Atmospheric Science,2011,28(6): 1326-1335.

[29] Ding A J,Fu C B,Yang X Q,et al. Intense atmospheric pollution modifies weather: A case of mixed biomass burning wither fossil fuel combustion pollution in the eastern China. Atmospheric Chemistry and Physics,2013,13(20): 10545-10554.

[30] 吴兑. 近十年灰霾天气研究综述. 环境科学学报,2012,32(2):257-269.

[31] 张人禾,李强,张若楠. 2013 年 1 月中国东部持续性强雾-霾天气产生的气象条件分析. 中国科学:地球科学,2014,44(1):27-36.

[32] 朱乾根，林锦瑞，寿绍文，等. 天气学原理和方法. 北京：气象出版社，1992.

[33] 祁妙，朱彬，潘晨，等. 长江三角洲冬季一次低能见度过程的地区差异和气象条件. 中国环境科学，2015，35(010)：2899-2907.

[34] Zhu B, Kang H, Zhu T, et al. Impact of Shanghai urban land surface forcing on downstream city ozone Chemistry. Journal of Geophysical Research: Atmospheres, 2015, 120(9): 4340-4351.

[35] Watson J G, Chow J C, Lu Z, et al. Chemical mass balance source apportionement of PM_{10} during the Southern California air quality study. Aerosol Science and Technology, 1994, 21(1): 1-36.

[36] Tie X, Madronich S, Walters S, et al. Assessment of the global impact of aerosols on tropospheric oxidants. Journal of Geophysical Research, 2005, 110(D3): D03204.

[37] Brugh A, Schaap J M J, Vignati M, et al. The European aerosol budget in 2006. Atmospheric Chemistry and Physics, 2011, 11(3): 1117-1139.

[38] 薛文博，付飞，王金南，等. 基于全国城市 $PM_{2.5}$ 达标约束的大气环境容量模拟. 中国环境科学，2014，34(10)：2490-2496.

[39] Wang T, Jiang F, Deng J, et al. Urban air quality and regional haze weather forecast for Yangtze River Delta region. Atmospheric Environment, 2012, 58: 70-83.

[40] Li J, Yang W, Wang Z, et al. A modeling study of source-receptor relationships in atmospheric particulate matter over Northeast Asia. Atmospheric Environment, 2014, 91: 40-51.

[41] Wang Z S, Chien C-J, Tonnesen G S. Development of a tagged species source apportionment algorithm to characterize three-dimensional transport and transformation of precursors and secondary pollutants. Journal of Geophysical Research, 2009, 114(D21): D21206.

[42] Wagstrom K M, Pandis S N, Yarwood G, Wilson G M, Morris R E. Development and application of a computationally efficient particulate matter apportionment algorithm in a three-dimensional chemical transport model. Atmospheric Environment, 2008, 42(22): 5650-5659.

[43] Gao Y, Zhang M, Liu Z, et al. Modeling the feedback between aerosol and meteorological variables in the atmospheric boundary layer during a severe fog-haze event over the North China Plain. Atmospheric Chemistry and Physics, 2015, 15(8): 4279-4295.

[44] Kley D. Tropospheric chemistry and transport. Science, 1997, 276: 1043-1044.

第5章 长三角城市细颗粒物和臭氧的垂直分布、理化耦合及其天气效应

王体健[1],周树道[2],柳竞先[1],韩永[1],李蒙蒙[1],谢旻[1],庄炳亮[1],李树[1],王敏[2],胡忻[1]

[1]南京大学,[2]中国人民解放军国防科技大学

细颗粒物和臭氧是城市大气复合污染的主要成分,也是重要的短寿命辐射活性物种,其垂直分布和相互作用对城市气象具有重要影响。本章围绕长三角典型城市大气细颗粒物和臭氧的垂直结构及其相互作用规律、大气细颗粒物和臭氧的多过程耦合机理、大气细颗粒物对城市气象要素的影响三个科学问题展开工作,并取得以下研究成果:

(1) 以南京市为长三角典型城市开展了五次强化观测实验,获得了南京市大气污染和边界层气象要素的垂直结构,认识了城市大气细颗粒物和臭氧的垂直分布及其相互作用规律。研究发现,在近地面层,大气细颗粒物和臭氧在温度<20℃时呈负相关,随着温度升高(>25℃)逐渐变为正相关;春、秋、冬季呈现负相关,夏季呈现正相关。在边界层以上,大气细颗粒物和臭氧在各个季节均呈现正相关。

(2) 发展了气溶胶-辐射-大气化学耦合模式,改进了 WRF-Chem 新一代气象化学模式对气溶胶-辐射(云)-大气化学耦合过程的模拟能力,探讨了细颗粒物和臭氧相互影响的表现形式和机理。研究揭示了颗粒物-辐射-光化学之间的负反馈机制,以及颗粒物表面的非均相反应作用机制。在 VOCs 控制区,颗粒物的光解效应和表面非均相反应是造成臭氧浓度降低的主导原因;在 NO_x 控制区,颗粒物光解效应造成臭氧浓度微弱增加。长三角地区主要为 VOCs 控制区,颗粒物通过影响光解和非均相反应,导致臭氧年均浓度降低 9%,冬季臭氧最高降低 18.7%。

(3) 开展了长三角地区大气细颗粒物的辐射天气效应研究,评估了大气细颗粒物对城市热岛和降水的影响。研究发现城区中集聚的细颗粒物削弱了日间城市热岛强度,增强了夜间城市热岛强度;气溶胶对降水的影响为非线性,当每立方厘米云凝结核(CCN)个数多于250 时,气溶胶明显促进了降水的形成。

本文的研究成果加深了对长三角城市细颗粒物和臭氧的垂直结构、耦合机理和天气效应的科学认识,提高了对我国大气复合污染形成机制的模拟能力,为我国颗粒物和臭氧的协同控制提供了科学支撑。

5.1　研究背景

5.1.1　研究意义

细颗粒物和臭氧是城市主要的大气污染物，对空气质量、气候和人体健康有重要影响。细颗粒物和臭氧作为二次污染物，一方面受到城市边界层影响，另一方面又对城市气象产生反馈作用，而且两者之间存在较强的耦合关系。细颗粒物和臭氧的相互作用机理及其对城市气象的影响研究是当今大气科学的前沿课题。

细颗粒物和臭氧可以通过多种物理化学过程相互作用。臭氧作为氧化剂改变了大气中 OH 等自由基的浓度，对二次颗粒物的生成产生影响。此外，细颗粒物通过散射和吸收改变了到达地面的太阳辐射，或通过改变云的光学特性，对某些化合物的光解速率产生影响，进一步影响光化学反应，导致臭氧浓度的变化。发生在细颗粒物表面的非均相化学反应，也会影响到臭氧及二次颗粒物的浓度。

细颗粒物和臭氧是重要的短寿命辐射活性物种，其耦合作用和垂直分布对地表和大气辐射平衡产生影响，引起大气垂直加热/冷却率的变化，改变了城市大气边界层结构，对雾霾、热岛、降水等天气产生一定的贡献。

长江三角洲是快速城市化和工业化的地区，以细颗粒物和臭氧为特征的大气复合污染日益突出。目前对于长三角地区大气污染的水平分布特征已经有一定的认识，但其物理、化学及光学特性的垂直结构还不清楚，两者相互作用影响的过程和机理有待深入研究，对城市气象要素的影响还具有较大的不确定性。因此开展长三角地区城市细颗粒物和臭氧的垂直结构及其天气效应研究，对于认识城市细颗粒物和臭氧的相互作用规律及气象反馈具有重要的科学意义，在制定城市大气污染控制和灾害气象应对方面具有重要的实用价值。

5.1.2　国内外研究现状及发展动态

1. 城市大气细颗粒物和臭氧的相互作用

大气细颗粒物和臭氧的相互作用包括颗粒物-辐射-光化学过程和颗粒物-云-光化学过程。颗粒物-辐射-光化学过程指大气颗粒物直接散射或吸收辐射，改变入射辐射的强度，影响大气氧化性和臭氧的生成。Dickerson R 等[1]利用观测数据和 UAM-V 模式研究指出边界层内散射性颗粒物对大气光化学反应起促进作用，而吸收性颗粒物则不利于臭氧的生成；Bian H 等[2]应用全球对流层化学输送模式耦合卫星反演的气溶胶分布，研究了对流层气溶胶对痕量气体收支的影响，指出气溶胶通过影响光解速率和非均相反应使对流层 O_3 柱含量增加 0.63 Du，CH_4 增加 130 ppb，OH 减少 8%。国内研究工作起步相对较晚，主要集中于珠三角和京津冀地区。Bian H 等[3]利用观测数据和化学机制模型分析天津市大气颗粒物对地表臭氧的影响，结果表明晴空条件下颗粒物和臭氧之间存在非线性关系；邓雪娇等[4]通过数值研究发现珠三角高浓度的颗粒物减少了到达地面近50%的紫外辐射通量,极大影响了臭氧的生成。

颗粒物-云-光化学过程指大气颗粒物可以通过成云凝结核,增加云滴数浓度,减少云滴有效半径,增加云的光学厚度,进一步对光化学产生影响。Liao H 等[5]研究指出有云存在使得散射性颗粒物导致的对流层光解率增幅减弱,而吸收性颗粒物则会加重光解率的削减;Lefer B 等[6]结合 TRACE-P 光解率观测资料和箱模式模拟结果认为,云和颗粒物的共同作用使得边界层臭氧生成减少;Menon S 等[7]利用 NASA 气候模式比较 2030 年与 1995 年臭氧浓度和辐射强迫,认为颗粒物的间接效应会减弱臭氧生成和辐射强迫。

2. 城市大气污染物对边界层气象的影响

大气污染物通过以下几个方面对大气边界层结构产生影响:

大气污染对辐射的影响。城市大气中微量气体和气溶胶改变太阳辐射收支,对边界层发展的影响越来越明显。王海啸和陈长和[8]研究表明烟雾层的辐射效应使低层大气上部辐射能量收入为正,中下部辐射能量收入为负,总的结果是使低层大气冷却并使稳定度增加。张强[9]通过对兰州市城区大气边界层、污染物以及辐射资料的分析,发现大气污染物对太阳辐射的吸收增温与白天大气逆温层之间有明显的正反馈机制,该机制在白天逆温层的形成和发展中起主导作用。

大气污染对温度层结的影响。王海啸[10]认为城市烟雾层削弱了地面热通量,但增加了低层大气中上部的增温,从而增加了城市低层大气的稳定度。郑飞等[11]研究了城市气溶胶辐射效应对冬季边界层结构的影响,发现夜间气溶胶的长波辐射效应使地面气温增高,低空大气层冷却,风速减小;白天气溶胶的短波辐射效应使地面层内明显增温,增温最大值在混合层顶 500～600 m 高度。陈燕[12]的研究表明重污染气象条件下出现长时间逆温现象,城市群的发展使得城市夜间的逆温强度增强,逆温持续时间增长。

大气污染对降水的影响。污染大气中气溶胶能增加云凝结核和云量,减小碰并和碰撞效率,导致降水减少[13]。但是当存在增加的暖湿水汽时,碰并和碰撞效率的减少,导致过冷水滴达到更高的高度,在这个高度上冰相降水下落时融化,上升时冻结。下落时融化所导致的潜热释放意味着在污染的云中有更多的向上热输送,从而加强了深对流。因此,气溶胶对降水的影响可能是正的、负的或者两者兼有,取决于环境大尺度条件和动力反馈过程[14]。

大气污染对能见度的影响。Hodkinson R[15]和 Dzubay T [16]指出,城市发展的同时,城市污染也日益加重,导致城市能见度的降低。城市工业的发展,增加了有害颗粒物的排放。城市排放作用和污染物在城市及周边地区的聚集可加剧雾的生成[17,18]。另一方面,城市水面可因蒸发、散射作用并在工业排放物的凝结核催化作用下促进雾的形成,从而降低能见度[19]。

5.1.3 科学意义和应用前景

综上所述,细颗粒物和臭氧是大气中重要的污染物,同时也是重要的短寿命辐射活性物种,对大气环境和城市气象具有重要影响。近年来,国内科学家对颗粒物和臭氧的物理化学耦合研究开始有所关注，但是对长三角地区两者相互作用的特点和机理的认识还非常缺乏。此外，颗粒物和臭氧的理化耦合作用导致了其大气辐射强迫评估的复杂性，对大气污染控制对策和城市气象应对策略的制定产生重要影响，关于这方面的工作需要进行深入研究。

鉴于以上情况，本文将以长三角典型城市为研究区域，以细颗粒物和臭氧为主要研究对象，通过外场观测和数值模拟手段，系统了解细颗粒物和臭氧的三维结构特征，科学认识两者耦合作用的过程和机制，定量评估细颗粒物和臭氧的辐射效应及其对城市气象要素的影响。

5.2 研究目标与研究内容

5.2.1 研究目标

通过对长三角城市细颗粒物和臭氧垂直结构、理化耦合和天气效应的研究，认识城市细颗粒物和臭氧的三维分布特征，揭示细颗粒物和臭氧相互影响的表现形式和作用机理，评估细颗粒物和臭氧的耦合作用对城市热岛、降水和灰霾等天气的影响，为城市大气污染的控制和灾害天气的预测提供科学依据。

5.2.2 研究内容

本文围绕长三角典型城市大气细颗粒物和臭氧的垂直分布、理化耦合及其天气效应展开工作，具体研究内容如下：

(1) 以南京市为长三角典型城市开展强化观测实验，获得了南京市大气污染和边界层气象要素的垂直结构及其相互作用规律。

以南京市为长三角典型城市开展了五次强化观测实验，利用无人机、铁塔梯度观测、高楼分层采样和激光雷达等多种先进技术手段，获得南京市气溶胶、臭氧和气象要素的垂直分布，揭示城市细颗粒物和臭氧相互作用的表现形式和影响因子；基于南京市草场门、仙林和鼓楼站观测资料，对比分析了南京市城市地面、郊区地面和城市低空大气污染物的分布特征和差异；结合移动走航观测，重点研究了长三角区域大气污染特征及其来源。

(2) 发展了气溶胶-辐射-大气化学模式，改进了 WRF-Chem 新一代气象化学模式在气溶胶-辐射(云)-大气化学耦合过程方面的模拟能力，揭示了细颗粒物和臭氧相互影响的表现形式和作用机理。

发展了一套气溶胶-辐射-大气化学耦合箱模式，引入细颗粒物和臭氧相互作用的理化过程，分析了气溶胶-光解率和非均相化学对臭氧和颗粒物浓度的影响。发展了一维气溶胶-辐射-对流耦合模式，计算了不同浓度和组分气溶胶对地表能量平衡、大气加热率和温度垂直结构的影响。在 WRF-Chem 新一代气象化学模式中加入了颗粒物表面非均相反应过程和气溶胶-云参数化方案，认识了城市尺度上细颗粒物和臭氧相互作用的耦合机理。

(3) 开展了长三角地区大气细颗粒物的辐射天气效应研究，评估了大气细颗粒物对城市热岛和降水的影响。

利用耦合了细颗粒物-云-辐射-臭氧相互作用过程的 WRF-Chem 模式，估计了长三角城市地区细颗粒物的辐射强迫及其对大气垂直加热率的贡献。结合长期地面气象资料和 WRF-Chem 数值模拟，分析了细颗粒物对南京市城市热岛强度的影响机制，探讨了大气污染管控措施对我国东部细颗粒物污染和城市热岛的影响。结合卫星资料和 WRF-Chem 数值模拟，分析了长三角地区气溶胶-云参数化及其对对流云降水的影响。

5.3 研究方案

5.3.1 技术路线

本研究采用的技术路线是开展外场观测试验，结合卫星遥感资料分析和数值模拟，获取城市地区边界层臭氧和细颗粒物的三维分布和时变规律；通过外场观测资料分析和气溶胶-辐射(云)-大气化学耦合模式研究，认识细颗粒物和臭氧相互作用的不同表现形式、物理化学过程和非线性机理；通过改进区域气象-化学模式 WRF-Chem 和数值模拟，量化臭氧和细颗粒物的辐射效应，评估细颗粒物和臭氧对城市气象要素的影响。项目的总体技术路线框架见图 5.1。

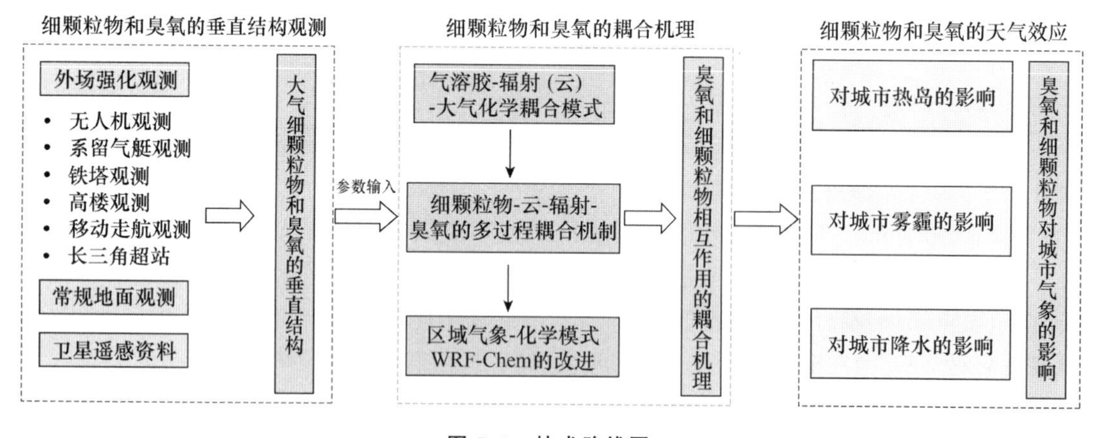

图 5.1 技术路线图

5.3.2 观测试验手段

为了弄清城市臭氧和细颗粒物的三维分布特征，需要开展连续观测和强化观测试验。在南京市郊区(南京大学仙林校区，32.12°N，118.96°E)和城区(南京大学鼓楼校区，32.06°N，118.75°E)各布置一个观测点，开展同步连续观测和强化观测试验，获取南京城区和郊区细颗粒物和臭氧的垂直分布。同时收集南京市环境监测站 14 个地面站的大气成分监测资料，获取南京地区细颗粒物和臭氧的水平分布。

1. 强化观测

以南京市为长三角典型城市开展了五次强化观测实验，时间分别为：2016年8月15日—9月15日、2016年11月24日—12月24日、2017年12月3—24日、2018年3月8日—4月9日、2019年4月4日—5月20日。采用边界层探空、激光雷达等手段对边界层气象要素、臭氧和气溶胶廓线进行观测；利用无人机观测平台，搭载大气成分传感器，获取不同高度臭氧和细颗粒物的三维结构；利用高楼开展细颗粒物分层采样，并进行化学成分分析。此外，利用移动大气观测平台，获取臭氧和细颗粒物及前体物浓度的水平分布。

2. 连续观测

在南京城区和郊区两个点进行一年的同步连续观测，内容包括以下三项。(1) 臭氧及前体物：O_3、SO_2、NO、NO_2、CO、VOCs等大气成分的浓度；(2) 细颗粒物：$PM_{2.5}$、PM_{10}的浓度和宽粒径谱，气溶胶散射系数、消光系数、不对称因子、单次散射反照率、光学厚度、能见度、气溶胶化学成分；(3) 云和辐射：太阳向下、向上短波辐射、紫外辐射、大气长波辐射、地表长波辐射，总云量。

3. 地面观测

利用南京市环境监测中心站的大气环境监测网络，收集14个常规地面观测站点至少连续一年的数据，包括SO_2、NO_2、CO、O_3、$PM_{2.5}$、PM_{10}、VOCs及BC/OC等物种浓度。认识城市细颗粒物和臭氧的水平分布特征和时间变化规律，重点关注城区和郊区的差异、高空和地面的差异以及不同季节的差异。

5.3.3　气溶胶-辐射-大气化学耦合模式的发展

为了研究细颗粒物和臭氧相互影响的过程和机理，发展了气溶胶-辐射-大气化学耦合模型，内容包括以下几项。

(1) 气相化学模式：以CBMZ化学机制为基础，考虑一次污染物(SO_2、NO_x、VOCs、CO)向二次污染物(H_2SO_4、HNO_3、半挥发性有机物SVOCs)的转化。

(2) 液相化学模式：重点考虑有云情况下臭氧通过液相氧化反应影响可溶性离子，云滴蒸发后影响大气中硫酸盐、硝酸盐、二次有机气溶胶的浓度变化。

(3) 非均相化学模式：模型将考虑原生气溶胶(如黑碳、沙尘、海盐)作为载体参与非均相化学反应，对二次气溶胶和臭氧生消产生影响。

(4) 气溶胶热力学平衡模式：采用ISORROPIA和SORGAM分别模拟硫酸盐、硝酸盐和二次有机气溶胶。

(5) 辐射传输模式：采用TUV方案考虑臭氧和气溶胶对长波辐射和短波辐射的影响，引入气溶胶-云的参数化关系，以考虑气溶胶对云光学特性的影响。

5.3.4　区域气象-化学模式 WRF-Chem 的改进

为了提高新一代气象-化学模式WRF-Chem在模拟城市细颗粒物和臭氧相互作用及其对城市气象影响方面的能力，对WRF-Chem做四点改进：

(1) 提升了颗粒物-臭氧理化耦合的模拟能力。在 WRF-Chem 中考虑细颗粒物-云-辐射-臭氧的耦合机制，其中臭氧通过气相和液相化学过程影响二次颗粒物的生成，细颗粒物通过非均相化学、云和辐射过程影响臭氧。

(2) 建立了气溶胶-云-降水参数化。基于高分卫星 NPP-VIIRS 反演长三角地区 CCN 数浓度，结合地表 $PM_{2.5}$ 浓度拟合出 CCN-$PM_{2.5}$ 参数化关系并引入 WRF-Chem。

(3) 同化了多源立体化学资料。基于地面观测、卫星遥感和激光雷达多源资料建立了 WRF-Chem 化学初始场同化系统，提高了气溶胶和臭氧预报的准确性。

(4) 优化了关键陆面参数。基于高分辨率卫星遥感资料优化了陆面过程中的关键地表物理参数，实现了对中尺度数值模拟的准确性提高 12%～40%。

5.4 主要进展与成果

5.4.1 南京市颗粒物和臭氧的污染特征和相互作用观测事实

1. 南京市冬季和夏季近地层大气污染特征

为了研究南京市冬季和夏季大气污染特征，于 2016 年 8 月 15 日—9 月 15 日和 11 月 24 日—12 月 23 日在南京市鼓楼、仙林和草场门站开展了为期一个月的强化观测试验。研究发现冬季观测期间南京 $PM_{2.5}$、PM_{10}、NO_2、O_3、CO、SO_2 月均浓度分别为 52.84～84.34 $\mu g\ m^{-3}$、88.36～120.34 $\mu g\ m^{-3}$、49.98～51.66 $\mu g\ m^{-3}$、24.85～50.57 $\mu g\ m^{-3}$、0.99～1.2 $mg\ m^{-3}$ 和 22.1～26.48 $\mu g\ m^{-3}$。利用 HYSPLIT 模式研究和聚类分析发现 12 月影响南京的污染气团 45%来自西部地区，55%来自北方地区，西部和北方地区远距离输送对南京市冬季大气污染的影响不容忽视。

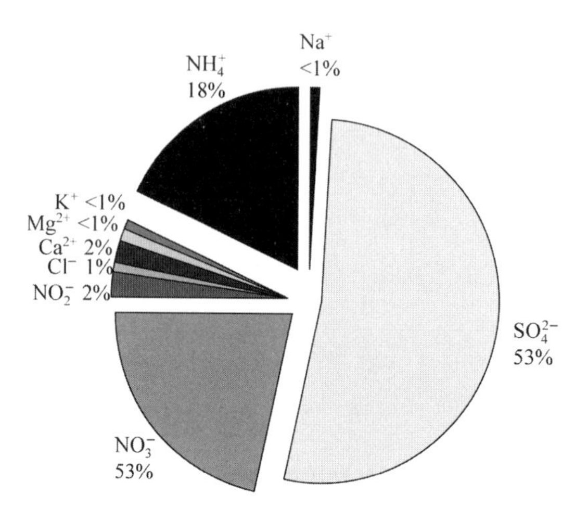

图 5.2 仙林各离子浓度占总离子浓度的比例

夏季强化观测期间 O_3 平均浓度为仙林 85.2±56.9 μg m^{-3}，草场门 115.4±62.1 μg m^{-3}，鼓楼 157.2±88.9 μg m^{-3}；$PM_{2.5}$ 平均浓度分别为仙林 41.2± 18.6 μg m^{-3}，草场门 41.0±19.5 μg m^{-3}，鼓楼 43.7±18.2 μg m^{-3}；PM_{10} 平均浓度分别为仙林 70.7±35.1 μg m^{-3}，草场门 64.8±27.1 μg m^{-3}，鼓楼 70.8±26.5 μg m^{-3}。采用在线气态污染物与气溶胶在线测量装置对仙林地区大气 $PM_{2.5}$ 中水溶性无机离子进行探测(图 5.2)，硫酸盐、硝酸盐和铵盐三个物种占 $PM_{2.5}$ 总浓度 61%，[NO_3^-]/[SO_4^{2-}]约为 0.38，表明与机动车尾气排放相比，化石燃料燃烧的贡献更大。

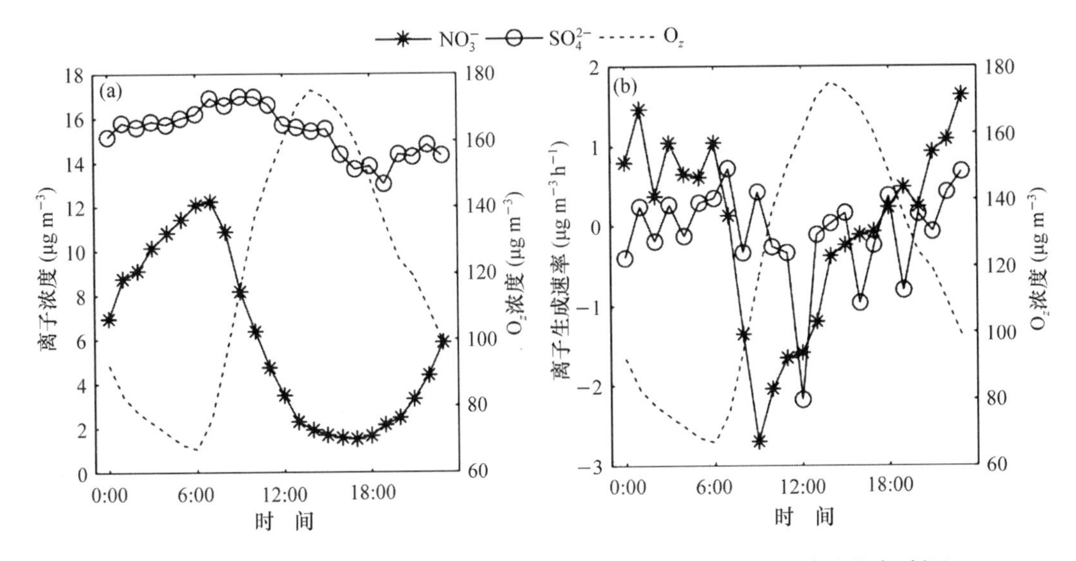

图 5.3　仙林站 SO_4^{2-}、NO_3^- 浓度、生成速率及 O_z 的日变化曲线(图中为北京时间)

为探究 SO_4^{2-} 与 NO_3^- 的净生成速率与大气氧化性之间的关系，绘制 SO_4^{2-} 和 NO_3^- 浓度及其净生成速率与 O_z 浓度日变化的曲线(图 5.3)。SO_4^{2-} 与 NO_3^- 净生成速率相当，主要在夜间积累；白天两种离子的净生成速率均为负值。6:00～10:00，SO_4^{2-} 与 O_z 的变化相对同步，NO_3^- 则迅速下降。随着夏季午后温度的升高，NH_4NO_3 的挥发性较 $(NH_4)_2SO_4$ 更强，SO_4^{2-} 的净生成速率在正负值之间波动，表明有过程使其浓度增加，并与挥发过程相平衡。

2. 南京市地面颗粒物和臭氧的污染特征及相互作用

对 2017 年春季南京市 9 个空气质量国控站的 $PM_{2.5}$ 和 O_3 监测数据进行分析，探究了近地面细颗粒物和臭氧的关系。结果表明，在春季南京市颗粒物和臭氧日均浓度均呈现显著的负相关，O_3 浓度随 $PM_{2.5}$ 浓度的升高呈下降趋势。在城市监测点，如瑞金路、山西路、迈皋桥等地，$PM_{2.5}$ 和 O_3 之间的负相关性较强，相关系数均达到 −0.2 以上。在中国的其他地区，如北京、天津、四川及珠三角地区，也观测到了近地面 $PM_{2.5}$ 和 O_3 的负相关关系。

进一步，对大气污染频繁发生的秋冬季的南京鼓楼站大气颗粒物和痕量气体进行相关性分析(图 5.4)。总体而言，颗粒物与臭氧的浓度表现为负相关，但其相关性在不同温度条件下有所不同。在低温情况下(通常低于 20℃)，$PM_{2.5}$ 与 O_3 浓度呈负相关；随着温度升高(一般高于25℃),其相关性逐渐变为正相关,但在气温升高时BC与O_3的相关性变差。高温条件下相关性的转变可能与次生颗粒物的形成有关,特别是在高浓度氧化剂和强太阳辐射的影响下,SO_2转化为硫酸盐的比率显著升高。至于BC,由于其不溶于极性和非极性溶剂,且当空气或氧气加热到350～400℃时仍保持稳定,很难通过化学反应生成或清除。这可能是气温升高时BC和O_3的相关性变化不如$PM_{2.5}$和O_3的相关性变化显著的原因。

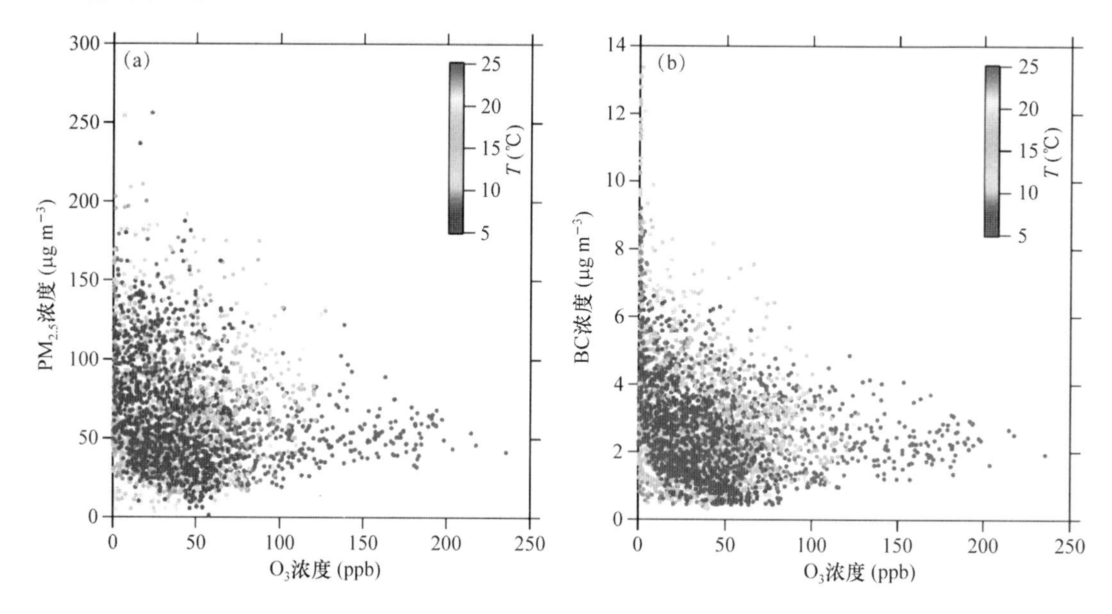

图5.4 $PM_{2.5}$-O_3和BC-O_3的浓度散点图,填色为气温

3. 无人机探测南京市冬季大气污染的垂直结构和成因

笔者团队研发了适用于旋翼无人机平台的轻型组合传感器,集成了臭氧颗粒物探头、颗粒物数浓度探头、多组分综合探头等多参数大气环境探测传感器。基于无人机垂直探测资料对2017年12月南京市两次$PM_{2.5}$污染过程(2017年12月3—4日和12月23—24日)进行分析(图5.5)。

图5.5(a)为2017年12月3日17:00至4日05:00无人机观测$PM_{2.5}$、气温和湿度垂直廓线。4次无人机观测,都发现在900 m附近出现了逆温,除3日20:00观测外,其余3次观测$PM_{2.5}$浓度都在800～900 m处出现极大值,相对湿度在800 m左右也同样出现了极大值。

图5.5(b)为2017年12月4日08:00至20:00无人机观测结果。4日08:00和11:00污染区东部过境南京,中低层$PM_{2.5}$浓度明显较高。随着污染继续向南输送,$PM_{2.5}$浓度下降,但垂直混合均匀。4日17:00和20:00观测发现700～1000 m高度$PM_{2.5}$浓度比700 m以下略高,这可能与高层的输送有关。

图5.5(c)为2017年12月23日19:00至24日05:00无人机观测结果。23日无人机观测发现900 m左右有明显的逆温,逆温层下部$PM_{2.5}$浓度和湿度较高,逆温层上部

$PM_{2.5}$浓度和湿度迅速降低。24 日无人机观测发现在 250 m、600 m 和 500 m 处出现逆温，$PM_{2.5}$浓度和湿度也出现了类似的分布特征，表明逆温层对 $PM_{2.5}$和水汽的向上输送有明显的抑制作用。

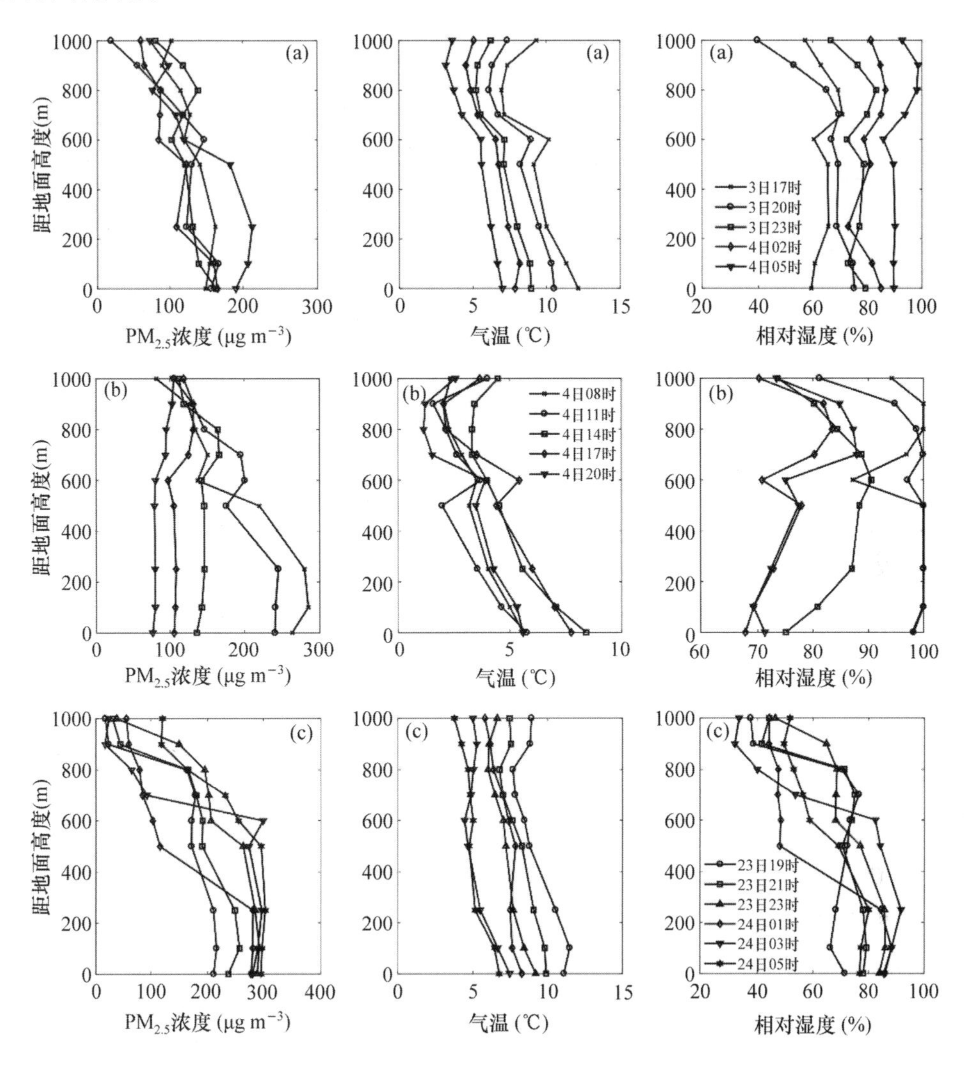

图 5.5　无人机观测 2017 年 12 月 $PM_{2.5}$浓度、气温和相对湿度的垂直廓线

4. 激光雷达探测南京市大气污染垂直结构及其相互作用

激光雷达观测南京市草场门站臭氧浓度和颗粒物消光系数垂直分布如图 5.6。在 300 m 高度处臭氧浓度为 75.8 ppb(1 ppb$=10^{-9}$)，随高度的增加，O_3 略有减少；在 615 m 以上 O_3 浓度开始增加，在 1155 m 处上升到 80.80 ppb；在 1155～1875 m 之间 O_3 浓度变化很小，在 1875 m 以上可以观察到 O_3 的增加，这种增加可能是多种原因导致，包括高空辐射和臭氧生成加强、近地面 NO 对臭氧的消耗、平流层-对流层臭氧交换。而对流层低层气溶胶的消光系数则表现出不同的变化，颗粒物消光系数在近地面较高，在高层较低。消光系数在 300 m 处为 0.67，300～3000 m 随高度呈下降趋势。

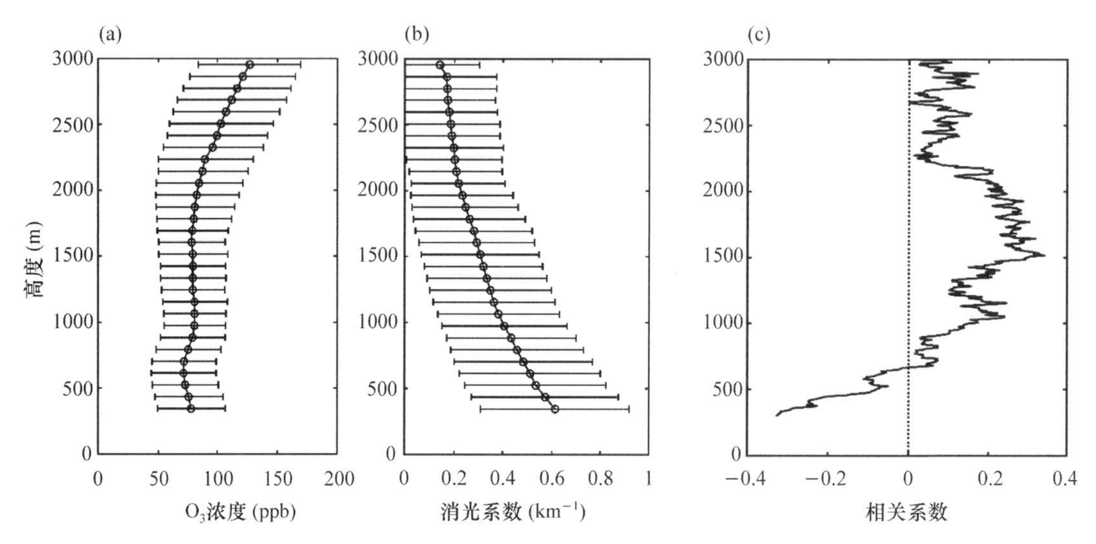

图 5.6 春季激光雷达观测臭氧浓度、颗粒物消光系数及其相关系数垂直分布

分析 300～3000 m 之间臭氧浓度和颗粒物消光系数的相关系数(图 5.6),由于气溶胶引起的短波辐射减少、光化学反应速率减慢,臭氧生成被抑制,臭氧和消光系数在 668 m 以下呈负相关,在 300 m 处臭氧和消光系数之间负相关最强,相关系数 $R=-0.33$。在边界层顶部附近,相关性很弱。在边界层上方臭氧和消光系数呈正相关,相关系数在 1515 m 处达到最大,$R=0.35$。这可能是由于气溶胶层上方,气溶胶的散射效应导致向上的短波辐射增加,光解速率增强,从而导致更多的臭氧产生,并且高层较高的臭氧浓度可以促进颗粒物的二次生成,颗粒物和臭氧生成相互促进,形成了正相关关系。

5. 高楼观测南京市颗粒物污染的垂直结构及来源

2016 年 11 月 16 日—12 月 14 日开展城区高楼分层采样,采样点位于市区紫峰大厦楼顶(32.07°N,118.79°E,400 m)以及南京大学鼓楼校区科学楼五层平台(32.06°N,118.78°E,20 m),利用自动空气站获得不同高度污染物浓度廓线。研究发现分级颗粒物浓度变化趋势保持一致,随着高度升高,颗粒物浓度降低(图 5.7)。颗粒物组分中,EC 随高度增加而所占比例减少,碳质组分、硝酸盐、硫酸盐随高度增加而所占比例增加,以上组分是颗粒物中最主要的成分(图 5.8)。

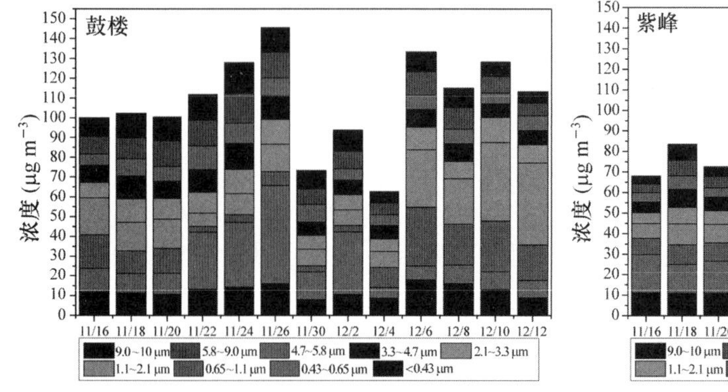

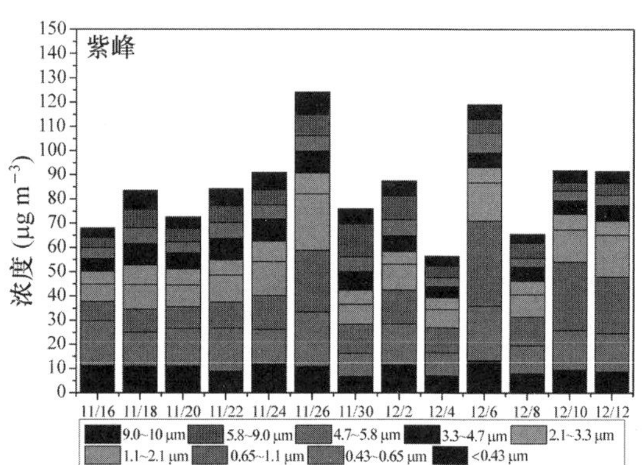

图 5.7 南京市鼓楼和紫峰高楼站观测分级颗粒物浓度

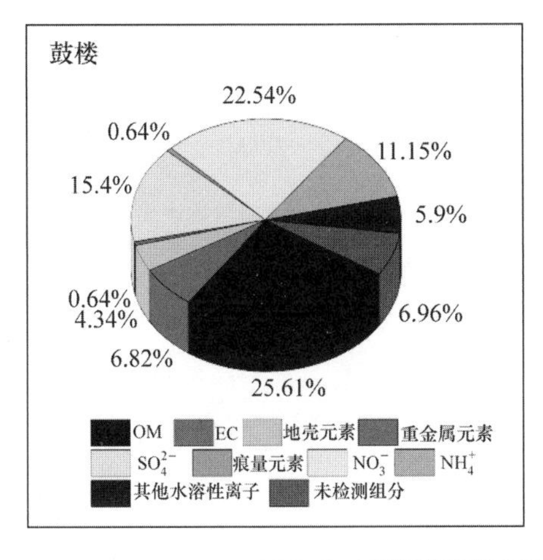

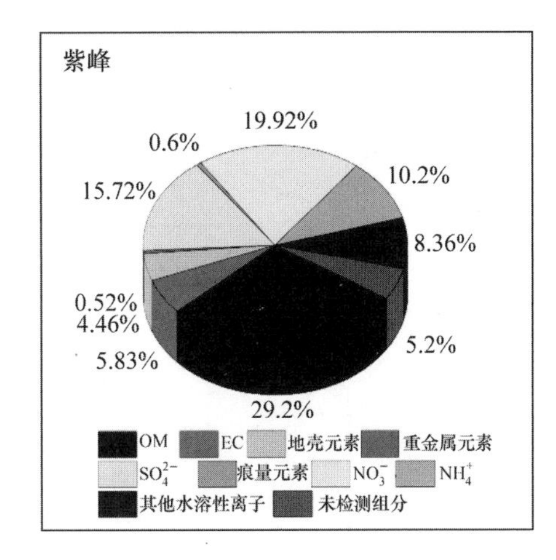

图 5.8 南京市鼓楼和紫峰高楼站观测 $PM_{2.5}$ 组成

颗粒物来源受到局地排放、二次转化、输送的影响，高低层来源贡献不同。在鼓楼观测站扬尘类排放源贡献较大，表明局地排放在底层颗粒物来源中的重要性；而在紫峰大厦电厂燃煤和二次生成在高层颗粒物来源中的贡献更高，说明了输送过程对高层颗粒物来源的重要贡献。

6. 移动走航观测南京市区域大气污染特征和输送规律

为了加强对南京市大气污染特征和输送规律的认识，利用移动车载设备开展走航观测，重点研究了2016和2017年冬季南京市的灰霾污染特征。2016年冬季南京走航观测表明：12月5日污染较重，NO_2 浓度随时间和地点变化较大，这与走航经过区域的车流量和周边环境有关；$PM_{2.5}$ 则表现为12月5日（轻度污染）内环浓度明显高于外环90%左右，12月6日内环 $PM_{2.5}$ 浓度低于外环，而外环东北部浓度较高。2017年冬季南京走航观测表明：12月24日污染较重（中度污染），$PM_{2.5}$ 浓度外环高于内环60%，与2016年情况相反，而较轻污染的12月23日则为内环高于外环，外环东南部浓度较高。对于 NO_2，内环东北部地区浓度较高，外环西北部浓度较低。

5.4.2 大气颗粒物和臭氧的多过程耦合机理研究

1. 基于气溶胶-辐射-化学耦合箱模式的机理研究

我们构建了一个包含气溶胶光学模块、紫外辐射传输模块、气相化学模块和非均相化学模块的零维箱模式，研究了大气颗粒物和臭氧的耦合机理。图5.9显示了颗粒物光解效应和非均相反应影响下 NO_x、HO_x、O_3 和 HNO_3 随 $PM_{2.5}$ 浓度的变化。由于颗粒物抑制光解反应，NO_x 浓度增加0.12 $\mu g\ m^{-3}$；随着颗粒物增多，颗粒物的非均相吸收增强，NO_x 浓度变化为−0.01 $\mu g\ m^{-3}$。当 $PM_{2.5}$ 的浓度小于90 $\mu g\ m^{-3}$ 时，颗粒物光解效应导致 HO_x 下降0.31 $\mu g\ m^{-3}$；在 $PM_{2.5}$ 浓度更低时，非均相反应的影响更大；随着颗粒物浓度增加，两种机制的作用趋于一致。两种机制对 NO_x 和 HO_x 的影响造成 O_3 浓度不断减少，颗粒物浓度较低时，非均相化学过程起主要作用；颗粒物大于50 $\mu g\ m^{-3}$ 时，光解作用占主导。

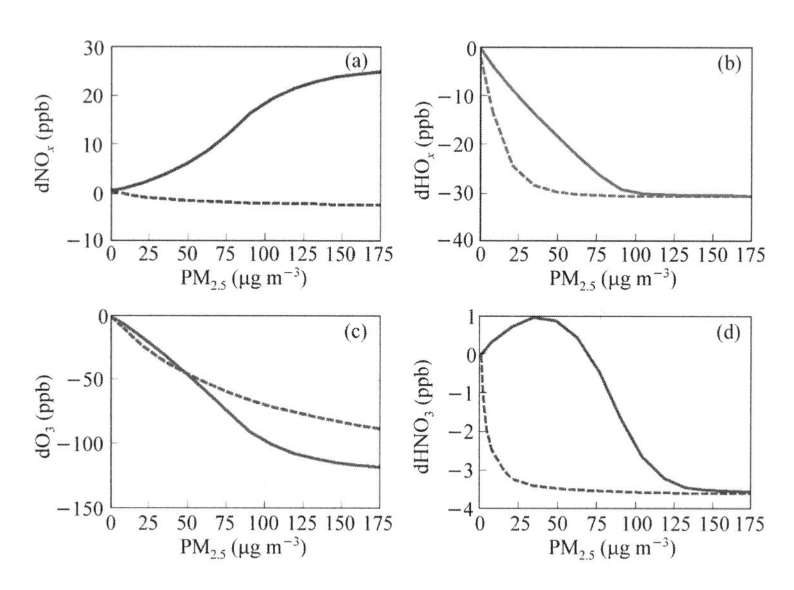

图 5.9　不同 $PM_{2.5}$ 浓度情景下两种相互作用的比较，实线代表颗粒物光解效应，虚线代表非均相化学反应

图 5.10 显示了两种相互作用随 VOCs/NO_x 的变化情况，在不同 VOCs/NO_x 条件下，颗粒物光解效应总是造成 O_3 和 OH 自由基的减少。在高 VOCs 和低 NO_x 的典型 NO_x 控制区内，非均相反应造成 O_3 和 OH 减少；而在低 VOCs 和高 NO_x 的典型 VOCs 控制区内，非均相反应造成 NO_x 减少，从而导致 O_3 和 OH 自由基增加。

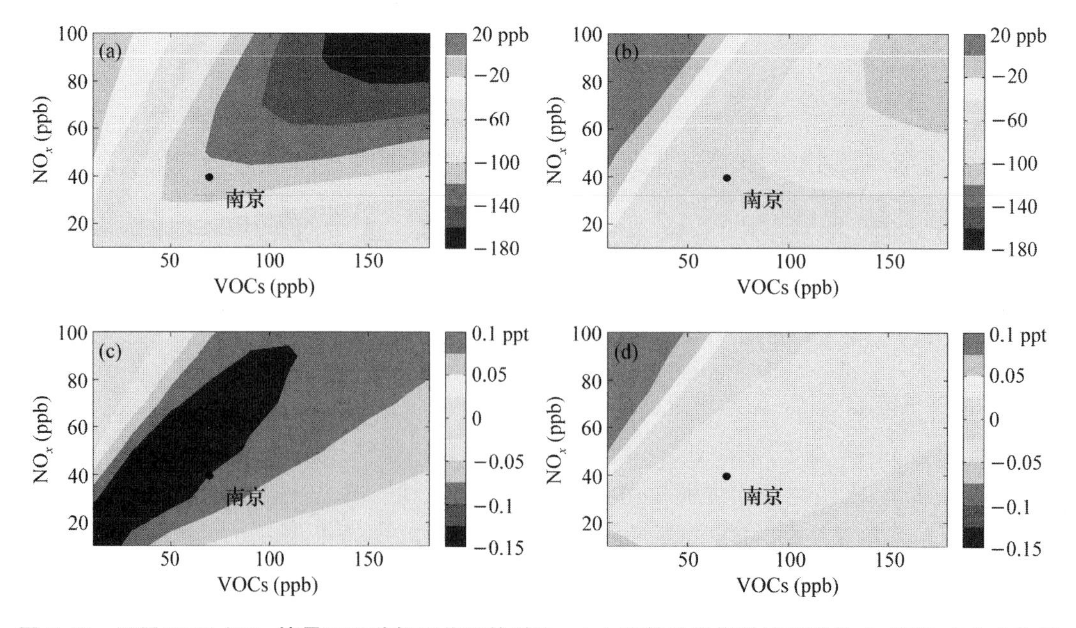

图 5.10　不同 VOCs/NO_x 情景下两种相互作用的对比。(a) 颗粒物光解效应导致的 O_3 变化，(b) 非均相化学反应导致的 O_3 变化；(c) 颗粒物光解效应导致的 OH 变化；(d) 非均相化学反应导致的 OH 变化

2. 城市气溶胶-辐射-大气化学相互作用的三维模式机理研究

大气颗粒物通过直接辐射效应，影响气象特征，从而改变污染物的浓度分布。本文利用

WRF-Chem 模拟 2017 年 4 月 18 日至 5 月 22 日气溶胶直接辐射反馈对臭氧与颗粒物的影响(图 5.11)。由于气溶胶辐射反馈,地表向下短波辐射减小,南京南部短波辐射下降幅度较大,约下降 26.47 W m^{-2}。气溶胶对辐射的影响也会导致大气温度结构和稳定性的变化,气溶胶的辐射效应导致地表温度降低 0.24℃,边界层内风速降低 0.05 m s^{-1}。随着边界层稳定性的提高,边界层的发展受到抑制,边界层高度降低 39 m。

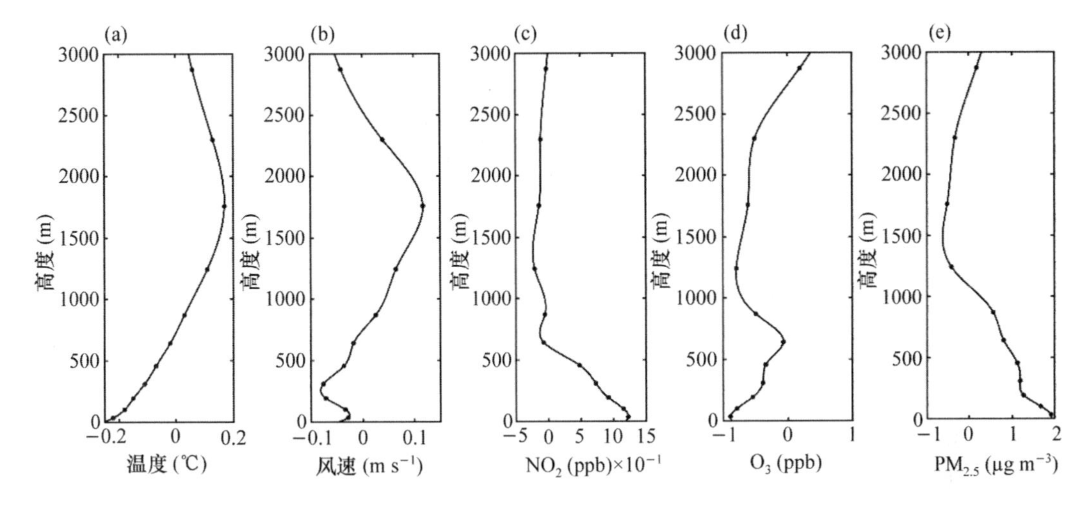

图 5.11 气溶胶直接辐射效应造成南京草场门站(a)温度、(b)风速、(c)NO_2、(d)O_3 和(e)$PM_{2.5}$的变化

气溶胶辐射反馈效应对南京市不同高度的臭氧有不同的影响,通过扰动光解速率、促进臭氧及其前体物累积,造成近地面和 300 m 处 O_3 浓度分别降低 3.70%和 1.21%,840、1760 和2300 m 处 O_3 减少 2%～0,2870 m 高度处 O_3 变化 0.89%。气溶胶辐射反馈不仅影响臭氧浓度,还会导致自身浓度的改变。考虑辐射反馈后,温度和风速降低形成了更稳定的边界层,限制了污染物尤其是颗粒物的扩散,南京市地表 $PM_{2.5}$ 增加了 4.41%,在 300 m 处增加了 2.86%。

3. 区域气溶胶-辐射-大气化学相互作用的三维模式机理研究

利用英国地球系统模型 UKESM1-AMIP,探讨了颗粒物辐射-气象反馈对臭氧的影响。气溶胶辐射效应使得中国地区净地表短波辐射普遍减少,尤其在华北和华东地区,京津冀、长三角、珠三角、四川盆地的短波辐射分别减少 18.85%、12.98%、11.22%和13.53%。由于地面短波辐射减少,地表温度下降,边界层内湍流运动变弱,京津冀地区湍流动能降幅达到 33.43%,边界层高度降低 22.01%。

受到抑制的边界层又反过来限制了大气中污染物的传输和扩散。在京津冀、长三角、珠三角、四川盆地 4 个区域中,$PM_{2.5}$、PM_{10}增加了 9.5%～18.6%,我国大部分地区地表 NO/NO_2 比值普遍升高。图 5.12 显示了京津冀、长三角、珠三角、四川盆地和全国平均的 NO/NO_2 比值、光解速率和臭氧浓度的季节变化。总的来说,NO/NO_2 比值变化主导着我国臭氧浓度的变化,使得各季节和地区的近地面臭氧浓度降低,导致中国地区年均臭氧降低 2.01 ppb(6.2%)。

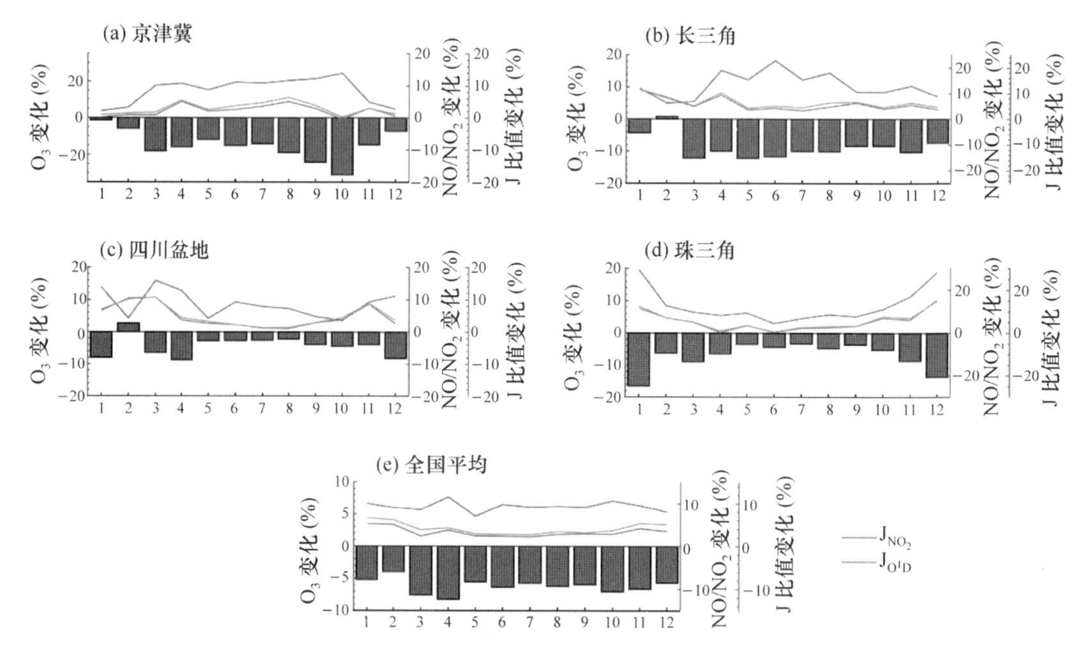

图 5.12　气溶胶直接辐射效应引起的臭氧、NO/NO_2 比值、J_{NO_2} 和 J_{O^1D} 的月变化。(a) 京津冀，(b) 长三角，(c) 四川盆地，(d) 珠三角和(e) 全国平均

4. 典型大气重污染过程下大气颗粒物和臭氧的理化耦合机理

利用 WRF-Chem 新一代气象-化学耦合模式研究了典型大气重污染过程下大气颗粒物和臭氧的理化耦合机理，对 2015 年 10 月南京市一次颗粒物和臭氧"双高"重污染过程进行模拟。研究发现以散射性气溶胶为主的灰霾导致南京市地表短波辐射和气温下降 130 W m^{-2} 和 1.1～1.4℃，边界层高度下降 232.6 m。灰霾气溶胶的直接辐射效应进而对颗粒物污染产生正反馈作用；而与之相反的是，对臭氧光化学污染产生负反馈作用(图 5.13)。边界层稳定性增加有利于地面 $PM_{2.5}$ 和 NO_2 的累积，导致南京市地面 $PM_{2.5}$ 和 NO_2 浓度分别增加 30.5 μg m^{-3} 和 6.0 μg m^{-3}；与之相反，地面辐射和温度下降、边界层混合的减弱、NO_x 的累积等因素不利于臭氧的光化学生成和输送，导致南京市近地层臭氧浓度降低 0.1～5.0 μg m^{-3}。

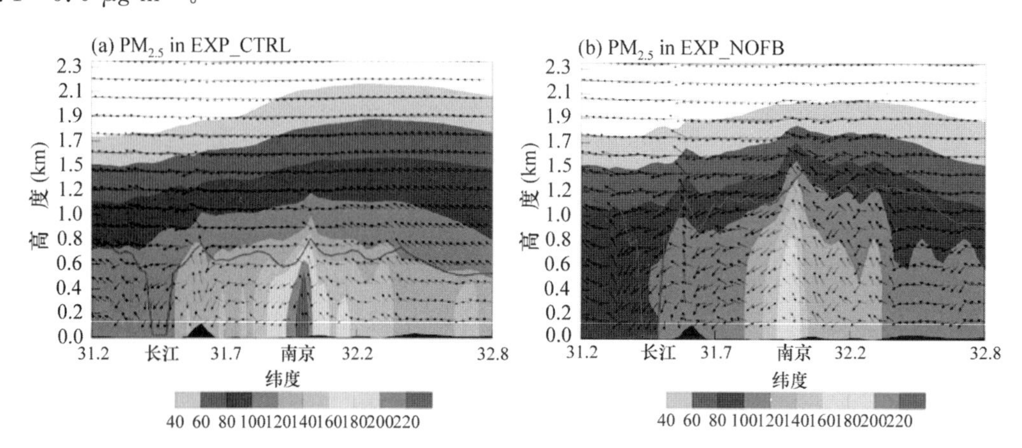

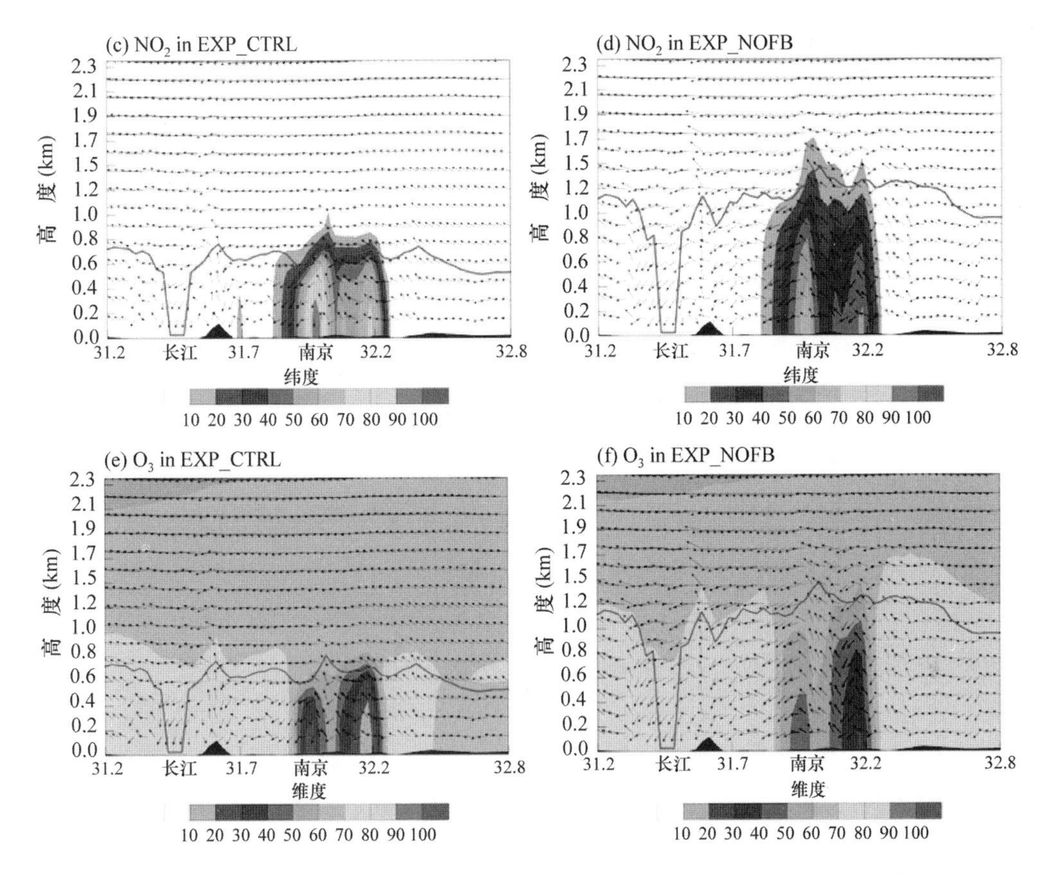

图 5.13　WRF-Chem 模拟气溶胶直接辐射反馈对南京市 $PM_{2.5}$、NO_2 和 O_3 垂直分布的影响。EXP_CTRL：考虑气溶胶直接辐射效应；EXP_NOFB：未考虑气溶胶辐射效应；红色曲线代表模拟边界层高度

矿质气溶胶表面的非均相反应会促进其对大气痕量气体的吸收并影响大气光化学。因此，我们对 WRF-Chem 中 MOSAIC 气溶胶模块进行改进，加入了矿质气溶胶表面的非均相过程和参数化方案，并模拟分析了 2014 年 3 月 16—18 日的一次春季沙尘过程对南京臭氧光化学的影响。根据 WRF-Chem 模拟，沙尘气溶胶通过直接辐射反馈作用和表面非均相反应过程影响大气光化学循环，导致大气中 O_3、NO_2、NO_3、N_2O_5、HNO_3、OH、HO_2 和 H_2O_2 浓度分别下降 6.1%、16.0%、37.4%、13.9%、47.7%、6.0%、9.2%和 29.7%，其中污染物浓度下降 80%以上是由非均相摄取所造成。

同时对 2012 年夏季中国东部一次典型的秸秆焚烧污染过程对光化学的影响进行了研究。研究利用 WRF-Chem 区域气象-化学在线耦合模式，在模式中引入详细的农田野火排放清单，增加了黑碳表面非均相反应过程和参数化方案。研究发现，农田秸秆焚烧排放气态前体物对臭氧光化学生成具有重要影响，导致安徽北部野火集中区域地面臭氧混合比增加达 20 $\mu g\ m^{-3}$(40%)；烟尘颗粒的辐射反馈效应造成地面臭氧浓度 1%左右的下降；黑碳表面非均相反应对光化学的影响相对很小，造成日间 O_3 和 NO_2 平均浓度分别变化+0.8%和−0.5%。研究也强调，摄取系数的选择是造成模拟研究结果不确定的重要来源之一。

5.4.3 城市大气细颗粒物的辐射天气效应研究

1. 基于一维气溶胶-辐射-对流模式研究大气颗粒物对温度的影响

本文发展了 PartMC-RRTM 一维气溶胶-辐射-对流模式，探讨了气溶胶浓度、组分对温度的影响。如图 5.14 所示，地表城市热岛强度和低层大气的城郊温差与细颗粒物浓度、吸收性组分占比、相对湿度呈负相关，80％湿度条件下城市热岛强度为 0.5～2 K，小于 20％湿度条件下的热岛强度(1～2 K)。

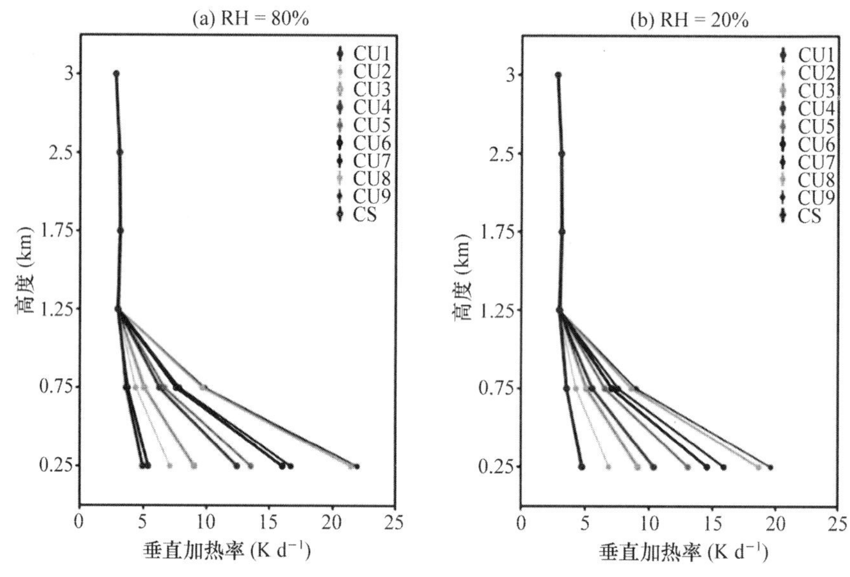

图 5.14　不同细颗粒物浓度下大气垂直加热率

如图 5.15 所示，细颗粒物浓度对城市热岛的削弱作用与其浓度、吸收性组分占比呈正相关，150～450 $\mu g\ m^{-3}$ 的高浓度细颗粒物可削弱城市热岛强度 0.5～3 K，100 $\mu g\ m^{-3}$ 的吸收性气溶胶可削弱城市热岛强度达 1.6 K，在 1.75 km 及以上的高层大气，细颗粒物对城市热岛强度的削弱作用随高度的增加迅速减小。

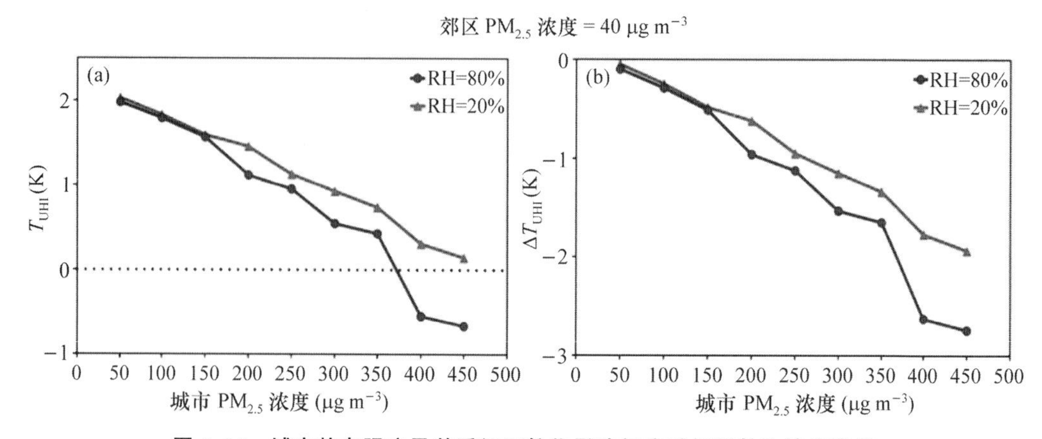

图 5.15　城市热岛强度及其受细颗粒物影响幅度随细颗粒物浓度变化

2. 长三角地区大气颗粒物对城市热岛的影响

本文设计了 WRF-Chem 数值试验探讨细颗粒物辐射效应对温度结构的影响。图5.16展示了南京市不同季节城市热岛强度受细颗粒物辐射效应影响的日变化。由于细颗粒物对太阳辐射的吸收与散射，城市热岛强度在日间被削弱，夜间被增强。直接辐射效应对城市热岛强度的影响在夏季较大，日间削弱 0.07 K，夜间增强 0.08 K；间接辐射效应对城市热岛强度的影响也在夏季较大，日间削弱 0.06 K，夜间增强 0.07 K，可见两种效应对城市热岛强度的影响均不可忽略。

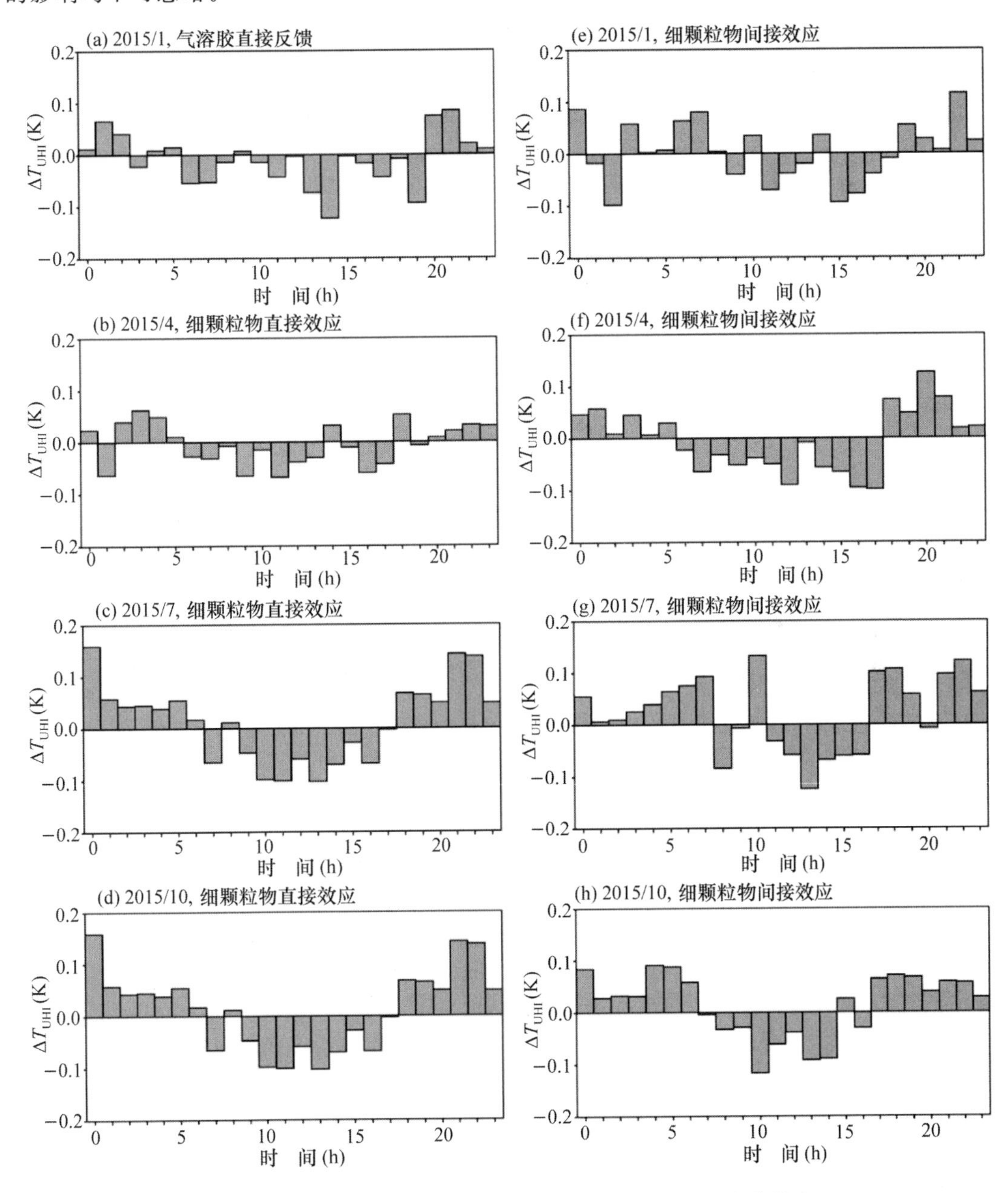

图 5.16　细颗粒物直接效应与间接效应对南京城市热岛的影响

进一步地，我们模拟了2013年中国实施大气污染控制措施以来，长三角地区细颗粒物浓度变化对城市热岛的影响(图5.17)。大气污染管控措施下，地表细颗粒物浓度在2015年1月降低了90～120 $\mu g\ m^{-3}$，7月降低了40～70 $\mu g\ m^{-3}$。相应地，细颗粒物浓度下降导致日间城市热岛增强，夜间城市热岛削弱，并表现出相同的季节性特征，即大气管控措施对城市热岛的影响在夏季较大(0.15 K)，冬季较小(0.1 K)。

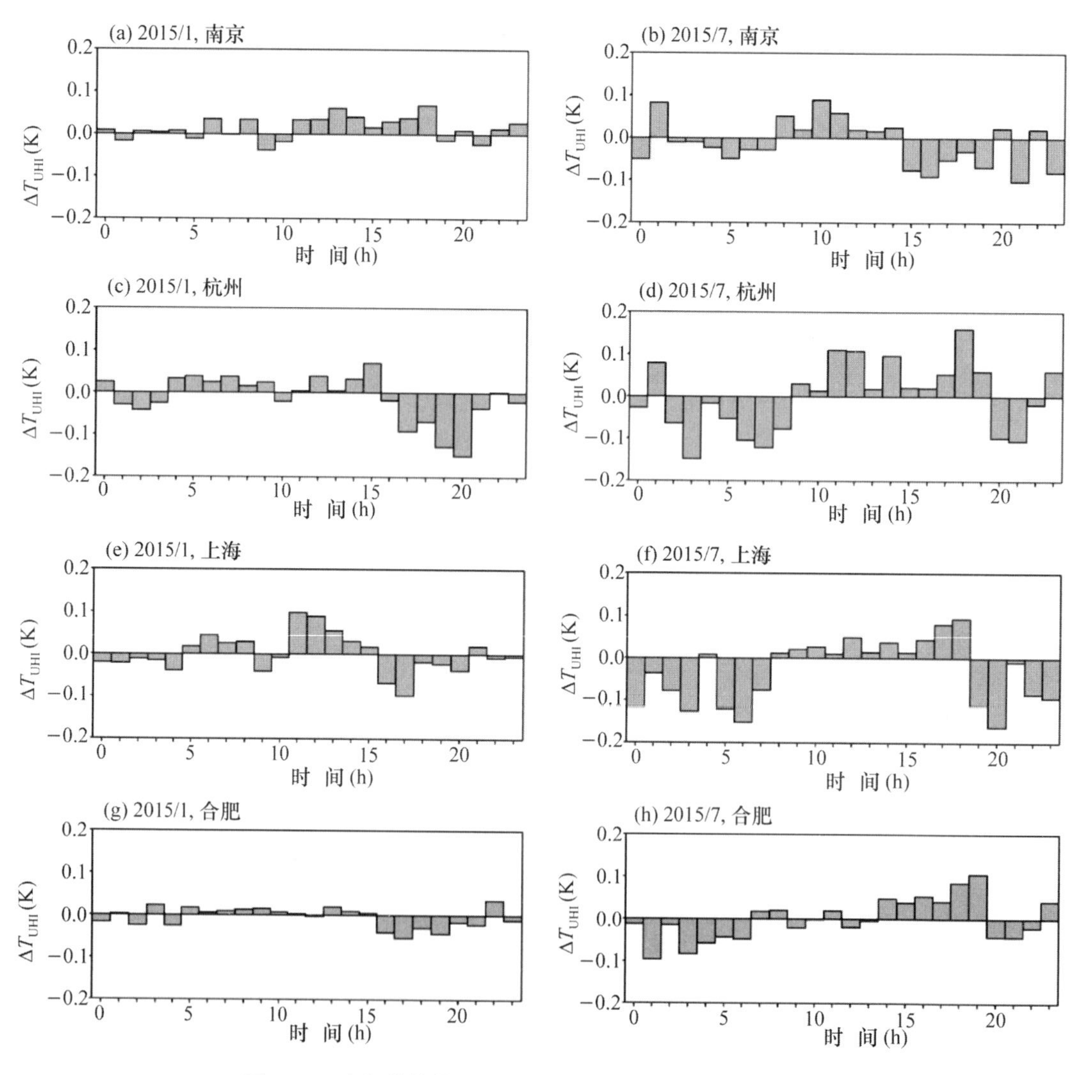

图5.17 大气管控措施对长三角地区城市热岛强度的影响

3. 长三角地区气溶胶-云参数化及其对降水的影响

气溶胶作为云形成凝结核，对区域降水有着重要的影响。利用高分辨率卫星反演得到2013—2019年东亚地区夏季云滴浓度分布。中国东部和南部的海洋上空、中国北部以及蒙古和西伯利亚的南部，CCN的背景浓度很低(<300 cm^{-3})。而在东亚人口稠密地区的下风向，活化的CCN浓度高达2000 cm^{-3}。东亚夏季，CCN浓度受主导风向西南风(180°～270°)

的影响，中国东海 CCN 浓度显著增加，京津冀、长三角以及韩国的 CCN 浓度分别为 1070、1075 和 824 cm^{-3}。

利用 WRF-Chem 模拟长江三角洲地区气溶胶对对流云降水的影响。控制试验使用 2017 年排放清单(100%情景)，其他三种排放情景是根据不同百分比的减排情景(50%情景、10%情景和 1%情景)。与其他情景相比，50%情景下的小时最大降水量最大，可达到 44.1 mm h^{-1}，比 100%情景增加 5%。50%情景的强降水推迟约 1 小时，降水面积增加 6.5%。气溶胶对区域降水的影响是一个非线性过程，相关系数为 0.52，CCN 浓度 >250 cm^{-3}时气溶胶与降水呈强正相关关系。

5.4.4　本项目资助发表论文

本项目共发表 SCI 论文 74 篇，其中中文核心 17 篇、SCI 57 篇，获得专利 14 项，出版专著 1 部。本项目发表论文列表如下：

[1] 杨丹丹，王体健，李树，等. 基于走航观测的长江三角洲地区大气污染特征及来源追踪. 中国环境科学，2019，39(9)：3595-3603.

[2] 彭舒龄，周树道，王敏，等. 南京市一次雾霾天气过程的阶段性特征与成因. 干旱气象，2018，36(02)：282-289.

[3] 陈凤娇，王体健，邱康俊，等. 安徽省霾污染的季节变化特征及其主导气象因子研究. 中国科学技术大学学报，2018，07：567-579.

[4] 曹云擎，王体健，高丽波，等. 基于无人机垂直观测的南京 $PM_{2.5}$ 污染个例研究. 气候与环境研究，2019，25(3)：292-304.

[5] 崔金梦，王体健，高丽波，等. 2016 年冬季南京地区大气污染特征的观测分析. 气象科学，2020，40(4)：427-437.

[6] 杨帆，王体健，束蕾，等. 青岛沿海地区一次臭氧重污染过程的特征及成因分析. 环境科学学报，2019，39(11)：3565-3580.

[7] 孙丹丹，杨书运，王体健，等. 长三角地区城市 O_3 和 $PM_{2.5}$ 污染特征及影响因素分析. 气象科学，2019，2：164-177.

[8] 沈奥，周树道，王敏，等. 多旋翼无人机流场仿真分析. 飞行力学，2018，36(04)：29-33.

[9] 沈奥，周树道，王敏，等. 旋翼无人机大气探测设备布局仿真优化设计. 计算机测量与控制，2018，26(02)：165-169.

[10] 王敏，周树道，刘展华，等. 图像法大气能见度探测成像模糊复原研究. 科学技术与工程，2020，20(9)：3668-3674.

[11] 王敏，周树道，刘展华，等. 相机成像性能对图像法大气能见度测量的误差分析. 电光与控制，2020，27(9)：78-81+111.

[12] 韩函，柳竞先，章迅. 春季境外生物质燃烧对东亚臭氧污染的影响. 装备环境工程，2019，16(06)：107-114.

[13] 陈璞珑，王体健，谢晓栋，等. 基于数值模式的细颗粒物来源解析. 科学通报，2018，18：1829-1838.

[14] 陈楚，王体健，李源昊，等. 濮阳市秋冬季大气细颗粒物污染特征及来源解析. 环境科学，2019，8：3421-3430.

[15] 黄丛吾，陈报章，马超群，等. 基于极端随机树方法的 WRF-CMAQ-MOS 模型研究. 气象学报，2018，76(5)：779-789.

[16] 赵雄飞，王体健，黄满堂，等，大气污染物干沉降速度和通量的计算方法比较——以南京仙林地区为例. 装备环境工程，2019，6：129-137.

[17] 高丽波，王体健，崔金梦，等. 2016 年夏季南京大气污染特征观测分析. 中国环境科学，2019，39(01)：1-12.

[18] Wu H, Wang T, Nicole R, et al. Urban heat island impacted by fine particles in Nanjing, China. Scientific Reports, 2017, 7: 11422.

[19] Liu C, Wang T, Chen P, et al. Effects of aerosols on the precipitation of convective clouds: A case study in the Yangtze River Delta of China. Journal of Geophysical Research, 2019, 124(14): 7868-7885.

[20] Li M, Wang T, Han Y, et al. Modeling of a severe dust event and its impacts on ozone photochemistry over the downstream Nanjing megacity of eastern China. Atmospheric Environment, 2017, 160: 107-123.

[21] Li M, Wang T, Xie M, et al. Impacts of aerosol-radiation feedback on local air quality during a severe haze episode in Nanjing megacity, eastern China. Tellus-B, 2017, 69: 1339548.

[22] Li M, Wang T, Xie M, et al. Formation and evolution mechanisms for two extreme haze episodes in the Yangtze River Delta region of China during winter 2016. Journal of Geophysical Research, 2019, 124: 3607-3623.

[23] Shu L, Wang T, Xie M, et al. Episode study of fine particle and ozone during the CAPUM-YRD over Yangtze River Delta of China: Characteristics and source attribution. Atmospheric Environment, 2019, 203: 87-101.

[24] Li S, Wang T, Solmon F, et al. Impact of aerosols on regional climate in southern and northern China during strong/weak East Asian summer monsoon years. Journal of Geophysical Research, 2016, 121(8): 4069-4081.

[25] Chen P, Wang T, Dong M, et al. Characterization of major natural and anthropogenic source profiles for size-fractionated PM in Yangtze River Delta. Science of the Total Environment, 2017, 598: 135-145.

[26] Chen P, Wang T, Xie M, et al. Source apportionment of size-fractionated particles during 2013 Asian Youth Games and 2014 Youth Olympic Games in Nanjing, China. Science of the Total Environment, 2017, 579: 860-870.

[27] Qu Y, Wang T, Wu H, et al. Vertical structure and interaction of ozone and fine particulate matter in spring at Nanjing, China: The role of aerosol's radiation feedback. Atmospheric Environment, 2020, 222.

[28] Shu L, Wang T, Han H, et al. Summertime ozone pollution in the Yangtze River Delta of eastern China during 2013—2017: synoptic impacts and source apportionment. Environmental Pollution, 2020, 257.

[29] Liu C, Wang T, Rosenfeld D, et al. Anthropogenic effects on cloud condensation nuclei distribution and rain initiation in East Asia. Geophysical Research Letters, 2020, 47 (2): e2019GL086184.

[30] Shu L, Xie M, Wang T, et al. Integrated studies of a regional ozone pollution synthetically affected by subtropical high and typhoon system in the Yangtze River Delta region, China. Atmospheric Chemistry and Physics, 2016, 16: 15801-15819.

[31] Xie M, Zhu K, Wang T, et al. Temporal characterization and regional contribution to O_3 and NO_x at an urban and a suburban site in Nanjing, China. Science of the Total Environment, 2016, 551: 533-545.

[32] Shu L, Xie M, Gao D, et al. Regional severe particle pollution and its association with synoptic weather patterns in the Yangtze River Delta region, China. Atmospheric Chemistry and Physics, 2017, 17 (21): 12871-12891.

[33] Zhu Y,Liu J,Wang T,et al. The impacts of meteorology on the seasonal and interannual variabilities of ozone transport from North America to East Asia. Journal of Geophysical Research, 2017, 122: 10612-10636.

[34] Xie M,Zhu K,Wang T,et al. Changes in regional meteorology induced by anthropogenic heat and their impacts on air quality in South China. Atmospheric Chemistry and Physics,2016,16: 15011-15031.

[35] Xie M,Liao J,Wang T,et al. Modeling of the anthropogenic heat flux and its effect on regional meteorology and air quality over the Yangtze River Delta region,China. Atmospheric Chemistry and Physics, 2016,16(10): 6071-6089.

[36] Li M,Wang T,Xie M,et al. Improved meteorology and ozone air quality simulations using MODIS land surface parameters in the Yangtze River Delta urban cluster,China. Journal of Geophysical Research, 2017,122: 3116-3140.

[37] Zhu K,Xie M,Wang T,et al. A modeling study on the effect of urban land surface forcing to regional meteorology and air quality over South China. Atmospheric Environment,2017,152: 389-404.

[38] Li M,Wang T,Xie M,et al. Modeling of urban heat island and its impacts on thermal circulations in the Beijing-Tianjin-Hebei region,China. Theoretical and Applied Climatology,2017,128 (3-4): 999-1013.

[39] Pu X,Wang T,Huang X,et al. Enhanced surface ozone concentration during heat wave of 2013 in the Yangtze River Delta region,China. Science of the Total Environment,2017,603: 807-816.

[40] Li M,Wang T,Xie M,et al. Agricultural fire impacts on ozone photochemistry over the Yangtze River Delta region,East China. Journal of Geophysical Research,2018,123: 6605-6623.

[41] Wang M,Zhou S. Image denoising using block-rotation-based SVD filtering in wavelet domain. IEICE Transactions on Information and Systems,2018,E101-D: 1621-1628.

[42] Wang M,Yan W,Zhou S. Image denoising using singular value difference in the wavelet domain. Mathematical Problems in Engineering,2018,2018: 1542509.

[43] Wang M,Zhou S,Yang Z,et al. Image fusion based on wavelet transform and gray-level features. Journal of Modern Optics,2019,66: 77-86.

[44] Li S,Wang T,Huang X,et al. Impact of East Asia Summer Monsoon on surface ozone pattern in China. Journal of Geophysical Research,2018,123(2): 1401-1411.

[45] Han H,Liu J,Yuan H,et al. Foreign influences on tropospheric ozone over East Asia through global atmospheric transport. Atmospheric Chemistry and Physics,2019,19: 12495-12514.

[46] Gao D,Xie M,Chen X,et al. Modeling the Effects of Climate Change on Surface Ozone during Summer in the Yangtze River Delta Region,China. International Journal of Environmental Research and Public Health,2019,16: 1528.

[47] Zhou S,Ma Z,Wang M,et al. An automatic alignment system for measuring optical path of transmissometer based on light beam scanning. Journal of Modern Optics,2018,65 (9): 1104-1110.

[48] Li S,Wang T,Zhuang B,et al. Spatiotemporal distribution of anthropogenic aerosols in China around 2030. Theoretical and Applied Climatology,2019,138: 2007-2020.

[49] Xie M,Shu L,Wang T,et al. Natural emissions under future climate condition and their effects on surface ozone in the Yangtze River Delta region,China. Atmospheric Environment,2017,150: 162-180.

[50] Huang Q,Wang T,Chen P,et al. Impacts of emission reduction and meteorological conditions on air quality improvements during the 2014 Youth Olympic Games in Nanjing,China. Atmospheric Chemistry and Physics,2017,17 (21): 13457-13471.

[51] Zhou S, Peng S, Wang M, et al. The characteristics and contributing factors of air pollution in Nanjing: A case study based on an unmanned aerial vehicle experiment and multiple datasets. Atmosphere, 2018, 9: 343.

[52] Zhou S, Shen A, Wang M, et al. Study on composing dense formations in a dynamic environment of multi-rotor UAVs by distributed control. Mathematical Problems in Engineering, 2018: 7878094.

[53] Li S, Wang T, Zanis P, et al. Impact of tropospheric ozone on summer climate in China. Journal of Meteorological Research, 2018, 32(2): 279-287.

[54] Han H, Liu J, Yuan H, et al. Impacts of synoptic weather patterns and their persistency on free tropospheric carbon monoxide concentrations and outflow in eastern China. Journal of Geophysical Research, 2018, 123: 7024-7046.

[55] Wang M, Zhou S, Yan W. Blurred image restoration using Knife-edge function and optimal window wiener filtering. Plos One, 2018, 13(1): e0191833.

[56] Xie X, Huang X, Wang T, et al. Simulation of non-homogeneous CO_2 and its impact on regional temperature in East Asia. Journal of Meteorological Research, 2018, 32(3): 456-468.

[57] Li Y, Liu J, Han H, et al. Collective impacts of biomass burning and synoptic weather on surface $PM_{2.5}$ and CO in northeast China. Atmospheric Environment, 2019, 213: 64-80.

[58] Xie X, Wang T, Yue X, et al. Numerical modeling of ozone damage to plants and its effects on atmospheric CO_2 in China. Atmospheric Environment, 2019, 217: 116970.

[59] Han H, Liu J, Yuan H, et al. Characteristics of intercontinental transport of tropospheric ozone from Africa to Asia. Atmospheric Chemistry and Physics, 2018, 18(6): 4251-4276.

[60] Zhuang B, Wang T, Liu J, et al. The surface aerosol optical properties in urban areas of Nanjing, west Yangtze River Delta of China. Atmospheric Chemistry and Physics, 2017, 17: 1143-1160.

[61] Qu Y, Wang T, Cai Y, et al. Influence of atmospheric particulate matter on ozone in Nanjing, China: observational study and mechanistic analysis. Advances in Atmospheric Science, 2018, 35(11): 1381-1395.

[62] Wu H, Wang T, Wang Q, et al. Relieved air pollution enhanced urban heat island intensity in Yangtze River Delta, China. Aerosol and Air quality Research, 2019, 19(12): 2683-2696.

[63] Qu Y, Han Y, Wu Y, et al. Study of PBLH and its correlation with particulate matter from one-year observation over Nanjing, Southeast China. Remote Sensing, 2017, 9: 668.

[64] Wu Y, Han Y, Voulgarakis A, et al. An agricultural biomass burning episode in eastern China: Transport, optical properties, and impacts on regional air quality. Journal of Geophysical Research, 2017, 122: 2304-2324.

[65] Chen P, Wang T, Matthew K, et al. Source apportionment of $PM_{2.5}$ during haze and non-haze episodes in Wuxi, China. Atmosphere, 2018, 9(267): 1-18.

[66] Zhuang B, Wang T, Liu J, et al. The optical, physical properties and direct radiative forcing of urban columnar aerosols in Yangtze River Delta, China. Atmospheric Chemistry and Physics, 2018, 18: 1419-1436.

[67] Zhuang B, Li S, Wang T, et al. Interaction between the black carbon aerosol warming effect and East Asian monsoon using RegCM4. Journal of Climate, 2018, 31: 9367-9388.

[68] Ma C, Wang T, Zang Z, et al. Comparisons of three-dimensional variational data assimilation and model output statistics in improving atmospheric chemistry forecast. Advances in Atmospheric Science, 2018, 35: 813-825.

[69] Zhan C,Xie M,Fang D,et al. Synoptic weather patterns and their impacts on regional particle pollution in the city cluster of the Sichuan Basin,China. Atmospheric Environment,2019,208：34-47.

[70] Han Y,Gao P,Huang J,et al. Ground-based synchronous optical instrument for measuring atmospheric visibility and turbulence intensity：theories,design and experiments. Optics Express,2018,26 (6)：6833-6850.

[71] Zhou Y,Han Y,Wu Y,et al. Optical properties and spatial variation of tropical cyclone cloud systems from TRMM and MODIS in the East Asia region：2010—2014. Journal of Geophysical Research,2018,123 (17)：9542-9558.

[72] Ma C,Wang T,Mizzi A,et al. Multiconstituent data assimilation with WRF-Chem/DART：potential for adjusting anthropogenic emissions and improving air quality forecasts over eastern China. Journal of Geophysical Research,2019,124：7393-7412.

[73] Zhuang B,Chen H,Li S,et al. The direct effects of black carbon aerosols from different source sectors in East Asia in summer. Climate Dynamics,2019,53(9)：5293-5310.

[74] Chen H,Zhuang B,Liu J,et al. Characteristics of ozone and particles in the near-surface atmosphere in urban area of the Yangtze River Delta,China. Atmospheric Chemistry and Physics,2019,19：4153-4175.

参考文献

[1] Dickerson R,Kondragunta S,Stenchikov G. The impact of aerosols on solar ultraviolet radiation and photochemical smog. Science,1997,278：827-830.

[2] Bian H,Prather M,T T. Tropospheric aerosol impacts on trace gas budgets through photolysis. Journal of Geophysical Research,2003,108(D8)：4242-4251.

[3] Bian H,et al. Evidence of impact of aerosols on surface ozone concentration in Tianjin,China. Atmospheric Environment,2007,41(22)：4672-4681.

[4] 邓雪娇,吴兑,史月琴,等. Comprehensive analysis of the macro-and micro-physical characteristics of dense fog in the area south of the Nanling Mountains. Journal of Tropical Meteorology,2008,1：11-14.

[5] Liao H,Yung Y,S J. Effects of aerosols on tropospheric photolysis rates in clear and cloudy atmospheres. Journal of Geophysical Research,1999,104(D19)：23697-23707.

[6] Lefer B L,Shetter R E,H S R. Impact of clouds and aerosols on photolysis frequencies and photochemistry during TRACE-P：1. Analysis using radiative transfer and photochemical box models. Journal of Geophysical Research,2003,doi：10.1029/2002JD003171.

[7] Menon S,Unger N,Koch D. Aerosol climate effects and air quality impacts from 1980 to 2030. Environmental Research Letters,2008,doi：10.1088/1748-9326/3/2/024004.

[8] 王海啸,陈长和. 城市气溶胶对边界层热量收支的影响. 高原气象,1994,13(4)：441-448.

[9] 张强. 兰州大气污染物浓度与局地气候环境因子的关系. 兰州大学学报(自然科学版),2003,39(1)：99-106.

[10] 王海啸. 城市气溶胶对太阳辐射的影响及其在边界层温度变化中的反映. 气象学报,1993,51(4)：457-464.

[11] 郑飞,张镭,朱江,等. 复杂地形城市冬季边界层对气溶胶辐射效应的响应. 大气科学,2006,30(1)：171-179.

[12] 陈燕. 南京城市化进程对大气边界层的影响研究. 地球物理学报,2007,50(1):66-73.

[13] Rosenfeld D. Suppression of rain and snow by urban and industrial air pollution. Science,2000,287:1793-1796.

[14] Rosenfeld D. Flood or drought: How do aerosols affect precipitation?. Science,2008,321:1309-1313.

[15] Hodkinson R J. Calculations of color and visibility in atmospheres polluted by gaseous NO_2. International Journal of Air and Water Pollution,1996,10:137-144.

[16] Dzubay T G. Visibility and aerosol composition in Houstion Texas. Environmental Science and Technology,1982,16(8):514-524.

[17] Horvath H. Atmospheric Light Absorption General Topics. Atmospheric Environment,1993,27(3):293-317.

[18] Horvath H. Size segregated light absorption coefficient of the at atmospheric aerosol. Atmospheric Environment,1995,29(4):875-883.

[19] Malm W C. Spatial and seasonal trends in particle concentration and optical extinction in the United States. Journal of Geophysical Research,1994,99:1347-1370.

第6章　长三角典型城市空气污染与大气边界层相互作用机制的观测与模拟研究

丁爱军，王子麟，黄昕，周德荣

南京大学

以细颗粒物（$PM_{2.5}$）为特征的大气复合污染问题给我国东部地区生态环境带来严峻挑战。边界层内高浓度气溶胶影响辐射传输的同时也改变气象条件，导致近地面污染加剧，而该机制中的关键理化过程及其对灰霾污染的定量贡献有待深入研究。本章基于历史资料对空气污染-大气边界层相互作用规律进行诊断分析，利用多种观测数据，结合区域大气动力-化学耦合模式 WRF-Chem 深入分析了冬季灰霾期间具有强吸光性的黑碳与短波/长波辐射传输、感热潜热通量、大气温度层结、边界层发展以及近地面污染之间的交互反馈作用。研究发现黑碳因其对可见光的强吸收作用冷却地表并加热边界层上层大气，导致大气边界层的发展受到抑制，使得城市污染排放被限制在低空，从而显著加剧城市污染。此外，基于典型季节污染事件，利用超站仪器、激光雷达、系留气球探空等对大气成分、关键气象参数的垂直结构及地表能量平衡相关参数进行强化观测，针对秋冬季节城市及工业复合污染，春季沙尘、扬尘以及夏初秸秆燃烧等不同类型的污染改进数值模拟，并定量评估区域尺度上相关反馈过程对我国东部地区极端污染形成的定量贡献。

6.1　研究背景

随着经济社会快速发展和能源资源巨大消耗，中国东部地区空气污染问题日益严峻。以 $PM_{2.5}$ 为特征的灰霾污染严重危害社会生活及人体健康，成为最受关注的环境问题之一。灰霾污染常出现于东部发达地区，具有发生频率高、峰值浓度高、覆盖范围广、持续时间长的特征。交通排放和工业生产是城市 $PM_{2.5}$ 的主要来源[1]，中国中东部城市平均 $PM_{2.5}$ 浓度高达 100 $\mu g\ m^{-3}$，仅有少于5%的城市达到清洁空气质量标准（35 $\mu g\ m^{-3}$），同时灰霾发生天数逐年攀升而大气能见度不断下降[2]。以 2013 年 1 月为例，重霾污染使得当月东部各城市 $PM_{2.5}$ 超标天数接近 70%，日均 $PM_{2.5}$ 浓度更是达到史无前例的 772 $\mu g\ m^{-3}$，影响全国三分之二人口的生产生活[3]。目前，气溶胶及其前体物的高强度排放、静稳天气条件导致污染累积、区域传输和二次化学转化被认为是灰霾发生的主要原因[4]。为减轻灰霾污染的影响，政府实施包括“大气污染防治行动计划”在内的一系列措施，通过整治燃煤锅炉、推广脱硫脱硝、提升燃油品质，大幅削减二氧化硫(SO_2)及部分氮氧化物(NO_x)排放量[5]。减排措施使得年均 $PM_{2.5}$浓度下降 10 $\mu g\ m^{-3}$(约 15%)，主要城市群如京津冀、长三角、珠三角地区，空气质量均显著改善[6]。尽管如此，由于各种污染物之间、污染物与气象条件之间存在着复杂的非线性关系和相互作用，严重灰霾污染事件依然时有发生[7,8]。

长江三角洲城市群位于长江中下游平原东部，包括浙江北部、上海和江苏南部，由十余座大城市及超大城市组成，人口众多，经济繁荣。由于工业制造业发达，交通流量庞大，该地区具有高强度且密集的化石燃料燃烧排放，如一氧化碳(CO)、NO_x 和含碳有机物[9]；同时长三角及周边区域是重要农业产区，秸秆焚烧产生的污染烟羽也是城市群污染的来源之一[10,11]；南部的东南丘陵拥有丰富的森林资源，生物排放的挥发性有机物(BVOCs)较为充足，是促进二次污染形成的重要组分[12]；受冷锋活动影响，西北内陆的沙尘污染同样能经过长距离传输到长三角地区，造成颗粒物浓度骤增及能见度下降，影响交通出行等社会生活[13]。气候条件上，长三角受季风系统和中纬度气旋活动影响显著，天气过程复杂多变：夏季盛行南风，受副热带高压控制易出现高温晴朗的静风天气，伴随下沉气流引发大范围臭氧(O_3)污染[14,15]；冬季在西伯利亚高压控制下长三角地区主导风向为西北风，位于污染排放密集的华北平原下风向，易受跨区域输送影响导致灰霾污染[16,17]。在不同天气系统的环流引导下，长三角局地和传输的自然及人为排放污染混合叠加发生相互作用，在不同季节形成较为典型的复合污染事件，如秋冬季节城市及工业复合污染，春季沙尘、扬尘及初夏秸秆焚烧等，促使长三角地区的空气污染问题变得复杂多样。

大气边界层也被称为行星边界层，是指大气层中最接近地表 1～2 km 范围内的大气[18]。人为排放污染主要集中在边界层中，边界层的理化性质及其变化与人类生活息息相关。受地表摩擦及热力通量影响，边界层内大气具有湍流活动强烈和日变化显著的特征。白天地表接收太阳辐射加热，边界层高度上升，湍流混合加剧，富含水汽的暖气团从地表抬升，在边界层顶附近冷却成云；夜间地表冷却形成较为稳定的残留层，不再进行垂直交换。一般来说，温度、湿度和风速在边界层内垂直方向上梯度较大，决定了热量、水汽及动量输送的方向和量级。边界层的发展及稳定度在很大程度上影响着近地面污染的扩散与输送[19,20]。

气溶胶是指悬浮在大气中的固态或液态颗粒物，高浓度气溶胶是大气复合污染的典型表现之一。通过散射和吸收作用，气溶胶参与大气辐射传输过程并改变地气系统能量平衡，或者作为云凝结核，通过云微物理过程影响区域的气候与环境[21]。全球尺度上，气溶胶造成的总辐射强迫大约为-1 W m^{-2}；区域尺度上，由于大气中气溶胶寿命较短，浓度及辐射强迫的空间分布极不均匀，如气溶胶浓度较高的中国地区，因消光导致到达地表的短波辐射平均减少 10 W m^{-2}[22]。其中吸收性气溶胶不仅降低地表入射辐射，更利用吸收特性进一步加热大气，引起垂直方向上能量的再分配，向所在大气层输入正辐射强迫[23]。基于这一特性，吸收性气溶胶如黑碳被认为是影响季风环流、垂直对流和降水的重要因子[24]。由于地表入射短波辐射因气溶胶的消光作用而减弱，引起地表感热通量下降。作为边界层发展的重要驱动力，地表感热通量下降势必导致湍流活动弱化，由边界层顶夹卷作用带来的自由大气中的干暖气团减少，就形成了较为浅薄的湿冷边界层。在背景气流较弱的情况下，边界层发展是近地面污染减轻的主要途径，而浅薄边界层极大程度上抑制了近地面污染物扩散，加剧了污染累积。同时，边界层内湿度增大更有利于气体前体物向颗粒物的液相转化，从而促进二次气溶胶的生成[25,26]。而该过程对大气复合污染形成的定量贡献在认识上尚有较高的不确定性。

为定量化研究空气污染-大气边界层反馈在长三角城市群典型污染形成中的作用，揭示其关键理化过程和关键污染组分，有必要开展以边界层垂直理化结构为核心的系统性集成观测。目前针对长三角地区复合污染的观测十分有限，观测常规污染物如 $PM_{2.5}$、O_3 等的环境监测站点大多分布在城市，受城区污染影响显著，无法表征郊区及区域背景气团信息；在郊区开展的强化观测持续时间较短，对不同季节的典型污染认识不够充分。而通过在城市群下风向的南京城郊开展多超级站的协同观测[27]，探测大气边界层垂直方向理化结构和地基多过程多参数观测，有利于理解地表能量平衡和大气辐射加热在边界层演变中的相对贡献，认识大气层结变化所引起的局地污染累积与二次污染转化速率的改变对复合污染形成的影响。基于以上研究，优化双向反馈模拟中关键过程的参数化方案和关键参数选择，并针对相关问题提出控制对策与建议。

6.2　研究目标与研究内容

6.2.1　研究目标

本文的主要研究目标为：弄清长三角西部地区在不同类型污染来源影响下的大气边界层特征及其演变规律；揭示影响空气污染-大气边界层相互作用的关键控制过程和关键污染组分；阐明空气污染-大气边界层双向反馈对于长三角城市群以及我国中东部更大范围在典型季节极端污染形成中的定量贡献；提出针对长三角地区综合考虑物理化学过程相互作用的优化控制对策与建议，为极端空气污染事件的预报、预警提供技术支撑。

6.2.2　研究内容

(1) 通过历史资料对空气污染-大气边界层相互作用规律的诊断分析研究：为弄清南京及其周边地区重污染天气发生前后的大气边界层演变特征及其对空气质量的影响，基于质量控制后的观测资料筛选多年来南京地区的所有重污染事件，利用高分辨率气象探空资料综合分析不同阶段的大气边界层结构；通过气象模拟结果与气象探空廓线的差别，量化空气污染对大气边界层温度和湿度的影响。针对近几年的重污染事件，利用已有超站观测资料，综合南京城市上风向和城区不同站点的激光雷达、太阳光度计、垂直探空试验、飞机航测以及地基通量观测和空气质量等资料，分析不同类型空气污染对于地表能量收支以及大气边界层结构的影响，揭示其关键控制过程，为组织和设计集成观测试验提供支撑。

(2) 典型季节大气边界层理化结构、辐射特性及其演变规律强化观测试验研究：针对典型季节不同类型的污染，选择在南京城郊结合区开展大气成分、边界层气象参数、地表能量平衡相关参数的探测，并基于激光雷达、风温廓线雷达、GPS探空、系留气球探空等技术手段对关键气象参数和主要气溶胶浓度及其前体物在边界层内的垂直结构进行观测；与此同时，在南京城区内以及城外上风向郊区站点开展同步的大气成分、激光雷达等配套观测，从而获得典型季节重污染事件下的大气边界层垂直方向理化结构以及城市周边地区不同空间位置的空气污染及边界层特征。围绕空气污染-大气边界层相互作用对于二次污染形成机制的影响，重点利用高分辨率、在线多组分实时分析仪开展协同试验，同时对有助于理解气溶胶二次转化相关的反应性气体前体物成分进行同步测量。

(3) 大气边界层-空气污染双向反馈机制的数值模拟研究：为获得相关物理化学过程的全面认识，结合外场观测试验所获得的垂直观测以及地表能量平衡观测资料，基于耦合辐射传输模型的高分辨率一维大气边界层模型进行模拟和诊断计算，综合分析和量化重污染过程中气溶胶的辐射特性、地表能量平衡以及大气垂直加热等过程在空气污染-大气边界层反馈中的作用。通过高分辨率一维大气边界层耦合模式与简化的 WRF-Chem 单柱(SCM)模式的对比，优化 WRF-Chem 单柱模式辐射以及边界层参数化方案中的关键参数；并据此设计三维区域 WRF-Chem 模拟方案，综合分析评估区域尺度上相关反馈过程对我国东部地区大范围极端污染形成的定量贡献。

(4) 综合考虑空气污染-大气边界层双向反馈作用的区域污染控制对策研究：基于所获得的关于空气污染-大气边界层双向反馈过程的科学认识以及所优化的数值模式系统，针对所观测到的不同类型的极端污染事件，通过不同情景的设计，模拟特定减排措施对于改进大气扩散条件以减缓极端污染发生的可能途径，从空气质量管理角度提出针对关键气溶胶成分优化控制对策与建议。同时，对南京及其周边地区空气质量预报模型提出优化模拟方案，以满足对极端污染事件准确预报、预警及应急的需求。

6.3 研究方案

本章所采用的研究方法包括历史资料综合诊断分析、外场观测试验和数值模拟三种。具体说明如下：

6.3.1 历史资料综合诊断分析

为充分认识严重空气污染发生时的大气边界层特征，根据大气环境监测日报筛选近年来南京出现的重污染事件，分析其发生过程前后的大气边界层温度结构变化，通过与 WRF 模式模拟结果的对比，根据 OMR(Observation Minus Reanalysis)方法，寻找空气污染影响大气边界层的特征信号，统计分析不同季节不同程度空气污染对边界层温度和相对湿度的定量影响。针对所有重污染事件，基于湍流通量和气溶胶浓度的大气边界层高度诊断方法，结合激光雷达观测以及飞机航测数据所获得的大气边界层高度信息，进行系统的对比分析。针对相关污染个例，利用拉格朗日输送扩散模型(LPDM)针对不同高度污染层的来源进行追溯和分类，认识不同污染来源条件下空气污染影响大气边界层的定量响应关系。同时，基于相关个例的分析结果进一步优化强化观测试验方案。

6.3.2　外场观测试验

在南京大学 SORPES 观测基地开展大气边界层理化结构、辐射传输特性及其演变规律的强化观测试验。观测试验选择每年春季至初夏(沙尘及秸秆焚烧频繁)以及秋冬季节(工业复合污染多发)。针对重污染的垂直探空试验主要利用 SORPES 基地开展,以 GPS 探空和系留气球探空为主要手段,前者主要针对大气物理参数,后者除气象探测外,配合以气溶胶和气体成分的同步观测。此外,对持续性重污染过程开展多日连续对比观测,对一些偶发性重污染事件在过程结束次日进行对比试验,以认识不同情景下的边界层理化特性和演变规律。同时,分别在南京城区的超级站以及远郊基地开展协同观测,观测内容包括主要气溶胶成分、气象参数、激光雷达等,由此可以获得南京及其周边地区不同区域气溶胶浓度及其物理化学性质的空间分布以及大气边界层结构的差异。其中, SORPES 站和省监测中心城区超级站在强化试验期间配套运行所有相关仪器,通过数据的集成以及与数值模型的综合对比分析,帮助理解城区和郊区在不同的空气污染-大气边界层相互作用情景下二次气溶胶形成与气象条件改变之间的定量联系。

6.3.3　数值模拟与集成分析

数值模式是帮助定量认识所观测的相关物理化学过程的基本工具,也是最终将单点垂直观测所得到的一些普适性的规律用于认识更大范围空气污染-大气边界层相互作用对大气复合污染定量影响的主要手段。研究中用到的多种数值模型工具包括:

(1) 中尺度气象模式 WRF:目前广泛应用的中尺度气象模式。主要用其对历史上所有的重污染事件开展(不考虑空气污染影响的)气象模拟,通过与观测资料的对比,获得不同污染条件下的大气边界层(与理想情况相比)的变化,以得到空气污染影响大气边界层温度和湿度等的定量关系。此外,该模型也将用于获得高分辨率的三维气象场,认识观测廓线对应的三维边界层结构,并应用其驱动 LPDM 进行污染来源追踪。

(2) WRF-LPDM:对重污染事件垂直观测中获得的不同污染层,开展高分辨率拉格朗日输送扩散模拟并结合排放清单进行后向来源追踪,以认识不同高度气团的历史,同时对不同类型污染事件进行分类;另一方面,通过 WRF-Chem 不同情景模拟结果驱动 LPDM,从大气扩散角度定量认识空气污染-大气边界层反馈对于污染传输和积累的影响。

(3) WRF-Chem SCM:WRF-Chem SCM 与区域模型相比仅考虑 3×3 网格的单柱模拟,物理过程选择与正常区域模型相同,可以通过改变初始和边界条件来控制 SCM 中的大气成分垂直分布,进而模拟气溶胶对大气辐射传输和大气边界层发展的影响。通过设计理想实验,重点改进模式中垂直分辨率、辐射传输、边界层参数化等方案的设置,进而为区域尺度 WRF-Chem 模式的配置提供思路。最终将采用优化的模型来定量分析不同气溶胶成分、不同类型污染过程中的空气污染-大气边界层相互作用机制,由此探讨相应的空气污染控制对策与建议,并针对短期预报、预警模型提出如何通过优化分辨率、简化关键污染物种实现对于空气污染-大气边界层相互作用过程的考虑,从而提高模型对重污染时段的模拟能力。

6.4 主要进展与成果

6.4.1 基于历史资料对空气污染-大气边界层相互作用规律的诊断分析研究

冬季灰霾期间 $PM_{2.5}$ 浓度攀升，极端污染下的气溶胶和边界层交互作用机制鲜有研究。为厘清高浓度颗粒物对于边界层发展的影响，利用北京、南京等地的黑碳和细颗粒物外场观测、飞机航测数据、气象站气球探空数据和南京大学 SORPES 站的边界层理化结构、辐射和地表感热潜热通量观测数据，结合区域大气动力-化学耦合模式 WRF-Chem、一维的辐射传输和边界层耦合模式，深入分析了冬季灰霾期间具有强吸光性的黑碳气溶胶与短波辐射传输、地表长波辐射强度、感热潜热通量、大气温度层结、边界层发展以及近地面污染之间的交互反馈作用(图 6.1，详见书末彩图)[8]。该工作深入研究并定量揭示了黑碳气溶胶在污染事件发生、发展过程中对气象条件的影响及其双向反馈机制，发现黑碳可因其对可见光的强吸收作用冷却地表并加热 1～2 km 高度的大气，导致大气边界层的发展受到抑制，城市污染排放被限制在更低高度，从而显著加剧城市污染。

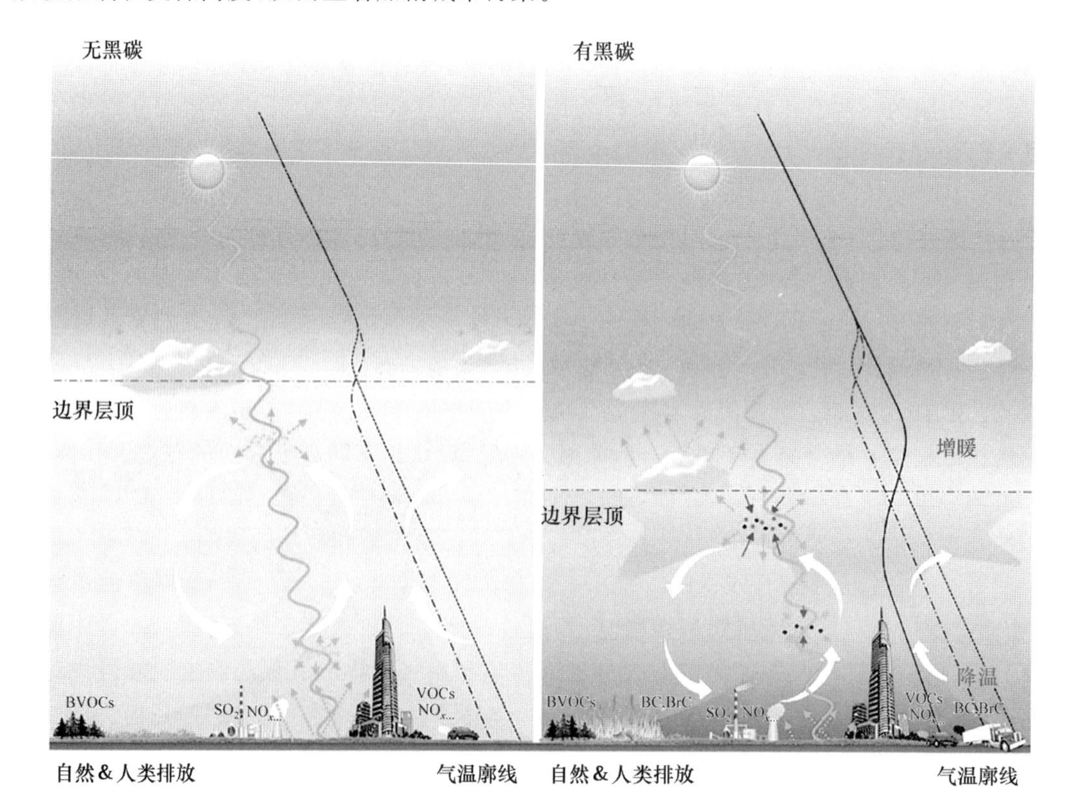

图 6.1 冬季灰霾期间黑碳对极端空气污染形成的促进作用示意

研究同时指出，该机制不仅出现在我国超大城市，对于国外一些黑碳排放相对较高城市空气污染事件的形成也有重要影响。该项发现也为灰霾的防治提供了理论上的支撑。在我国当前治理大气复合污染过程中,需要注意抓住主要矛盾,针对像黑碳气溶胶这样具有“四两拨千斤”作用的污染物,实施更严格的排放控制;同时明确了由于黑碳气溶胶是当前影响全球变暖的重要短寿命气候强迫因子,国内外超大城市有关减排对策的实施将会同时对缓解全球变暖有重要贡献(图 6.2,详见书末彩图)[8]。该成果不仅提出黑碳减排可使灰霾控制“事半功倍”,而且明确了其在空气污染和气候变化两大问题上的协同效应,为我国相关政策的制定提供了坚实的理论支撑。

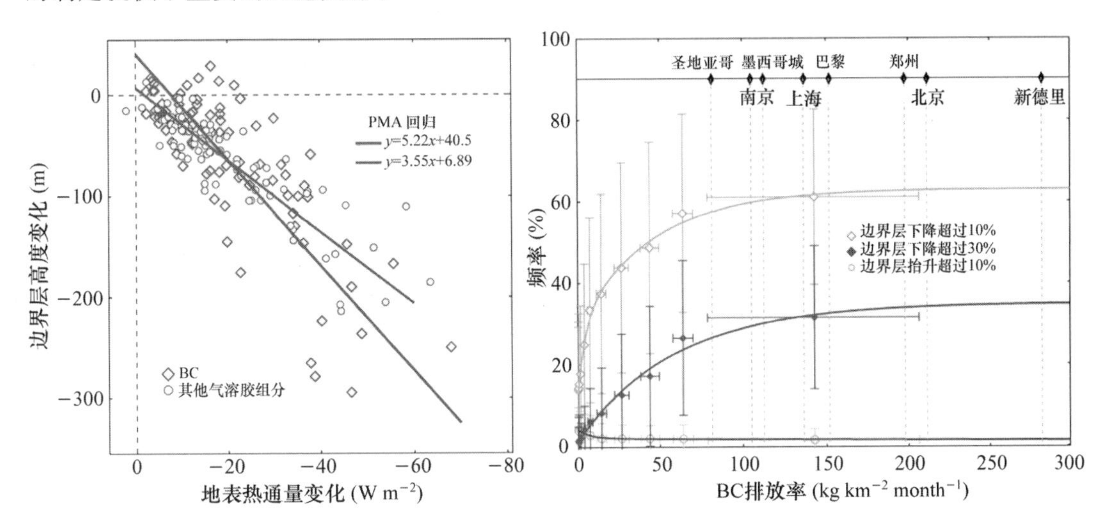

图 6.2 (左)黑碳与其他气溶胶组分造成的边界层高度变化与地表热通量(感热和潜热)变化的关系;(右)全球各地黑碳排放强度导致边界层相应变化发生频率

除针对短期污染事件中反馈过程的全面分析外,长时间尺度上,通过结合 2010—2016 年华北地区气象探空观测、全球再分析资料以及地面空气质量监测资料,成功获得了气溶胶-大气边界层相互作用的气候态“观测”证据并提出表征这一作用强度的指数。研究对比探空观测和再分析资料发现,重污染期间边界层上层和近地面分别存在平均 0.7℃的增温和 2.2℃的降温,与清洁时期形成鲜明对比(图 6.3)[28]。低层降温幅度总大于高层增暖幅度,原因是降温由气溶胶整体消光作用导致,而增暖主要是由于其中部分吸收性气溶胶的作用。高空增温和地面降温的趋势在空间分布和时间变化上均与边界层低层气溶胶的浓度呈现高度的相关性,而上暖下冷的稳定层结又更容易导致近地面污染的累积和增长,形成污染-累积-再污染的正反馈循环。

该研究针对典型污染生消过程,运用欧拉空气质量模型和拉格朗日溯源模式相结合的方法,进一步明确了黑碳气溶胶及其长距离输送在灰霾形成和加剧过程中的关键作用(图 6.4,详见书末彩图)[28]。在此基础上,基于实测探空和再分析资料提出了表征气溶胶-大气边界层相互作用强度的“穹顶效应”指数,发现该指数在灰霾期间与地表气溶胶浓度存在很好的相关性,便于定量化描述气溶胶-大气边界层反馈在污染过程中的演变。同时,随指数增大,污染时段日均 $PM_{2.5}$ 增量增大,也能较好地表征气溶胶-边界层相互作用在污染事件中的逐步积累效应。该研究也说明对黑碳排放的控制不仅能够减轻局地污染,也有利于促进区域尺度上空气质量的优化。

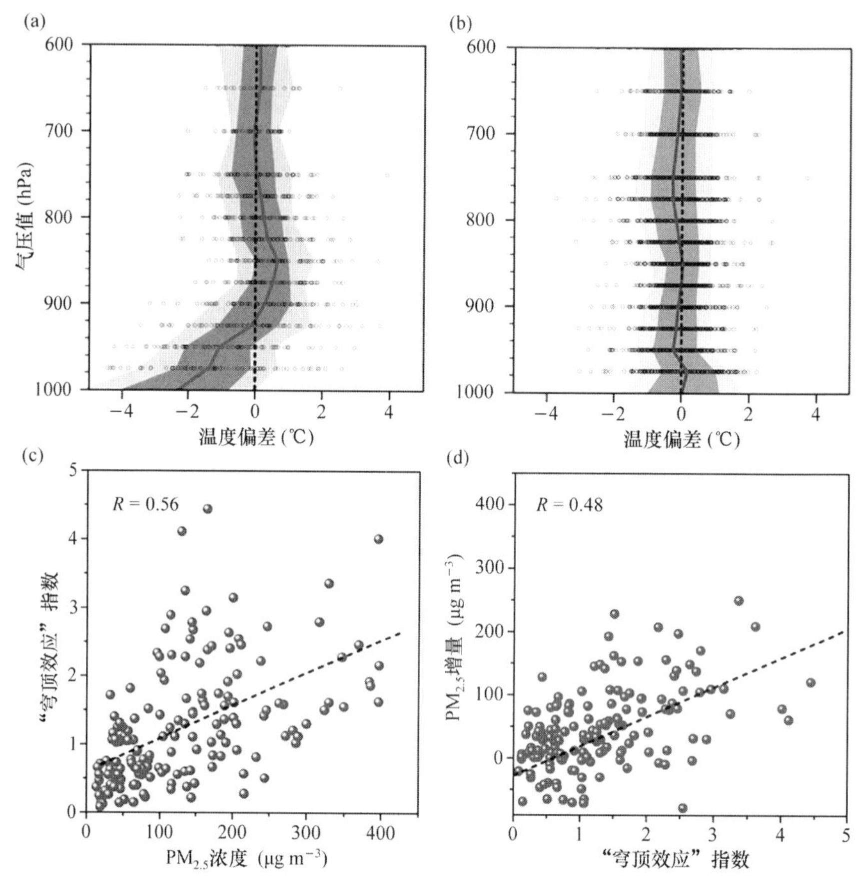

图 6.3 黑碳影响气溶胶-大气边界层相互作用的气候态“观测”证据。(a)、(b)分别为北京 2010—2016 年较轻污染($PM_{2.5}$最低 25%)和重污染($PM_{2.5}$最高 25%)期间气象探空与再分析资料的气温廓线差异；(c)、(d)表明随污染加剧层结稳定从而进一步促进污染的正反馈关系

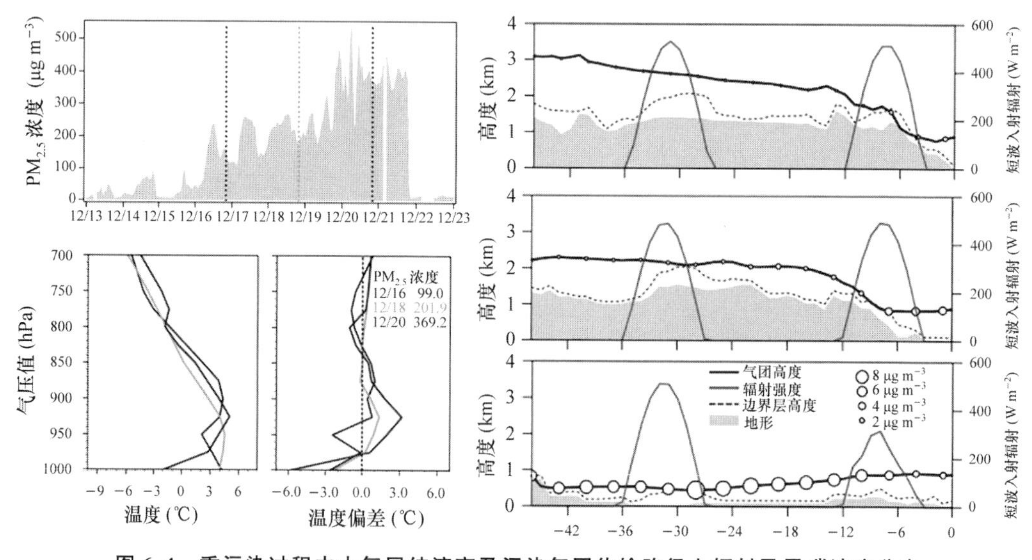

图 6.4 重污染过程中大气层结演变及污染气团传输路径上辐射及黑碳浓度分布

6.4.2 大气边界层理化结构、辐射特性及其演变规律强化观测试验研究

为从观测角度获取边界层结构对污染的响应关系，综合分析 SORPES 站 2013 至 2014 年八个月的外场观测大气成分、边界层理化结构、辐射传输特性等观测数据，探讨细颗粒物(包括黑碳)与地面辐射通量和边界层结构的关系。分析发现地表短波辐射入射通量和垂直湍流交换强度受到 $PM_{2.5}$ 柱浓度的显著影响。平均来说，气溶胶造成地表入射短波辐射减少 67 W m^{-2}，向下长波辐射增加 19 W m^{-2}，白天地表感热通量减少 10 W m^{-2}。而入射长波辐射通量受辐射强度和污染程度的影响，存在明显的季节变化。根据地表感热通量与 $PM_{2.5}$ 柱浓度的统计性关系，估算清洁时段地表感热通量作为背景值，通过观测值与背景值之差表征气溶胶对地表能量平衡及边界层发展的影响，为估算长三角地区气溶胶辐射强迫提供了有力支撑，同时为细颗粒物污染下边界层气象的响应提供了定量化研究的方法及理论基础。

此外，依据细颗粒物浓度将观测时段分为清洁天和污染天，分类统计两种空气质量条件下地面辐射、感热潜热观测和塔层的通量，并比较获取污染发生时气象参数变化。探空数据显示污染天的白天和夜间气溶胶均会导致边界层内稳定度上升，边界层顶夹卷过程减弱。基于上述观测，利用边界层预报模式诊断出清洁天和污染天边界层高度对于空气污染的响应，对比结果表明柱浓度为 200 mg m^{-2} 的细颗粒物可通过削弱入射短波辐射及地表感热通量使得边界层高度下降约 400 m，且抑制作用随浓度升高而增强，呈现出非线性的趋势(图 6.5，详见书末彩图)[29]。说明在污染达到一定程度后，即使气溶胶浓度增量相同，也会造成更迅速的边界层高度下降，从而引起近地面污染物浓度骤增。

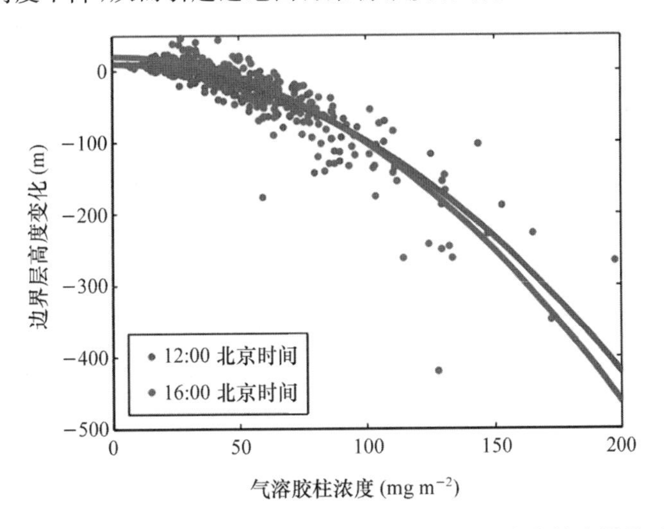

图 6.5 根据地表 $PM_{2.5}$ 浓度估算气溶胶所引起的大气边界层顶变化的定量关系。大气边界层高度降低随气溶胶浓度存在非线性关系，在气溶胶浓度高时尤为明显

利用 SORPES 站的连续观测数据对比长三角地区及全球其他典型地区的气溶胶光学性质时空变化特征，尤其是重污染期间的高光学特性气溶胶的长距离传输特征，讨论该地区气溶胶对辐射强迫效率的影响。研究发现，SORPES 观测基地所代表的长江三角洲西部地

区的气溶胶散射性显著高于全球大多数地区，可导致地表较大的负辐射强迫（图 6.6，详见书末彩图）[30]。光学参数呈现显著日变化与季节变化特征，其中日变化主要源于大气边界层的发展、早晚高峰的机动车排放和日间光化学反应生成的二次气溶胶；而其季节变化则由排放的季节性和东亚季风所导致的长距离传输所致。研究发现气溶胶光学性质会随污染累积过程的演变而发生显著变化，污染累积过程中气粒转化、碰并、凝结等过程使气溶胶粒径增大的同时导致后向散射比减小以及单次散射反照率的增加。

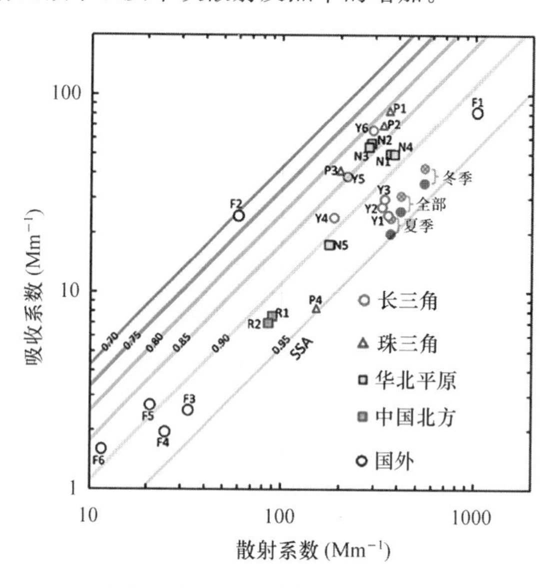

图 6.6　SORPES 站与国内外站点的气溶胶吸收系数与散射系数对比

除黑碳和沙尘以外，大气棕碳气溶胶也是辐射特性较强的吸收性气溶胶之一，但到目前为止大气棕碳尚难以直接测量。此外，通过 SORPES 站为期三年的多波段气溶胶在线光学观测和典型季节的单颗粒黑碳(SP2)粒径与混合态的观测，结合米散射理论模拟计算优化棕碳的光学分离方法，获得了该区域棕碳吸光系数和吸光贡献的连续数据。基于相关资料，进一步揭示了棕碳吸光性的变化特征，并结合 LPDM 分析了长三角地区典型季节棕碳的潜在来源。研究发现，棕碳在长三角地区存在显著的吸光贡献且呈现明显的季节差异，在露天生物质(秸秆等)燃烧集中的季节(5—6 月)与冬季(12 月)达到峰值，棕碳在短波段(370 nm)的吸光贡献能够达到 33%，但不同季节棕碳排放源存在显著差异(图 6.7，详见书末彩图)[31]。5—6 月的棕碳主要来自露天生物质燃烧产生的一次排放源；12 月的棕碳吸光贡献为全年最高，民用燃烧源(包括家庭生物质燃烧和民用燃煤)很可能是其主要排放源。

6.4.3　大气边界层-空气污染双向反馈机制的数值模拟研究

虽然东部地区空气质量自 2013 年“清洁空气行动计划”实施以来有了显著改善，在严格减排的情形下，许多城市污染事件依然时有发生。污染物长距离输送、局地累积及化学生成被认为是影响重霾污染的关键因素，然而对于区域尺度，持续性灰霾形成的机制及其在不同超大城市群间传输的理化过程关系的认识还非常有限。因此，通过 2017 年年底至 2018 年年初发生在华北和华东地区的一次大范围重霾事件，基于多种观测资料和数值模式模拟，发

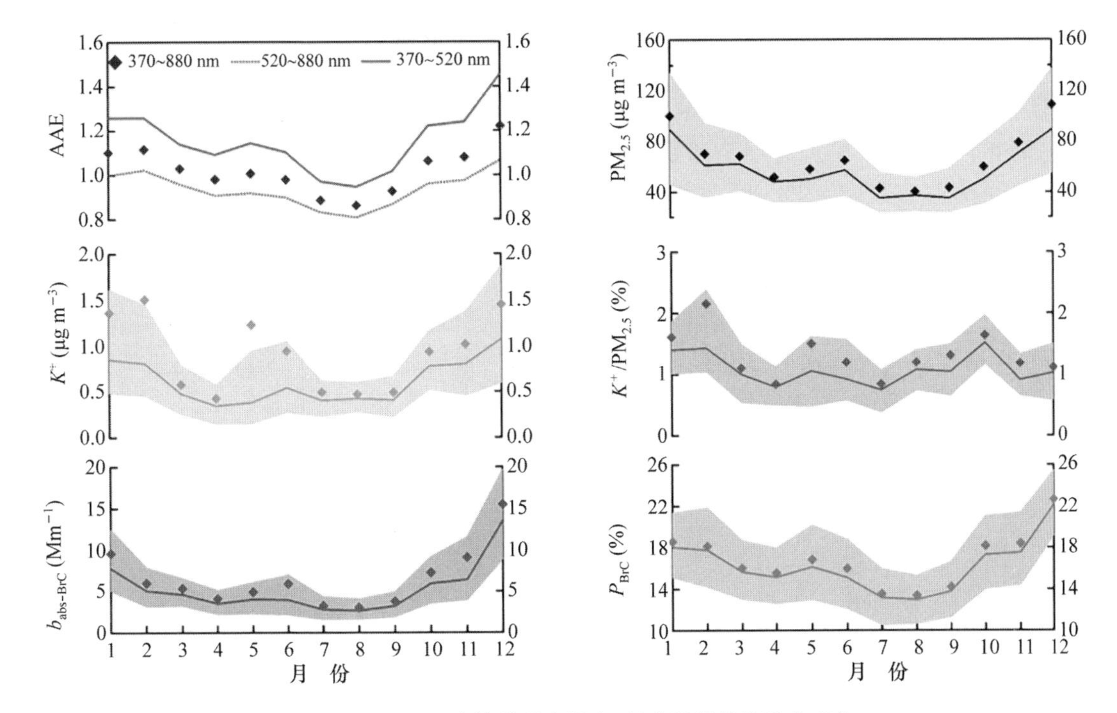

图 6.7　SORPES 站棕碳吸光强度、吸光贡献等的季节变化

现该污染事件表面上是长三角受华北区域性污染的长距离传输所致，实际上华北地区的重霾形成和加剧的气象条件却显著受到长三角和山东等地区排放的影响。具有较强太阳辐射吸收特性的黑碳气溶胶的区域性排放可以被快速输送至京津冀地区的边界层上部，通过气溶胶-边界层的相互作用改变京津冀地区的气象条件，加剧所在地区静稳天气的形成(即边界层上层增暖、下层降温的"穹顶效应")，同时边界层内因降温所导致的相对湿度增加又显著促进二次颗粒物的生成，从而加剧了华北的 $PM_{2.5}$ 污染(图 6.8，详见书末彩图)。在随后的冷锋作用下，区域性重霾又可南下影响包括长三角在内的整个东部地区(图 6.9，详见书末彩图)[7]。

我们进一步统计了 2013 年以来类似的 17 个典型案例，并基于 WRF-Chem 数值模式模拟量化了该过程的相关贡献。同时发现，对于长三角而言，同样的减排强度，只要使减排时间点和正常预报重霾出现时间相比错位(譬如提前两天)，不但可以减轻华北地区的污染，也有助于对随后长距离传输的重污染过程进行削峰。该研究首次发现在上千千米的空间尺度上，垂直方向的空气污染-大气边界层反馈过程可以与大尺度天气过程发生相互作用，进一步增强区域间的污染传输。也进一步证明了我国独特环境条件下大气复合污染成因的复杂性和非线性，基于多学科交叉的方法及多种研究手段的结合可以帮助提高相关问题的认识。

除了秋冬季灰霾污染外，初夏苏北、皖北地区秸秆焚烧也是导致区域空气质量急剧下降的重要原因之一。基于 SORPES 站观测的 2012 年 6 月初秸秆焚烧事件中的气象与污染物数据，对比预报分析，发现空气污染也会实质性地改变天气，引起了公众和媒体的广泛关注。此次秸秆焚烧导致的"黄泥天"污染使得南京、扬州多地天气预报高估气温近 10℃并"误报"降水。为揭示秸秆焚烧期间空气污染影响边界层结构和降水的机制，对 SORPES 站多项观测参数进行系统分析，发现该污染源自秸秆燃烧与城市污染的混合，并通过对太阳光的吸收散射及云量变化导致地气系统能量分配失衡。具体来说,包括区域尺度上地表入射辐射减弱和大气驻留辐射增强,因此地表向上感热/潜热通量下降(图 6.10,详见书末彩图)[32]。结合区域大气动力-化学耦合模式 WRF-Chem,揭示了秸秆焚烧污染气团改变辐射传输、地气系统能量平衡从而影响温度层结和边界层湍流交换强度,通过弱化边界层内水汽向上传输的通量和边界层顶的相对湿度,进而改变了降水的区域分布和强度(图 6.11,详见书末彩图)[32]。污染气团造成的稳定层结和感热通量缺失导致小尺度湍流活动减缓,水汽蒸发减弱,因此云的形成和降水发展受阻,而秸秆焚烧产生的黑碳颗粒对上层空气加热并移动到下游地区,引起对流活动和夜间降水的增强。该研究从机理上解释了气溶胶影响污染区域及其下风向天气状况及降水的交互过程。同时指出,气溶胶辐射反馈对于降水的影响强烈依赖于局地的气象条件,如大气稳定度及湿度。

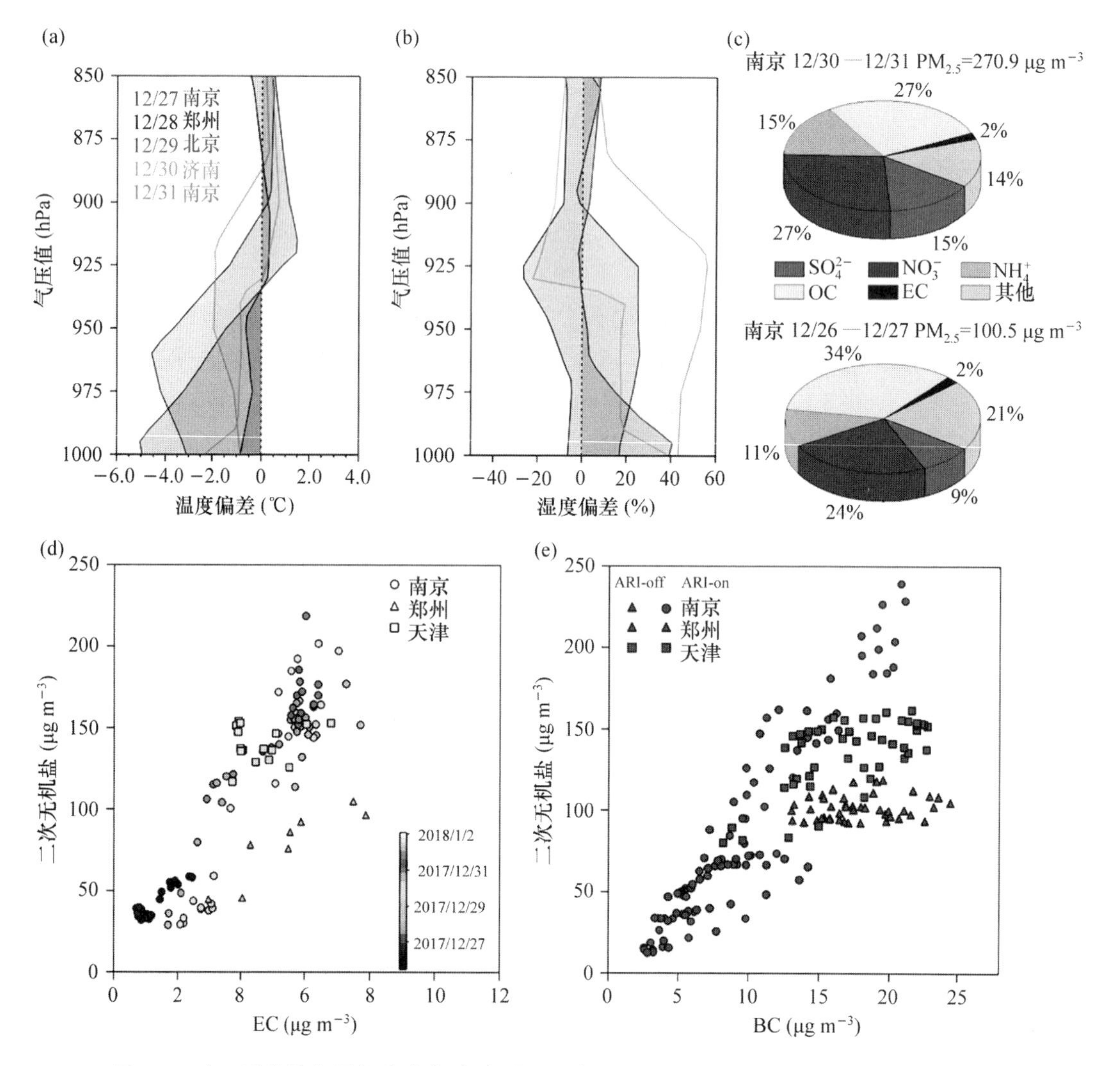

图 6.8 跨区域传输灰霾污染中气溶胶-边界层相互作用及大气污染物化学组成特征演变

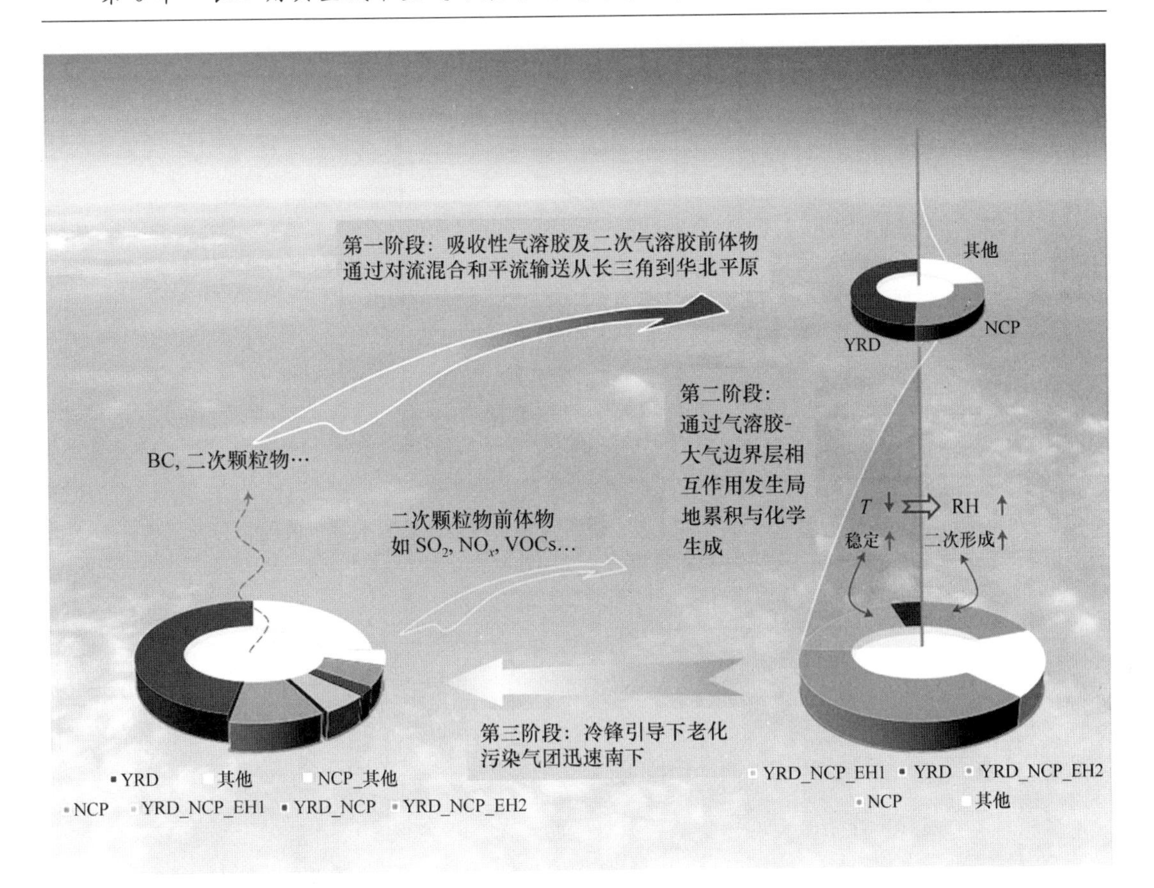

图 6.9　重霾污染通过气溶胶-边界层相互作用增强长距离传输示意

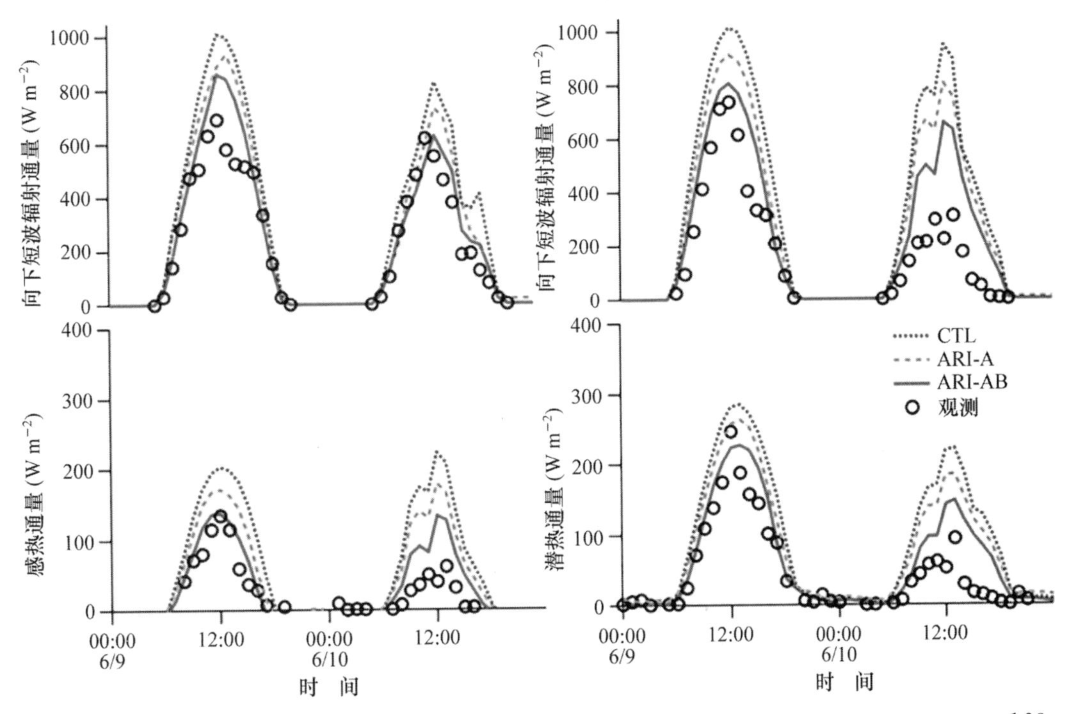

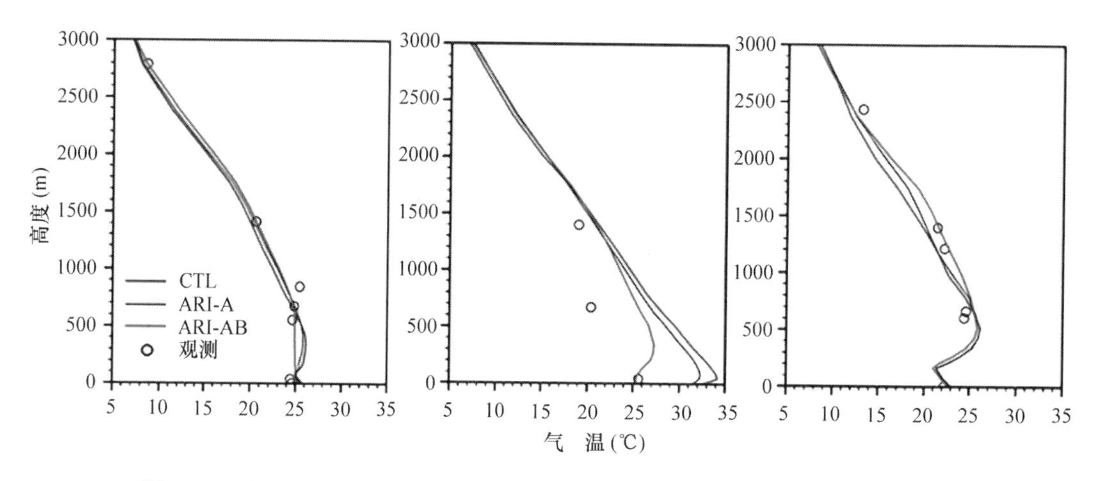

图 6.10 生物质燃烧排放气溶胶通过对短波辐射传输扰动导致地气能量再分配，形成更加稳定的对流层低层大气

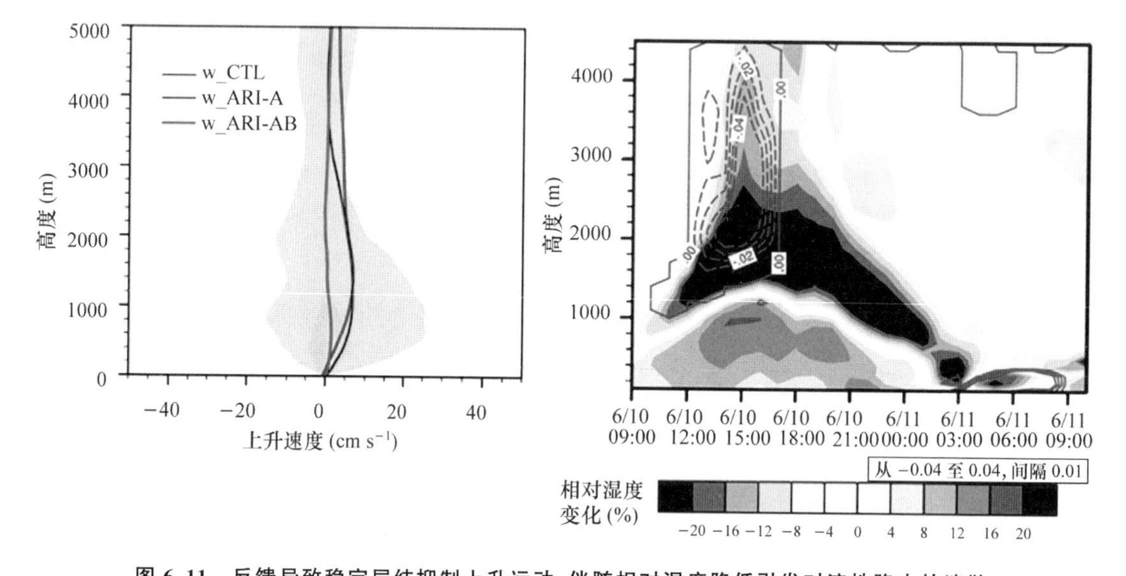

图 6.11 反馈导致稳定层结抑制上升运动，伴随相对湿度降低引发对流性降水的消散

沙尘气溶胶由于粒径较大且具有吸光性，对于短波和长波辐射的传输和分配均可产生扰动。为探究春季沙尘暴期间沙尘气溶胶与大气边界层相互作用机制，利用 OMR 方法，通过比较观测资料与再分析资料差异，获取沙尘气溶胶对气象场的影响及与气象场间的反馈作用。研究发现沙尘气溶胶在戈壁沙源区引起地表和大气中的辐射强迫分别为 $-21.1\ \mathrm{W\ m^{-2}}$ 和 $12.7\ \mathrm{W\ m^{-2}}$，而在下游华北平原的辐射强迫分别为 $-13.1\ \mathrm{W\ m^{-2}}$ 和 $4.8\ \mathrm{W\ m^{-2}}$。短波辐射强迫与长波辐射强迫符号相反且约为长波的两倍。在白天的太阳辐射作用下，沙尘削弱短波辐射引起地表降温为主，大气增温使得大气趋于稳定，湍流交换及边界层发展受阻，从而高度下降约 90 m，同时近地面风速下降 $0.4\ \mathrm{m\ s^{-1}}$。相反，夜间无太阳辐射干预下，沙尘气溶胶引起的长波辐射强迫也能产生不可忽视的影响。

同时我们注意到，由于沙尘浓度、垂直分布及地表反照率都可扰动辐射效应，沙尘气溶胶在沙源区和下游华北平原的影响具有各自的特征。虽然沙尘暴期间华北平原地区辐射强迫整体低于沙源区(由于沙尘浓度总体更低),但华北平原地表温度瞬时响应更显著(图6.12,详见书末彩图)[33]。由于沙源区的辐射反馈导致大气更加稳定,沙尘排放减少,但华北地区沙尘总量反而有所上升。沙源区夜间边界层混合增强,促进沙尘气溶胶向高层输送。在缺少摩擦和垂直混合影响的自由大气中,沙尘气溶胶驻留寿命更长,更易传输到下游地区引起沙尘污染。包含反馈过程的在线耦合模式可模拟出更符合实际的地表气象变量及垂直廓线,说明考虑沙尘-辐射反馈在数值天气预报中的重要意义。

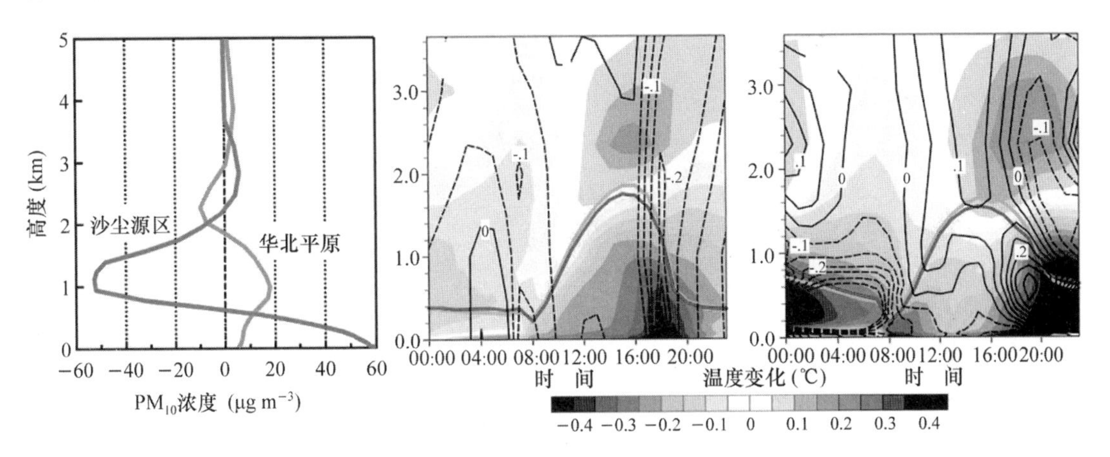

图6.12 (左)沙尘源区风速增大,易使沙尘气溶胶向下游远距离传输;(右)沙尘引起辐射反馈导致对流层低层温度及风速变化。红色/绿色实线表示有/无反馈影响下边界层高度

东亚地区天气气候条件复杂,污染来源多样。尤其是春季沙尘暴频发,化石燃料燃烧及生物质燃烧都可严重影响该地区空气质量。本文根据一次典型污染混合过程的观测与模拟结果,深入分析不同污染来源气溶胶的垂直分布、传输特征及气象反馈过程。伴随该过程,长三角地区由以高浓度硫酸盐、硝酸盐和铵盐为特征的二次细颗粒物污染快速转变为沙尘污染。结合欧拉化学传输模型与拉格朗日扩散模式,探究了本次多尺度、不同源、持续性污染过程中污染物的垂直结构及污染形成机制(图6.13,详见书末彩图)[34]。近地面人为排放污染与边界层及对流层中下层向下传输的沙尘污染混合,在冷锋和暖输送带引导下进一步输送。东南亚地区森林大火排放的生物质燃烧烟羽经地形和热力抬升作用,顺西风带从3 km高度进入中国南方沿海对流层低层,与沙尘及人为源混合后移向下游太平洋地区。三种不同来源的污染先后抵达30°N长三角地区并形成CALIPSO卫星观测到的多层污染结构。由于黑碳和矿质组分等具有较明显的辐射效应,这种多源复合污染显著影响对流层中下层大气层结结构及气象条件,加剧局地污染及空气质量恶化。

春季太阳辐射强烈,从东亚大陆出流污染烟羽将对大气甚至海洋环境产生显著影响。大尺度天气过程如冷锋在污染物长距离输送及抬升中扮演重要角色。同时,东亚地区工业化和城市化进程加快,工业交通排放密集;沙尘活动及生物质燃烧在春季十分频繁,如图6.13所示的多源复合污染在东亚春季较为普遍。混合污染烟羽可在大气中发生复杂的物理和化学过程,从而改变下游地区的大气成分及气象要素。研究结果再次强调中国东部地区密集垂直观测的必要性及不同来源污染及其混合对于气候和环境的定量化影响。

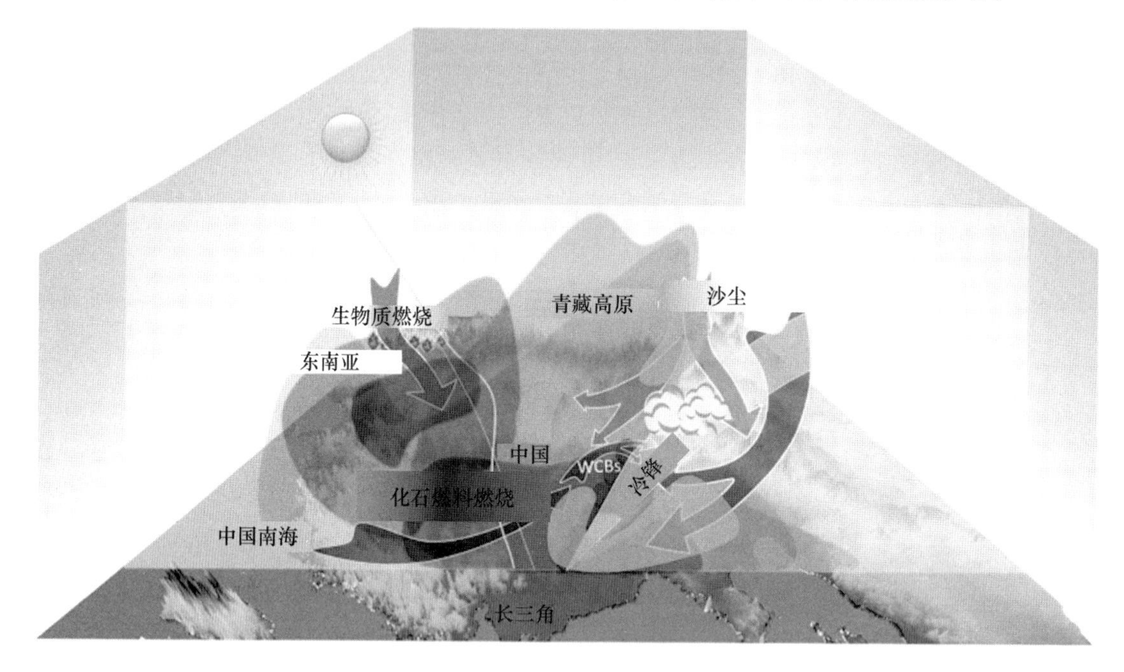

图 6.13　东亚地区沙尘、生物质燃烧及化石燃料燃烧排放气溶胶污染长距离输送、混合及形成反馈过程示意

前期研究已发现气溶胶-边界层相互作用对局地和区域气象条件以及空气污染的显著影响,但其详细物理过程及关键影响因子尚待明确。由此,本研究组围绕该问题继续开展研究,基于单柱大气化学模式,即 WRF-Chem SCM 模式定量研究影响黑碳气溶胶“穹顶效应”的关键因子。研究发现位于大气边界层上部(600～1200 m 高度)的黑碳气溶胶具有更强的“穹顶效应”(图 6.14,详见书末彩图)[35],可最有效抑制边界层发展。一方面,高层气溶胶短波辐射加热效率更高;另一方面,位于大气边界层上部的气溶胶的加热更容易导致大气边界层顶部热力层结的变化,从而抑制边界层的发展,让地表排放的污染物在更低的边界层内混合,加剧地表污染。研究同时发现黑碳气溶胶的“老化”(即具有散射特性的二次气溶胶在黑碳表面的凝结混合)可以放大黑碳的吸收截面和吸收特性,显著增强黑碳气溶胶的穹顶效应(图6.15)[35]。而常伴随重污染事件出现的高湿度条件则通过促进混合污染物吸湿增长,进一步放大吸收性,加快反馈形成。

此外,针对城市和乡村不同下垫面的对比研究发现,以耕作农田和植被为主的农村下垫面相比于城市地表反照率高、土壤湿度和热容量大,且农村地区本身边界层较为稳定,黑碳的“穹顶效应”也更为显著。

研究最后指出:综合考虑黑碳气溶胶“穹顶效应”对空气质量的影响,应该制定城乡和区域协同的控制对策,有针对性地控制可能导致黑碳长距离输送的高架源和农村生活源中的黑碳排放,才能更为有效地缓解区域重霾污染事件,同时减少碳排放也呼应了减缓全球变暖的举措。

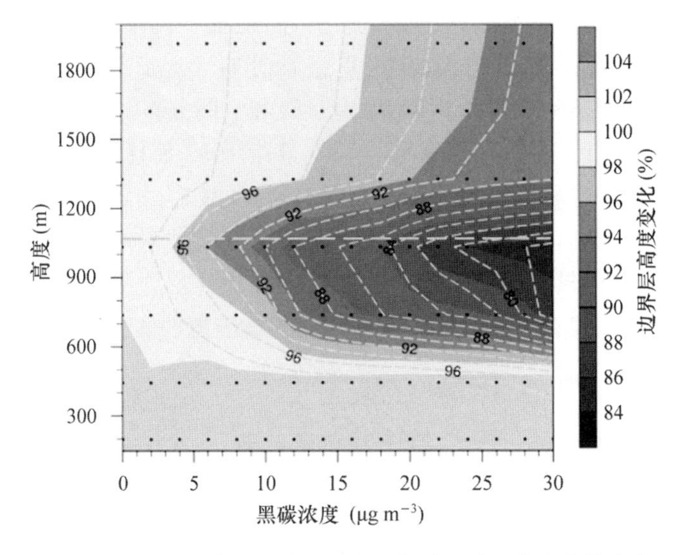

图 6.14　边界层高度与湍流混合系数对黑碳垂直分布的响应

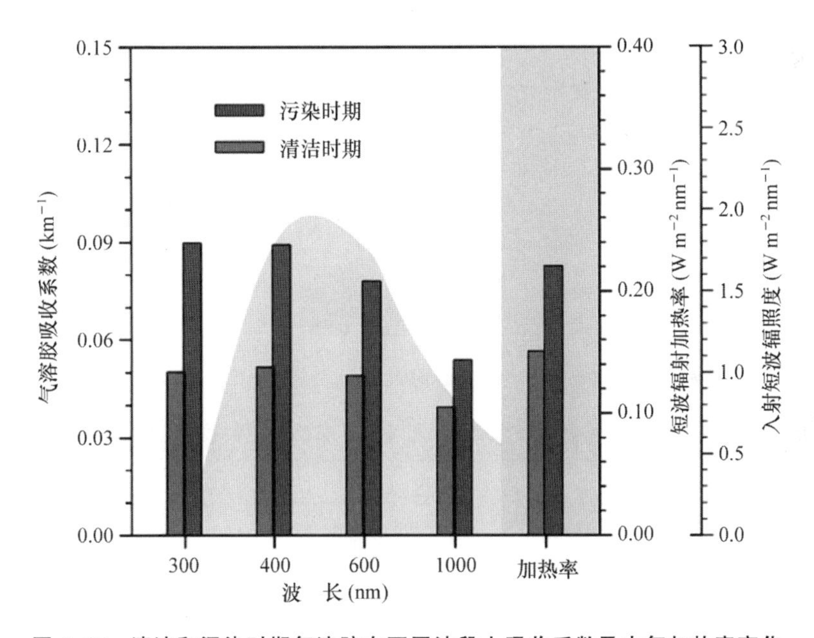

图 6.15　清洁和污染时期气溶胶在不同波段上吸收系数及大气加热率变化

气溶胶垂直分布对双向反馈过程的形成具有重要作用，因此在数值模式中精确刻画反馈过程对区域空气质量模拟研究和业务预报都有重要意义。根据已有研究，认识到位于边界层上部的黑碳能够最有效地抑制边界层的发展。同时，温度、湿度及风速在边界层上部及近地面层都存在较大梯度，而模式中默认垂直分辨率不足以刻画出这些大气变量在垂直方向上的快速变化。因此提出针对边界层上部及近地面层两个关键高度加密的非均匀垂直网格，发现在一维模式中优化网格能够较好地模拟出气溶胶导致的温度层结改变及气溶胶垂直分布(图 6.16，详见书末彩图)[36]，从而得到更精确的地表 $PM_{2.5}$ 浓度和干沉降速率。将优化网格应用在区域空气质量模型中,发现该优化网格能捕捉到垂直方向上探空廓线白天边界层上部加热及夜间的贴地逆温结构,使得重污染时期近地面 2 m 温度模拟偏差下降近 40%,因此能获得更符合实际观测的 $PM_{2.5}$ 浓度量级和空间分布。从逐小时观测与模拟细颗粒物浓度对比发现,随着污染加剧,默认网格偏差逐渐增大,而优化网格模拟偏差保持在较低水平,说明优化网格更容易捕捉到污染物浓度的峰值(图 6.17,详见书末彩图)[36]。同时,针对城市站点和农村站点由于交通出行和边界层下混导致的早晚高峰及午间高值,优化网格都能给出相应的日变化趋势。该优化网格既能确保边界层内关键过程模拟的精确性,又节约了计算资源,适用于具有高浓度吸收性气溶胶的重霾地区的预报、预警。

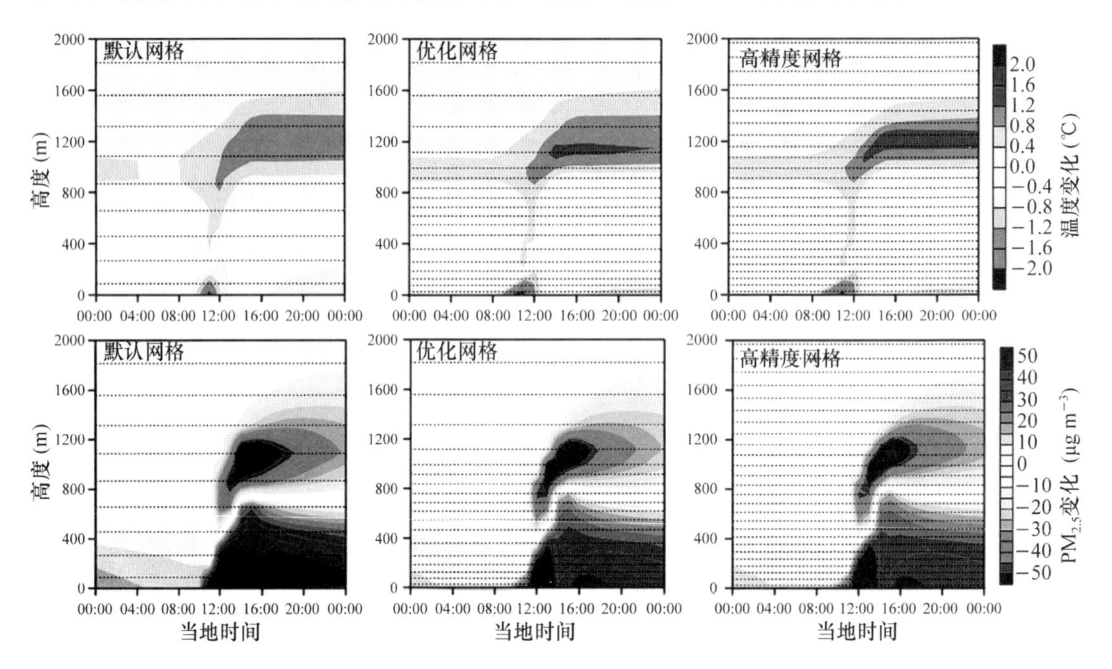

图 6.16 默认、优化及高精度网格配置下气溶胶-大气边界层反馈层结改变及污染物垂直分布模拟效果

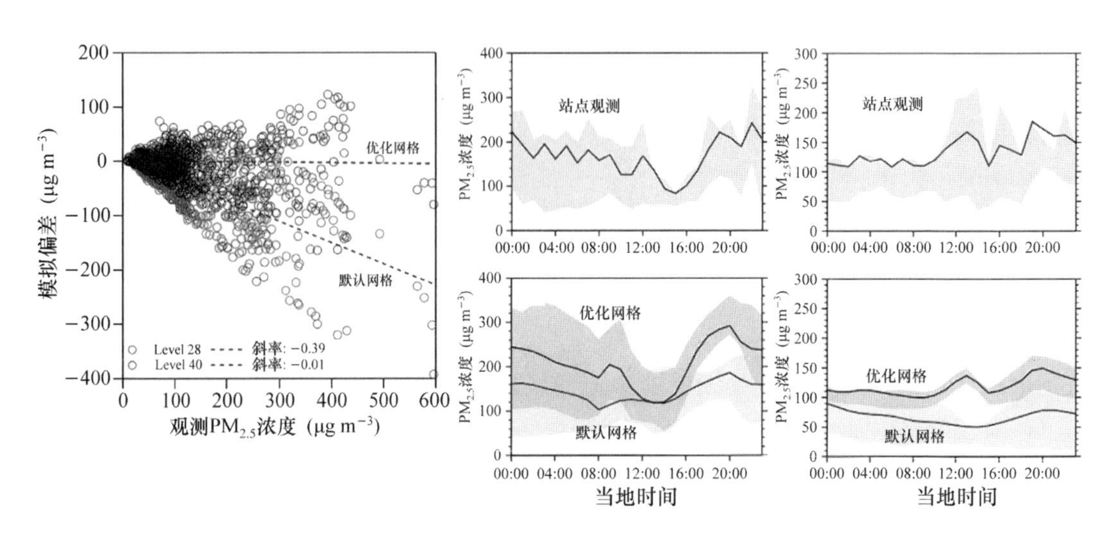

图 6.17 实际观测与默认/优化网格模拟 $PM_{2.5}$ 浓度峰值及日变化趋势对比分析

6.4.4　本项目资助发表论文

[1] Wang J,Nie W,Cheng Y,et al. Light absorption of brown carbon in eastern China based on 3-year multi-wavelength aerosol optical property observations and an improved absorption Ångström exponent segregation method. Atmospheric Chemistry and Physics,2018,18(12):9061-9074.

[2] Qi X,Ding A,Roldin P,et al. Modelling studies of HOMs and their contributions to new particle formation and growth:Comparison of boreal forest in Finland and a polluted environment in China. Atmospheric Chemistry and Physics,2018,18(16):11779-11791.

[3] Xu Z,Huang X,Nie W,et al. Impact of biomass burning and vertical mixing of residual-layer aged plumes on ozone in the Yangtze River Delta,China:A tethered-balloon measurement and modeling study of a multiday ozone episode. Journal of Geophysical Research:Atmospheres,2018,123(20):11,786-711+803.

[4] Ding A,Huang X,Nie W,et al. Enhanced haze pollution by black carbon in megacities in China. Geophysical Research Letters,2016,43(6):2873-2879.

[5] Huang X,Wang Z,Ding A. Impact of aerosol-PBL interaction on haze pollution:multiyear observational evidences in North China. Geophysical Research Letters,2018,45(16):8596-8603.

[6] Huang X,Ding A,Liu L,et al. Effects of aerosol-radiation interaction on precipitation during biomass-burning season in East China. Atmospheric Chemistry and Physics,2016,16(15):10063-10082.

[7] Shen Y,Virkkula A,Ding A,et al. Aerosol optical properties at SORPES in Nanjing,East China. Atmospheric Chemistry and Physics,2018,18(8):5265-5292.

[8] Liu L,Huang X,Ding A,et al. Dust-induced radiative feedbacks in North China:A dust storm episode modeling study using WRF-Chem. Atmospheric Environment,2016,129:43-54.

[9] Wang N,Lyu X,Deng X,et al. Aggravating O_3 pollution due to NO_x emission control in eastern China. Science of The Total Environment,2019,677:732-744.

[10] Wang Z,Huang X,Ding A. Optimization of vertical grid setting for air quality modelling in China considering the effect of aerosol-boundary layer interaction. Atmospheric Environment,2019,210:1-13.

[11] Zhou D,Ding K,Huang X,et al. Transport,mixing and feedback of dust,biomass burning and anthropogenic pollutants in eastern Asia:A case study. Atmospheric Chemistry and Physics,2018,18(22):16345-16361.

[12] Wang Z,Huang X,Ding A. Dome effect of black carbon and its key influencing factors:A one-dimensional modelling study. Atmospheric Chemistry and Physics,2018,18(4):2821-2834.

[13] Zou J,Sun J,Ding A,et al. Observation-based estimation of aerosol-induced reduction of planetary boundary layer height. Advances in Atmospheric Sciences,2017,34(9):1057-1068.

[14] Li Z,Guo J,Ding A,et al. Aerosol and boundary-layer interactions and impact on air quality. National Science Review,2017,4(6):810-833.

[15] Xu Z,Huang X,Nie W,et al. Influence of synoptic condition and holiday effects on VOCs and ozone production in the Yangtze River Delta region,China. Atmospheric Environment,2017,168:112-124.

[16] Huang X,Zhou L,Ding A,et al. Comprehensive modelling study on observed new particle formation at the SORPES station in Nanjing,China. Atmospheric Chemistry and Physics,2016,16(4):2477-2492.

[17] Ding Q,Sun J,Huang X,et al. Impacts of black carbon on the formation of advection-radiation fog during

a haze pollution episode in eastern China. Atmospheric Chemistry and Physics, 2019, 19(11): 7759-7774.

[18] Zheng S,Xu X,Zhang Y,et al. Characteristics and sources of VOCs in urban and suburban environments in Shanghai, China, during the 2016 G20 summit. Atmospheric Pollution Research, 2019, 10(6): 1766-1779.

[19] Liu D,Liu X,Wang H,et al. A new type of haze? The December 2015 purple (magenta) haze event in Nanjing,China. Atmosphere,2017,8(12): 76.

[20] Wang X,Guo W,Qiu B,et al. Quantifying the contribution of land use change to surface temperature in the lower reaches of the Yangtze River. Atmospheric Chemistry and Physics,2017,17(8): 4989-4996.

[21] Wei J,Zhu W,Liu D,et al. The temporal and spatial distribution of hazy days in cities of Jiangsu Province China and an analysis of its causes. Advances in Meteorology,2016,2016: 1-11.

[22] Zhang Y,Tang L,Sun Y,et al. Limited formation of isoprene epoxydiols-derived secondary organic aerosol under NO_x-rich environments in eastern China. Geophysical Research Letters,2017,44(4): 2035-2043.

[23] Liu D,Yan W,Kang Z,et al. Boundary-layer features and regional transport process of an extreme haze pollution event in Nanjing,China. Atmospheric Pollution Research,2018,9(6): 1088-1099.

[24] Dai L,Wang H,Zhou L,et al. Regional and local new particle formation events observed in the Yangtze River Delta region,China. Journal of Geophysical Research: Atmospheres,2017,122(4): 2389-2402.

[25] Guo W,Wang X,Sun J,et al. Comparison of land-atmosphere interaction at different surface types in the mid- to lower reaches of the Yangtze River valley. Atmospheric Chemistry and Physics,2016,16(15): 9875-9890.

[26] Qiu B,Guo W,Xue Y,et al. Implementation and evaluation of a generalized radiative transfer scheme within canopy in the soil-vegetation-atmosphere transfer (SVAT) model. Journal of Geophysical Research: Atmospheres,2016,121(20): 12145-12163.

[27] Zhang Y,Tang L,Croteau P,et al. Field characterization of the $PM_{2.5}$ Aerosol Chemical Speciation Monitor: insights into the composition,sources,and processes of fine particles in eastern China. Atmospheric Chemistry and Physics,2017,17(23): 14501-14517.

[28] Wang J,Virkkula A,Gao Y,et al. Observations of aerosol optical properties at a coastal site in Hong Kong,South China. Atmospheric Chemistry and Physics,2017,17(4): 2653-2671.

[29] Li H,Fu C,Guo W. An integrated evaluation of land surface energy fluxes over China in seven reanalysis/modeling products. Journal of Geophysical Research: Atmospheres,2017,122(16): 8543-8566.

[30] 钱俊龙,刘端阳,曹璐,等. 冷空气过程对江苏持续性霾的影响研究. 环境科学学报,2017,38(01): 52-61.

[31] 严文莲,刘端阳,康志明,等. 江苏臭氧污染特征及其与气象因子的关系. 气象科学,2019,39(04): 477-487.

[32] 张茹,汤莉莉,许汉冰,等. 冬季南京城市大气气溶胶吸湿性观测研究. 环境科学学报,2018,38(01): 32-40.

[33] 杨一帆,汤莉莉,许潇锋,等. 南京冬夏硫酸盐和硝酸盐对黑碳混合态的影响. 中国环境科学,2018,38(04): 1221-1230.

[34] 刘金荣,张宁红,汤莉莉,等. 苏州青剑湖 VOCs 季节污染特征及来源解析. 环境科学与技术,2018,41(08): 126-134.

[35] 蒋磊，汤莉莉，潘良宝，等. 南京冬季重污染过程中黑碳气溶胶的混合态及粒径分布. 环境科学，2017，38(01)：13-21.

[36] 汤莉莉，刀谞，秦玮，等. 大气超级站网建设及在江苏区域的集成应用实践. 中国环境监测，2017，33(05)：15-21.

[37] 沈阳，沈安云，苏航，等. 2016 年冬季江苏省一次大范围强浓雾天气过程成因分析. 气象与环境学报，2017，33(04)：11-20.

[38] 胡丙鑫，汤莉莉，张宁红，等. 南京市不同季节大气亚微米颗粒物化学组分在线观测研究. 环境科学学报，2017，37(03)：853-862.

[39] 杨笑笑，汤莉莉，胡丙鑫，等. 南京城区夏季大气 VOCs 的来源及对 SOA 的生成研究——以亚青和青奥期间为例. 中国环境科学，2016，36(10)：2896-2902.

参考文献

[1] He K，Huo H，Zhang Q. Urban air pollution in China：Current status，characteristics，and progress. Annual Review of Energy and the Environment，2002，27(1)：397-431.

[2] Che H，Zhang X，Li Y，et al. Horizontal visibility trends in China 1981—2005. Geophysical Research Letters，2007，34(24)：497-507.

[3] Huang R，Zhang Y，Bozzetti C，et al. High secondary aerosol contribution to particulate pollution during haze events in China. Nature，2014，514(7521)：218-222.

[4] Gao J，Woodward A，Vardoulakis S，et al. Haze，public health and mitigation measures in China：A review of the current evidence for further policy response. Science of The Total Environment，2017，578：148-157.

[5] Fu H，Chen J. Formation，features and controlling strategies of severe haze-fog pollutions in China. Science of The Total Environment，2017，578：121-138.

[6] Wang J，Zhao B，Wang S，et al. Particulate matter pollution over China and the effects of control policies. Science of The Total Environment，2017，584-585：426-447.

[7] Huang X，Ding A，Wang Z，et al. Amplified transboundary transport of haze by aerosol-boundary layer interaction in China. Nature Geoscience，2020，13(6)：428-434.

[8] Ding A，Huang X，Nie W，et al. Enhanced haze pollution by black carbon in megacities in China. Geophysical Research Letters，2016，43(6)：2873-2879.

[9] Li M，Zhang Q，Kurokawa J，et al. MIX：A mosaic Asian anthropogenic emission inventory under the international collaboration framework of the MICS-Asia and HTAP. Atmospheric Chemistry and Physics，2017，17：935-963.

[10] Ding A，Fu C，Yang X，et al. Intense atmospheric pollution modifies weather：A case of mixed biomass burning with fossil fuel combustion pollution in eastern China. Atmospheric Chemistry and Physics，2013，13：10545-10554.

[11] Cheng Z，Wang S，Fu X，et al. Impact of biomass burning on haze pollution in the Yangtze River Delta，China：A case study of summer in 2011. Atmospheric Chemistry and Physics，2014，14：4573-4585.

[12] Liu Y，Li L，An J，et al. Estimation of biogenic VOC emissions and its impact on ozone formation over the Yangtze River Delta region，China. Atmospheric Environment，2018，186：113-128.

[13] Fu X,Wang S,Cheng Z,et al. Source,transport and impacts of a heavy dust event in the Yangtze River Delta,China,in 2011. Atmospheric Chemistry and Physics,2014,14(3): 1239-1254.

[14] Wang T,Xue L,Brimblecombe P,et al. Ozone pollution in China: A review of concentrations,meteorological influences, chemical precursors, and effects. Science of The Total Environment, 2017, 575: 1582-1596.

[15] Pu X,Wang T,Huang X,et al. Enhanced surface ozone during the heat wave of 2013 in Yangtze River Delta region,China. Science of The Total Environment,2017,603-604: 807-816.

[16] Li M,Wang T,Xie M,et al. Formation and evolution mechanisms for two extreme haze episodes in the Yangtze River Delta region of China during winter 2016. Journal of Geophysical Research: Atmospheres,2019,124(6): 3607-3623.

[17] Li L,Chen C,Fu J,et al. Air quality and emissions in the Yangtze River Delta,China. Atmospheric Chemistry and Physics,2011,11(4): 1621-1639.

[18] Wallace J,Hobbs P. Atmospheric science: An introductory survey. Second Edition. New York: Elsevier, 2006.

[19] Kumar P,Sharan M. An analytical model for dispersion of pollutants from a continuous source in the atmospheric boundary layer. Proceedings of The Royal Society A Mathematical Physical and Engineering Sciences,2010,466: 383-406.

[20] Kotthaus S,Halios C,Barlow J,et al. Volume for pollution dispersion: London's atmospheric boundary layer during ClearfLo observed with two ground-based lidar types. Atmospheric Environment,2018,190: 401-414.

[21] Boucher O,Randall P,Bretherton C,et al. Clouds and aerosols. In: Climate change 2013: The physical science basis. Contribution of working group I to the fifth assessment report of the intergovernmental panel on climate change. United Kingdom and New York: Cambridge University Press,2013.

[22] Huang X,Song Y,Zhao C,et al. Directradiative effect by multicomponent aerosol over China. Journal of Climate,2015,28(9): 3472-3495.

[23] Ramanathan V,Carmichael G. Global and regional climate changes due to black carbon. Nature Geoscience,2008,1(4): 221-227.

[24] Meehl G,Arblaster J,Collins W. Effects of black carbon aerosols on the Indian Monsoon. Journal of Climate,2008,21: 2869-2882.

[25] Hinks M,Montoya A,Ellison L,et al. Effect of relative humidity on the composition of secondary organic aerosol from oxidation of toluene. Atmospheric Chemistry and Physics Discussions,2018,18: 1643-1652.

[26] Seinfeld J,Erdakos G,Asher W,et al. Modeling the formation of secondary organic aerosol (SOA). 2. The predicted effects of relative humidity on aerosol formation in the alpha-pinene-, beta-pinene-, sabinene-,delta 3-carene-,and cyclohexene-ozone systems. Environmental Science and Technology,2001, 35: 1806-1817.

[27] Ding A,Fu C,Yang X,et al. Ozone and fine particle in the western Yangtze River Delta: An overview of 1 yr data at the SORPES station. Atmospheric Chemistry and Physics,2013,13: 5813-5830.

[28] Huang X,Wang Z,Ding A. Impact of aerosol-PBL interaction on haze pollution: Multiyear observational evidences in North China. Geophysical Research Letters,2018,45(16): 8596-8603.

[29] Zou J,Sun J,Ding A,et al. Observation-based estimation of aerosol-induced reduction of planetary boundary layer height. Advances in Atmospheric Sciences,2017,34(9): 1057-1068.

[30] Shen Y,Virkkula A,Ding A,et al. Aerosol optical properties at SORPES in Nanjing,East China. Atmospheric Chemistry and Physics,2018,18(8):5265-5292.

[31] Wang J,Nie W,Cheng Y,et al. Light absorption of brown carbon in eastern China based on 3-year multi-wavelength aerosol optical property observations and an improved absorption Ångström exponent segregation method. Atmospheric Chemistry and Physics,2018,18(12):9061-9074.

[32] Huang X,Ding A,Liu L,et al. Effects of aerosol-radiation interaction on precipitation during biomass-burning season in East China. Atmospheric Chemistry and Physics,2016,16(15):10063-10082.

[33] Liu L,Huang X,Ding A,et al. Dust-induced radiative feedbacks in North China:A dust storm episode modeling study using WRF-Chem. Atmospheric Environment,2016,129:43-54.

[34] Zhou D,Ding K,Huang X,et al. Transport,mixing and feedback of dust,biomass burning and anthropogenic pollutants in eastern Asia:A case study. Atmospheric Chemistry and Physics,2018,18(22):16345-16361.

[35] Wang Z,Huang X,Ding A. Dome effect of black carbon and its key influencing factors:A one-dimensional modelling study. Atmospheric Chemistry and Physics,2018,18(4):2821-2834.

[36] Wang Z,Huang X,Ding A. Optimization of vertical grid setting for air quality modelling in China considering the effect of aerosol-boundary layer interaction. Atmospheric Environment,2019,210:1-13.

第7章　基于AMDAR及综合观测数据研究大气边界层结构变化与重污染过程相互影响

程水源

北京工业大学

本文以华北地区为研究对象，开发基于数据挖掘的飞机AMDAR资料分析技术，综合利用飞机AMDAR、气象加密观测数据，并与数值模拟相结合研究大气边界层结构变化规律；基于大气环境常规监测、$PM_{2.5}$组分分析、激光雷达观测等综合立体观测结果，研究分析重污染形成、发展、消散过程的大气环境理化特征；基于气象、环境等多个学科交叉融合，综合利用综合观测、数值模拟等多种技术手段研究揭示大气边界层结构变化与空气重污染的相互作用机制，弄清楚大气边界层结构变化与重污染过程的相互影响。研究结果对于区域大气重污染预测、预警技术的提升，大气环境承载力的研究与空气污染优化控制方案的制定具有重要意义。

7.1　研究背景

7.1.1　研究背景

大气边界层结构变化是影响大气重污染形成的重要原因，要弄清楚重污染形成机制，研究确定大气环境承载力与环境容量，提高大气重污染的预测、预警精度，就必须要研究大气边界层结构变化对污染物积累、重污染形成的贡献，以及大气边界层结构变化与重污染的相互影响，解决有关关键科学问题。因此，以华北地区为研究对象，基于高时空分辨率、可靠的AMDAR数据及综合观测数据，基于数值模拟、数理统计等多种技术手段研究大气边界层结构变化与重污染过程的相互影响机制。研究结果对于掌握大气高浓度灰霾成因，提高重污染预测、预警精度以及制订科学的区域污染优化控制方案具有重要意义。

7.1.2　国内外研究现状与发展动态分析

1. 大气边界层结构气象探测与数据挖掘

目前，大气边界层结构探测常用的方法包括系留气球/探空气球、气象塔观测、风廓线观测等。然而上述观测技术在时间分辨率、观测成本以及精度等方面存在一定的缺陷，无法有效地反映区域大气边界层的结构变化。除上述常规观测手段外，飞机气象观测也是获取边界层结构参数的重要手段。与常规气象观测手段相比，飞机AMDAR(Aircraft Meteorological Data Relay)数据时空分辨率高、点位分布广，并能捕捉到常规探空观测难以发现的中小尺度天气系统及演变趋势，对于准确地分析大气边界层结构变化规律具有重要作用。对于飞机AMDAR数据的可靠性和有效性，国内外学者已开展了较多研究。Hoinka等[1]的研究发现AMDAR、气象探空以及激光多普勒风速计观测的风速差别不大。Schwartz和Benjamin[2]的研究显示在时空差距不大(水平距离<30 km、垂直距离<30 m、时间间隔<30 min)的情况下，AMDAR温度与气象探空温度平均仅相差0.2℃。刘小魏[3]、乔晓燕[4]对北京南郊站探空资料和首都机场AMDAR数据的对比结果表明AMDAR的温度、风向、风速等数据与气象探空资料相比误差较小，两者大气低层温度平均相差约0.01℃、风速平均相差0.14 $m\ s^{-1}$。仲跻芹等[5]对探空观测数据与AMDAR数据的对比结果显示两者温度相对误差均方根为0.5～1.5℃，风速相对误差均方根为1.4～2 $m\ s^{-1}$。可以发现，AMDAR时空分辨率高而且结果准确可靠，然而，目前这一高分辨率的飞机AMDAR数据尚未被有效地利用到大气边界层结构变化规律研究中，尤其是大气边界层结构对重污染的形成影响的研究。

2. 大气边界层结构变化对重污染的影响

不利的气象扩散条件是重污染发生的直接原因。一些学者研究发现持续稳定的均压场是造成污染物不断累积的最主要天气型。任阵海等[6]的研究发现大范围均压场条件下易出现近地层小尺度局地环流群体，大范围均压场持续演变和移动经常形成大气污染汇聚带，从而导致局地严重污染的发生。陈朝晖等[7]对北京一次PM_{10}重污染过程的分析发现，PM_{10}质量浓度变化与天气形势演变有较好的对应关系，PM_{10}质量浓度在上升、达到峰值和下降阶段分别对应着持续数日的大陆高压均压场、相继出现的低压均压区及锋后的高气压梯度场。Wei等[8]利用数值模型对华北区域一个反气旋天气系统的前部、中心和后部三个阶段与PM_{10}质量浓度的关系进行了研究，结果表明系统前部有利于污染物的扩散，系统中心往往是稳定的均压场，易造成污染物的累积，而反气旋系统后部易形成污染物传输通道。Wang等[9]利用HYSPLIT、MM5-CMAQ和天气型分析等手段，发现北京PM_{10}浓度的上升往往与西南气流输送有关，在太行山背风面出现的传输汇聚现象经常伴随着高压均压系统和逆温，是北京市发生重污染的主要原因。

小风、高湿和逆温等气象条件与大气重污染的形成密切相关。程念亮等[10]对4个典型空气重污染过程的成因进行了分析，发现近地层逆温、风速小和相对湿度高等不利的扩散条件是造成重污染的主要原因。Fan等[11]利用WRF对珠江三角洲边界层的模拟研究发现，稳定并且较低的边界层、下沉气流和较弱的水平风会导致高浓度污染的产生。Wu等[12]对逆温条件下的大气重污染过程进行研究发现，逆温会导致气压下降、温度上升、风速降低，抑制空气的湍流作用，造成颗粒物的累积。Wu等[13]对珠江三角洲地区的空气质量变化研究发现，空气质量较差时大气边界层内常出现逆温现象，并且冷锋过境前的暖期接地逆温、较低空逆温出现频率更高。Zhang 等[14]对兰州市的大气污染特征研究也发现日间的逆温现象是控制污染物浓度的关键因素。

国外的一些学者也开展了相关研究。Drzeniecka-Osiadacz 等[15]发现波兰冬季大气污染的形成往往是由中心位于东欧的大型高压系统导致的低风速、强逆温等稳定的气象条件致使污染物积累造成的。Segura 等[16]发现西班牙巴伦西亚市某重污染事件与副热带高压系统有关，占主导地位的反气旋低梯度压力系统和较低的混合层高度引起污染物的积累。Pernigotti 等[17]的研究表明意大利波河流域 PM_{10} 浓度受边界层影响很大，在稳定的气象条件下 PM_{10} 浓度在几小时内就会发生很大变化。Assimakopoulos 等[18]的研究指出在清晨和下午污染物浓度的增长速率与混合层高度的增长速率有很好的一致性。Tie 等[19]利用 WRF-Chem 模型对墨西哥进行研究，发现较低的大气边界层高度容易使污染物在近地面积累，而边界层高度的增大则有利于污染物的扩散。

3. 重污染对大气边界层结构的影响

大气气溶胶通过对光进行散射、吸收影响到达地面的太阳辐射，进而影响温度、大气边界层高度等相关要素。国内外学者已针对重污染对大气边界层结构的反馈影响进行了比较多的研究。如丁一汇等[20]对空气污染与气候变化的关系进行研究，结果表明造成空气污染的大气气溶胶粒子具有气候效应：一是通过散射和太阳光的吸收，减少到达地面的太阳辐射而具有降冷作用；二是可作为云中凝结核改变云微物理过程和降水性质，改变大气的水循环。马欣等[21]利用 WRF-Chem 模式模拟发现，在气溶胶的直接和间接气候效应作用下京津冀地区 2006 年夏季大气边界层高度下降了 34.42 m。Wang 等[22]利用 WRF-Chem 对珠三角地区的模拟研究结果显示，冬夏两季气溶胶可使太阳辐射量削减 16%和 9%，温度下降 0.16℃和 0.37℃。Quan 等[23]综合利用风廓线雷达、微波探测仪和微脉冲雷达等多种仪器对天津市大气边界层与重污染之间相互影响关系进行研究，结果表明在由细颗粒物污染造成的霾天气下，太阳辐射会减少，大气热通量会显著降低，这会直接影响大气边界层的形成发展，而边界层发展受到抑制会减弱污染物的扩散，从而导致更重污染的发生。

在世界各国，一些学者开展了大气污染对边界层结构影响的研究。Rokjin 等[24]利用 GEOS-Chem 模式对东亚地区棕碳气溶胶的辐射进行了模拟研究，结果显示棕碳气溶胶最多可使东亚地区的地面太阳辐射量减少 2.4 W m^{-2}，使大气顶层辐射量增加 0.24 W m^{-2}。Lau 等[25]利用大气环流模型 GCM 研究了印度地区大气污染对边界层及气候的影响，结果表明印度北部排放的黑碳的增加会导致雨季的提前到来以及随后印度夏季季风的加剧。Jacobson 等[26]利用全球城市模型 GATOR-GCMOM 对洛杉矶大气污染与边界层的关系进行了研究，发现大气气溶胶及其前体物能够降低太阳辐射强度、地表温度和地面风速，也会增加湿度、气溶胶光学厚度和云量，并且对区域降水有一定影响。Zhang 等[27]利用 WRF-Chem 模型对美国大陆 2001 年 1 月和 7 月大气中的化学-气溶胶-云-辐射-气候之间的反馈关系进行模拟。研究发现大气中的气溶胶能够在 1 月和 7 月份分别减少 9%和 16%的太阳辐射量。Zanis 等[28]利用区域气候模型对 2000 年夏季欧洲东南部大气中人为气溶胶与大气温度间的相互影响关系进行了研究，结果表明，人为气溶胶对于区域气候及其在大气循环中的动态反馈关系十分重要，矿物质尘、黑碳等气溶胶能够改变大气循环。

7.1.3 总结分析

综上所述，国内外学者已经针对大气边界层结构与重污染的特征及相互影响开展了广泛的研究，取得了较多的成果，但一些关键科学问题仍有待进一步深入探究。

(1) 常规的大气边界层观测手段难以系统、有效地反映区域大气边界层结构的时空变化规律。飞机AMDAR数据由于时间分辨率高、区域分布点位多、准确可靠、成本低等特点，可以很好地弥补常规观测手段的缺陷。因而，开发基于数据挖掘的AMDAR分析技术，将其应用于大气边界层结构变化规律探究，是研究大气边界层结构变化与重污染相互影响机制的重要途径。

(2) 目前大气边界层结构变化对重污染过程影响的研究一般停留在定性研究分析层面，大气边界层结构变化对大气污染物物理积聚与化学转化机制的影响等相关科学问题还不十分明确，亟需开展大气边界层结构变化对大气污染物物理积聚与化学转化影响机制的研究。

(3) 大气边界层结构变化与重污染相互影响的研究在学科分类上属于交叉学科，涉及气象、物理、化学等多个学科的交叉融合，研究手段上则需要综合观测、数值模拟、数理统计等多种技术的综合运用。由于上述原因，大气边界层结构变化与重污染相互影响的研究成为一个重要难题，研究大气边界层结构变化与重污染相互影响机制是亟待解决的关键科学问题。

本文开发了飞机AMDAR数据挖掘与分析技术，在对大量重污染过程进行深入统计分析的基础上，综合利用华北地区多点位、高时空分辨率且准确可靠的AMDAR数据再分析资料，并与气象探空、$PM_{2.5}$组分、激光雷达等多维立体综合观测数据相结合，基于数值模拟、数理统计等多种技术手段，探究重污染过程大气边界层结构(温度、风速、湿度等要素)变化规律，揭示大气边界层结构变化与重污染的相互作用机制，进一步弄清楚大气边界层结构变化与重污染相互影响等复杂的关键科学问题。

7.2 研究目标与研究内容

7.2.1 研究目标

基于华北地区大气重污染过程特征统计分析与深入研究，开发基于数据挖掘的飞机AMDAR资料分析技术，综合利用飞机AMDAR、气象加密观测数据，并与数值模拟相结合研究大气边界层结构变化规律；基于大气环境常规监测、$PM_{2.5}$组分分析、激光雷达观测等综合立体观测结果，研究分析重污染形成、发展、消散过程的大气环境理化特征；基于气象、环境等多个学科交叉融合，综合利用综合观测、数值模拟等多种技术手段研究揭示大气边界层结构变化与空气重污染的相互作用机制，研究大气边界层结构变化与重污染过程的相互影响。研究结果对于区域大气重污染预测预警技术的提升、大气环境承载力的研究与空气污染优化控制方案的制定具有重要意义。

7.2.2 研究内容

(1) 开展典型地区大气 $PM_{2.5}$ 观测数据、激光雷达数据、MICAPS 数据收集与补测，基于获取的大气污染物三维观测数据，综合利用组分、粒径、垂直分布等信息，研究在不同大气边界层条件下，尤其是重污染生成、发展、消散过程中，颗粒物粒径分布、垂直浓度变化、大气环境物理特性及颗粒物组成化学转化特征。为探究大气边界层结构变化与重污染相互影响机制提供基础。

(2) 收集京津冀及周边地区典型机场(北京首都国际机场、天津滨海国际机场、石家庄正定国际机场、太原武宿国际机场、济南遥墙国际机场与郑州新郑国际机场等)飞机自动观测 AMDAR 资料，建立基于数据挖掘的 AMDAR 数据分析技术，获取高分辨率垂直方向上的温度、风向、风速等气象要素信息，并与探空、激光雷达等观测数据进行相互验证，结合建立数值模拟系统，研究分析重污染生成、发展、消散过程水平与垂直方向上大气边界层温度、风场、湿度等结构要素的时间变化特征，探究大气边界层高度变化规律。

(3) 针对京津冀及周边地区天气背景形势，如高压、低压、鞍形场、均压场、地形槽等开展分类研究，分析其发生频率。分析不同天气型条件下大气边界层结构要素(温度、风速、风向等)的变化特征，研究大气重污染生成、发展、消散过程与天气型的关系。基于区域环境、组分、激光雷达、气象综合立体观测及飞机 AMDAR 数据，综合利用数值模拟、数理统计等技术手段，研究建立重污染过程大气边界层结构变化与 $PM_{2.5}$ 组分及前体物浓度变化的相关关系模型。研究评估大气边界层高度、温度层结、湿度、风场对重污染生成、发展、消散过程中的物理积聚与化学反应的影响，揭示大气边界层结构变化对重污染形成的影响机制。

结合数值模拟技术与综合观测数据分析，研究建立边界层结构要素变化-$PM_{2.5}$ 浓度关系模型；评估 $PM_{2.5}$ 各组分浓度变化对太阳辐射、温度、湿度、风速、大气边界层高度等要素的反馈影响，揭示重污染对大气边界层结构变化影响；深入分析两者之间的双向反馈作用，揭示大气边界层结构变化与大气污染相互作用机制，评估大气边界层结构变化与重污染过程的相互影响。

7.3 研究方案

建立基于数据挖掘的 AMDAR 数据分析技术，获取高分辨率垂直方向上的温度、风向、风速等气象要素信息，并与探空、激光雷达等观测数据进行相互验证。基于飞机 AMDAR 数据与环境、气象、激光雷达、$PM_{2.5}$ 化学组分立体观测，综合利用数理统计、数值模拟等技术手段研究大气环境理化特征变化规律与大气边界层结构变化规律，探究大气边界层结构变化与重污染过程的双向反馈影响机制。对于大气边界层结构要素变化与重污染过程相互影响机制的主要研究方法是基于气象、物理、化学等多个学科的交叉融合和综合观测、数值模拟、数理统计等多种技术手段的综合运用。

将准确可靠的高时间分辨率飞机航测 AMDAR 数据应用于大气边界层结构变化及与重污染过程相互影响的研究，是本文的重要内容；如何综合利用各类数据挖掘技术将飞机 AMDAR 数据应用于大气边界层结构分析是研究采用的关键技术之一。

综合利用环境采样与化学组分分析、粒径监测、激光雷达观测、空气质量常规观测、飞机 AMDAR、气象加密观测等多维立体观测数据进行系统分析，以开展大气环境理化特征与大气边界层结构变化规律研究，是研究采用的关键技术之二。

基于气象、环境等多个学科的交叉融合，以及大气综合观测、数值模拟、数理统计等多种技术的综合运用，建立大气边界层结构变化与重污染相互影响的关系，以揭示大气边界层结构变化与重污染过程相互作用机制，是研究采用的关键技术之三。

7.4　主要研究进展与成果

7.4.1　基于综合立体观测的重污染过程大气环境理化特征研究

北京、天津、石家庄、太原、济南和郑州六个典型城市地处华北地区，整体地势自西向东倾斜，西部的山西海拔高度可达 1000 m 以上，东部的天津最低海拔高度可达 10 m 以下。但大部分海拔高度在 50 m 以下，这样的特殊地形条件，导致华北平原空气流动性差，易造成污染物在山前累积，不易扩散。同时地形特征导致该地区经常受弱气压场控制，频繁出现的静稳天气为该地区的空气污染创造了条件。

图 7.1 显示了 2016—2018 年各城市不同季节重污染天数，冬季重污染发生天数明显高于春季和秋季(详见书末彩图)。进一步对六个城市重污染持续时长进行同比。在重污染发生时，重污染持续时长与发生概率呈相反变化，持续 1 d 的重污染占重污染过程的 30%以上，其中北京为 50.0%、天津为 54.5%、石家庄为 33.3%、太原为 54.8%、济南为 54.5%、郑州为 46.8%。此外，各城市重污染持续 2～4 d 的比例也较高，达到了 36.4%～55.6%，表明各城市重污染天数持续时长多发生在 4 d 以内。除太原外，其余 5 个城市均出现持续 5 d 以上的重污染过程，其中仅有石家庄出现了 2 次持续 8 d 的重污染过程，可见石家庄重污染十分严重。

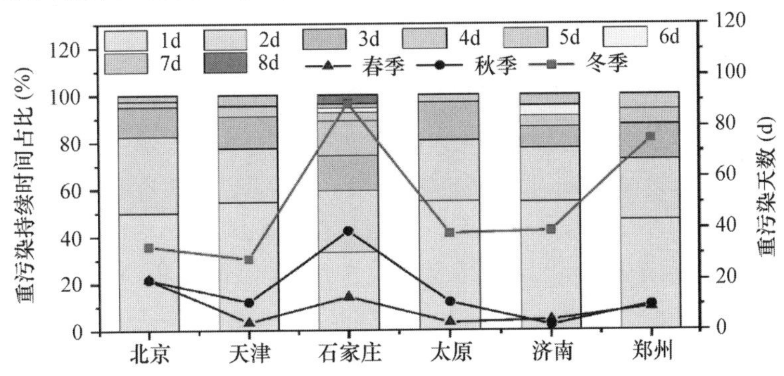

图 7.1　2016—2018 年六个典型城市不同持续时长的重污染事件比例及各季节重污染天数

本文对不同污染等级条件下SNA(二次无机水溶性离子)进行了分析。北京市和石家庄市达标天SNA总百分含量为37.6%和38.1%,重污染天气下分别上升至53.8%和45.7%。进一步发现,北京市SNA质量浓度随$PM_{2.5}$污染等级升高而增加,重污染天气下硝酸盐、硫酸盐和铵盐的质量浓度分别为46.0 $\mu g\ m^{-3}$、35.4 $\mu g\ m^{-3}$和29.2 $\mu g\ m^{-3}$,是达标天的7.2倍、7.2倍和6.3倍。石家庄市也呈现相同的变化趋势,重污染天气下硝酸盐、硫酸盐和铵盐的质量浓度分别为39.1 $\mu g\ m^{-3}$、37.6 $\mu g\ m^{-3}$和29.5 $\mu g\ m^{-3}$,是达标天的5.6倍、5.6倍和5.5倍。此外,前体物浓度随着空气污染等级升高而增加,这种增加有利于硫酸盐和硝酸盐的生成。北京市重污染天气下SO_2和NO_2浓度分别是达标天的3.5倍和2.6倍,而石家庄市重污染天气下SO_2和NO_2浓度分别是达标天的3.5倍和2.3倍,表明重污染时段更有利于前体物的二次转化,而SNA也是北京市和石家庄市大气污染的主要成因。

对不同污染程度下OC、EC、SOC及SOC/OC进行分析,发现OC(有机碳)、EC(元素碳)和SOC(二次有机碳)的质量浓度随空气污染程度增加而上升,重污染条件下北京市OC、EC和SOC质量浓度分别为达标天的3.4倍、3.7倍和2.7倍,而石家庄市则分别为3.7倍、3.1倍和3.4倍。然而不同污染等级下的SOC/OC呈现明显的相反趋势,重污染条件下,北京市与石家庄市的SOC/OC分别为达标天气下的0.8倍和0.9倍。由于OC除了包含二次反应生成的SOC,还包括污染源直接排放的POC,因此,当$PM_{2.5}$污染严重时,POC对$PM_{2.5}$重污染形成起到重要的作用。

7.4.2 基于综合立体观测的大气边界层结构变化规律研究

1. 基于AMDAR数据的边界层高度计算

飞机航测AMDAR是由商用飞机上的气象传感器及数据自动收集和处理系统,通过数据实时下传获得的气象资料。AMDAR原始资料先被各个航空公司收集,然后传送到中国气象局(China Meteorological Administration,CMA)的国家气象信息中心(National Meteorological Information Center,NMIC)进行整理汇总。常规飞机AMDAR数据包括飞行状态、经纬度、观测时间、飞行高度、温度、风向风速以及颠簸等信息。其中飞行阶段主要包括三种状态,分别为爬升阶段(ASC)、巡航阶段(LVW)和下降阶段(DES)。飞机在爬升阶段,前60 s每隔6 s采集一次,之后每隔35 s采集一次;巡航阶段每180 s采集一次;下降阶段每隔60 s采集一次。

与以往的探空数据不同,飞机AMDAR数据具有时间分辨率高、费用低等特点,弥补了探空观测时间间隔过长等不足。此外,由于飞机AMDAR数据能提供某一区域的大气详细结构,可以补充气象观测资料稀少的地区(如西部高原、沙漠、海洋);同时由于机场有大量飞机起落,高密度的AMDAR数据可以捕捉一些常规探空观测难以发现的中小尺度天气系统及其演变趋势,对天气预报准确性的提高起到促进作用,因此飞机AMDAR数据已经成为全世界重要的观测网络。

本文中收集的AMDAR数据来自中国民用航空华北地区管理局(CAAC North China Regional Administration),通过对数据进行处理,获取了2016—2018年华北地区六个典型城市机场(北京首都国际机场、天津滨海国际机场、石家庄正定国际机场、太原武宿国际机场、济南遥墙国际机场、郑州新郑国际机场)的飞机 AMDAR 数据(表 7-1)。分别以各个机场中心点经纬度为圆心,以 0.5°为半径,筛选 AMDAR 数据,获取各城市范围内 AMDAR 数据。由于 1°大约相当于 111 km 地表距离,覆盖城市大部分面积,因此我们认为所得到的 AMDAR 数据能够代表该城市的状况。

确认一组有效的飞机 AMDAR 数据主要经过以下步骤:首先,通过典型城市的经纬度筛选出能代表该城市范围的 AMDAR 数据;其次,筛选出飞机飞行状态为 ASC 和 DES 的数据;最后,筛选航班号相同且飞机飞行起始高度低于 500 m(由于太原海拔较高,高度设置为1000 m)、时间及高度连续增长的 AMDAR 数据(实际上就是探空曲线)。经过上述步骤对 2016～2018 年各城市飞机 AMDAR 数据的有效性进行了统计,发现北京和太原的日均有效 AMDAR 数据最多,在 50 组以上;其次为郑州、天津和济南,为 15 组左右;石家庄的AMDAR 数据最少,仅为 10 组左右。这主要是由机场等级、所在城市规模以及航线数量不同决定的。进一步对每日 AMDAR 有效数据出现的时间进行了统计,发现数据集中在当天的 6:00 到次日的 0:00,占比达到了数据总量的 90%以上,这与夜间航班数量少有很大的关系。

表 7-1　华北地区各机场经纬度范围及日均有效 AMDAR 数据信息

城市	经度(°E)	纬度(°N)	有效 AMDAR 数据(组)	主要出现时间及占比
北京	116°00′～117°00′	39°20′～40°40′	55～85	6:00～24:00(95%)
天津	116°50′～118°10′	38°30′～39°30′	8～18	11:00～23:00(92%)
石家庄	114°00′～115°00′	37°50′～39°00′	5～16	8:00～19:00(93%)
太原	116°30′～118°20′	35°50′～37°50′	50～65	7:00～24:00(97%)
济南	116°50′～118°10′	33°30′～35°30′	12～27	9:00～22:00(94%)
郑州	111°50′～113°00′	37°00′～38°50′	9～18	9:00～23:00(96%)

基于位温廓线法与干绝热法对边界层高度进行计算,并交互对比验证数据的准确性。利用北京环境保护监测中心站点 2017 年 1 月的激光雷达数据,分别与位温廓线法和干绝热法计算的日最大边界层高度进行比较(其中激光雷达和位温廓线法获得的边界层高度选取当日 14:00 左右的高度,作为日最大边界层高度)。由图 7.2 所示,激光雷达探测、位温廓线法和干绝热法三种方法获得的日最大边界层高度变化趋势一致,北京地区月平均日最大 PBLH 分别为 1130±575 m、959±357 m 和 1096±430 m,相差不大。且三种方法获得的日最大边界层高度 Pearson 相关系数(Pearson Correlation Coefficient,R)均为 0.8,表明三种方法均能较好地反映日最大 PBLH 变化规律,方法可靠。

为定量评估 AMDAR 数据的准确性,依据美国 EPA(Environmental Protection Agency)评价标准,利用标准化平均偏差(Normalized Mean Bias,NMB)、标准化平均误差(Normalized Mean Error,NME)和 R 这 3 个统计指标对收集的 2017 年 1 月、4 月、7 月和 10 月北京首都国际机场站点的 8:00 a.m. 探空数据(http://weather.uwyo.edu/upperair/sounding.html)和 AMDAR 数据进行定量评估,并使用相同的每日最高地面温度和方法来计算日最大边界层高度进行模拟效果验证。如图 7.3 所示,较小的误差和较高的相关性表明由 AMDAR 数据计算的边界层高度是可靠的(详见书末彩图)。

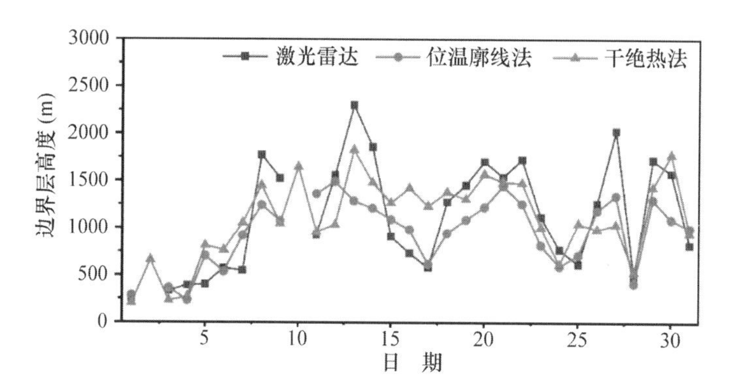

图 7.2 日最大边界层高度比较验证(2017 年 1 月,北京)

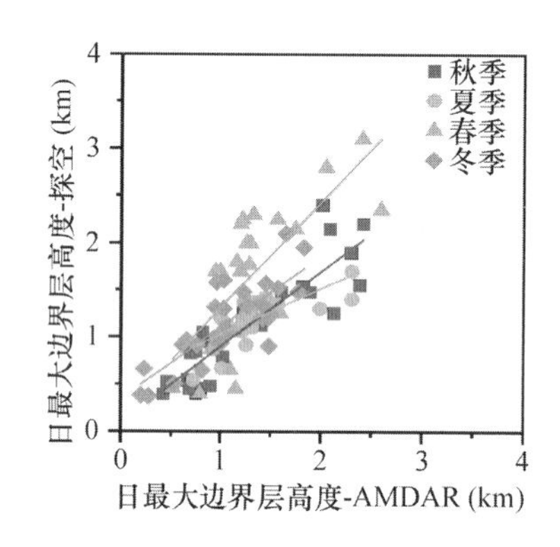

图 7.3 探空数据与 AMDAR 数据计算日最大边界层高度比较(2017 年北京)

2. WRF-Chem 模式模拟

本文采用在线耦合空气质量模型 WRF-Chem(版本号:3.5.1)对华北地区典型城市大气边界层结构及化学场进行模拟,模拟区域内层覆盖北京、河北、天津、山西、河南、山东等地区,外层覆盖我国中东部地区。污染源排放清单数据中京津冀区域采用作者课题组建立的区县级分辨率清单,基准年为 2016 年。京津冀区域外的华北地区采用清华大学建立的"自上而下"的 MEIC(Multi-resolution Emission Inventory for China)清单。模拟时段为 2017 年的 1 月、4 月、7 月和 10 月,分别作为冬季、春季、夏季与秋季代表月,同时考虑到华北地区秋冬季大气污染严重,补充模拟了 2016 年和 2018 年的 1 月、10 月,因此共计模拟 8 个月。每个时段都提前 3 天进行模拟,消除清洁边界场和初始场的影响。选取典型城市北京、天津、石家庄、太原、济南和郑州各城市 $PM_{2.5}$、CO 和 SO_2 日均值作为评估 WRF-Chem 对污染物浓度要素模拟效果参量,对比同类研究结果,发现本文得到的 $PM_{2.5}$ 浓度模拟结果较为可靠,可用于下一步的研究中。

3. 大气边界层结构特征

本节基于 AMDAR 数据计算了 2016—2018 年四个代表月北京、天津、石家庄、太原、济南和郑州的逐时大气边界层高度的年均值,见图 7.4。从年际变化来看,2016—2018 年北京的大气边界层高度的年均值为 1036～1221 m,天津为 939～1104 m,石家庄为 809～858 m,

太原为 1384～1429 m，济南为 863～1076 m，郑州为 992～1117 m。各城市除太原外，2018 年边界层高度均高于 2016 年和 2017 年，这可能与降水日或者其他气象条件有关。同时，2016—2018 年各城市边界层高度变化差值，北京、天津和济南较高，为 165～213 m，其次为郑州 125 m，而石家庄和太原最小，仅为 45 m 左右，说明大气边界层高度在大的气候背景条件下，虽然具有一定的波动性，但是整体上各城市呈现一定的稳定性。

从空间角度来看，各城市边界层高度存在差异，主要是受下垫面以及气象要素的影响。六个城市中太原的大气边界层高度最高，平均在 1400 m 左右，这主要是由于太原平均海拔约 800 m，高于其他城市 100 m 左右。高海拔地区地表热通量高于平原地区，导致大气边界层较高。石家庄的大气边界层高度最低，仅为 800 m 左右，主要是由于石家庄地处平原和山地的临界处，此处平原风和山地风易形成风向辐合，造成气流停滞，湍流较难发展，因此边界层高度较低。

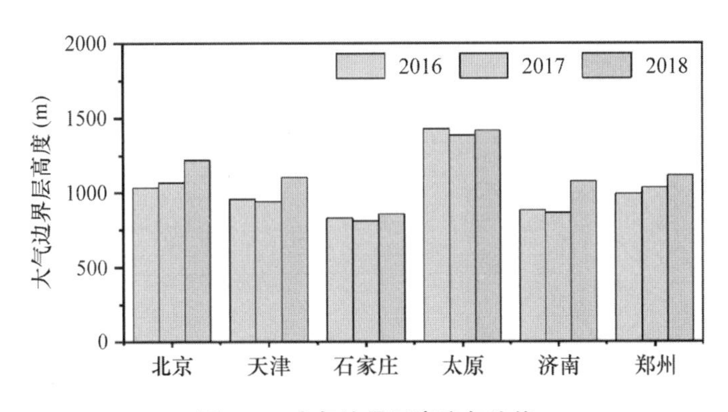

图 7.4　大气边界层高度年均值

图 7.5 为研究区域不同季节不同污染等级下大气边界层高度变化(详见书末彩图)。可以看出，各城市各季节大气边界层高度随着 $PM_{2.5}$ 污染水平的升高而降低。春季 $PM_{2.5}$ 达标天气条件下，各城市大气边界层平均高度为 946～1466 m。北京边界层高度在 $PM_{2.5}$ 发生污染时，变化最明显，说明边界层高度是影响北京春季 $PM_{2.5}$ 污染的重要气象要素；此外边界层高度对天津和济南的轻中度污染天以及太原和石家庄的重污染天也影响较大。夏季大气边界层高度在轻中度污染天气条件下，相比于达标天(1031～1627 m)，分别下降了 379 m(郑州)、311 m(济南)、278 m(天津)、195 m(石家庄)、135 m(北京)，最低为 66 m(太原)。秋季 $PM_{2.5}$ 达标天气下，太原边界层高度最高达到 1442 m，其次是北京和郑州，边界层高度为 1201 m 和 1064 m，天津、石家庄和济南大气边界层高度最低，仅为 916～986 m。相比于达标天，轻中度污染天气下大气边界层高度分别降低了 494 m(北京)、294 m(石家庄)、274 m(济南)、225 m(太原)、200 m(郑州)和 156 m(天津)；而重污染天北京、天津和石家庄的大气边界层高度分别下降了 590 m、408 m 和 450 m，即大气边界层高度对北京和石家庄 $PM_{2.5}$ 污染影响较大。冬季 $PM_{2.5}$ 达标天气条件下，各城市大气边界层平均高度为 960～1431 m。相比于达标天，轻度及中度污染天大气边界层高度分别下降了 554 m(郑州)、437 m(济南)、338 m(天津)、223 m(石家庄)、193 m(太原)及 120 m(北京)；重污染天气大气边界层高度分别下降了898 m(郑州)、512～689 m(济南、天津和太原)、491 m(石家庄)和 452 m(北京)。

综上，随着 $PM_{2.5}$ 污染等级升高，大气边界层高度变化在春秋季的北京和石家庄，夏秋季的郑州、济南和天津最为显著。虽然 $PM_{2.5}$ 浓度变化除了受到边界层高度的影响，还受本地排放以及其他气象条件的影响，但是可以认为在上述季节和城市，大气边界层高度变化是引起 $PM_{2.5}$ 污染的主要因素之一。

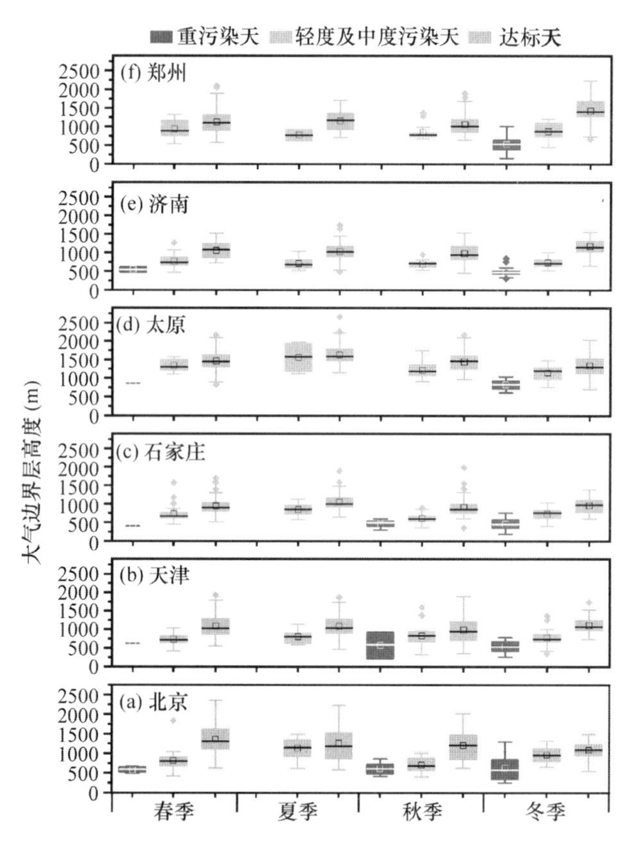

图 7.5　典型城市不同污染等级下大气边界层高度变化

7.4.3　大气边界层结构变化与重污染过程相互作用机制研究

1. 华北地区多元线性回归模型

本节利用2016—2018年六个城市的AMDAR数据计算出的PBLH，监测获取的主要气象要素资料(温度、风速、相对湿度及气压)以及大气污染物(SO_2、CO、NO_2、O_3)为研究参数，探究不同相对湿度条件下气象要素对 $PM_{2.5}$ 浓度的影响。

(1) 主成分分析

① 数据标准化

由于各指标间存在很大差异，为保证研究结果更具有科学性，对原始指标数据进行了 *Z*-score 分析法，经过处理的数据符合标准正态分布，即均值为0，标准差为1。其计算公式如下

$$x = \frac{x_i - \mu}{\sigma}$$

式中 x_i 为原始指标；μ 为数据的平均值；σ 为标准差。

② 相关系数矩阵

计算不同相对湿度条件下，各变量之间的相关性。当 RH≤50%时，SO_2 与 CO、NO_2 与 CO、O_3 与温度的相关系数分别为 0.739、0.666 和 0.687，大于 0.60，说明这三组变量之间的共线性较强。当 RH=50%～70%时，SO_2 与 CO、NO_2 与 CO、NO_2 与 O_3、O_3 与温度的相关系数分别为 0.748、0.739、0.617 及 0.826，均大于 0.60，说明这四组变量之间的共线性较强。当 RH≥70%时，NO_2 与 CO、NO_2 与 O_3、NO_2 与温度、O_3 与温度的相关系数分别为 0.814、0.607、0.665 及 0.775，均大于 0.60，说明这四组变量之间的共线性较强。综上，各变量之间均存在相关性，且有几组变量之间存在强相关，多重共线性严重。为了消除这些干扰，采用主成分回归分析法建立回归模型。

③ KMO 检验和 Bartlett 检验

主成分分析前需要首先进行 KMO 检验和 Bartlett 检验。其中 KMO 检验用于检查变量间的相关性和偏相关性，取值在 0～1 之间。KMO 统计量越接近于 1，变量间的相关性越强，偏相关性越弱。而 Bartlett 球形检验判断，如果相关阵是单位阵，则各变量独立因子分析法无效。由 SPSS 检验结果显示 Sig<0.05（即 p 值<0.05）时，说明各变量间具有相关性，因子分析有效。

表 7-2 的结果显示，当 RH≤50%、RH=50%～70%及 RH≥70%时，KMO 的值分别为 0.618、0.735 和 0.754，说明在不同相对湿度的范围下，华北地区影响 $PM_{2.5}$ 质量浓度的各变量之间是存在共线性的，适用于进行主成分因子分析。而 Bartlett 检验结果显示，在不同的相对湿度范围下，Sig 值均为 0.000，小于 0.05，表明变量之间具有相关性，适合于主成分的因子分析。

表 7-2　KMO 检验和 Bartlett 检验结果

条件	项目		结果
RH≤50%	取样足够度的 Kaiser-Meyer-Olkin 度量		0.618
	Bartlett 的球形度检验	近似卡方	2765.173
		df	36.000
		Sig	0.000
RH=50%～70%	取样足够度的 Kaiser-Meyer-Olkin 度量		0.735
	Bartlett 的球形度检验	近似卡方	2728.006
		df	36.000
		Sig	0.000
RH≥70%	取样足够度的 Kaiser-Meyer-Olkin 度量		0.754
	Bartlett 的球形度检验	近似卡方	3471.065
		df	36.000
		Sig	0.000

④ 主成分提取

通过累积方差贡献法确定主成分因子个数，表 7-3 为 RH≤50%时，解释的总方差。一般情况下，当特征值大于 1，认为此时选取的主成分个数足够反映原始数据中的主要信息。RH≤50%时，各个因子中特征根大于 1 的主成分有 3 个，这 3 个因子可解释原始信息的 69.768%，已足够对影响 $PM_{2.5}$的因素进行分析。因此当 RH≤50%时，通过因子降维，保留了 3 个主成分。

表 7-3　解释的总方差(RH≤50%)

成分	初始特征值			提取平方和载入		
	合计	方差的%	累积%	合计	方差的%	累积%
1	3.276	36.404	36.404	3.276	36.404	36.404
2	1.862	20.684	57.088	1.862	20.684	57.088
3	1.141	12.680	69.768	1.141	12.680	69.768
4	0.789	8.762	78.530			
5	0.634	7.040	85.570			
6	0.528	5.866	91.436			
7	0.436	4.846	96.282			
8	0.218	2.420	98.702			
9	0.117	1.298	100.000			

3 个主成分中第一主成分含有所有变量的 36.404%的信息量，且第一主成分污染物中受 CO、SO_2、NO_2 影响大于 O_3，气象要素中受风速的影响较大。第一及第二主成分含有所有原变量信息的 57.008%，受温度、气压及 O_3 影响较大，受 CO 的影响最小。第一、第二及第三主成分含有所有原变量信息的 69.768%，受气压和 PBLH 影响最大，受 NO_2 影响最小。

主成分系数是基于各自主成分载荷量除以主成分方差的算数平方根所得。假设主成分因子 1 表示为 $F1$，主成分因子 2 表示为 $F2$，主成分因子 3 表示为 $F3$，温度为 T、相对湿度为 RH、风速为 WS、气压为 P、且各自标准化的变量以 Z[变量]表示，则华北地区相对湿度≤50% 时，主成分因子表达式为：

$$F1=0.40Z[SO_2]+0.43Z[NO_2]+0.49Z[CO]-0.36Z[O_3]-0.24Z[T]-0.31Z[WS]+0.24Z[RH]+0.09Z[P]-0.26Z[PBLH]$$

$$F2=-0.09Z[SO_2]+0.28Z[NO_2]-0.04Z[CO]+0.39Z[O_3]+0.55Z[T]-0.31Z[WS]+0.39Z[RH]-0.41Z[P]-0.21Z[PBLH]$$

$$F3=-0.23Z[SO_2]+0.01Z[NO_2]+0.01Z[CO]+0.15Z[O_3]+0.11Z[T]+0.33Z[WS]+0.21Z[RH]+0.61Z[P]-0.62Z[PBLH]$$

当 RH=50%～70%时，解释的总方差见表 7-4。各个因子中特征根大于 1 的主成分有 3 个，这 3 个因子可解释原始信息的 67.710%，已能够对影响 $PM_{2.5}$的因素进行分析，因此通过因子降维，保留了 3 个主成分。

RH=50%～70%时，第一主成分含有所有变量的 43.698%的信息量，且第一主成分主要受 CO 和 NO_2 影响，受相对湿度的影响最小。第一及第二主成分含有所有原变量信息的

56.117%，受风速影响较大，受 CO 的影响最小。第一、第二及第三主成分含有所有原变量信息的 67.710%，受相对湿度影响最大，受风速影响最小。

表 7-4　解释的总方差(RH=50%~70%)

成分	初始特征值			提取平方和载入		
	合计	方差的%	累积%	合计	方差的%	累积%
1	3.933	43.698	43.698	3.933	43.698	43.698
2	1.118	12.419	56.117	1.118	12.419	56.117
3	1.043	11.593	67.710	1.043	11.593	67.710
4	0.908	10.094	77.804			
5	0.778	8.640	86.444			
6	0.558	6.199	92.643			
7	0.349	3.876	96.518			
8	0.192	2.138	98.656			
9	0.121	1.344	100.000			

通过计算，主成分因子表达式为：

$F1=0.37Z[SO_2]+0.43Z[NO_2]+0.43Z[CO]-0.41Z[O_3]-0.42Z[T]-0.15Z[WS]-0.03Z[RH]+0.24Z[P]-0.29Z[PBLH]$

$F2=-0.03Z[SO_2]-0.15Z[NO_2]-0.01Z[CO]+0.06Z[O_3]-0.02Z[T]+0.77Z[WS]-0.22Z[RH]+0.50Z[P]-0.28Z[PBLH]$

$F3=-0.09Z[SO_2]-0.14Z[NO_2]-0.05Z[CO]-0.18Z[O_3]-0.07Z[T]+0.03Z[WS]+0.87Z[RH]+0.39Z[P]+0.16Z[PBLH]$

当 RH≥70%时，解释的总方差见表 7-5。各个因子中特征根大于 1 的主成分有 2 个，这 2 个因子可解释原始信息的 58.254%，已能够对影响 $PM_{2.5}$ 的因素进行分析。因此通过因子降维，保留了 2 个主成分。

表 7-5　解释的总方差(RH≥70%)

成分	初始特征值			提取平方和载入		
	合计	方差的%	累积%	合计	方差的%	累积%
1	4.075	45.281	45.281	4.075	45.281	45.281
2	1.168	12.973	58.254	1.168	12.973	58.254
3	0.959	10.655	68.909			
4	0.821	9.124	78.033			
5	0.756	8.402	86.435			
6	0.499	5.549	91.984			
7	0.398	4.421	96.404			
8	0.210	2.335	98.740			
9	0.113	1.260	100.000			

RH≥70%时，第一主成分含有所有变量的 45.281%的信息量，且第一主成分主要受 SO_2 和 NO_2 影响，受风速的影响最小。第一及第二主成分含有所有原变量信息的

58.254%，受 O_3 和相对湿度影响较大，受风速的影响最小。

通过计算，主成分因子表达式为：

$F1=0.36Z[SO_2]+0.39Z[NO_2]+0.33Z[CO]-0.16Z[O_3]-0.26Z[T]-0.28Z[WS]-0.16Z[RH]+0.11Z[P]-0.25Z[PBLH]$

$F2=0.17Z[SO_2]+0.44Z[NO_2]+0.46Z[CO]-0.70Z[O_3]-0.62Z[T]+0.11Z[WS]+0.65Z[RH]+0.56Z[P]-0.36Z[PBLH]$

(2) 多元线性回归分析

① 线性回归方程

基于主成分分析结果，已将原始的 9 个变量“降维”为 2～3 个主成分变量，将其作为新的自变量，$PM_{2.5}$ 浓度作为因变量，进行线性回归，其拟合系数见表 7-6。表中 B 代表回归系数，Sig 值代表回归关系的显著性系数，一般在统计学中，Sig<0.05 被认为是系数检验显著，本研究中 Sig 明显小于 0.05，表明回归系数方程有意义。此外，表中的 VIF 是方差膨胀因子，用来判断多重共线性的指标，本研究结果的 VIF 均小于 10，表明没有多重共线性存在。依据模型拟合系数，可知 $PM_{2.5}$ 的线性回归方程为：

$PM_{2.5}=49.81+11.91F1+24.66F2+5.73F3$（RH≤50%）

$PM_{2.5}=72.63+33.75F1-1.99F2-4.82F3$（RH=50%～70%）

$PM_{2.5}=79.74+50.44F1+26.13F2$（RH≥70%）

表 7-6　模型拟合系数

条件	模型	非标准化系数		标准系数	t	Sig	B95%的置信区间		共线性统计量	
		B	标准误差	试用版			下限	上限	容差	VIF
RH≤50%	(常量)	49.814	0.941		52.916	0.000			49.814	0.941
	$F1$	11.906	0.942	0.317	12.639	0.000	1.000	1.000	11.906	0.942
	$F2$	24.664	0.942	0.656	26.182	0.000	1.000	1.000	24.664	0.942
	$F3$	5.728	0.942	0.152	6.080	0.000	1.000	1.000	5.728	0.942
RH=50%～70%	(常量)	72.627	1.341		54.139	0.000			72.627	1.341
	$F1$	33.752	1.343	0.699	25.141	0.000	1.000	1.000	33.752	1.343
	$F2$	−1.985	1.343	−0.041	−1.478	0.140	1.000	1.000	−1.985	1.343
	$F3$	−4.816	1.343	−0.100	−3.588	0.000	1.000	1.000	−4.816	1.343
RH≥70%	(常量)	79.743	1.436		55.533	0.000			79.743	1.436
	$F1$	50.444	1.437	0.721	35.108	0.000	1.000	1.000	50.444	1.437
	$F2$	26.132	1.437	0.374	18.187	0.000	1.000	1.000	26.132	1.437

② 回归方程模拟效果分析

对不同湿度条件下线性回归模型拟合度进行分析，结果见表 7-7。发现线性相关系数 R 在 RH≤50%、RH=50%～70%、RH≥70%时分别为 0.744、0.707 和 0.812，均大于 0.7，即 $PM_{2.5}$ 多元线性回归模型得到的模拟值与监测值的变化趋势基本一致。决定系数 R^2 表示自变量与因变量构成的散点与回归曲线的接近程度，其值越大，说明回归越好。本研究中 R^2 在 RH≤50%、RH=50%～70%、RH≥70%时分别为 0.554、0.500 和 0.660，拟合程度较好。

表 7-7　模型拟合度分析结果

条件	R	R^2	调整 R^2	标准估计的误差
RH≤50%	0.744	0.554	0.552	25.17197
RH=50%~70%	0.707	0.500	0.498	34.22760
RH≥70%	0.812	0.660	0.659	40.86820

表 7-8 显示的是模型方差结果，其中回归平方和表示的是反应变量的变异中，回归模式中所包括的自变量能解释的部分，而残差平方和则表示反应变量的变异中未被回归模型所包括的变量解释部分。这两个值与样本大小有关，当样本量越大时，对应的变异越大。此外，df 是自由度，表示的是自由取值的变量个数；F 则是检验统计量，可以用来检验回归方程是否具有意义。Sig 代表回归关系的显著性，一般当 Sig<0.05 时，认为建立的回归方程是有意义的。结果中的不同相对湿度下，Sig 值均远小于 0.05，表明本研究建立的不同湿度条件下的 $PM_{2.5}$ 与各主成分之间的回归方程具有统计学意义，建立的方程可信度高。

表 7-8　模型方差分析结果

条件	模型	平方和	df	均方	F	Sig
RH≤50%	回归	558990.804	3	186330.268	294.069	0.000
	残差	450509.456	711	633.628		
	总计	1009500.260	714			
RH=50%~70%	回归	758137.372	3	252712.457	215.712	0.000
	残差	757978.923	647	1171.528		
	总计	1516116.295	650			
RH≥70%	回归	2611041.239	2	1305520.619	781.651	0.000
	残差	1347859.349	807	1670.210		
	总计	3958900.588	809			

综上，根据 SPSS 软件计算得到的不同湿度条件下因变量 $PM_{2.5}$ 与自变量各主成分之间的函数关系总结到表 7-9。

(3) 回归模型误差分析

为了验证回归模型的准确性，我们利用 2015 年华北地区六个典型城市的污染物浓度和气象数据进行验证，当 RH≤50%、RH=50%~70%及 RH≥70%时，各城市的相关系数分别为 0.48~0.71、0.57~0.76 和 0.57~0.85，$PM_{2.5}$ 模拟浓度与监测值呈现较强相关，且 NMB 和 NME 在不同 RH 条件下，基本小于 60%，表明回归模型模拟结果可接受。

表 7-9　不同相对湿度下 $PM_{2.5}$ 的函数表达式

湿度范围	函数表达式
RH≤50%	$F1=0.40Z[SO_2]+0.43Z[NO_2]+0.49Z[CO]-0.36Z[O_3]-0.24Z[T]-0.31Z[WS]+0.24Z[RH]+0.09Z[P]-0.26Z[PBLH]$
	$F2=-0.09Z[SO_2]+0.28Z[NO_2]-0.04Z[CO]+0.39Z[O_3]+0.55Z[T]-0.31Z[WS]+0.39Z[RH]-0.41Z[P]-0.21Z[PBLH]$
	$F3=-0.23Z[SO_2]+0.01Z[NO_2]+0.01Z[CO]+0.15Z[O_3]+0.11Z[T]+0.33Z[WS]+0.21Z[RH]+0.61Z[P]-0.62Z[PBLH]$
	$PM_{2.5}=49.81+11.91F1+24.66F2+5.73F3$

续表

湿度范围	函数表达式
RH=50%~70%	$F1=0.37Z[SO_2]+0.43Z[NO_2]+0.43Z[CO]-0.41Z[O_3]-0.42Z[T]-0.15Z[WS]-0.03Z[RH]+0.24Z[P]-0.29Z[PBLH]$ $F2=-0.03Z[SO_2]-0.15Z[NO_2]-0.01Z[CO]+0.06Z[O_3]-0.02Z[T]+0.77Z[WS]-0.22Z[RH]+0.50Z[P]-0.28Z[PBLH]$ $F3=-0.09Z[SO_2]-0.14Z[NO_2]-0.05Z[CO]-0.18Z[O_3]-0.07Z[T]+0.03Z[WS]+0.87Z[RH]+0.39Z[P]+0.16Z[PBLH]$ $PM_{2.5}=72.63+33.75F1-1.99F2-4.82F3$
RH≥70%	$F1=0.36Z[SO_2]+0.39Z[NO_2]+0.33Z[CO]-0.16Z[O_3]-0.26Z[T]-0.28Z[WS]-0.16Z[RH]+0.11Z[P]-0.25Z[PBLH]$ $F2=0.17Z[SO_2]+0.44Z[NO_2]+0.46Z[CO]-0.70Z[O_3]-0.62Z[T]+0.11Z[WS]+0.65Z[RH]+0.56Z[P]-0.36Z[PBLH]$ $PM_{2.5}=79.74+50.44F1+26.13F2$

2. 大气边界层结构变化与重污染过程相互作用机制研究

本文通过数值模拟的方法研究总气溶胶、黑碳气溶胶和硫酸盐气溶胶辐射反馈效应对北京、天津、石家庄、太原、济南和郑州的区域气象要素以及 $PM_{2.5}$ 浓度的影响。模拟情景设置如表 7-10 所示，通过 $PM_{2.5}$ 及其组分排放与反馈机制的开关，获得 $PM_{2.5}$ 及其组分辐射反馈效应。

表 7-10 模型情景设置

情景	源排放	反馈机制	描述
S0(Base)	全物种排放	气溶胶辐射强迫/云相互作用反馈机制	代表真实大气情况
S1(Aerosol_Non)	全物种排放	无气溶胶反馈机制	代表无气溶胶反馈效应的大气
S2(BC_Non)	无 BC 排放	气溶胶辐射强迫/云相互作用反馈机制	代表无黑碳排放的大气
S3(Sulfate_Non)	无 SO_2 及 SO_4^{2-} 排放	气溶胶辐射强迫/云相互作用反馈机制	代表无硫酸盐和二氧化硫排放的大气

以气溶胶对边界层高度影响为例，由图 7.6(a)(详见书末彩图)可知，2017 年六个典型城市冬季、春季、夏季和秋季 PBLH 平均下降了 79.9 m、40.8 m、87.4 m 和 31.0 m，下降比例分别是22.7%、5.1%、16.6%和 13.5%。与太阳辐射变化相似，夏季 PBLH 的下降高度大于冬季，这可能是因为夏季太阳辐射强，PBLH 更高。与 PBLH 下降高度相反，北京冬季 PBLH 下降比例最高，主要是因为冬季气溶胶浓度更高，PBLH 的下降导致大气更加稳定，不利的垂直扩散条件造成污染物在近地面积聚，致使空气污染进一步恶化。从空间角度来看，北京、天津和石家庄 PBLH 分别平均下降了 61.6 m、72.4 m 和 75.4 m，下降比例为13.6%、21.6%和18.0%；而太原 PBLH 平均下降了 42.0 m，下降比例为 11.8%；济南和郑州分别平均下降了 58.2 m 和 49.1 m，下降比例为 11.3%和 10.5%。PBLH 减少与 $PM_{2.5}$ 浓度分布呈现一致性，表明气溶胶浓度越高，对 PBLH 的影响也越发显著。

黑碳气溶胶对 PBL 的改变起着至关重要的作用。黑碳气溶胶通过在 PBL，特别是上部，诱导升温，导致地表热流降低，极大抑制了 PBL 的发展；而硫酸盐气溶胶通过对太阳辐射和地表温度的影响，也对 PBLH 产生一定的影响。如图 7.6(b)(详见书末彩图)所示，

BC_Non 情景模拟对比显示，黑碳气溶胶的存在导致六个城市冬季、春季、夏季和秋季PBLH平均降幅和比例分别为43.9 m(10.2%)、23.4 m(2.8%)、43.1 m(6.9%)和19.5 m(7.3%)。黑碳气溶胶对PBLH的影响与太阳辐射相似，冬季略高于夏季。这主要是因为原本被地表吸收的太阳辐射加热大气底部，产生对流涡流，进而向上传输热量和水蒸气，推动PBL发展；而黑碳的吸收作用导致地表太阳辐射减少，从而抑制了白天PBL的发展。Sulfate_Non 情景模拟对比显示，六个典型城市冬季、春季、夏季和秋季PBLH变化如图7.6(c)(详见书末彩图)所示，其平均降幅和比例分别为16.9 m(4.3%)、22.4 m(2.7%)、24.8 m(4.2%)和8.8 m(3.5%)。硫酸盐气溶胶对PBLH的影响相比于总气溶胶和黑碳气溶胶并不显著。黑碳和硫酸盐两类气溶胶对PBLH的独立影响之和，与气溶胶综合影响大致相当，以黑碳贡献为主(55%～63%)，硫酸盐贡献为辅(21%～55%)。

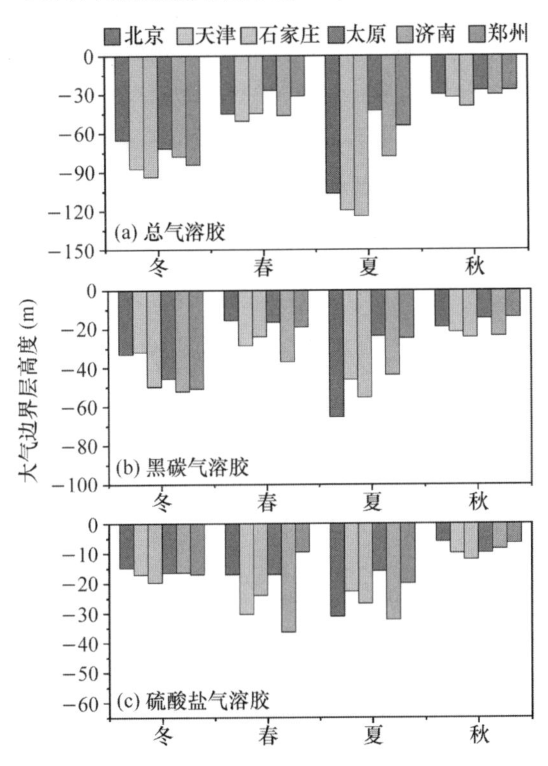

图7.6　2017年典型城市不同季节气溶胶反馈对区域平均边界层高度的影响。
(a) 总气溶胶影响；(b) 黑碳气溶胶影响；(c) 硫酸盐气溶胶影响

对比重污染与非重污染条件下气溶胶对边界层影响，如图7.7所示(详见书末彩图)，2016—2018年秋冬季六个典型城市的PBLH均下降，且重污染日PBLH下降的幅度明显大于非重污染日。六个典型城市PBLH平均下降了69 m，重污染日PBLH平均减少了102 m，非重污染日平均减少了36 m，其中天津PBLH受气溶胶的辐射效应影响下降最为显著。黑碳气溶胶对PBLH的影响，造成六个城市PBLH平均下降了41 m，其中重污染日PBLH下降了60 m，非重污染日下降了22 m，且济南的PBLH降幅最明显。硫酸盐气溶胶导致六个城市PBLH平均下降了21 m，重污染日PBLH平均下降了30 m，非重污染日平均下降了11 m，其中天津PBLH受硫酸盐气溶胶影响降幅最为显著。黑碳气溶胶和硫酸盐气溶胶对 PBLH 影响相比于气溶胶辐射效应不显著。

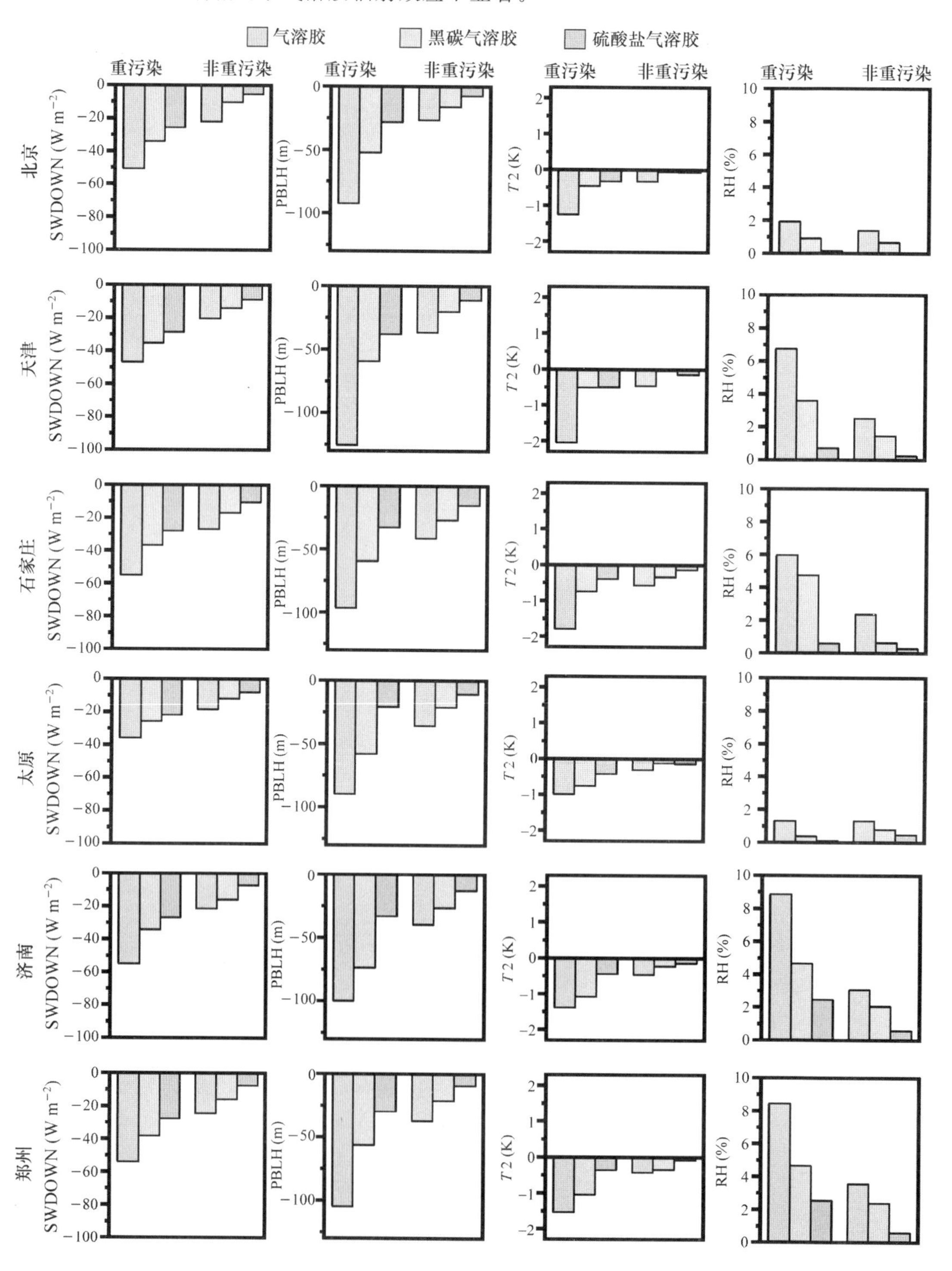

图 7.7 2016—2018 年秋冬季重污染与非重污染日总气溶胶、黑碳气溶胶和硫酸盐气溶胶对区域气象要素的辐射反馈影响

3. 大气边界层结构变化与重污染双向反馈影响机制研究

(1)气溶胶辐射反馈对 $PM_{2.5}$浓度的影响

总气溶胶对 $PM_{2.5}$浓度的影响见图7.8(a)(详见书末彩图),模拟结果显示,2017年六个典型城市冬季、春季、夏季和秋季 $PM_{2.5}$浓度平均增加了23.0 $\mu g\ m^{-3}$(18.0%)、3.5 $\mu g\ m^{-3}$(6.9%)、4.6 $\mu g\ m^{-3}$(10.6%)和7.3 $\mu g\ m^{-3}$(11.0%)。由于气溶胶通过吸收和散射太阳辐射造成达到地表的太阳辐射减少、地表温度降低,造成逆温,PBLH降低,抑制了污染物的扩散,产生高浓度的 $PM_{2.5}$污染。同时 $PM_{2.5}$进一步导致到达地表太阳辐射的减少,形成了气溶胶-辐射的反馈回路,因此冬季气溶胶辐射反馈对 $PM_{2.5}$浓度的影响高于其他季节。北京、天津、石家庄、太原、济南和郑州 $PM_{2.5}$浓度平均降幅和比例分别为5.8 $\mu g\ m^{-3}$(10.1%)、6.5 $\mu g\ m^{-3}$(10.7%)、10.8 $\mu g\ m^{-3}$(13.1%)、11.8 $\mu g\ m^{-3}$(11.6%)、9.7 $\mu g\ m^{-3}$(11.6%)和12.9 $\mu g\ m^{-3}$(12.3%)。黑碳气溶胶通过吸收太阳辐射,增加了大气稳定度,极大抑制了PBL的发展,抑制了 $PM_{2.5}$在垂直方向上的扩散,导致其浓度升高;硫酸盐气溶胶则通过散射太阳辐射,导致地表温度和PBLH降低,进而使得 $PM_{2.5}$浓度升高。如图7.8(b)所示(详见书末彩图),BC_Non情景模拟对比显示,黑碳气溶胶辐射反馈对 $PM_{2.5}$浓度的影响在冬季最显著,$PM_{2.5}$浓度平均升高7.1 $\mu g\ m^{-3}$,增幅比例达到5.8%;其次为秋季,$PM_{2.5}$浓度平均增幅和比例分别为3.3 $\mu g\ m^{-3}$和5.0%;春、夏季影响较小,$PM_{2.5}$浓度仅升高1.3 $\mu g\ m^{-3}$和1.6 $\mu g\ m^{-3}$,上升比例仅为2.3%和3.8%。

如图7.8(c)所示(详见书末彩图),Sulfate_Non情景模拟对比显示,$PM_{2.5}$浓度的影响在冬季、春季、夏季和秋季均呈现升高趋势,其升高幅度和比例分别为8.1 $\mu g\ m^{-3}$(6.6%)、1.4 $\mu g\ m^{-3}$(2.5%)、2.1 $\mu g\ m^{-3}$(4.9%)和3.5 $\mu g\ m^{-3}$(5.2%)。黑碳气溶胶与硫酸盐气溶胶反馈效应对 $PM_{2.5}$浓度的贡献较小。黑碳和硫酸盐两类气溶胶对 $PM_{2.5}$浓度的独立影响之和,占气溶胶综合影响的40%以上,其中以硫酸盐贡献为主(35%～48%),黑碳贡献为辅(31%～45%)。硫酸盐和黑碳气溶胶辐射反馈对 $PM_{2.5}$浓度的总影响,低于总气溶胶辐射反馈影响,是因为除了黑碳气溶胶和硫酸盐气溶胶,大气中还存在 NO_3^-、OC、Na^+、Cl^-等散射气溶胶,其辐射反馈效应也对 $PM_{2.5}$浓度产生影响。

(2) 重污染与非重污染日气溶胶辐射反馈对 $PM_{2.5}$浓度的影响

总气溶胶辐射反馈作用导致 $PM_{2.5}$浓度呈上升趋势,且重污染日 $PM_{2.5}$浓度上升的幅度明显大于非重污染日。如图7.9所示(详见书末彩图),重污染日在北京、天津、石家庄、济南和郑州六个城市 $PM_{2.5}$浓度平均增幅为33.1 $\mu g\ m^{-3}$,是非重污染日的3.4倍。其中北京和天津的 $PM_{2.5}$浓度受气溶胶辐射反馈影响最小,郑州受气溶胶的辐射效应影响最显著。黑碳气溶胶辐射反馈对 $PM_{2.5}$浓度的影响低于气溶胶辐射反馈效应,在重污染日,六个城市 $PM_{2.5}$浓度平均上升了9.0 $\mu g\ m^{-3}$,上升比例为4.5%,而非重污染日 $PM_{2.5}$浓度平均上升了4.0 $\mu g\ m^{-3}$,升高比例为5.6%。此外,硫酸盐气溶胶也导致六个城市 $PM_{2.5}$浓度有了一定的升高,重污染日六个城市 $PM_{2.5}$浓度平均增加了14.8 $\mu g\ m^{-3}$,增长比例为7.4%,高于非重污染日的4.4 $\mu g\ m^{-3}$和6.5%。综上,通过对比发现,总气溶胶辐射反馈对 $PM_{2.5}$浓度的影响显著高于黑碳气溶胶和硫酸盐气溶胶辐射反馈效应,一方面通过对气象要素的反馈影响 $PM_{2.5}$浓度,另一方面还有粒子成核产生的凝并和非均相反应的影响。此外,相比于非重污染日，重污染日 $PM_{2.5}$ 浓度明显增加，说明随着地表 $PM_{2.5}$ 浓度升高，反馈导致的 $PM_{2.5}$ 浓度增加百分比也随之增大，且城市分析显示华北地区南部的反馈效应更加显著。

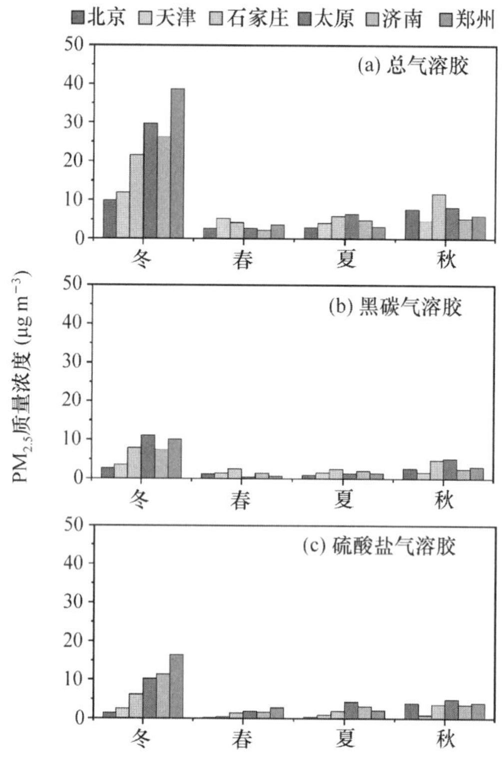

图 7.8　2017 年典型城市不同季节气溶胶反馈对区域平均 $PM_{2.5}$ 浓度的影响。
(a) 总气溶胶影响；(b) 黑碳气溶胶影响；(c) 硫酸盐气溶胶影响

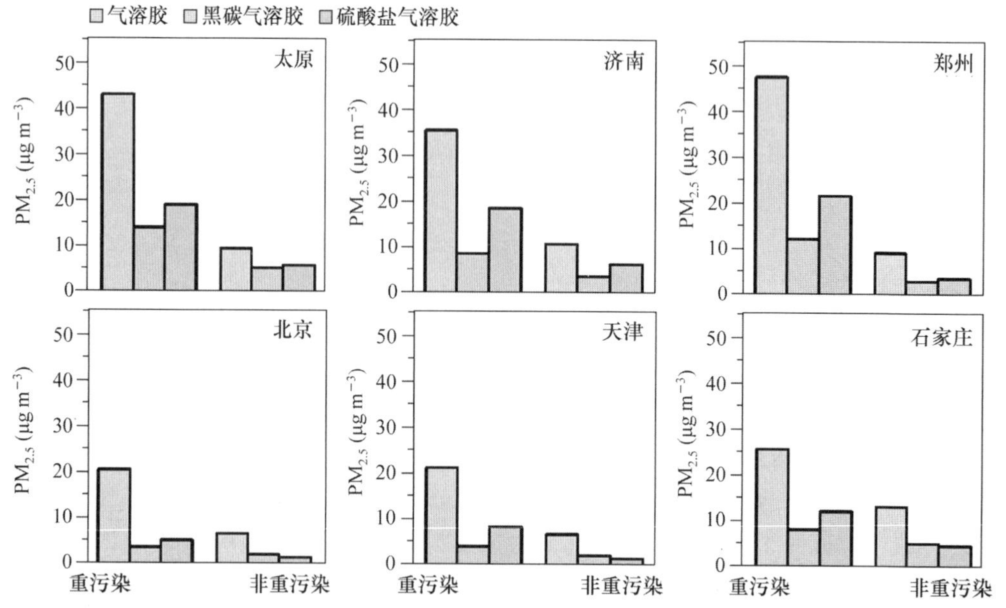

图 7.9　2016—2018 年秋冬季重污染与非重污染日不同种类气溶胶对区域 $PM_{2.5}$ 浓度要素的影响

4. 气溶胶辐射反馈效果验证

由于在实际情况中无法实现将大气中存在的某种污染物完全清除，因此为了验证黑碳气溶胶与硫酸盐气溶胶辐射反馈对气象要素的实际影响，可以对同一地区风速、湿度、污染程度与持续时间相似、污染物排放量有较明显差异的时段的气象要素情况进行比对。北京市于 2015 年 12 月 8—10 日、2015 年 12 月 19—22 日以及 2016 年 12 月 15—22 日共发生 3 次大气重污染红色预警，预警期间北京市实施了包括机动车单双号限行、停止施工、重点工厂企业停产限产等一系列减排措施。综合各项减排政策，红色预警期间主要污染物 SO_2、NO_x、PM_{10}、$PM_{2.5}$、VOCs 减排比例分别为 15.1%、32.2%、33.4%、28.6%、26.8%。本文通过选取与北京市 3 次红色预警时期污染程度、污染持续时长，相对湿度与风速接近的污染过程作为“基准排放情景”，即大气中黑碳气溶胶与硫酸盐气溶胶排放量维持正常排放水平；将红色预警期间作为“减排情景”，即削减大气中部分黑碳气溶胶与硫酸盐气溶胶。“基准排放情景”与“减排情景”之间的差异即为减排部分黑碳与硫酸盐气溶胶辐射反馈对气象要素的影响。各情景的污染持续时长、污染物浓度范围、污染期间平均风速与湿度如表7-11 所示。三组情景的气象条件相似，各组平均风速低于 2 m s^{-1}，平均湿度超过 70%，各组之间 $PM_{2.5}$ 日均值之差范围为 1.22～19.61 μg m^{-3}，污染程度接近，污染持续天数相同。

表 7-11　减排情景与基准排放情景

情景	时段	污染持续时长 (d)	$PM_{2.5}$ 日均值 (μg m^{-3})	平均风速 (m s^{-1})	平均湿度 (%)
减排情景一	2015/12/8—2015/12/10	3	199.08	1.59	76.13
基准排放情景一	2015/12/12—2015/12/14	3	179.47	1.26	74.83
减排情景二	2015/12/19—2015/12/22	4	228.28	1.08	81.05
基准排放情景二	2015/12/24—2015/12/27	4	229.5	1.4	79.03
减排情景三	2016/12/15--2016/12/21	7	223.71	0.69	68.97
基准排放情景三	2016/12/29—2017/1/4	7	242.36	0.71	74.34

对气象要素中大气边界层高度进行对比。图 7.10 为三组对照过程的基于飞机 AMDAR 数据采用位温廓线法得到的大气边界层高度均值及变化，减排情景一与基准排放

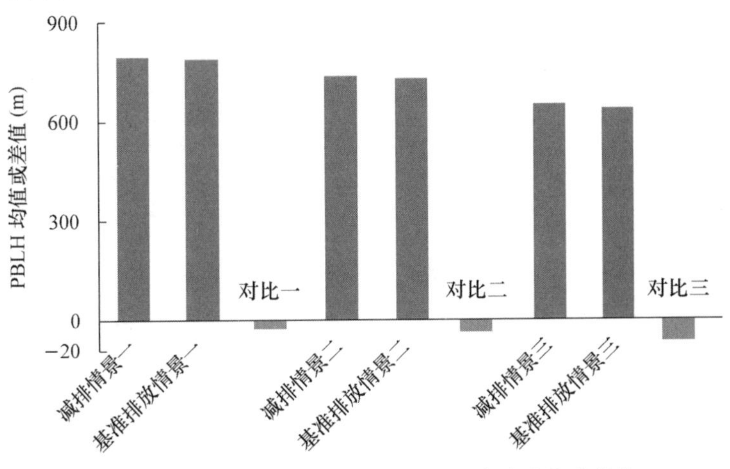

图 7.10　三组对照过程的大气边界层高度均值或差值

情景一大气边界层高度均值分别为 796.6 m、790.5 m，减排情景二与基准排放情景二大气边界层高度分别为 735.0 m、726.8 m，减排情景三与基准排放情景三大气边界层高度分别为 648.9 m、634.1 m。基准排放情景较对应的三个减排情景的大气边界高度平均值分别出现 6.1 m、8.2 m、14.8 m 的下降，与图 7.10 中大气边界层高度变化趋势相同，但下降幅度较小。一方面红色预警期间污染物排放量并非完全清零，是半关闭状态；另一方面，红色预警期间污染物排放量是协同减排而不是单一污染物减排，因此其作用机制更加复杂。

7.4.4 本项目资助发表论文

[1] Cheng S Y, Wang G, Lang J L, et al. Characterization of volatile organic compounds from different cooking emissions. Atmospheric Environment, 2016, 145: 299-307.

[2] Wang G, Cheng S Y, Wei W, et al. Characteristics and source apportionment of VOCs in the suburban area of Beijing, China. Atmospheric Pollution Research, 2016, 7(4): 711-724.

[3] Wang G, Cheng S Y, Lang J L, et al. On-board measurements of gaseous pollutant emission characteristics under real driving conditions from light-duty diesel vehicles in Chinese cities. Journal of Environmental Sciences, 2016, 46: 28-37.

[4] Wen W, Cheng S Y, Liu L, et al. $PM_{2.5}$ chemical composition analysis in different functional subdivisions in Tangshan, China. Aerosol and Air Quality Research, 2016, 16(7): 1651-1664.

[5] Wen W, Cheng S Y, Liu L, et al. Source apportionment of $PM_{2.5}$ in Tangshan, China-Hybrid approaches for primary and secondary species apportionment. Frontiers of Environmental Science & Engineering, 2016, 10(5): 1-14.

[6] Lang J L, Cheng S Y, Wen W, et al. Development and application of a new $PM_{2.5}$ source apportionment approach. Aerosol and Air Quality Research, 2017, 17: 340-350.

[7] Wang G, Cheng S Y, Lang J L, et al. Characteristics of $PM_{2.5}$ and assessing effects of emission-reduction measures in the heavy polluted city of Shijiazhuang, before, during, and after the Ceremonial Parade 2015. Aerosol and Air Quality Research, 2017, 17: 499-512.

[8] Yang X W, Cheng S Y, Li J B, et al. Characterization of chemical composition in $PM_{2.5}$ in Beijing before, during, and after a Large-Scale International Event. Aerosol and Air Quality Research, 2017, 17(4): 896-907.

[9] Sun X W, Cheng S Y, Li J B, et al. An integrated air quality model and optimization model for regional economic and environmental development: A case study of Tangshan, China. Aerosol and Air Quality Research, 2017, 17(6): 1592-1609.

[10] Jia J, Cheng S Y, et al. An integrated WRF-CAMx modeling approach for impact analysis of implementing the emergency $PM_{2.5}$ control measures during Red Alerts in Beijing in December 2015. Aerosol and Air Quality Research, 2017, 17(10): 2491-2508.

[11] Zhang H Y, Cheng S Y, Wang X Q, et al. Continuous monitoring, compositions analysis and the implication of regional transport for submicron and fine aerosols in Beijing, China. Atmospheric Environment, 2018, 195: 30-45.

[12] Wang X Q, Wei W, Cheng S Y, et al. Characteristics and classification of $PM_{2.5}$ pollution episodes in Beijing from 2013 to 2015. Science of The Total Environment, 2018, 612: 170-179.

[13] Jia J, Cheng S Y, Yao S, et al. Emission characteristics and chemical components of size-segregated partic-

ulate matter in iron and steel industry. Atmospheric Environment,2018,182:115-127.

[14] Sun X W,Cheng S Y,Lang J L,et al. Development of emissions inventory and identification of sources for priority control in the middle reaches of Yangtze River Urban Agglomerations. Science of The Total Environment,2018,625:155-167.

[15] Yang X W,Cheng S Y,Lang J L,et al. Characterization of aircraft emissions and air quality impacts of an international airport. Journal of Environmental Science,2018,72:198-207.

[16] Yang X W,Cheng S Y,et al. Characterization of volatile organic compounds and the impacts on the regional ozone at an international airport. Environmental Pollution,2018,238:491-499.

[17] Yao S,Cheng S Y,Li J B,et al. Effect of wet flue gas desulfurization (WFGD) on fine particle ($PM_{2.5}$) emission from coal-fired boilers. Journal of Environmental Sciences,2019,77:32-42.

[18] Zhang H Y,Cheng S Y,Li J B,et al. Investigating the aerosol mass and chemical components characteristics and feedback effects on the meteorological factors in the Beijing-Tianjin-Hebei region. Environmental Pollution,2019,244:495-502.

[19] Zhang H Y,Cheng S Y,Yao S,et al. Multiple perspectives for modeling regional $PM_{2.5}$ transport across cities in the Beijing-Tianjin-Hebei region during haze episodes. Atmospheric Environment,2019,212:22-35.

[20] Lv L H,Liu W Q,Zhang T S,et al. Observations of particle extinction,$PM_{2.5}$ mass concentration profile and flux in north China based on mobile lidar technique. Atmospheric Environment,2017,164:360-369.

[21] He J J,Gong S L,Liu H L,et al. Influences of meteorological conditions on interannual variations of particle matter pollution during winter in Beijing,Tianjin,and Hebei Area. Journal of Meteorological Research,2017,31(6):1062-1069.

[22] Lv Z,Wei W,Cheng S Y,et al. Mixing layer height estimated from AMDAR and its relationship with $PM_{2.5}$ and meteorological parameters in two cities in North China during 2014—2017. Atmospheric Pollution Research,2020,11(3):443-453.

[23] Lv Z,Wei W,Cheng S Y,et al. Meteorological characteristics within boundary layer and its influence on $PM_{2.5}$ pollution in six cities of North China based on WRF-Chem. Atmospheric Environment,2020,228:117417.

[24] 陈国磊,周颖,程水源,等.承德市大气污染源排放清单及典型行业对$PM_{2.5}$的影响.环境科学,2016,37(11):4069-4079.

[25] 姚森,魏巍,程水源,等.轻型汽油车VOCs排放特征及其大气反应活性.中国环境科学,2016,36(10):2923-2929.

[26] 王晓琦,周颖,程水源,等.典型城市冬季$PM_{2.5}$水溶性离子污染特征与传输规律研究.中国环境科学,2016,36(08):2289-2296.

[27] 王晓琦,郎建垒,程水源,等.京津冀及周边地区$PM_{2.5}$传输规律研究.中国环境科学,2016,36(11):3211-3217.

[28] 徐冉,郎建垒,杨孝文,等.首都国际机场飞机排放清单的建立.中国环境科学,2016,36(08):2554-2560.

[29] 姚森,韩力慧,程水源,等.采暖季北京市主要大气污染物变化特征.北京工业大学学报,2016,42(11):1741-1749.

[30] 刘晓宇,郎建垒,程水源,等.北京市冬季$PM_{2.5}$污染特征与区域传输影响研究.安全与环境学报,2017,17(03):1200-1205.

[31] 段文娇，郎建垒，程水源，等. 京津冀地区钢铁行业污染物排放清单及对 $PM_{2.5}$ 影响. 环境科学，2018，39(4)：1445-1454.

[32] 贾佳，韩力慧，程水源，等. 京津冀区域 $PM_{2.5}$ 及二次无机组分污染特征研究. 中国环境科学，2018，38(3)：801-811.

[33] 张晗宇，温维，程水源，等. 京津冀区域典型重污染过程与反馈效应研究. 中国环境科学，2018，38(4)：1209-1220.

[34] 程龙，郭秀锐，程水源，等. 京津冀农业源氨排放对 $PM_{2.5}$ 的影响. 中国环境科学，2018，38(4)：1579-1588.

[35] 孙晓伟，郭秀锐，程水源. 冬季电力行业对长江中游城市群空气质量影响. 环境科学，2018，39(8)：3476-3484.

[36] 吕喆，韩力慧，程水源，等. 北京城区冬夏季含碳气溶胶浓度特征及区域传输对灰霾形成影响研究. 北京工业大学学报，2018，44(3)：463-472.

[37] 张冲，郎建垒，程水源，等. 2016 年京津冀地区红色预警时段 $PM_{2.5}$ 污染特征与浓度控制效果. 环境科学，2019，40(08)：3397-3404.

[38] 段文娇，周颖，李纪峰，等. 邯郸市区 $PM_{2.5}$ 污染特征及来源解析. 中国环境科学，2019，39(10)：4108-4116.

[39] 吕喆，魏巍，周颖，等. 2015—2016 年北京市 3 次空气重污染红色预警 $PM_{2.5}$ 成因分析及效果评估. 环境科学，2019，40(1)：1-10.

[40] 朱芳，周颖，程水源，等. 石家庄市冬季一次重污染过程分析与反馈效应研究. 环境科学研究，2020，33(3)：547-554.

[41] 崔继宪，郎建垒，陈添，等. 2016 年北京市空气质量特征及 $PM_{2.5}$ 传输规律. 北京工业大学学报，2018，44(12)：1547-1556.

[42] 程水源，郎建垒，杨孝文. 机场区域大气污染物排放特征及其对周边的影响研究. 中国环境出版集团：北京，2020.

[43] AMDAR 资料处理及混合层高度计算软件 V1.0，2017SR582356，原始取得，全部权利，2017-7-10.

[44] 全国空气质量历史数据自动化批量下载软件 V1.0，2019SR0259290，原始取得，全部权利，2019-2-27.

[45] 清单分物种分月份分行业汇总系统 V1.0，2019SR0758714，原始取得，全部权利，2019-6-23.

[46] CAMx 数值模拟结果处理软件 V1.0，2019SR0380167，原始取得，全部权利，2019-4-22.

[47] CMAQ 模型界面化操作系统 V1.0，2017SR149116，原始取得，全部权利，2017-1-10.

[48] 程水源，王传达，张晗宇. 跨界地区大气边界层以下 $PM_{2.5}$ 传输通量数值模拟量化的方法：201910635074.5. 2019-7-15.

[49] 程水源，姚森，张晗宇，陈国磊. 可用于 VOCs 采样的多用途稀释通道固定颗粒采样系统：201610035829.4. 2016-6-15.

参考文献

[1] Hoinka K，Fimpel H，Kopp F. An intercomparison of meteorological data taken by aircraft，radiosondes and a Laser-Doppler-Anemometer. Theoretical & Applied Climatology，1988，39(1)：30-39.

[2] Schwartz B，Benjamin S. A comparison of temperature and wind measurements from ACARS-equipped aircraft and rawinsondes. Wea Forecasting，1995，10(3)：528-544.

[3] 刘小魏，曹之玉，兰海波. AMDAR 资料特征及质量分析. 气象科技，2007，35(4)：480-483.

[4] 乔晓燕. AMDAR 资料质量以及误差原因分析. 2010，中国气象科学研究院.

[5] 仲跻芹，陈敏，范水勇，等. AMDAR 资料在北京数值预报系统中的同化应用. 应用气象学报，2010，21(1)：19-28.

[6] 任阵海，苏福庆，高庆先，等. 边界层内大气排放物形成重污染背景解析. 大气科学，2005，29(1)：57-63.

[7] 陈朝晖，程水源，苏福庆，等. 北京地区一次重污染过程的大尺度天气型分析. 环境科学研究，2007，20(2)：99-105.

[8] Wei P, Cheng S, Li J, et al. Impact of boundary-layer anticyclonic weather system on regional air quality. Atmospheric Environment, 2011, 45(14): 2453-2463.

[9] Wang F, Chen D S, Cheng S Y, et al. Identification of regional atmospheric PM_{10} transport pathways using HYSPLIT, MM5-CMAQ and synoptic pressure pattern analysis. Environmental Modeling & Software, 2010, 25(8): 927-934.

[10] 程念亮，李云婷，张大伟，等. 2014 年 10 月北京市 4 次典型空气重污染过程成因分析. 环境科学研究，2015，28(2)：163-170.

[11] Fan S J, Fan Q, Yu W, et al. Atmospheric boundary layer characteristics over the Pearl River Delta, China, during the summer of 2006: Measurement and model results. Atmospheric Chemistry and Physics Discussions, 2011, 11(13): 6297-6310.

[12] Wu W, Zha Y, Zhang J, et al. A temperature inversion-induced air pollution process as analyzed from Mie LiDAR data. Science of The Total Environment, 2014, 479-480(2): 102-108.

[13] Wu M, Wu D, Fan Q, et al. Study on the atmospheric boundary layer and its influence on regional air quality over the Pearl River Delta. Atmospheric Chemistry and Physics Discussions, 2013, 13(3): 6035-6066.

[14] Zhang Q, Li H Y. A study of the relationship between air pollutants and inversion in the ABL over the city of Lanzhou. Advances in Atmospheric Sciences, 2011, 28(4): 879-886.

[15] Drzeniecka O, Netzel P. Influence of meteorological conditions and atmospheric circulation on PM_{10} mass concentration in Wroclaw. Proceedings of Ecopole, 2010, 4: 343-349.

[16] Segura S, Estelles V, Esteve A, et al. Analysis of a severe pollution episode in Valencia (Spain) and its effect on ground level particulate matter. Journal of Aerosol Science, 2013, 56(2): 41-52.

[17] Pernigotti D, Rossa A, Ferrario M, et al. Influence of ABL stability on the diurnal cycle of PM_{10} concentration: illustration of the potential of the new Veneto network of MW-radiometers and SODAR. Meteorologische Zeitschrift, 2007, 16(5): 505-511(7).

[18] Assimakopoulos V, Helmis C. Sodar mixing height estimates and air pollution characteristics over a Mediterranean big city. Environmental Technology, 2003, 24(10): 1191-1200.

[19] Tie X, Madronich S, Li G, et al. Characterizations of chemical oxidants in Mexico City: A regional chemical dynamical model (WRF-Chem) study. Atmospheric Environment, 2007, 41(9): 1989-2008.

[20] 丁一汇，李巧萍，柳艳菊，等. 空气污染与气候变化. 气象，2009，35(3)：3-14.

[21] 马欣，陈东升，高庆先，等. 应用 WRF-chem 模式模拟京津冀地区气溶胶污染对夏季气象条件的影响. 资源科学，2012，34(8)：1408-1415.

[22] Wang X, Wu Z, Liang G. WRF/CHEM modeling of impacts of weather conditions modified by urban expansion on secondary organic aerosol formation over Pearl River Delta. Particuology, 2009, 7(5): 384-391.

[23] Quan J,Gao Y,Zhang Q,et al. Evolution of planetary boundary layer under different weather conditions, and its impact on aerosol concentrations. Particuology,2013,11(1): 34-40.

[24] Park R,Kim M,Jeong J,et al. A contribution of brown carbon aerosol to the aerosol light absorption and its radiative forcing in East Asia. Atmospheric Environment,2010,44(11): 1414-1421.

[25] Lau K,Kim M,Kim K. Asian summer monsoon anomalies induced by aerosol direct forcing: The role of the Tibetan Plateau. Climate Dynamics,2006,26(7-8): 855-864.

[26] Jacobson M,Kaufman Y,Rudich Y. Examining feedbacks of aerosols to urban climate with a model that treats 3-D clouds with aerosol inclusions. Journal of Geophysical Research Atmospheres, 2007, 112 (D24): 177-180.

[27] Zhang Y,Wen X,Jang C. Simulating chemistry aerosol loud radiation climate feedbacks over the continental U. S. using the online-coupled Weather Research Forecasting Model with chemistry (WRF/Chem). Atmospheric Environment,2010,44: 3568-3582.

[28] Zanis P. A study on the direct effect of anthropogenic aerosols on near surface air temperature over southeastern Europe during summer 2000 based on regional climate modeling. Annales Geophysicae, 2009,27(10): 3977-3988.

第8章 四川盆地特殊地形背景下气溶胶污染时空分布与天气气候影响相关机理

赵天良[1]，郑小波[2]，舒卓智[1]，夏俊荣[1]，曹乐[1]，张磊[1]，廖瑶[2]，
程叙耕[1]，张凯[1]，曹蔚[2]，杨富燕[2]，郭晓梅[3]，李跃清[3]，程晓龙[3]
[1]南京信息工程大学，[2]贵州省山地环境气候研究所，[3]中国气象局成都高原气象研究所

本文利用多源环境-气象多年观测资料，重点开展了2017年四川及青藏高原关键区阶段性大气气溶胶的垂直结构观测试验，应用多源信息综合观测分析和数值模拟方法，主要研究成果包括：探索重霾污染期间盆地大气边界层变化特征及其相关机制，冬季重霾发生、维持及消散阶段大气边界层气溶胶垂直结构的明显差异。重霾污染期间，稳定边界层结构出现的概率远大于对流边界层结构，大气边界层结构趋于稳定；剖析盆地特殊地形作用对区域重气溶胶污染事件形成及气象的影响因素，大地形阻挡作用导致四川盆地上空形成$PM_{2.5}$镂空结构，形成四川盆地西部1.0～1.5 km高度$PM_{2.5}$高值层；研究了四川盆地雾霾污染的地形影响效应及其潜在机制；揭示了青藏高原大地形东侧区域气溶胶空间分布“避风港”效应及大地形热力强迫对盆地空气质量变化的气候调节影响；东亚冬季风和夏季风年际异常驱动了包括四川盆地的我国中东部地区气溶胶的年际变化；夏季风和冬季风年际减弱分别可将我国中东部近地面气溶胶水平年均值抬升超过30%和40%；东亚季风变化改变低层风速、降水和大气边界层结构，导致气溶胶传输扩散和干湿沉降。本文意在探索四川盆地气溶胶污染形成机理，揭示大地形对大气环境变化的影响。

8.1 研究背景

我国现今大气霾污染的主因是日益严重的人为气溶胶污染。我国大气环境的变化特征已经从20世纪80年代的以点源空气污染为主发展到90年代的城市污染为主，21世纪以来演变为区域性大气污染为主[1,2]。近些年的观测和研究表明，我国霾污染最严重，即高气溶胶颗粒物浓度的四个区域分别为(1) 华北平原，包括京-津不断发展的经济区以及河北、山东、河南；(2) 华东区域，以长三角快速发展的经济区为主体，涵盖湖北、安徽、江苏、上海和浙江；(3) 华南区域，以珠三角迅速发展的经济区为主体，包括广东和广西；(4) 西南区域，主要是四川盆地[3]。大气气溶胶变化主要受控于区域大量人为气溶胶排放，同时也受到气象

条件及其环流背景的极大影响[4]。如近几年频繁出现的异常静稳天气和高气溶胶浓度排放,造成了我国中东部地区持续性雾-霾天气,成为影响面较大的严重环境事件。影响中国气溶胶时空分布的变化因素,除排放源外,还有天气条件和季风气候的较大影响[4—6]。观测和模拟研究表明,在我国主要季风区,季风强弱和气象条件变化是气溶胶时空分布型态和季节变化的主要驱动因素。20 世纪中期以来,东亚季风年际和年代际持续减弱,不仅表现为我国的近地面风速持续变小、持续暖冬和降水时空异常(南涝北旱),也影响了大气边界层结构和地-气交换[7,8]。这些因素决定了大气气溶胶的排放源、传输扩散、化学转化及沉降清除等均会发生变化,因而天气气候变化与气溶胶时空变化紧密相连[9—11]。郑小波等发现中国地区近 10 年的气溶胶变化呈现"马太效应",即高气溶胶的地区出现增加趋势,低气溶胶的地方呈现减少趋势[12]。这种现象可能是由于季风减弱导致风速减小,其高值中心(多为气溶胶源区)高浓度污染物不易排出,气溶胶大量堆积使得源区气溶胶值居高不下;而气溶胶低值区多在人口稀疏、生态环境较好地区,从高值源区传输来的气溶胶减少,必然会使低值区气溶胶呈现减小趋势。为把握我国大气污染的长期变化,科学认识大气环境长期变化中的天气气候因素和污染排放因素的相对贡献,需要深入研究大气成分长期变化、导致大气污染的气象条件的长期变化规律,揭示其与气候变化的相互作用过程与机制。

四川盆地位于秦岭以南,南面紧邻云贵高原,西部与横断山相接,东部交接于巫山。基于中国区域 2003—2012 年多年平均遥感气溶胶光学厚度分布,四川盆地及四川西部高原地区同时存在着中国气溶胶浓度空间分布的最大值[13]和最小值区域中心。前者在四川盆地,包括四川省中东部和重庆市一带(近 10 年平均 AOD 在 0.9～1.0 左右),且常年基本恒定不变[14];后者在川、滇与青藏高原交界的西南高海拔地区(年平均 AOD 为 0.1～0.2)。四川盆地及西南地区中东部高密度人口聚集区以燃煤为主的能源结构和高污染排放源,使成都-重庆-贵阳一线成为我国最高的 SO_2 排放区和最大的酸雨带之一[15,16]。盆地内的川渝地区的高温、高湿条件为二次气溶胶的转化、颗粒吸湿增长提供了有利条件[17]。四川盆地及周边既受东亚季风的影响,又受紧靠的青藏高原大地形对中纬度西风环流的强迫效应,是偏南气流和偏北气流的交汇区,其西部边缘川、渝、黔地区是西南低涡的源地[18]。四川盆地一年四季多阴沉天气,成为全国云量最多、最高,云层最厚的地区,天气气候变化具有显著的区域特征。四川盆地气候变化与全球、全国变暖明显不同步,目前多将其区域变冷归因于其上空大气气溶胶的辐射强迫,降水出现不对称变化[19—23]。四川盆地是我国雾天气最多地区之一,且近些年来霾日数呈现明显增加趋势[24],盆地及周边区域极端气象现象增多。气象灾害以及相关地质灾害频发,中雨、小雨发生日数减少,暴雨发生日数增加[25—27]。大气污染与天气气候变化间存在着复杂的联系,大气边界层和天气气候变化的多尺度大气物理过程影响着大气污染的生成,控制着大气污染的积累、输送和地-气交换。而大气污染物也通过改变云光学-辐射特性、参与云雾形成,影响大气物理过程。考虑到四川盆地及周边高原特殊的大地形、高低气溶胶分布以及云降水气候变化的明显区域特征,四川盆地不失为一个开展比较和研究大气气溶胶污染时空分布变化与天气气候影响相关机理的理想研究区域。

与四川盆地及以西的川西高原紧邻的青藏高原平均海拔超过 4000 m，约达对流层高度的三分之一。作为“世界屋脊”的青藏高原不仅影响局地环流，还影响全球环流和季风演化，其大地形和抬高热源对我国、亚洲、北半球乃至全球的天气气候及环境变化都有着重要的影响，在我国独特的天气气候形成过程中，起到了非常关键的作用。从卫星遥感气溶胶分布可看到中国大陆中东部区域、青藏高原东缘往往持续存在大范围区域气溶胶污染“集中区”，即霾天气的高频发生区。李成才等利用 MODIS 气溶胶产品分析了中国东部地区气溶胶光学特征和季节变化特点[28,29]，冬季气溶胶多年平均光学厚度高值区域呈南北向带状分布，京津地区南部的气溶胶高值范围可延伸至河北、河南及山东等省。结合地形高度的分布来看，此气溶胶光学厚度高值区具有明显的沿大地形分布的特征，这表明北京地区处于“谷地”大地形内的污染程度除了与其南部周边各省、市的污染排放密切相关外[30]，还与大气环流、局地气象要素、边界层结构与特殊地形叠加极其不利于污染物扩散有关[31,32]。在西风带背景下，大地形动力效应显著影响着中国区域天气气候特征，对于处于大地形东侧的中国中东部的霾天气频发，气溶胶或霾时空分布变化是否亦存在大地形动力、热力效应，需要进行深入细致地分析和研究。根据 1961—2012 年中国霾日数年平均分布发现，中国中东部霾日数显著大于西部区域，且青藏高原及黄土高原东缘（山地大地形与平原过渡区）为霾日数极值带，与青藏高原东缘的弱风区相吻合。大地形背风坡弱风区，及其特殊环流圈大范围下卷气流不利于大气扩散或对流，形成类似静稳天气的“避风港”效应，且“避风港”对应于霾日频数峰值区分布。西风带大地形下坡风动力效应可能也是我国中东部气溶胶高浓度区域的重要成因之一[33,34]。我国中东部霾天气年际变化与在全球变暖背景下青藏高原热源变化的气候调节效应可能相关。因此，青藏高原不仅对我国天气气候产生影响，对我国大气环境变化可能也有深刻的影响，这是值得深入研究的新课题。通过研究青藏高原东侧紧邻的四川盆地特殊大地形和高气溶胶中心及其变化的关联，我们将认识青藏高原对我国大气环境变化的影响。

目前国内已经开展的气溶胶及其天气气候效应研究课题主要针对我国地形较为平坦的东部华北、长三角和珠三角地区，这些研究揭示了气溶胶时空变化的区域特征，及其对这些区域降水、雾-霾天气和雷电活动等的影响。中国西南地区已经开展了一些区域气溶胶特征及气溶胶直接效应的研究工作[33—35]。在四川盆地及川西高原地区，中国气象局成都高原气象研究所从 2010 年至今已成功实施了 5 次西南涡加密观测大气科学试验，获取了高时空分辨率的探测资料，精细分析了盆地及周边中尺度系统活动及其发生、发展的基本特征和物理机理。但目前鲜见对地形复杂的四川盆地与周边地区气溶胶污染变化与成因及其对天气气候的相互影响等较为细致的研究工作。作为全国大气气溶胶污染和云量的高值区之一，青藏高原东缘四川盆地的气溶胶分布时空变化区域特征及其成因，是一个亟待深入研究，并对控制大气污染具有重要应用价值的挑战性课题，主要包括如下几个方面的问题：

（1）作为中国四大重霾污染区域之一，四川盆地及周边地区的大气气溶胶空间分布（尤其垂直结构）以及年代际、年际、季节和日变化具有哪些区域性特征？这些特征与区域霾天气分布和变化的关联程度如何？盆地霾日频数是否亦表现出显著的区域性特征，是否存在较为明显的年际变化趋势？为把握盆地大气污染的长期变化，科学认识大气环境长期变化中的天气气候因素和污染排放因素的相对贡献，需要深入研究四川盆地气溶胶长期变化特征和导致气溶胶污染的气象条件的长期变化规律，厘清这一区域气溶胶区域传输特征及对盆地高气溶胶区的贡献，以及判定盆地高气溶胶污染区对周边地区大气环境的影响。

(2) 青藏高原大地形动力和热力强迫作用影响着其下游区域的我国中东部天气气候变化，这种影响作用对青藏高原东缘的四川盆地尤为显著。怎样认识青藏高原东缘四川盆地这一独特的大地形结构对盆地气溶胶高中心形成的作用机制？盆地特殊地形背景下的独特气候-天气-边界层物理过程如何决定气溶胶污染的分布，控制大气污染的积累、输送和地-气交换？青藏高原大地形作用决定着盆地区域天气气候特征，然而青藏高原对其东侧四川盆地气溶胶时空分布存在怎样的大地形动力和热力效应？在青藏高原特殊的大地形“避风港”效应作用下，大气环流背景的气候调节是否可导致盆地上气溶胶颗粒物长期累积并产生变化，是否会造成具有显著年代际气候特征的盆地大气污染“空气穹隆”的边界层结构？回答这些疑问都需要基于盆地大气气溶胶变化、特殊的大气动力热力特性以及特殊的大气边界层结构，分析和模拟大地形效应及气候变化对大气环境的影响机理。

(3) 大气污染与气候变化间存在着复杂的联系。在全球及区域气候变化背景下，四川盆地出现了小雨、中雨发生日数和降水量明显减少，暴雨发生日数增加现象。这一降水频率显著减少，降水强度增加的降水形态变化及极端降水(洪涝或持续干旱)现象频繁出现是否与气溶胶增加有关？尤其在亚洲季风变弱背景条件下，气溶胶变化与四川盆地近年来降水的形态及区域气候变化关联程度如何？作为全国气溶胶和云量高值区的四川盆地，在区域总云量减少的背景下，中、低云量变化较大的现象是否与气溶胶增加有关？从川西高原到四川盆地，气溶胶空间分布和变化的巨大差异是否导致了降水分布形态的气候变化？需要深入研究大气气溶胶和云-降水的长期变化及其关联，比较盆地及周边高原气溶胶分布以及降水气候变化差异，揭示大气气溶胶对气候变化的反馈作用以及大气污染物对降水天气气候的影响。

8.2 研究目标与研究内容

8.2.1 研究目标

揭示四川盆地气溶胶污染时空分布和垂直变化的区域特征；分析盆地大地形背景下独特气候天气和大气边界层物理过程对盆地气溶胶高值区形成的影响机理，探索青藏高原大地形对四川盆地大气环境变化的影响；评估气溶胶气候效应对区域降水的影响。

(1) 探究四川盆地大气气溶胶污染的空间分布和年代际、年际、季节和日变化特征，揭示四川盆地独特多尺度气候天气和大气边界层物理过程对区域大气污染的影响机制。评估盆地高气溶胶污染对盆地及周边地区大气环境的相互影响。

(2) 理解四川盆地及周边特殊地形在高气溶胶污染中心形成及变化中的作用及其机理，分析青藏高原的大地形动力和热力强迫效应对盆地大气环境的调节作用，研究青藏高原大地形作用对区域大气环境变化影响。

(3) 探索四川盆地及周边地区的降水气候变化中大气气溶胶效应的影响信号，以及盆地降水形态变化是否与气溶胶污染增加有关。

8.2.2　研究内容

1. 四川盆地大气气溶胶污染时空变化特征及大气边界层和天气气候影响

研究应用的三大类资料为：(1) MODIS、MISR 和 CALIPSO 等卫星遥感气溶胶数据集，主要提取四川盆地及周边地区气溶胶光学厚度、细粒子比和气溶胶垂直分布数据；(2) 四川盆地及周边气象站近 50 多年气象观测资料，多种数据再分析产品的气象数据，以及西南低涡相关加密各类气象观测与科学试验资料；(3) 近年来四川的国控环境监测地面颗粒物资料，环境监测的大气颗粒物资料。拟主要应用三大类观测气象环境监测资料，并辅以关键区阶段性大气气溶胶的垂直结构观测试验等，运用多源信息综合观测分析和数值模拟方法，详尽地分析各个时间尺度(年代际、年际、季节和日)气溶胶变化的区域特征。结合气溶胶资料和霾天气的气候分析，认识四川盆地霾天气分布变化的区域特征。研究盆地雾霾天气和气溶胶污染时空分布气候特征及盆地边界层和大气环流结构相关机制；剖析多尺度物理过程对盆地区域重污染过程气溶胶时空分布特征的影响。利用大气化学模式模拟研究气溶胶区域传输特征及对盆地高气溶胶区的贡献，判定四川盆地高气溶胶区对周边地区大气环境的影响。

2. 青藏高原大地形对四川盆地大气气溶胶污染变化的影响机理

青藏高原的大地形动力和热力强迫作用决定东缘四川盆地大气环流结构，形成了盆地独特气候-天气-边界层物理过程，控制着区域大气污染的积累、输送和地-气交换。需要分析青藏高原大地形动力和热力强迫与盆地大气气溶胶和雾霾事件变化的关联及对相关气候天气和大气边界层要素的影响，揭示青藏高原大地形动力和热力效应对东侧四川盆地气溶胶污染时空分布的影响机理。尝试理解青藏高原特殊的大地形“避风港”效应作用下的大气环流背景的气候调节可能导致盆地气溶胶颗粒物长期累积并使其变化，以及造成盆地区域大气污染“空气穹隆”的边界层结构时空变化。基于四川盆地大气气溶胶变化以及大气动力、热力特性和特殊的大气边界层结构分析，探索盆地独特地形结构对盆地气溶胶高中心形成的作用和影响机理。气候分析青藏高原热力强迫异常及与导致四川盆地气溶胶颗粒物累积的大气热力结构和大气环流变化的关联，理解青藏高原对四川盆地区域大气环境的气候调节作用。进行数值模拟试验，通过设计控制实验和情景模拟等方法，模拟分析青藏高原大地形的动力和热力强迫变化对盆地大气气溶胶分布和变化的影响效应。

3. 评估四川盆地及周边大气气溶胶气候效应对区域降水的影响

研究夏季降水频次和雨量变化趋势及其与气溶胶的关系。主要通过气候诊断方法和数值模拟试验，分析四川盆地及周边区域降水、雾-霾的气候变化，以发现四川盆地降水气候变化中的大气气溶胶影响信号。重点从诸气象变量长期观测资料中分离气溶胶因素在天气气候变化中的作用。比较分析川西高原和四川盆地气溶胶空间和降水变化的明显差异,试图探索四川盆地气溶胶高污染分布导致的降水分布形态的气候变化。利用2001—2017年TRMM卫星3B42RT数据对四川盆地近年来降水的时空分布特征进行分析,并在此基础上利用2001—2015年MODIS中AOD资料分析四川盆地大气气溶胶特征,探索降水变化与高浓度气溶胶之间的关联。为了研究四川盆地特殊地形背景下降水变化及气溶胶影响机制,利用在线大气化学模式WRF-Chem模拟了2012年7月20—21日发生在四川盆地西北部的一次典型西南涡暴雨过程,并分别设置填充四川盆地地形和去除人为气溶胶排放的敏感性试验,试图揭示四川盆地大地形和大气气溶胶在暴雨过程中的重要作用及影响机理。通过分析川西高原和四川盆地气溶胶空间和降水变化的明显差异,认识四川盆地气溶胶高污染分布导致的降水分布形态的气候变化。

8.3 研究方案

8.3.1 多源信息综合气溶胶污染观测分析

分析多年MODIS、MISR和CALIPSO等卫星遥感AOD数据,分析四川盆地AOD和气溶胶细粒子组分比率(Fraction of Fine-Mode Aerosol, FMF)资料,研究区域气溶胶的时空变化及其细颗粒子(PM_1)的长期变化特征,以及关键区阶段性大气气溶胶的垂直结构。通过衔接21世纪以来用MODIS-C6的AOD数据(分辨率为3 km),实现气溶胶光学厚度遥感和地面观测资料的反演和拼接,将2000年以后用地面参数化模式和干能见度替代方法反演的AOD数据与遥感反演的AOD数据进行验证、比较和订正,拼接后得到研究区域较长序列和较高分辨率的气溶胶数据集。分析近几十年四川盆地气溶胶时空分布和变化趋势。

我国目前对霾事件的判定主要还是基于气象观测站网的大气能见度、相对湿度和天气现象等资料的综合加以判断。本文分析将采用判别霾的国家新标准,利用盆地地区50多年能见度、相对湿度和天气现象观测资料,分析四川盆地霾污染的长期时空特征。基于近些年环境监测部门对气溶胶中PM_{10}和$PM_{2.5}$监测资料,配合气溶胶激光雷达观测和CALIPSO等卫星遥感数据,对盆地近年典型高气溶胶过程和重霾污染事件的大气气溶胶时空结构做详尽的个例分析。还可利用四川盆地大气成分和城市环境监测资料获得盆地大气气溶胶的日变化特征。

8.3.2 四川盆地特殊大地形天气气候与盆地高气溶胶相关关系的诊断研究

采用多年气象观测、探空及再分析气象数据和大气边界层观测(包括西南低涡试验外场观测资料),分析盆地冬、夏季风区域气候变化特征,包括风、气温和降水的年际变化和长期趋势,以及不同季节(冬半年、夏半年)、不同类型污染下的气候条件。分析盆地高气溶胶污染事件和静稳型天气的典型大气环流形势场、气象要素分布、大气特征物理量、出现和持续时间等,建立天气学模型。研究在盆地特殊大地形结构影响下,大气边界层要素(包括边界层高度、逆温、近地面风速和湍流动能等)的区域性特征,着重认识四川盆地特殊大气边界层结构及其与自由对流西风带相互作用对大气气溶胶污染变化和垂直分布的影响。利用统计分析方法,建立风、气温和降水等气候条件与AOD和气溶胶污染物变化的相关关系,揭示不同季节(冬半年、夏半年)季风气候变化导致大气复合污染的气象条件的长期变化规律。

分析青藏高原大地形对盆地不利于污染物扩散的大气环流、局地气象要素和大气边界层结构的特殊叠加效应。采用1961年以来的各种再分析气象资料,分析计算西风带背景下高原大地形东侧"背风坡"环流及其季节特征,探讨大地形动力效应与盆地霾和气溶胶污染高发区时空分布相关特征。试图发现冬季青藏高原东侧大地形"背风坡"气流伴随下卷气流,及大地形东侧四川盆地"避风港"的近地面弱风区对盆地大气污染排放物的扩散,尤其是对污染物向高空对流输送的影响。计算青藏高原东缘与四川盆地之间对流层低部大气温度上下层偏差场,分析四川盆地大气层结稳定度变化及青藏高原热力强迫的可能作用。为了分析青藏高原热力强迫变化对盆地气溶胶污染影响效应,利用再分析气象资料,按照大气科学和气候分析的视热源计算方法,估算青藏高原热源强迫作用并建立青藏高原热源变化与四川盆地的霾日和气溶胶污染水平的统计关系,进一步分析青藏高原热源异常对盆地近地面风速、气温和大气下沉运动以及大气层结稳定度影响,以揭示青藏高原热力效应对盆地气溶胶污染变化的影响机理。

基于50多年四川盆地及周边地区的气象资料、反演的气溶胶数据和遥感AOD数据,分析降水、霾日及气溶胶的长期演变规律,并寻找盆地和周边地区降水与灰霾日及气溶胶的相关关系,试图发现四川盆地气溶胶变化对降水影响的观测事实。通过气候诊断方法,重点从诸多气象变量长期观测资料中分离出气溶胶因素在气候变化中的作用,以降水低频变化发现盆地降水气候变化中的气溶胶影响信号,评估四川盆地气溶胶对区域降水影响。

8.3.3 四川盆地大气气溶胶变化机理及影响的数值模拟研究

开展四川盆地大气气溶胶时空变化及天气气候影响多年气候模拟分析。由于模拟中污染物排放源年际保持不变,模拟出来的盆地气溶胶的年际变化数据,可用于评估大气气溶胶污染物年际变化中气候变化的影响,包括气溶胶对青藏高原热力变化的贡献。

选择若干个典型的霾污染事件个例,模拟霾污染过程的气溶胶变化,着重分析天气过程和大气边界层变化对大气霾污染的影响,以及霾污染过程中气溶胶传输收支状况。揭示四川盆地及周边地区气溶胶的源汇分布和区域传输特征。

设计不同情景模拟的敏感性试验,如抬升盆地地形高度,或降低青藏高原地形高度,模拟盆地雾霾个例过程,分析青藏高原和盆地大地形对盆地气溶胶污染变化的影响效应。通过打开与关闭模式的气溶胶直接和间接气候效应反馈机制,对比模拟分析气溶胶的时空分布变化对云微物理、云量和降水以及大气边界层的影响。

8.4 主要进展与成果

8.4.1 海-陆强迫对四川盆地及我国中东部地区大气颗粒物浓度变化的影响

东亚季风气候变化决定着我国中东部地区气象条件，可改变大气污染物扩散传输、化学转换和干湿沉降等大气物理化学过程，调制区域空气质量变化；东亚季风气候变化受控于海-陆动力-热力强迫异常，对我国中东部空气质量变化及霾污染影响依然是亟待深入研究的科学问题。因此，本节利用气象和环境多年观测资料，通过气候统计分析与数值模拟相结合的技术途径，针对这一问题展开东亚季风气候变化、热带太平洋热力强迫和青藏高原大地形作用对四川盆地及我国中东部地区大气颗粒物浓度变化影响及机理的系统研究。主要研究结果总结如下：

1. 东亚季风对我国中东部地区大气气溶胶浓度年际变化影响程度及作用机理

应用全球空气质量模型系统 GEM-AQ/EC，设计了一个 10 年（1995—2004）间主要人为气溶胶（硫酸盐、黑碳和有机碳）排放无年际变化的大气气溶胶敏感性模拟试验，即模拟中去除了排放源因素对大气环境变化的影响，以分离气象因素对人为气溶胶浓度变化的贡献。本模拟研究集中在中国中东部这一典型的东亚季风区。1995—2004 年期间，中国中东部地区大气气溶胶浓度增加趋势显著，其年际变化率在中东部南区的夏季可高达20％～30％，冬季中东部北区平均高达 20％～30％。中东部地区的大气气溶胶增加与近地表面风减弱有显著相关。这 10 年间，夏季中东部南区和冬季北区的近地表面风减弱趋势率分别超过 30％和 40％。在夏季风偏弱的年份，从华北平原到四川盆地广阔中东部地区的大气气溶胶浓度偏高。在偏弱冬季风年，我国东部地区大气气溶胶浓度存在“北高”和“南低”异常分布。东亚夏季风和冬季风的年际减弱是导致近年来我国中东部大气气溶胶年际变化和趋势增加的主要气象因素。此外，决定气溶胶湿清除过程的东亚夏季风降水异常也会改变夏季中东部地区气溶胶变化和分布。与气溶胶干清除过程关联的大气边界层条件亦是影响冬季中国中东部地区气溶胶浓度的一个气象因素。

2. 太平洋 Niño3.4 海区热力强迫对我国南方地区冬季霾污染变化的气候调制作用

基于 1980—2010 年霾日数观测资料和 NCEP/NCAR 气象再分析数据的气候相关分析，揭示热带中东太平洋 Niño3.4 海区海温和中国霾污染间的关系在南方地区最密切。为从霾日数变化中分离出人为污染物排放和气象条件的作用，利用离散小波变换方法，将中国南方冬季霾日频次的年际变化序列分解成代表排放变化的低频分量和代表气象因子的高频分量。为了探索 Niño3.4 海温对南方冬季霾污染的年际变化影响程度及作用机理，分析研究了冬季霾日高频分量变化与 Niño3.4 海区海表温度（SST）的显著负相关，相关系数达－0.51。在 Niño3.4 SST 偏暖异常（厄尔尼诺年）时，南方地区冬季霾污染频次偏少 3～5 次；

反之在Niño3.4 SST偏冷异常(拉尼娜年)时，霾污染频次偏多3～5次，表明太平洋Niño3.4海区热力强迫异常对南方地区冬季霾污染变化有气候调制作用。气候调制作用机理分析揭示热带中东太平洋Niño3.4海区的SST异常导致我国中东部地区近地面风场、大气边界层垂直结构、大气稳定度和降水异常变化，改变大气污染物累积、扩散和沉降，影响冬季霾污染。在厄尔尼诺年冬季，区域近地面风速增强，垂直热力场异常的“冷盖”结构使大气层结趋于不稳定，有利于污染物的传输扩散，同时降水偏多加强了污染物的湿清除作用，使得霾污染次数偏少。拉尼娜年冬季正好与之相反。

3. 青藏高原动力和热力强迫对中国中东部地区大气气溶胶时空变化影响特征

设计一个将青藏高原海拔高度削减为1000 m的全球气候模式CESM1.2的50年的敏感性模拟试验，通过敏感性和控制性试验的对比分析高原大地形动力强迫对中国中东部地区大气气溶胶分布的影响。青藏高原大地形存在，中东部地区大气气溶胶浓度普遍偏高，形成了四川盆地和华北平原气溶胶高值中心。当高原地形削减后，从华北平原到四川盆地广大地区近地面气溶胶浓度普遍下降5～8 $\mu g\ m^{-3}$，其余的中东部地区，特别是东南沿海地区增加约为2～6 $\mu g\ m^{-3}$。进一步分析发现，高原地形阻挡和绕流作用消失后，冬季风系统北退并且强度减弱，华北平原地区仍然受到季风作用，加上高原去除后中低层西风异常，利于华北地区气溶胶向外传输；四川盆地地区大气垂直环流异常配合“冷盖”垂直热力结构，利于大气污染物通过西风异常进入下游地区。其他我国中东部地区因冬季风减弱，地面风速降低，降水湿清除作用减弱，加上上游四川盆地向外输出气溶胶，使得这些区域内气溶胶浓度有正异常。GEM-AQ/EC模式10年模拟试验分析表明，相对于青藏高原热源加热偏弱的冬季，高原强热源偏强的冬季我国中东部大气气溶胶浓度上升30%～45%。青藏高原的热力状况在偏暖和偏冷异常时可能导致中东部地区大气中出现“暖盖”和“冷盖”垂直热力结构异常，“暖盖”的垂直热力结构加剧了对流层下部的下沉运动，有利于重污染的聚集和霾事件的发生；“冷盖”的影响与之相反。青藏高原热力强迫异常对中国中东部的大气气溶胶浓度变化具有重要影响。

4. 青藏高原动力-热力强迫对四川盆地及我国中东部霾污染变化的气候调节

这一研究成果发表在SCI一区期刊*Atmospheric Chemistry and Physics*。该工作开创性地将青藏高原影响从天气气候变化扩展到大气环境研究领域。主要研究成果包括：(1) 青藏高原东缘“背坡风”的避风港效应的弱风和下沉环流区，包括四川盆地及我国中东部，是我国霾污染发生的“易感区”，其中四川盆地是最主要的影响区；(2) 青藏高原的热力异常或气候变暖导致我国中东部冬季风减弱，下沉环流加强，低层大气趋稳变湿，加重了四川盆地等“易感区”的霾污染；(3) 青藏高原对我国大气环境变化的影响可应用于我国空气质量调控决策。

5. 西太平洋暖池热力强迫对我国霾污染变化的气候调节作用

中国中东部地区的霾污染除了受到大气污染物排放的影响，还会受到气候变化的调节作用。西太平洋暖池作为大气热量的主要供应地之一，也是东亚季风气候系统里的重要一员，其热力状态的变化会影响东亚季风的爆发及强度。在位于东亚季风区的中国中东部地区霾污染异常的大气环境现实背景下，对西太平洋暖池热力强迫影响中国中东部霾污染环境变化的作用及机理的认识亟待加强。

利用中国霾日观测资料以及海温和气象再分析资料，分析了1981—2010年冬季西太平洋暖池海表温度与中国中东部地区霾日年际变化的关系及其影响机制。结果表明，冬季西太平洋暖池海温和中国中东部地区的霾日数的年际变化存在显著正相关关系，其相关系数达到0.61。冬季西太平洋暖池海温的年际变化导致中东部地区对流层低层位势高度场、风场和垂直热力结构的异常。冬季西太平洋暖池热力强迫较强时，冬季风大陆冷高压影响范围向北缩小，中国中东部长三角和珠三角地区近地面风速偏弱，对流层低层温度偏低、高层温度偏高，有利于形成大气静稳条件，使得冬季霾日数增加；冬季西太平洋暖池热力强迫较弱时，近地面风速和对流层热力结构则呈现相反异常，有利于大气污染物的扩散，导致霾日数偏少。中国中东部其他地区风场影响机制并不明显，热力结构变化仍然是左右霾污染变化的因素。本文基于观测数据分析了西太平洋暖池热力强迫对中国中东部霾污染环境变化的影响并探究了其机理，其结论对于气候变化影响霾污染的研究具有重要的参考价值。

8.4.2 基于加密探空观测的成都市冬季重污染过程大气边界层气溶胶垂直结构分析

基于2017年1月1—20日成都市系留气艇探测低层大气气象要素和大气颗粒物垂直探空的加密观测资料，结合地面气象站点实时监测数据，研究了大气边界层气溶胶垂直分布的日变化，综合分析了不同污染程度和一次重霾污染过程中气溶胶的垂直分布特征。研究结果如下：

(1) 在成都市冬季重霾过程的发生、维持及消散阶段，大气边界层气溶胶垂直结构有明显差异。霾发生阶段，气溶胶粒子浓度随高度递减，城市人为污染物排放及近地面累积是这次成都冬季重霾发生的主要成因。重霾持续阶段，较强的大气垂直扩散可将近地面颗粒物抬升至大气边界层上部，造成大气边界层1000 m高度以下的细颗粒物数浓度垂直分布均匀。这一观测事实表明，尽管四川盆地这次重霾污染持续期间大气边界层趋于稳定(图8.1)，但却出现较强大气垂直混合作用，这可能与重霾污染过程大气边界层和气溶胶相互作用相关联。霾消散阶段，较高处气溶胶粒子浓度最先下降，下降幅度最大。这可能是大气边界层和对流自由大气相互作用加强了大气气溶胶传输扩散，导致大气静稳边界层条件消失和重霾污染消散。

(2) 成都市冬季夜晚(20时、23时、02时、05时、08时)均出现接地逆温，平均逆温层厚度为80 m，平均逆温强度为2.3℃ $(100\ m)^{-1}$，逆温层下平均相对湿度随高度递减，近地表平均相对湿度超过90%，主导风向为东北风。夜晚强逆温、高湿、低风速的天气条件导致地面气溶胶浓度堆积，污染严重。冬季白天(11时、14时、17时)大气层结不稳定，平均温度随高度递减，平均相对湿度随高度递增，气溶胶粒子垂直分布呈锯齿状。不同污染程度下气溶胶粒子浓度垂直分布特征差异明显：轻度污染日气溶胶浓度的垂直分布主要受相对湿度和风向的影响；中度污染日气溶胶粒子垂直分布范围变化不大，主要受风速风向条件影响；重度污染日气溶胶粒子垂直分布呈现锯齿状结构；严重污染日地面气溶胶粒子数浓度高出轻度污染日8倍多。

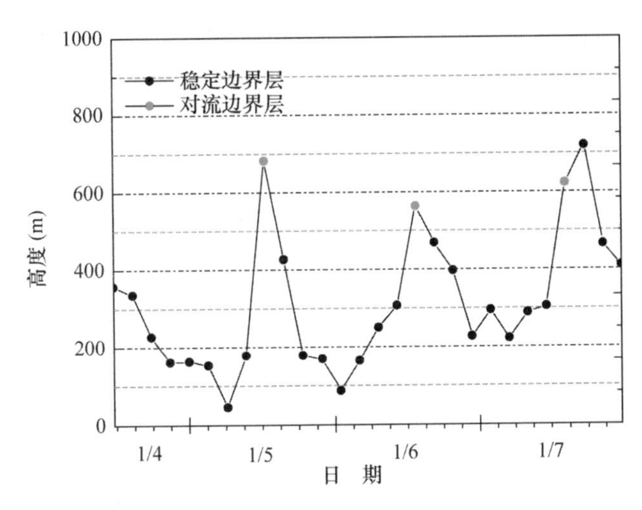

图 8.1　2017 年 1 月 4 日 14 时至 1 月 7 日 23 时稳定边界层和对流边界层高度

(3) 重霾污染期间，大气边界层昼夜变化特征削弱。稳定边界层结构出现 25 次，对流边界层结构仅出现 3 次，大气边界层结构趋于稳定，边界层高度普遍低于 1000 m。霾污染发生、维持及消散阶段大气边界层气溶胶垂直结构具有明显差异：霾污染发生阶段，大气边界层气溶胶粗细粒子主要集中在 300 m 高度以下，近地面层大气气溶胶粒子累积触发霾污染事件；霾维持阶段，大气颗粒物粒子浓度数垂直方向趋于一致，大气边界层稳定结构中存在强的大气垂直混合作用；在霾消散阶段，较高处的气溶胶粒子浓度最先下降，且下降幅度最大，表明对流层自由大气作用对霾污染的发生、消散具有影响。大气边界层风速的增大加剧了大气传输扩散，其作用对较细颗粒更为显著。温度与大气颗粒浓度在近地层呈负相关，在 100 m 以上的高度呈正相关。大气边界层低层偏冷、高层偏暖的稳定大气热力层结减弱了大气污染物的垂直扩散。高相对湿度有利于促进气溶胶粒子的吸湿增长和液相化学反应，加剧霾污染发展。

基于 2017 年 1 月 4—7 日成都地区的一次重霾过程中的颗粒物粒径谱的垂直加密观测和激光雷达同步观测数据，利用米散射理论计算颗粒物消光系数，并与激光雷达反演结果对比，计算不同粒径谱颗粒物消光系数以及消光贡献率。分析表明，重霾期间，在不同边界层高度上颗粒物消光系数表现为 $PM_1 > PM_{1\sim2.5} > PM_{>10}$。其中，$PM_1$ 的消光贡献率整体上维持在 49.5%～69.4%，是本次重霾过程中影响颗粒物消光系数大小的主要因子。在大气边界层内，不同粒径谱颗粒物消光作用呈现出显著垂直变化和昼夜差异，白天在 500 m 以下和 700～1100 m 之间，颗粒物消光系数出现高值区；夜间在 400 m 以下，颗粒物消光系数随高度呈现明显递减趋势，在 1000 m 处出现高值。此外，夜间在 200 m 以下，颗粒物消光系数明显大于白天，且 $PM_{>1}$ 的消光贡献率也明显大于白天。整体上，PM_1 消光贡献率随高度递增，而 $PM_{>1}$ 消光贡献率随高度递减。

8.4.3　四川盆地空气质量气候特征及其大地形影响效应的观测模拟研究

利用四川盆地及其周边地区气象站点的观测数据，进行了近 50 年来四川盆地区域内大气能见度及霾日的时空分布特征和驱动因素的一系列分析，并在此基础上利用 1999—2013 年的全球再分析数据分析了四川盆地及其周边地区大气结构和边界层变化特征，探索了四川盆地大地形和高气溶胶中心及其变化的关联，以及大气动力热力特性和特殊的大气边界层结构特征。最后，利用 WRF-Chem 模拟了 2014 年 1 月 12—20 日四川盆地一次持续性的重霾过程，并另外设计有无盆地地形的敏感性试验，进一步模拟探讨盆地地形的动力、热力强迫作用以及各气象因子变化对盆地霾污染物变化的作用，定量评估了地形作用对四川盆地 $PM_{2.5}$ 影响的贡献，探讨了盆地特殊地形作用的影响机理。主要研究内容和结论如下：

近 50 年来盆地能见度分布呈现盆地低(约 18.9 km)，且明显减少的变化趋势，气候倾向率约－0.91 km $(10\ a)^{-1}$。大气干消光系数呈增加趋势，人口密度及燃煤增加导致大气细粒子排放增多，霾日数急速增加，气候倾向率约 9.6 d $(10\ a)^{-1}$。其中冬季 1 月污染最严重，夏季 7 月相对清洁。高湿、弱风是导致盆地区域霾污染日趋严重的关键气象因素。

地形作用对盆地大气环境的影响主要表现在：(1) 盆地上空受地形影响形成强的下沉气流，抑制了盆地空气污染物的向上扩散，盆地内这种大气垂直结构呈现明显的季节变化特征，冬季下沉气流最强，与冬季霾污染最严重表现一致(图 8.2)；(2) 高原背风坡“避风港”效应，盆地区域平均风速纬向偏差约 1 m s^{-1}，地处背风坡的弱风区，多静弱风；(3) 在900～850 hpa，大气层表现为风速弱切变，湍流混合作用弱；(4) 盆地近地面贴地逆温与高空气流下沉增温形成脱地逆温，使得盆地内大气层结稳定(图 8.3)。这些地形作用不利于盆地内大气气溶胶的扩散、输送，容易造成污染物的累积，形成霾天气。

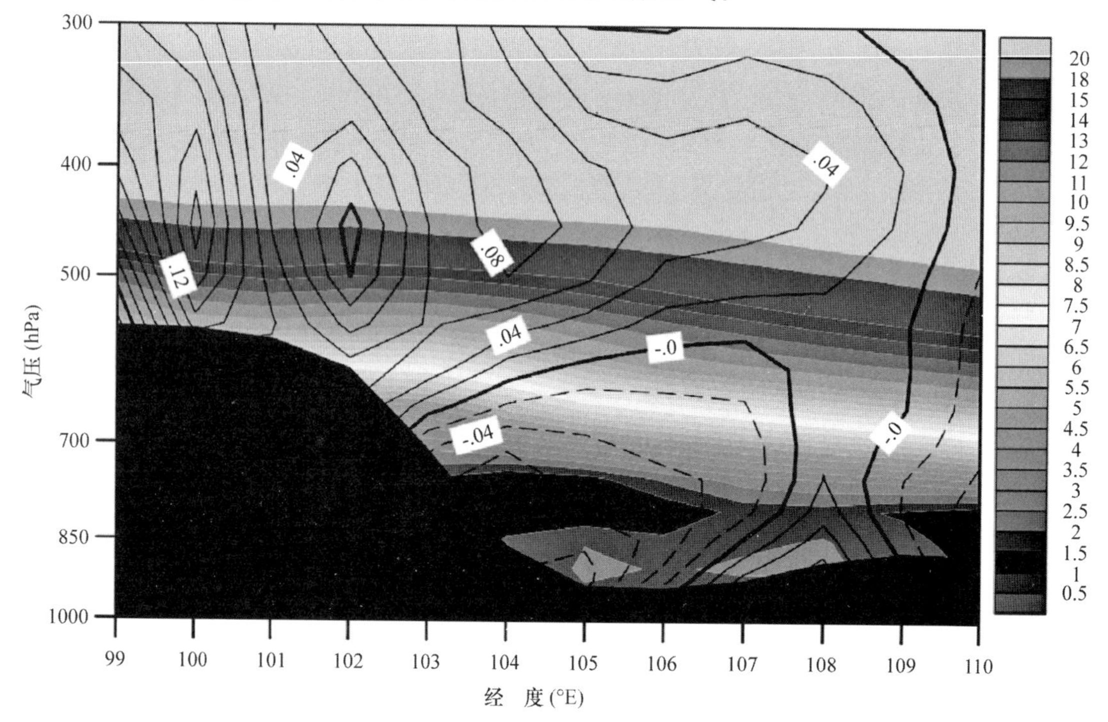

图 8.2 1999—2013 年 28°N～31°N 纬带冬季平均环流结构东-西向垂直剖面图。图中填色图为水平风速(m s^{-1})，等值线代表垂直速度(pa s^{-1})

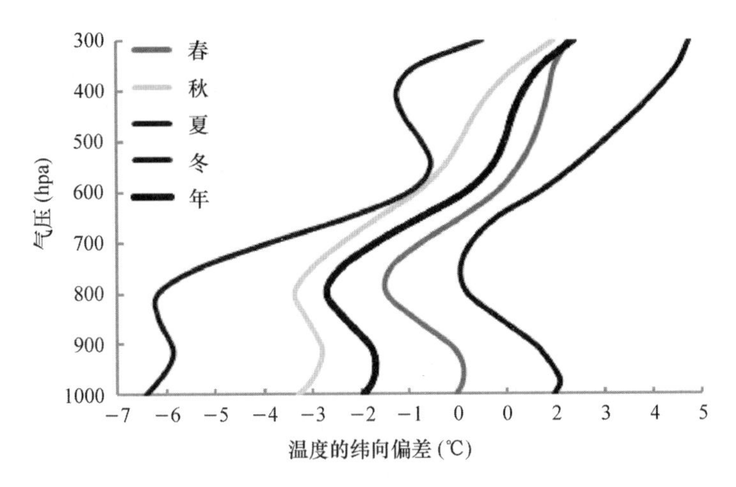

图 8.3　1999—2013 年青藏高原背风坡 104°E～109°E 区域内 28°N～31°N 纬带各季节大气温度偏差垂直廓线

四川盆地位于青藏高原东侧，面积约 2.6×10^5 km²，是我国霾重污染地区之一。独特的深盆地地形对霾污染的影响尚缺少完整研究。利用 WRF-Chem 模拟，探究四川盆地 2014 年 1 月重霾污染中盆地地形影响及其潜在机制。模拟结果表明，盆地的存在使重霾污染期间四川盆地平均地面 $PM_{2.5}$ 浓度增加了约 48 μg m^{-3}，对 $PM_{2.5}$ 的增加贡献了约 44%，这表明盆地地形对盆地内空气质量有非常不利的影响。地面 $PM_{2.5}$ 浓度的增加从盆地东部的 0～30 μg m^{-3} 不等到盆地西部的 60～120 μg m^{-3}，相对于没有盆地地形时的地面浓度分别增加了 0～20% 和 50%～70%，这说明盆地西部受青藏高原的影响更显著。地形效应通过降低风速，增加大气温度和湿度，以及抑制盆地边界层发展来加剧雾霾污染。由于青藏高原对中纬度西风的影响，盆地上空出现背风涡流，这种环流形势加剧了盆地西部地面污染物的累积，充分说明高原与盆地这种复杂的地形分布对盆地内部，尤其是靠近青藏高原的盆地西部的大气污染物的累积具有显著作用。

8.4.4　四川盆地西部边缘地区大气边界层垂直结构及对大气污染影响

四川盆地作为我国人口密集的重污染地区之一，其盆地西部边缘地区紧邻青藏高原，特殊的山地地形形成了复杂大气边界层风场结构，从而影响局地空气质量变化。通过分析 2017 年四季代表月份雅安市名山地区大气边界层气象要素和大气污染物加密探空资料，并开展针对大气边界层低空急流影响 $PM_{2.5}$ 时空分布的空气质量模拟研究，揭示了四川盆地西部边缘地区复杂地形背景下大气边界层结构特征及其对大气污染物变化的影响。主要研究内容和结论如下：

1. 山谷风局地环流特征及对 O_3 的影响

2017 年名山地区山谷风出现频率夏季＞冬季＞秋季＞春季。地面风速由于谷风作用加强 1.6 倍或被山风削弱 38%，谷风环流影响高度高达 1500 m，山风仅为 500 m。水平方向上谷风环流影响范围大约为 300 km，山风大约为 200 km。山谷风出现与否和太阳辐射到达地面的强度以及夜间辐射降温速率有关，晴朗少云的日子容易出现山谷风。山谷风环流对大气污染物 O_3 有明显的输送作用，盆地区域大气污染重，山地区域大气清洁。白天谷风环流将大气重污染区域（盆地产生）的 O_3 向清洁地区（山地）传输，并在谷风环流伴随的强上升气流影响下堆积在低空 100～600 m，夜间山风环流带来的高原清洁气流使得名山地区 O_3 浓度降低。

2. 大气边界层低空急流结构及对 $PM_{2.5}$ 的影响

2017 年大气边界层低空急流发生频率夏季最高，秋冬季最低，夜间出现频率高于白天，主要出现在 100～500 m 高度，急流风速主要分布在 5～8 m s^{-1}，风向以偏东风和偏西风为主。2017 年 1 月 4—6 日的两次大气边界层低空急流过程对大气 $PM_{2.5}$ 表现为两种影响机制。西风控制下的大气边界层低空急流过程表现为清除作用，西风带来的清洁高原气流使得本地 $PM_{2.5}$ 浓度迅速降低，急流轴以下高度粒径大于 0.5 μm 的颗粒物数浓度减少 50％以上；东风控制下的大气边界层低空急流则表现为传输积累作用，东风将重 $PM_{2.5}$ 污染区域——盆地的大气细污染物被携带至原本清洁的西部地区，进一步加重本地大气污染（图 8.4）。风速达到 5 m s^{-1} 以上的条件下，细颗粒物浓度表现出明显变化，5 m s^{-1} 以下的东、西风对细颗粒物浓度影响不大。

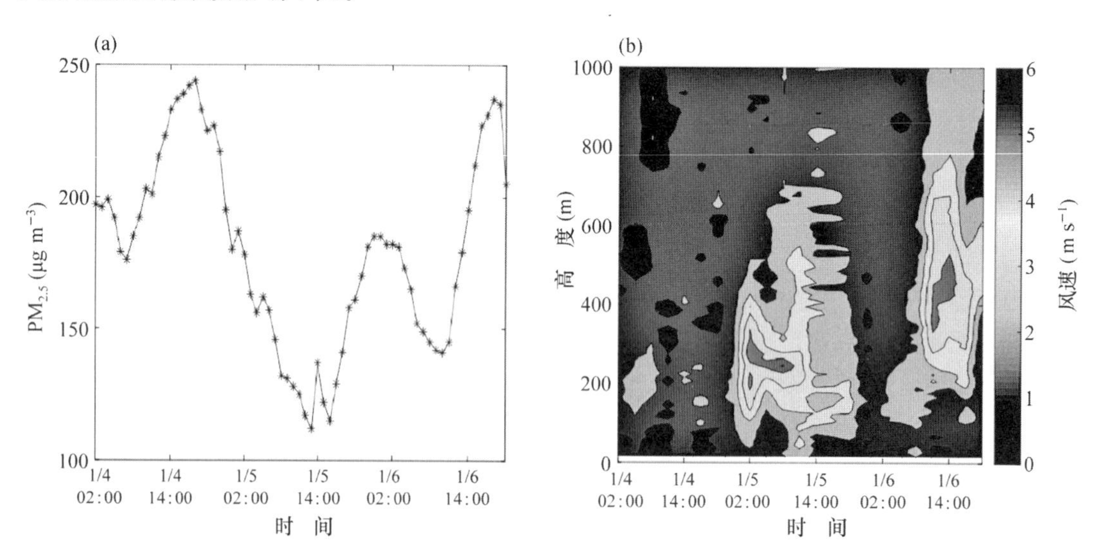

图 8.4　2017 年 1 月 4—6 日大气重污染过程中 $PM_{2.5}$ 浓度（左）及风速变化（右）

3. 山地地形下大气边界层结构及对 $PM_{2.5}$ 影响的数值模拟

在四川盆地西部边缘地区复杂山地地形背景下，随着大气 $PM_{2.5}$ 污染水平下降，空气质量模式 WRF-Chem 对地面 $PM_{2.5}$ 的模拟效果提高，重度 $PM_{2.5}$ 污染水平下，基本没有模拟出大气边界层低空急流结构，大气边界层方案的调整对于大气边界层低空急流模拟改善不明显；中度 $PM_{2.5}$ 污染水平下，MYJ 方案的模拟结果要优于 YSU 和 BL 方案，对于大气边界层低空急流的起始时间的模拟略有提前，急流最大风速有低估；清洁 $PM_{2.5}$ 水平条件下，YSU

方案对于大气边界层低空急流的模拟效果最好，急流起止时间、急流轴高度以及最大风速均与观测接近。导致大气 $PM_{2.5}$ 污染程度变化的不同天气系统及其大气边界层结构也能影响 $PM_{2.5}$ 污染过程中大气边界层方案的模拟性能。通过选取 MYJ 方案模拟中度 $PM_{2.5}$ 污染过程和选取 YSU 方案模拟清洁 $PM_{2.5}$ 水平过程证实了四川盆地西部边缘地区大气边界层低空急流对 $PM_{2.5}$ 的影响机制，西风急流清除 50% 以上的本地细颗粒物，东风急流携带 $PM_{2.5}$ 可成倍加重本地大气细颗粒物污染水平。

8.4.5　四川盆地-青藏高原东缘区域冬季大气颗粒物物理-化学特性变化分析

为了解四川盆地-青藏高原东缘地区大气污染特征及碳质颗粒物特性，本文对 2017 年 1 月四川盆地大城市（成都）、小城市（眉山）、盆地与高原过渡区（雅安）以及高原东缘地区（甘孜州）的空气质量等级及大气污染物浓度特征进行了统计分析，并将四川盆地-青藏高原东缘地区划分成盆地市区、盆地郊区、盆地与高原过渡区以及高原东缘地区四个区域，于 2017 年 1 月 1—20 日在四个区域进行分昼夜连续膜样品采集，在实验室测定了其碳质组分质量浓度，对四川盆地-青藏高原东缘地区冬季碳质颗粒物质量浓度差异进行分析，探讨了碳质颗粒物的时空分布、粒径分布特征，并定性分析了碳质颗粒物的来源。主要结论如下：

(1) 2017 年 1 月四川盆地内大城市、小城市和盆地与高原过渡区均以污染天气为主，污染天数占比分别为 77.4%、77.4% 和 74.2%。青藏高原东缘地区，受污染程度小，优良天数占比 96.8%。盆地大城市污染最严重，盆地小城市次之，高原东缘地区大气污染最轻。在观测期间，地面 $PM_{2.5}$ 平均浓度呈现盆地郊区（146.0 $\mu g\ m^{-3}$）＞盆地市区（127.1 $\mu g\ m^{-3}$）＞盆地与高原过渡区（116.0 $\mu g\ m^{-3}$）＞高原东缘地区（42.8 $\mu g\ m^{-3}$）。即使在大气环境清洁的高原东缘地区，也出现 $PM_{2.5}$ 和 PM_{10} 地面浓度超标的情况，盆地城市 $PM_{2.5}$ 和 PM_{10} 超标率较高原东缘地区高得多。在重污染时段，$PM_{2.5}$、PM_{10} 浓度在盆地大城市最高，而在非污染时段四个地区污染水平相当，反映了城市人为大气污染物排放对重污染形成的重要作用。NO_2 浓度呈现出盆地大城市＞盆地小城市＞盆地与高原过渡区＞高原东缘区的特征，在盆地市区存在 NO_2 污染时段，且其超标率为 22.6%，表明了四川盆地城市交通运输尾气排放的大气污染影响作用。四川盆地-青藏高原区域 SO_2、CO、O_3 浓度小，污染水平符合国家一级标准，高原区 SO_2 浓度比盆地内地区大；CO 浓度呈盆地大城市＞盆地与高原过渡区＞盆地小城市＞高原区的区域分布。高原区和过渡区 O_3 浓度高于盆地城市。

(2) 四川盆地-青藏高原东缘地区的碳质颗粒物主要富集于≤2.5 μm 粒径段中，盆地市区在≤2.5 μm 粒径段中 OC、EC 占总悬浮颗粒物（TSP）中 OC、EC 的比重分别为 76.31% 和 85.13%，盆地郊区在≤2.5 μm 粒径段中 OC、EC 占 TSP 中 OC、EC 的比重分别为 65.96% 和 90.20%，盆地与高原过渡区在≤2.5 μm 粒径段中 OC、EC 占 TSP 中 OC、EC 的比重分别为 81.90% 和 81.01%，揭示了四川盆地-青藏高原东缘地区大气碳质颗粒物污染中细碳质颗粒物具有主导作用（图 8.5）。其次，在 2.5～5 μm 粒径段中，盆地城市区、盆地郊区和盆地与高原过渡区的 OC 占 TSP 中 OC 的比重分别为 10.98%、14.48% 和 8.03%，EC 占 TSP 中 EC 的比重分别为 8.09%、3.62% 和 8.58%。在≤2.5 μm 粒径段中，EC 的区域变化呈现出盆地郊区＞盆地市区＞盆地与高原过渡区＞高原东缘区的趋势，OC 的区域变化为盆地市区＞盆地郊区＞盆地与高原过渡区＞高原东缘区；而在＞2.5 μm 粒径段中，EC 的区域变化为盆地市区＞盆地郊区≈盆地与高原过渡区，OC 区域变化为盆地郊区＞盆地市区＞盆地与高原过渡区，OC 与 EC 浓度在盆地内高于盆地与高原过渡区和高原东缘地区。

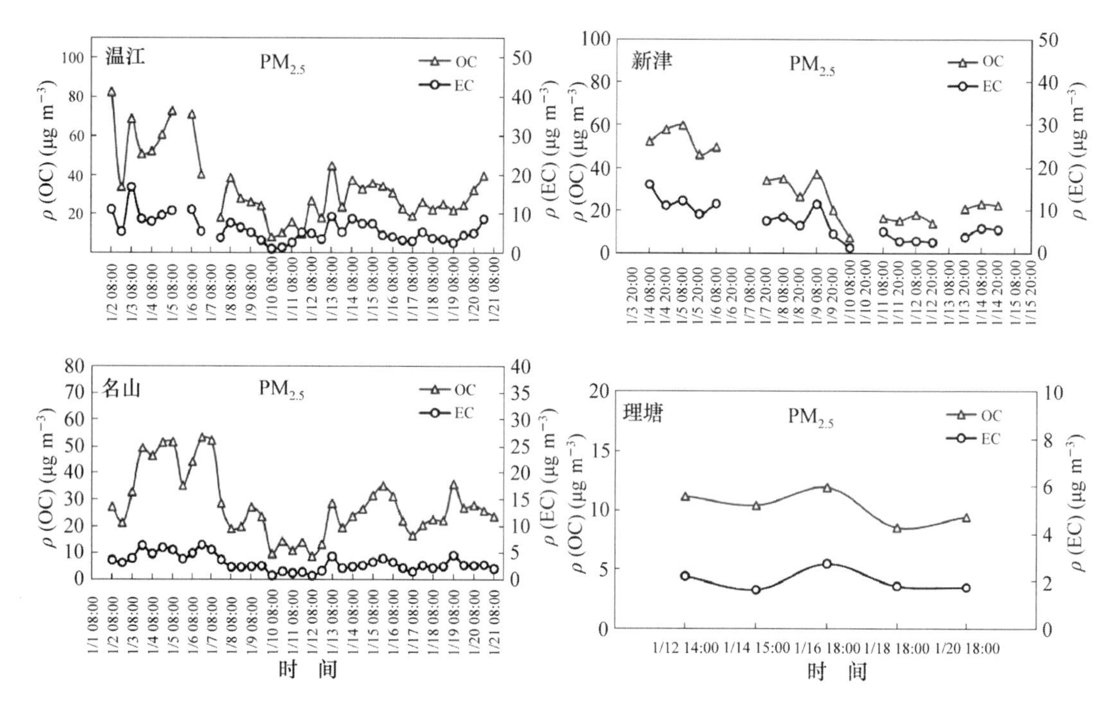

图 8.5　2017 年 1 月采样期间温江站、新津站、名山站和理塘站 TSP 中 OC 和 EC 逐日变化

（3）对于碳质颗粒物的来源，在≤2.5 μm 粒径段，四川盆地市区碳质颗粒物的主要来源为燃煤排放和机动车尾气排放；盆地郊区、盆地与高原过渡区以及高原东缘区主要来源为燃煤排放，体现了四川盆地城市-郊区间交通运输差异对大气碳质颗粒物的不同来源作用。在＞2.5 μm 粒径段中，盆地市区和盆地与高原过渡区碳质颗粒物主要来自燃煤排放、生物质燃烧、粉尘和家庭天然气排放影响；盆地内郊区受到非燃烧源的影响可能较盆地市区和盆地与高原过渡区大，燃煤排放、生物质燃烧排放和烹饪排放等燃烧源影响弱。盆地市区、盆地郊区和盆地与高原过渡区在粗、细颗粒物中均呈现出 POC 占 TC 比例最大，SOC 占比次之，EC 占比最小的情况；高原地区的细颗粒物同样，POC 占 TC 比重最大，但 SOC 占比最小。在观测期间四川盆地-青藏高原东缘地区碳质颗粒物以 POC 贡献为主，四川盆地内地区的 SOC 贡献要比高原地区多，这体现了盆地内特殊的温湿大气条件对二次有机碳形成的重要性。

8.4.6　四川盆地地形作用下降水变化及气溶胶影响的观测及模拟研究

利用 2001—2017 年 TRMM 卫星 3B42RT 数据对四川盆地近年来降水时空分布特征进行分析，并在此基础上利用 2001—2015 年 MODIS 中 AOD 资料分析该区域污染特征，探索该区域降水变化与高浓度气溶胶之间的关联。为了了解四川盆地特殊地形背景下降水变化及气溶胶影响机制,我们利用 WRF-Chem 模拟了 2012 年 7 月 20—21 日发生在四川盆地西北部的一次典型西南涡暴雨过程,并分别设置填充四川盆地地形和去除人为气溶胶排放的敏感性试验,试图揭示四川盆地大地形和大气气溶胶在暴雨过程中的重要作用及影响机理。主要研究结论如下:

1. 四川盆地降水变化与高浓度气溶胶之间的关联

近年来四川盆地区域内小雨(0.1~10 mm)及中雨(10~25 mm)频率有所减少,而大雨(25~50 mm)、暴雨(50~100 mm)、大暴雨(100~250 mm)以及特大暴雨(>250 mm)频次均有所增加(图 8.6)。空间上,四川盆地西北部降水呈显著增加趋势,西南部呈显著减少趋

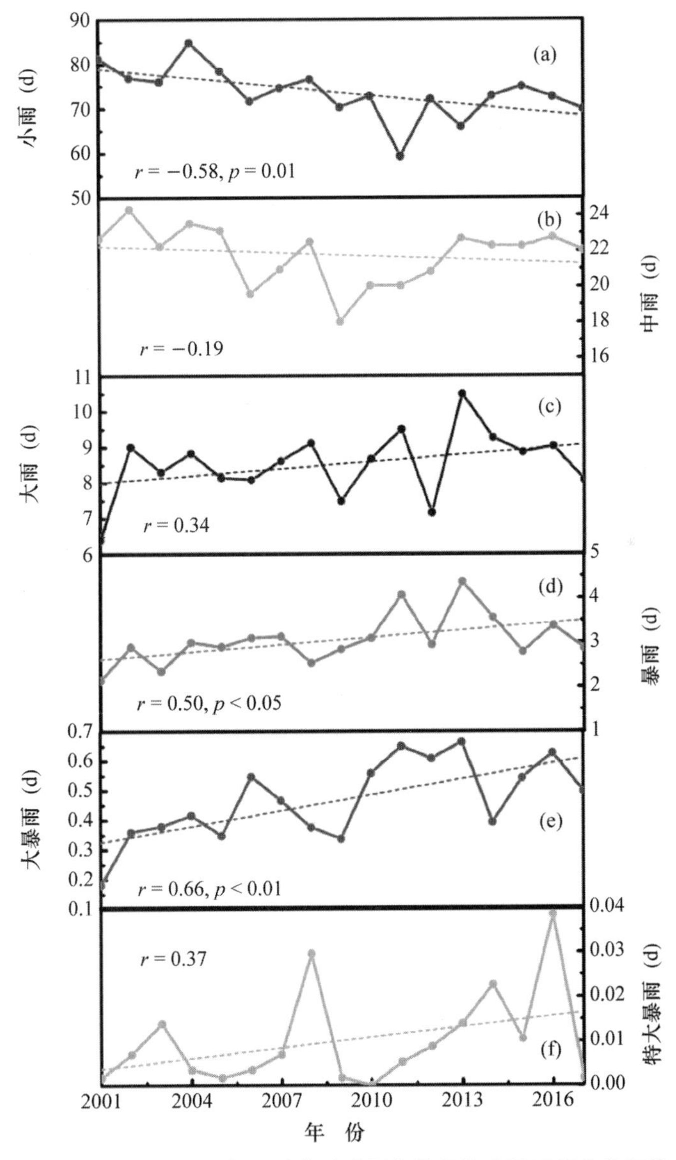

图 8.6　2001—2017 年四川盆地地区各等级降水随时间变化趋势

势,盆地内其他区域降水呈弱变化或稳定不变趋势。与此同时,该区域 AOD 近年来显著增加,且 AOD 高值区与降水显著变化区域较为一致,降水变化可能与高浓度气溶胶分布有关。将各等级降水与 AOD 做相关分析,发现大雨、暴雨、大暴雨均与 AOD 呈显著正相关关系,证实该区域日益增加的气溶胶增多了强降水的发生频率。

2. 四川盆地特殊地形作用影响降水机理

盆地地形效应的敏感性模拟试验表明,盆地低凹地形的存在虽然延迟强降水出现时间,但却增强降水强度。其影响机制主要表现在:(1) 西南气流自南向北经过盆地时,在四川盆地南部形成正涡度扰动中心,延迟水汽、能量到达盆地西北部的时间,使强降水出现时间偏晚;(2) 盆地内多出的水汽、热量使低层大气积聚较多湿静力能,低层能量到达盆地西北部迎风坡后受地形抬升与正涡度扰动共同作用激发了强烈的对流;(3) 盆地西北部大气强烈对流运动及其携带的盆地内大量水汽有利于云系的垂直向发展,可转化为雨滴、雪晶、霰粒子。

3. 人为气溶胶对四川盆地暴雨的影响作用

大气气溶胶减弱暴雨降水过程前期盆地内降水,增强降水过程后期盆地西北侧山坡降水。降水过程前期,降水发生在四川盆地区域内,高浓度气溶胶抑制云滴凝结过程,从而释放较少的潜热,减弱云内垂直速度。雨滴、雪晶及霰粒子的相关转化过程受到抑制,降水粒子生成得少,降水强度较弱。降水过程后期,系统随偏南风北移,降水区域逐渐转变为盆地西北侧山坡。无人为气溶胶排放的敏感性试验由于前期降水中大量降水粒子的下沉拖曳作用,在迎风坡并没有出现很强的垂直速度;而拥有高浓度气溶胶的控制试验则在迎风坡的地形作用下发生强烈垂直运动,云滴凝结过程增强,且向雨滴、雪晶及霰粒子转化,各水凝物粒子大量生成,增强了降水强度(图 8.7)。本文尝试用科学的计算方法,对两区域降水过程中气溶胶的宏、微观作用做区分,研究两个过程中宏、微观作用所占比重。通过计算我们发现,在降水前期,气溶胶的宏、微观作用均对云系呈抑制作用,二者所占比重相差不大;降水后期,气溶胶宏、微观作用均增强云系发展,其中宏观作用占比重较高,约为 80%。

4. 四川盆地气溶胶高中心对弱降水的显著抑制作用

这一气候观测研究成果发表在中文核心期刊《生态环境学报》2016 年第 4 期。主要研究结论表明:(1) 近 38 年来,四川盆地的平均年弱降水日为 72.2 d,年平均弱降水日数呈减少趋势,减少率达 3.3 d $(10\ a)^{-1}$,盆地的中南部和西部经济发达区域减少明显;(2) 盆地半数以上站点的消光系数变化与弱降水日数变化呈负相关,弱降水日数的减少在干能见度低值区(即气溶胶高值区)比干能见度高值区更显著;(3)弱降水变化因子在 38 年间减少了 7%,即相较于干能见度高值区,干能见度低值区的弱降水的发生频率较少,这说明气溶胶对于降水的抑制作用在四川盆地气溶胶高值区明显。

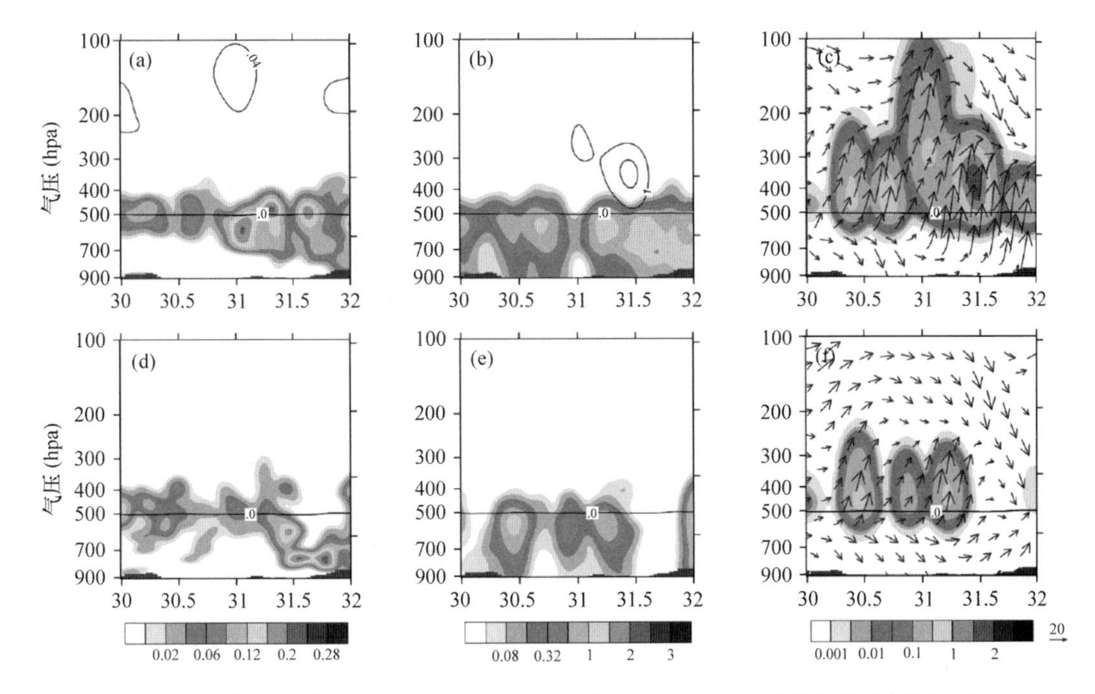

图 8.7　温度场(等值线,单位℃)及(a)云滴质,(b)两滴,(d)冰晶,(e)雪晶质量浓度(阴影);(c)(f)风场(箭头,单位 m s^{-1})与霰粒子质量浓度(阴影)垂直剖面(单位: g kg^{-1})

8.4.7　本项目资助发表论文

[1] Zhao T,Liu D,Zheng X,et al. Revealed variations of air quality in industrial development over a remote plateau of Southwest China: An application of atmospheric visibility data. Meteorology and Atmospheric Physics,2017,129 (6): 659-667.

[2] 赵天良,柳笛,李恬,等. 农业活动大气污染物排放及其大气环境效应研究进展. 科学技术与工程,2016,16 (28): 144-152.

[3] Xu X,Zhao T,Liu F,et al. Climate modulation of the Tibetan Plateau on haze in China. Atmospheric Chemistry and Physics,2016,16 (3): 1365-1375.

[4] Cheng X,Zhao T,Gong S,et al. Implications of East Asian summer and winter monsoons for interannual aerosol variations over central-eastern China. Atmospheric Environment,2016,129: 218-228.

[5] You Y,Cheng X,Zhao T,et al. Variations of haze pollution in China modulated by thermal forcing of the western pacific warm pool. Atmosphere,2018,9 (8): 314.

[6] Zhang L,Guo X,Zhao T,et al. A modelling study of the terrain effects on haze pollution in the Sichuan Basin. Atmospheric Environment,2019,196: 77-85.

[7] You Y,Zhao T,Xie Y,et al. Variation of the aerosol optical properties and validation of MODIS AOD products over the eastern edge of the Tibetan Plateau based on ground-based remote sensing in 2017. Atmospheric Environment,2020,223: 117257.

[8] Ma G,Zhao T,Kong S,et al. Variations in FINN emissions of particulate matters and associated carbonaceous aerosols from remote sensing of open biomass burning over Northeast China during 2002—2016. Sustainability,2018,10(9): 3353.

[9] 彭玥，赵天良，郑小波，等. 大气环境变化中大气颗粒物 PM_1 的重要作用——关中平原 MODIS 气溶胶产品的气候分析. 中国环境科学，2017，37 (07)：2443-2449.

[10] 舒卓智，赵天良，郑小波，等. 清洁大气背景下贵阳空气质量变化及气象作用. 中国环境科学，2017，37 (12)：4460-4468.

[11] 段静鑫，赵天良，徐祥德，等. 四川暴雨过程中盆地地形作用的数值模拟. 应用气象学报，2018，29(03)：307-320.

[12] 曹蔚，赵天良，徐祥德，等. 基于加密探空观测的成都市一次重霾污染过程中大气边界层气溶胶垂直结构分析. 地球化学，2019，49 (3)：344-352.

[13] 吴明，吴丹，夏俊荣，等. 成都冬季 $PM_{2.5}$ 化学组分污染特征及来源解析. 环境科学，2018，40 (1)：76-85.

[14] 马晓丹，赵天良，胡俊，等. 南京地区一次臭氧污染过程的行业排放贡献研究. 环境科学学报，2018，39 (01)：107-117.

[15] 王健颖，郑小波，赵天良，等. 四川盆地气溶胶变化对弱降水的影响：基于能见度的气候分析. 生态环境学报，2016，25 (04)：621-628.

[16] 孙永亮，赵天良，邱玉珺，等. 成都一次霾过程中颗粒物消光作用的垂直变化. 中国环境科学，2018，38 (05)：1-9.

[17] 尚媛媛，郑小波，夏晓玲，等. 贵阳市 $PM_{2.5}$ 分布特征及气象条件的影响. 高原山地气象研究，2018，38 (3)：45-50.

[18] 田越，苗峻峰，赵天良. 污染天气下成都东部山地-平原风环流结构的数值模拟. 大气科学，2020，44 (01)：53-75.

[19] 尚媛媛，舒卓智，郑小波，等. 云贵高原城市冬夏季 $PM_{2.5}$ 与 O_3 相互作用机理——以贵阳市为例. 生态环境学报，2018，27(12)：2284-2289.

[20] 朱丽，苗峻峰，赵天良. 污染天气下成都城市热岛环流结构的数值模拟. 地球物理学报，2020，63 (01)：101-122.

[21] 田越，苗峻峰. 中国地区山谷风研究进展. 气象科技，2019，47 (01)：41-51.

[22] 尚媛媛，宋丹，裴兴云，陈静怡，牛迪宇. 高原城市臭氧浓度的多尺度变化特征及与气象条件的关系——以贵阳市为例. 中国农学通报，2019，35 (34)：95-101.

[23] 廖瑶，杨富燕，罗宇翔，等. 云贵高原气溶胶分布的区域与气候特征. 生态环境学报，2019，028 (002)：316-323.

参考文献

[1] Chan C，Yao X. Air pollution in mega cities in China. Atmospheric Environment，2008，42：1-42.

[2] Wu J，Guo J，Zhao D. Characteristics of aerosol transport and distribution in East Asia. Atmospheric Research，2013，132：185-198.

[3] 张小曳，孙俊英，王亚强，等. 我国雾-霾成因及其治理的思考. 科学通报，2013，58：1178-1187.

[4] Kan H，Chen R，Tong S. Ambient air pollution，climate change，and population health in China. Environment international，2012，42：10-19.

[5] Park S，Cho J，Park M. Analyses of high aerosol concentration events (dense haze/mist) occurred in East Asia during 10-16 January 2013 using the data simulated by the Aerosol Modeling System. International Journal of Chemistry，2013，3：10-26.

[6] Zhao X, Zhao P, Xu J, et al. Analysis of a winter regional haze event and its formation mechanism in the North China Plain. Atmospheric Chemistry and Physics, 2013, 13(11): 5685-5696.
[7] Xu M, Chang C, Fu C, et al. Steady decline of east Asian monsoon winds, 1969—2000: Evidence from direct ground measurements of wind speed. Journal of Geophysical Research: Atmospheres, 2006, 111: D24111.
[8] 姜大膀，王会军. 20 世纪后期东亚夏季风年代际减弱的自然属性. 科学通报，2005，50 (20): 2256-2263.
[9] Liu X, Yan L, Yang P, et al. Influence of Indian summer monsoon on aerosol loading in East Asia. Journal of Applied Meteorology and Climatology, 2011, 50(3): 523-533.
[10] Zhu J, Liao H, Li J. Increases in aerosol concentrations over eastern China due to the decadal-scale weakening of the East Asian summer monsoon. Geophysical Research Letters, 2012, 39(9): L09809.
[11] Niu F, Li Z, Li C, et al. Increase of wintertime fog in China: Potential impacts of weakening of the Eastern Asian monsoon circulation and increasing aerosol loading. Journal of Geophysical Research: Atmospheres, 2010, 115: D00K20.
[12] 郑小波，周成霞，罗宇翔，等. 中国各省区近 10 年遥感气溶胶光学厚度和变化. 生态环境学报，2011，20 (4): 595-599.
[13] 李成才，毛节泰，刘启汉. 用 MODIS 遥感资料分析四川盆地气溶胶光学厚度时空分布特征. 应用气象学报，2003，14 (1): 1-7.
[14] Liu Q, Ding W, Fu Y. The seasonal variations of aerosols over East Asia as jointly inferred from MODIS and OMI. Atmospheric and Oceanic Science Letters, 2011, 4(6): 330-337.
[15] 汤洁，徐晓斌，巴金，等. 1992—2006 年中国降水酸度的变化趋势. 科学通报，2010，55 (8): 705-712.
[16] 唐信英，罗磊，张虹娇. 西南地区酸雨时空分布特征研究. 高原山地气象研究，2009，29 (2): 33-36.
[17] Tie X, Brasseur G, Zhao C, et al. Chemical characterization of air pollution in eastern China and the eastern United States. Atmospheric Environment, 2006, 40(14): 2607-2625.
[18] 陈忠明，闵文彬，崔春光，等. 西南低涡研究的一些新进展. 高原气象，2004，23(增刊):1-5.
[19] Yu R, Wang B, Zhou T. Climate effects of the deep continental stratus clouds generated by the Tibetan Plateau. Journal of Climate, 2004, 17(13): 2702-2713.
[20] 李昀英，宇如聪，徐幼平，等. 中国南方地区层状云的形成和日变化特征分析. 气象学报，2003，61 (6): 733-743.
[21] 李跃清. 近 40 年青藏高原东侧地区云、日照、温度及日较差的分析. 高原气象，2002，21 (3): 327-332.
[22] 杨明，李维亮，刘煜，等. 近 50 年我国西部地区气象要素的变化特征. 应用气象学报，2010，(41): 198-206.
[23] 吴兑，吴晓京，李菲，等. 1951—2005 年中国霾的时空变化. 气象学报，2010，(68): 680-688.
[24] 王学锋，郑小波，黄玮，等. 近 47 年云贵高原汛期强降水和极端降水变化特征. 长江流域资源与环境，2010，19 (11): 1350-1354.
[25] 林云萍，赵春生. 中国地区不同强度降水的变化趋势. 北京大学学报(自然科学版)，2009，45 (6): 994-1002.
[26] 王颖，施能，顾骏强，等. 中国雨日的气候变化. 大气科学，2006，30 (1): 162-169.
[27] 马振锋，彭骏，高文良，等. 近 40 年西南地区的气候变化事实. 高原气象，2006，25 (4): 633-642.
[28] Li C, Mao J, Lau K H A, et al. Characteristics of distribution and seasonal variation of aerosol optical depth in eastern China with MODIS products. Chinese Science Bulletin, 2003, 48(22): 2488-2495.
[29] Massie S, Torres O, Smith S. Total Ozone Mapping Spectrometer (TOMS) observations of increases in

Asian aerosol in winter from 1979 to 2000. Journal of Geophysical Research: Atmospheres, 2004, 109: D18211.

[30] Shi X, Xu X, Zhang S, et al. Analysis to significant climate change in aerosol influence domain of Beijing and its peripheral area by EOF mode. Science in China (Series D), 2005, 48(S2): 246-261.

[31] 徐祥德,王寅钧,赵天良,等. 中国大地形东侧霾空间分布"避风港"效应及其"气候调节"影响下的年代际变异. 科学通报,2015,60: 1-14.

[32] Hu X, Ma Z, Lin W, et al. Impact of the Loess Plateau on the atmospheric boundary layer structure and air quality in the North China Plain: A case study. Science of the Total Environment, 2014, 499: 228-237.

[33] Li X, Zhou X, Li W, et al. The cooling of Sichuan Province in recent 40 years and its probable mechanisms. Acta Meteorological Sinica, 1995, 9 (1): 57-68.

[34] Zheng X, Kang W, Zhao T, et al. Long-term trends in sunshine duration over Yunnan-Guizhou Plateau in Southwest China for 1961—2005. Geophysical Research Letters, 2008, 35(15): 386-390.

[35] 郑小波,王学锋,罗宇翔,等. 1961—2005 年云贵高原太阳辐射变化特征及其影响因子. 气候与环境研究,2010,16 (5): 657-664.

第9章　对流输送和闪电对大气成分垂直分布的影响及其机理研究

银燕[1]，张昕[1]，郭凤霞[1]，Ronald van der A[2]，陈倩[1]，胡嘉缨[3]，况祥[1]

[1]南京信息工程大学气象灾害预报预警与评估协同创新中心，

[2]荷兰皇家气象研究所(KNMI)，[3] 山西省气象台

大气污染物的环境、气候效应不仅取决于其浓度的多少，在很大程度上还取决于其在大气中的垂直分布。深对流云是大气质量垂直输送的主要载体，它能够使含有各种污染气体和气溶胶的大气在相对较短的时间内由边界层源区输送到对流层上层甚至平流层低层，影响区域和全球大气的环境和气候。本章通过外场探空试验、卫星资料分析和数值模拟，探讨了动力输送和微物理过程对对流层中上层氮氧化物(NO_x)浓度、臭氧(O_3)浓度和液滴酸度的相对重要性；确定了影响污染物垂直输送的主要云物理化学过程；开发了结合高分辨率卫星资料和中尺度模式计算闪电氮氧化物的反演方法；讨论了不同污染背景和闪电参数化对闪电氮氧化物估算的影响；得出了青藏高原闪电产生的氮氧化物和高原臭氧低谷之间的关系。本文对于理解大气污染物的远距离输送、与云和辐射的相互作用以及对空气质量和气候变化的影响具有重要意义。

9.1　研究背景

9.1.1　深对流云对大气污染物垂直输送的研究进展

深对流云对大气化学成分的垂直输送是近二十年来国际大气科学界一直高度关注的科学问题。除了有关深对流的课题在 TOGA-COARE、TRACE-A 和 TRACE-P 等一些重大国际合作项目中占了很大比重外，国际上还先后组织了一系列专门研究深对流云在大气化学成分再分布方面的大型综合观测试验。在这些试验中，深对流云对气溶胶及其主要前始气体以及闪电对对流层上层氮氧化物和臭氧浓度的影响是研究的重点。与此同时，各种尺度和复杂程度的数值模式也用来模拟和解释外场观测结果。

大气污染气体在对流云作用下的垂直再分布不仅取决于云的动力结构，也取决于气体的物理化学性质。Crutzen 和 Lawrence 采用全球尺度化学传输模式(MATCH)研究了深对

流云和大尺度降水对地面释放的大气痕量气体在垂直方向的再分布[1]。他们的结果表明气体在液态水中的溶解度对气体的垂直输送至关重要,但他们的模式未能分辨对流云。Pickering 等人和 Barth 等人先后用云分辨模式模拟了大气污染气体在深对流云中的垂直输送,他们的结果也证实了气体溶解度在对流云垂直输送过程中的重要性,即对可溶性比较低的气体以动力输送为主,而对可溶性比较高的气体,气体的溶解度、气体在云滴冻结时的保有率(即当含有可溶性气体的液态水冻结时有多少比例的气体能继续保留在冰中)起了很重要的作用[2,3]。但这些研究中都没有考虑云微观结构的差异对垂直输送的影响。

Yin 等人用包括大气化学气体传输过程的分档云模式计算了不同溶解度大气痕量气体在对流云中的垂直再分布[4,5]。结果显示不仅气体在液态水中的溶解度和液态水冻结时的保有率对气体垂直分布有影响,而且大气环境中气溶胶的特性,及由此造成的云微物理结构的差异,对痕量气体的输送也有重要影响。此外,通过比较 DC3 项目中入流区和出流区内的痕量气体,可知 CH_3OOH 的清除效率(SE: 12%~84%)很大程度上取决于冰相保留系数,但 H_2O_2(SE: 80%~90%)和 CH_2O(SE: 40%~60%)并非如此[6,7]。Cuchiara 等人指出,与 SEAC4RS 观测中 CH_3OOH 清除率(4%~27%)相比,DC3 观测中其清除率更高,该现象很大程度上可由冰相保留系数解释[8]。

与气体污染物的垂直输送作用相比,深对流云对对流层上层气溶胶的影响主要体现在:(1) 在输送过程中通过发生在云中及其出流区卷云内的微物理和化学过程改变了气溶胶的数浓度、谱分布和理化特性;(2) 通过输送气溶胶前始气体,为新气溶胶质粒在相对比较清洁的对流层上层形成提供了源。

深对流垂直输送过程中气溶胶的干沉降、碰并、核化清除、碰撞清除、不同尺度档之间质量和数浓度的转化等过程都可能影响对流层上层气溶胶的数浓度和谱分布。Yin 等人通过实际观测资料与分档云模式模拟相结合研究发现,在垂直输送的过程中,60%以上的气溶胶质粒数会通过核化而溶入云滴,但并非所有包含在云滴中的气溶胶都会随着降水沉降至地面,其中有约 40%的气溶胶物质因云顶和云侧边界区域云滴和冰粒子蒸发而再次成为气溶胶,但这些新气溶胶的大小、谱结构和化学成分与核化收集前的情况相比都有不同程度的差异[9]。

输送至对流层中上层的气溶胶粒子会反过来影响云物理过程。Fridlind 等人发现大多数砧云冰晶形成于对流层中层而不是边界层气溶胶,推断深对流过程引起的远距离传输可能对砧云产生更大的影响[10]。Corr 等人的观测分析发现深对流活动能够有效地将沙尘气溶胶输送至对流层上层,增加此高度上的大气冰核,促进卷云形成[11]。Tulet 等人也指出了深对流活动对沙尘的这种潜在冰核的促进作用[12]。

气溶胶前始气体和水汽也可能随深对流活动到达对流层上层,并通过光化学反应产生新粒子[13]。大量的观测发现自由对流层上层和平流层低层中存在新粒子,一般存在于云顶高度附近,与较高的水汽和硫酸浓度有关,其粒子数浓度比海洋边界层高 1000~10000 cm^{-3} 左右。Heintzenberg 等人发现新粒子发生频率较高的地区集中在中部热带雨林、西非及大西洋、南美、加勒比和东南亚[14]。这些地区的新粒子形成与频繁的深对流活动相关。这些频繁的新粒子形成过程出现在对流层顶区域。

我国的研究人员在深对流云对污染物的垂直输送方面也进行了有意义的探索。高会旺等人利用一个欧拉型硫沉降模式研究了积云对硫污染物垂直输送的作用[15]。他们的结果表明，积云引起的垂直气流可使对流层高层的硫污染物浓度增加50%～400%。李冰等人则利用一个耦合的冰雹云-化学模式模拟了我国陕西一次单体积云对流的发展过程及其对对流层 O_3 和 NO_x 等化学成分再分布的作用[16,17]。他们的模拟结果认为，云内强烈的垂直输送能在30 min左右把低层低体积分数的 O_3 和高体积分数的 NO_2 快速、有效地输送到对流层的上部，造成化学物种的再分布。深对流发展的另一个后果是促进了对流层和平流层的化学物质交换，造成平流层低层高体积分数的 O_3 向下侵入，从而影响对流层的化学成分。

但总体来说，我国在大气污染物垂直输送及相关物理化学过程和机制方面的研究还很少，即使有，也比较零散，特别是缺少对对流输送相关事实的观测认知，这与近几年轰轰烈烈开展的地面大气污染观测和模拟研究极不相称。所以，开展对大气污染物垂直输送过程、机理及其影响的研究对全面理解和预测其环境、气候效应都具有不可替代的作用。

9.1.2　深对流云中闪电对大气 NO_x 和 O_3 浓度的影响

除了垂直输送，深对流云中发生的闪电可能是对流层上层 NO_x 和臭氧浓度的另一个重要来源。Levy等人指出，对流层上层的 NO_x 主要由闪电活动产生，生命史较长，控制着对流层 O_3 和OH自由基的含量，进而给大气层乃至全球气候带来至关重要的影响[18]。在热带和亚热带地区，对流层顶70%以上的 NO_x 来自闪电（称为 LNO_x），在一些高纬度地区的夏季，这一比例也可达20%以上[19]。此外，前人也开展了闪电对臭氧垂直分布影响的研究。在大陆边界层内排放的 O_3 前体物，可通过上升气流进入自由对流层，和 LNO_x 一起参与生成 O_3 的光化学反应[20]。Cooper等人指出闪电对美国东部地区上对流层 NO_x 的贡献高于80%。而夏季上对流层的反气旋可将 LNO_x 与由对流输送的 O_3 及其前体物聚在一起，产生北美东部夏季上对流层 O_3 的高值区[21]。

局地或全球 LNO_x 产量主要通过野外观测及实验室模拟结果推算得到。早期主要是结合一些地面观测仪器来分析雷暴下或地闪附近的 NO_x 含量[22]。从20世纪90年代开始，欧美对 LNO_x 的空中观测实验越来越多，这些实验利用配备了测量 NO_x、O_3、CO_2 等痕量气体设备的飞机进行穿云实验，可直接观测雷暴云中及附近地区 NO_x 的变化。

除了对 LNO_x 进行直接观测外，一些学者做了实验室试验，收集火花放电中得到的 LNO_x 的量[23,24]。此方法可以得到闪电不同参量及过程对 NO_x 产量的贡献，可对全球 LNO_x 产量进行外推。通常将闪电参数，如温度、密度、峰值电流、电导率、通道半径和长度等作为外推计量参数，仅考虑回击，而忽略其他闪电过程。其中Wang等人[24]的结果被认为是近年来同类实验中比较精确的。

目前我国针对 LNO_x 的研究较少，现有的工作主要是结合理论计算，估算局地 LNO_x 产量，或分析局地 NO_x 浓度与雷暴活动的响应关系[25—27]，对中国地区 LNO_x 年产量的估算不确定范围较大，达两个量级。周筠珺等人基于地闪定位网的闪电资料，通过假设单次闪电的能量，外推得到全国内陆 LNO_x 的产量为0.38 Tg N a^{-1}[27]。他们在估算中所用的地闪观测资料局限于广东、陇东、北京以及东北地区，存在一定的特殊性，且在外推中选取的单次地

闪能量为 6.7×10^9 J[28]，该值为单次闪电产生能量的上限值，因此，此估算值可能偏大。近年来国内也有学者使用卫星观测来估算 LNO_x，但是基于月平均或季平均数据且聚焦于清洁地区。如利用青藏高原闪电活动和 NO_2 垂直柱密度的拟合结果，估算得到中国内陆地区 LNO_x 的年均产量为 0.15(0.03～0.38) Tg N a^{-1}[29,30]。

相对于以上传统测量方法而言，基于卫星的大气痕量气体探测是一种较为全面的方法，它能够提供全球统一的、长序列的数据集。近十年来，将卫星数据与其他方法结合的这一途径开始广泛应用于 LNO_x 的研究中[31]。但由于卫星资料并不能区分大气中的 NO_x 来源，特别是当 NO_x 源的组成成分较为复杂时，会对 LNO_x 的研究结果带来较大的干扰。Beirle 等人选取受其他排放源影响较小的澳大利亚中部沙漠地区作为研究区域，利用 GOME 卫星资料得到 NO_2 和闪电的关系，进而外推出全球的 LNO_x 产量为 2.8(0.8～14)Tg N a^{-1}，这个值在广泛认可的估算范围内[32]。Pickering 等人利用 OMI 和 WWLLN 算得 LNO_x，该算法利用 OMI 对流层 NO_2 斜柱密度作为 LNO_2 斜柱密度，利用大于 0.9 的云辐射分数，来最小化或剔除对流层低层背景值[33]。该研究得出，2007～2011 年夏季 LNO_x 产率为 80±45 mol $flash^{-1}$。在几个重要的不确定性来源中，该区域中的背景 NO_x 存在显著的不确定性(3%～30%)。

总之，国际上对 LNO_x 的相关研究已相当多，但目前为止，我国还没有进行过 LNO_x 的系统观测研究，所以探索闪电对中国地区对流层上层 NO_x 和 O_3 产量的贡献，是理解深对流云对大气成分垂直分布影响的另一个重要方面。

9.2 研究目标与研究内容

9.2.1 研究目标

针对大气污染气体的垂直输送，我们将大气成分探空与卫星遥感探测相结合，验证卫星遥感反演结果的可靠性，结合数值模式，确定和理解动力输送及云中放电过程对中国典型地区对流层上层 NO_x 和 O_3 浓度的相对重要性，确定影响污染物垂直输送的主要云物理化学过程，估算闪电对对流层上层 NO_x 和 O_3 分布的贡献。具体包括如下几方面内容：

9.2.2 研究内容

(1) 通过地基探空试验，并结合 OMI 和 TROPOMI 卫星遥感探测资料，分析 CO、NO_x、SO_2、O_3 等气体成分和气溶胶的垂直分布特征，比较在对流云发生前后这些分布特征的差异，确定动力输送和云中放电过程对对流层上层 NO_x 和 O_3 浓度的相对重要性。

(2) 通过云模式和中尺度气象-大气化学传输模式，并结合上述观测分析结果，比较深对流云出流区和周围对流层上层气溶胶和大气化学气体成分的差异，并与低层大气污染源相联系，分析污染气体和气溶胶在对流云垂直输送过程中的变化过程，确定影响污染物垂直输送的主要云物理化学过程。

(3) 通过具有闪电 NO_x 参数化的云模式和中尺度气象-大气化学模式，结合观测分析结果，模拟分析深对流云放电对对流层上层 NO_x 和臭氧收支的影响及机制，比较孤立深对流和水平范围较大但垂直方向穿透性较弱的对流云对对流层上层大气成分影响的相对重要性，揭示中国地区 LNO_x 产量及其占总 NO_x 比例的时空分布特征。

(4) 结合模式和观测资料，根据对流云对 SO_2 等气溶胶前始气体的垂直输送，获得在不同污染背景下新气溶胶粒子在对流层上层形成的可能性及数浓度。

9.3　研究方案

围绕以上的研究目标，我们采用了卫星遥感资料、地基探空以及数值模拟相结合的方法对上述内容进行综合研究。具体步骤为：

(1) 卫星遥感资料的收集和分析

从 1995 年发射第一代全球臭氧监测实验(GOME-1)之后，相继有用于大气制图/化学的扫描成像吸收光谱仪(SCIAMACHY)、臭氧监测仪(OMI)和第二代全球臭氧监测实验(GOME-2)探测器升空。这些卫星监测的气体种类基本类似，关于这些成分的垂直柱浓度的算法、反演技术、地面验证工作和误差分析，已经有大量的研究结果和报道，但这些气体的卫星反演产品主要是晴空条件下的柱浓度。围绕本文的研究目标，我们使用 OTD/LIS 高分辨率(0.5°×0.5°)月资料 HRMC 分析我国闪电的逐月分布，使用 OMI 提供的资料分析 NO_2 浓度逐月分布，并对两者做相关性分析。此外，我们针对对流天气开发了反演闪电 NO_x 的算法，并与前人的算法结果进行对比。

(2) O_3 垂直分布的探空探测

作为 OMI 卫星探测器的继任者和升级版，TROPOMI 于 2017 年 10 月发射运行。TROPOMI 比 OMI 具有更高的空间分辨率，从 24 km×13 km 提高到 5.5 km×3.5 km，更有利于对对流云的监测。我们根据 TROPOMI 过境探空站的时间，组织实施 O_3 高空气球探测。通过对比对流前后的 O_3 探空观测，揭示深对流对于 O_3 的垂直再分布影响，并与卫星探测结果作对比，分析污染气体随高度的变化，验证卫星探测的可靠性。

(3) 在 WRF-Chem 中尺度气象-化学模式中耦合起电、放电及放电产生 NO_x 的物理过程，以及闪电与 O_3 及 NO_x 产生率之间的关系，结合探空和卫星资料，分析动力输送与闪电对对流层上层 O_3 和 NO_x 的相对贡献。

(4) 利用我们自己研发的分档云物理化学动力模式 MC3(A Model for Convective Cloud and Chemistry)，分析气溶胶及其前体物在垂直输送中的各种物理变化以及液相化学反应对其质量的影响，并针对不同污染背景下的对流云，分析在气溶胶垂直输送过程中各种相关过程的相对重要性。

在上述资料分析的基础上，对代表性个例进行逐一数值模拟，并把模拟结果和实际观测值相比较。在此基础上通过一系列敏感性试验来确定影响对流层上层气溶胶和 O_3 等主要大气化学成分的控制因子。

总体技术路线见图 9.1。

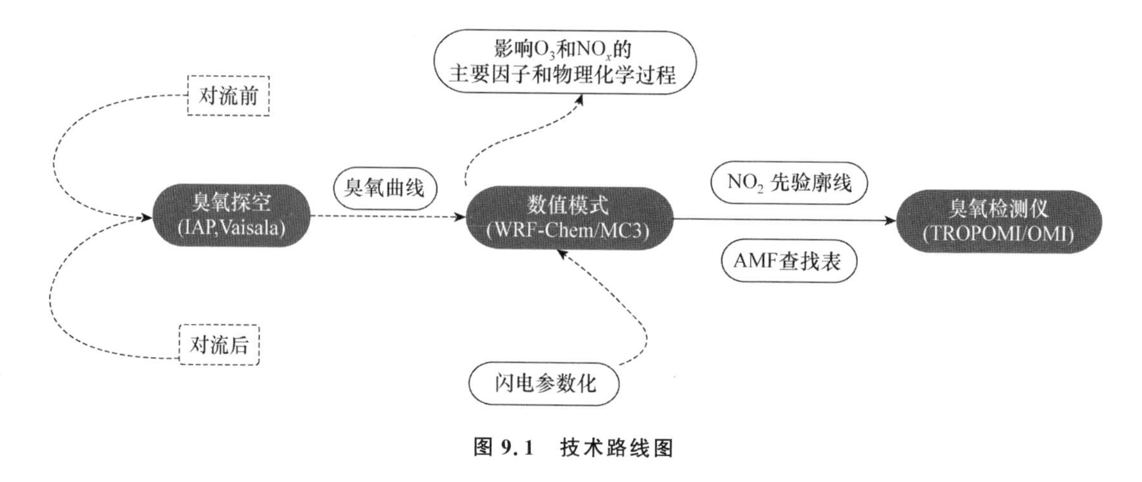

图 9.1 技术路线图

9.4 主要进展与成果

9.4.1 深对流云对污染气体的垂直输送及其对云、雨滴酸度的影响

可溶性气体进入云滴后，发生溶解、电离及化学反应，影响云滴化学组成。因此，深对流云对痕量气体(尤其是酸性气体，如 SO_2、CO_2)的垂直输送会影响云水酸度，其间云物理过程的变化也会影响云、雨滴酸度的分布特征。本节分析了深对流云中液滴酸度的尺度分布及演变特征，重点探究了微物理过程(凝结、碰并、蒸发、融化和破碎)及污染物浓度(SO_2 和气溶胶)对云、雨滴酸度分布的影响。

1. 试验设计

本节使用的数值模式为分档云物理化学动力模式 MC3，Yin 等人改进了模式的微物理过程，并增加了气体输送、液相化学及气溶胶清除等过程[4,5,9]。我们选取 2014 年 7 月 30 日南京西北部的深对流个例进行敏感性试验，其中物理初始场采用该日 08 时南京探空站的探空曲线，化学初始场采用南京观测的地表 SO_2、O_3 浓度，其他痕量气体浓度采用 Yin 等人研究的数值，并假定 SO_2 浓度随高度呈指数递减，其他气体在整个高度上均匀分布(见表 9-1)，记为 Base。试验中 H_2O_2、SO_2、CO_2 和 O_3 的保留系数分别为 0.7、0.62、0 和 0，并考虑 SO_2 的液相氧化过程。为探究液滴酸度谱对微物理过程的敏感性，我们在模式中关闭碰并过程进行相同的试验，记为 NOCOL。同时，在 Base 试验的基础上，分别将 SO_2 或气溶胶数浓度降低 15%、增加 15% 和增加 30%，记为 SO2-85%、SO2-115%、SO2-130% 或 AER-85%、AER-115%、AER-130%，以此来讨论污染物初始浓度对液滴酸度谱的影响。此外，将 SO_2 和气溶胶数浓度同时增加 30%，记为试验 AER-130%+SO2-130%，见表 9-2。

表 9-1　痕量气体初始浓度

气体	地表浓度	标高
H_2O_2	0.5 ppb*	不随高度变化
SO_2	9.89 ppb	2.0 km
CO_2	330 ppm*	不随高度变化
O_3	115 ppb	不随高度变化

* 1 ppm$=10^{-6}$，1 ppb$=10^{-9}$。

表 9-2　敏感性试验

试验	碰并过程	初始气溶胶浓度	背景 SO_2 浓度
Base	有	1528 cm^{-3}（地表）	9.89 ppb（地表）
NOCOL	无	同 Base	同 Base
SO2-85%	有	同 Base	降低 15%
SO2-115%	有	同 Base	增加 15%
SO2-130%	有	同 Base	增加 30%
AER-85%	有	降低 15%	同 Base
AER-115%	有	增加 15%	同 Base
AER-130%	有	增加 30%	同 Base
AER-130%+SO2-130%	有	增加 30%	增加 30%

2. 液滴酸度的尺度依赖性

云模式中，液滴碰并过程对于直径大于 100 μm 的液滴较为显著，并伴随着大液滴的出现。因此，为了验证液滴酸度的非均一性，我们以 100 μm 为界，将直径低于 100 μm 的液滴划分为云滴，粒径大于 100 μm 的归为雨滴，给出了云事件中云、雨滴中平均氢离子浓度随时间的变化，见图 9.2。其中，每 2 min 计算一次平均氢离子浓度：

$$\text{average}[\text{H}^+] = \frac{\sum_{j=0}^{J}\sum_{k=0}^{K}[\text{H}^+]_{j,k} \cdot V_{j,k} \cdot N_{j,k}}{\sum_{j=0}^{J}\sum_{k=0}^{K}V_{j,k} \cdot N_{j,k}} \tag{9.1}$$

式中，下标 j 和 k 分别代表格点数和液滴尺度档数。$V_{j,k}$ 和 $N_{j,k}$ 分别表示第 j 个格点处，第 k 尺度档液滴的体积和数浓度。

正如图 9.2(a)所示，液滴尺度不同，其 pH 值也不相同，既存在雨滴 pH 值大于云滴的情形，也存在雨滴酸度强的情形。进一步研究发现雨滴和云滴氢离子浓度比随着云发展阶段的变化而变化，如图 9.2(b)。在云刚开始形成后，氢离子主要集中在相对较大的液滴中，导致其 pH 值较小，雨滴和云滴的平均氢离子浓度比较高。18 min 后，云滴中的氢离子含量逐渐增加，尤其是在 28 min 以后；雨滴中的氢离子浓度虽也有增加，但增大幅度远小于云滴。该时段内，雨滴和云滴的氢离子浓度比低于 0.1，38 min 时可达 0.02。成熟阶段后期，随着云的消散，雨滴和云滴中的氢离子浓度逐渐降低，且云滴氢离子浓度降低速率更快一些，因此雨滴和云滴中的氢离子浓度比逐渐增大，70 min 后浓度比基本不随时间变化，接近 0.11，即云滴酸度较强。

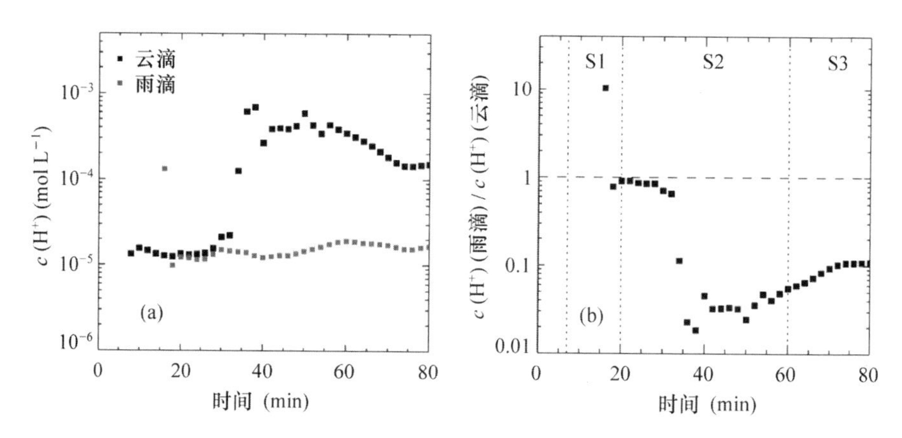

图 9.2　云滴和雨滴中平均氢离子浓度及雨滴和云滴氢离子浓度比随时间的变化。S1、S2 和 S3 分别代表积云发展、成熟和消散阶段

液滴酸度的尺度依赖性不仅随着云发展阶段而变化,也与液滴所处位置有关。这里我们给出了模拟到 20 min 时(垂直发展旺盛)不同位置液滴质量谱及酸度谱的分布,见图 9.3。此时云底附近的液滴尺度小于 100 μm,且云滴尺度越大,pH 值越低,尤其是对于直径大于 20 μm 的液滴,pH 值随液滴尺度的减小率要明显高于 1～20 μm 粒径段,如图 9.3(a)。对于刚活化的液滴,溶质浓度随着尺度的增大而降低。这是由于在某一给定的环境过饱和度下,云滴越小,曲率效应越大,因此单位体积内溶解的气体越多[34,35]。在随后的扩散增长过程中,云滴凝结增长速率与尺度成反比。对小云滴而言,云滴尺度的快速增加意味着氢离子浓度的快速稀释,因此,小云滴 pH 值增大较快,云滴 pH 值随尺度增加而降低。此外,小滴凝结增长较快,因此小粒径段云滴 pH 差异较小,而相对较大的粒径段云滴 pH 差异较大。位于云边缘附近的云滴,云滴质量浓度因强的蒸发而降低,因此小云滴的氢离子浓度较高,云滴酸度谱表现为上凸型,如图 9.3(b)所示。

随着高度的抬升,液滴碰并、冰粒子的形成及周围干空气的夹卷等过程会进一步改变液滴组成的尺度依赖性。4.8 km 以上,液滴碰并使得质量谱逐渐拓宽,出现了直径大于 100 μm 的液滴。此时,位于 4.8～6.3 km 高度层的液滴处于碰并增长的初始阶段,液滴质量谱为双峰型,如图 9.3(c)、(d)。其中,图 9.3(c)为对流中心区域液滴的尺度分布,酸度谱在 100 μm 附近出现极小值,100 μm 以上的液滴 pH 值随液滴尺度的增大而增大,100 μm 以下仍为随尺度递减。这是由于酸度较高的大滴碰并酸度低的小滴时,氢离子被稀释,酸度减弱;且云滴尺度越大碰并效率越高,氢离子稀释越快,pH 值越大。对于云边界附近的液滴,蒸发使得酸度谱表现为波浪型(小液滴蒸发较快),如图 9.3(d)。此时,同一高度处,云边界液滴质量浓度谱要比对流中心区液滴谱宽,如图 9.3(c)、(d),这是由于云侧边界上升气流较弱,碰并作用时间久,因此相对对流中心区域出现了更大的液滴。6.6 km 以上,液滴碰并增长更加明显,液滴谱继续拓宽,为成熟的云、雨滴。该区域由于更有效的碰并,使得 20～500 μm 附近较酸的液滴逐渐被完全稀释,对流中心液滴的 pH 值随尺度变化小,而云边界附近由于液滴蒸发使得小滴 pH 值较低,如图 9.3(e)、(f)。8.4 km 以上,尽管冰相粒子的出现消耗了大液滴,使得液滴谱变窄,但酸度谱分布特征与之类似。

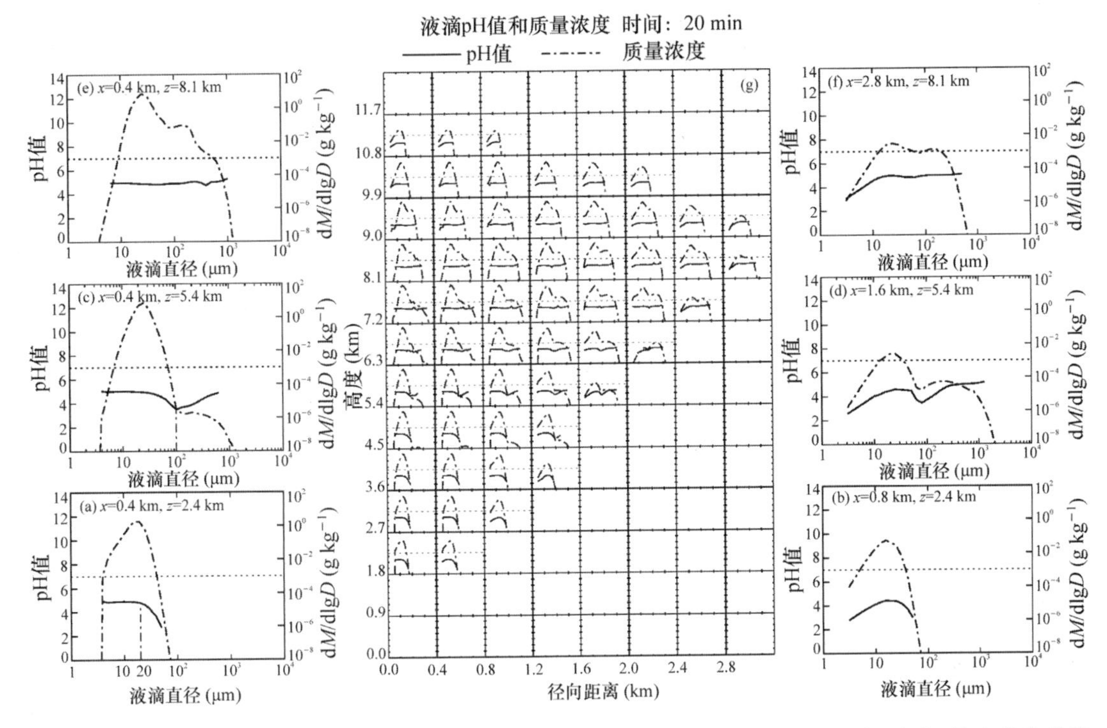

图 9.3　模拟 20 min 时(发展阶段)液滴质量浓度谱(点划线)及液滴酸度谱(黑实线)分布,其中虚线代表 pH=7。左侧(a,c,e)和右侧(b,d,f)的放大图分别代表对流中心区域和云边缘附近格点处的谱分布情况

成熟阶段,云内上升和下沉气流共存,液滴蒸发(尤其是小云滴)使得液滴谱变窄,到35 min后云内液滴均大于 10 μm,此时液滴 pH 值随尺度增大。模拟期间,地面降水的平均 pH 值为 4.87,这与 Lei 等人对中国东部地区降水酸度的观测结果(平均 pH 值为 4.7)较为接近[36]。

3. 微物理过程对液滴酸度谱分布的影响

云滴酸度的谱分布特征随时间和空间变化,这与云宏、微物理过程有关。为了量化云演变过程中各物理过程对液滴酸度的贡献,我们输出了每个时间步长(5 s)各物理过程作用前后液滴的 pH 值,计算得到了各物理过程对液滴 pH 值的改变率:

$$改变率 = \frac{\text{pH(过程前)} - \text{pH(过程后)}}{时间步长} \tag{9.2}$$

图 9.4 给出了不同阶段各微物理过程对云滴酸度的贡献。可以看出,pH 值的增大与凝结、碰并、融化及破碎过程有关,而蒸发作用会引起 pH 值的降低。整个云发展阶段,蒸发过程是使云滴变酸的主要途径,尤其是对直径小于 100 μm 的液滴[图 9.4(a)]。对凝结作用而言,主要使得处于发展及成熟阶段、直径小于 50 μm 的液滴 pH 值增大,且对处在积云阶段液滴 pH 值的影响比成熟阶段的液滴高 1~2 倍。此外,凝结过程对液滴 pH 值的改变率随云滴尺度增大而降低,这是不同尺度液滴扩散增长速率的差异导致的。碰并过程对液滴 pH 值的增大也至关重要,尽管液滴酸度谱会随时间和空间变化,使得收集滴与被收集滴之间 pH 值的相对大小存在很大的不确定性,但结果表明碰并过程主要使得液滴 pH 值增大,且对发展阶段粒径大于 20 μm 的液滴影响较大。与以上物理过程相比,融化和破碎过程对

液滴酸度的影响较小[图 9.4(b)]。其中，冰相粒子因包含的化学成分低，融化后会稀释液滴中的氢离子浓度，且主要影响成熟及消散阶段位于 200～1200 μm 粒径段的液滴。而大液滴的破碎会生成 100～500 μm 的小液滴，拥有同破碎的大滴相同的氢离子浓度，即 pH 值较大，使得破碎过程对 100～500 μm 粒径段液滴 pH 值的改变率为正值。

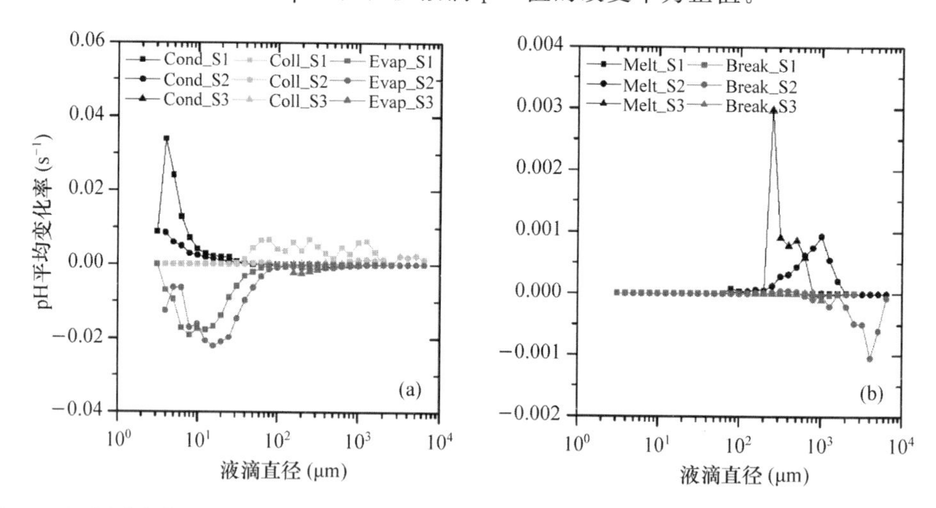

图 9.4　不同阶段各微物理过程对液滴 pH 值的平均改变率。其中，S1、S2、S3 分别代表积云、成熟及消散阶段，Cond、Coll、Evap、Melt 和 Break 分别代表凝结、碰并、蒸发、融化和破碎

4. 污染物浓度对液滴酸度谱分布的影响

水成物中离子浓度的变化依赖于多种因素的共同作用，除了微物理过程外，痕量气体及气溶胶数浓度也会影响云中氢离子浓度。图 9.5 描述了液滴平均酸度随时间的变化。整体来看，到消散阶段，相对云刚出现时液滴 pH 值约降低了 0.06，表明云持续时间越长，云水变酸的可能性越大。结合图 9.2 和图 9.3，液滴 pH 值的降低通常发生在小尺度端，结合微物理过程的贡献可以推断 pH 值的降低是蒸发作用的结果。如图 9.5 所示，液滴酸度与污染物浓度密切相关。其中气相 SO_2 浓度增加，溶解在液相中的 SO_2 也会增大，相应的 pH 值较低，且在云发展的整个阶段均有影响。相似地，低的 pH 值也会在高气溶胶背景下出现。这与 Li 等人在泰山顶的观测中得到的结论相同[37]，但由于观测的局限性，其研究中未能给出云事件期间液滴酸度的变化情况。此外，模拟结果表明气溶胶浓度变化对液滴酸度的影响在云刚开始形成及消散阶段较小，见图 9.5(b)。

而云内 SO_2 的液相氧化过程是 SO_4^{2-} 形成的重要途径，其氧化途径及氧化速率与液相 pH 值有关。H_2O_2 氧化 S(Ⅳ)在 pH<4 时是最有效的途径，其氧化速率相对独立于 pH 值；当 pH>5 时，O_3 氧化占主导，氧化速率与 pH 值成正比，pH=6 时 O_3 对 S(Ⅳ)的氧化比 H_2O_2 快 10 倍左右[38]。这里我们给出了云事件期间，不同污染背景下云水中 S(Ⅳ)的最大质量浓度，并结合液相氧化过程前后 S(Ⅳ)的质量变化得到了液相氧化速率，见图 9.6。图 9.7 给出了液相氧化生成的硫酸质量浓度随时间的变化，可以看出云刚开始出现后，硫酸迅速生成，22 min 后增长速率减缓，在 35 min 左右又开始迅速增加，但增长速率明显低于积云阶段，45 min 后增速再次减慢，且 60 min 后硫酸浓度基本不发生改变，即在积云阶段和成熟阶段均有一个快速增长区，且积云阶段硫酸生成速率更大。对比不同试验的结果(图 9.6 及

图 9.7)可知,背景 SO_2 浓度越高,液相中的 S(Ⅳ)浓度越高。尽管高 SO_2 时云水 pH 值较低,但液相氧化速率较高,氧化生成的硫酸质量较高,且随着 SO_2 浓度的增大,积云发展阶段硫酸生成速率明显增大,而 25 min 后速率较为一致。这表明对液相氧化过程来说,前体物浓度增大引起的氧化速率的变化要大于酸度的影响。而气溶胶数浓度发生变化时,不同试验中液相 S(Ⅳ)浓度较为接近(图 9.6),但液相氧化速率及氧化生成的硫酸质量随着气溶胶浓度的增大而降低[图 9.6 及图 9.7(b)]。同时,气溶胶数浓度的变化在 25 min 后才开始影响硫酸的生成,尤其是第二个快速增长区。而通过之前的分析,我们知道不同气溶胶背景下云滴平均 pH 值的差异也出现在 25 min 后(图 9.5)。由此推断,气溶胶数浓度的增加导致云滴酸度增强,尤其是成熟阶段,进而抑制液相氧化过程,使得生成的 SO_4^{2-} 浓度较低。

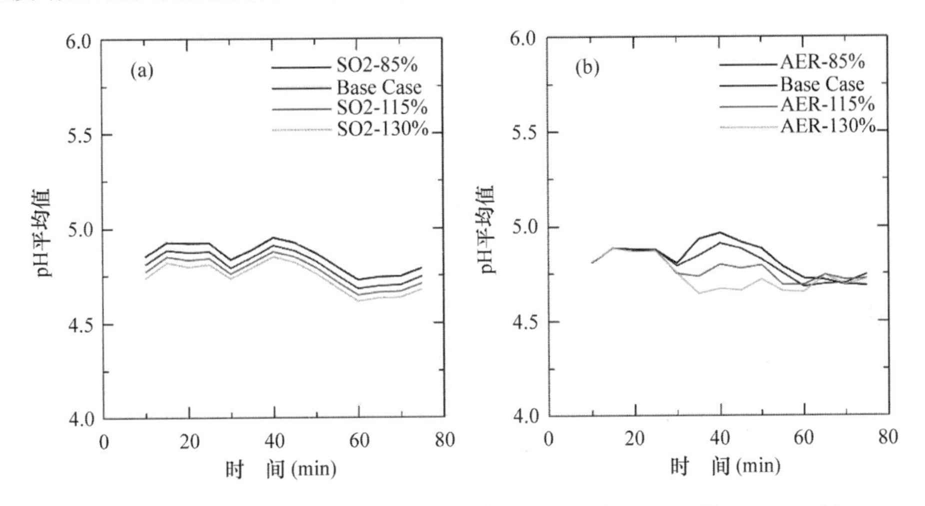

图 9.5　试验 Base、SO2-85%、SO2-115%、SO2-130%、AER-85%、AER-115% 和 AER-130%中液滴平均 pH 值随时间的变化

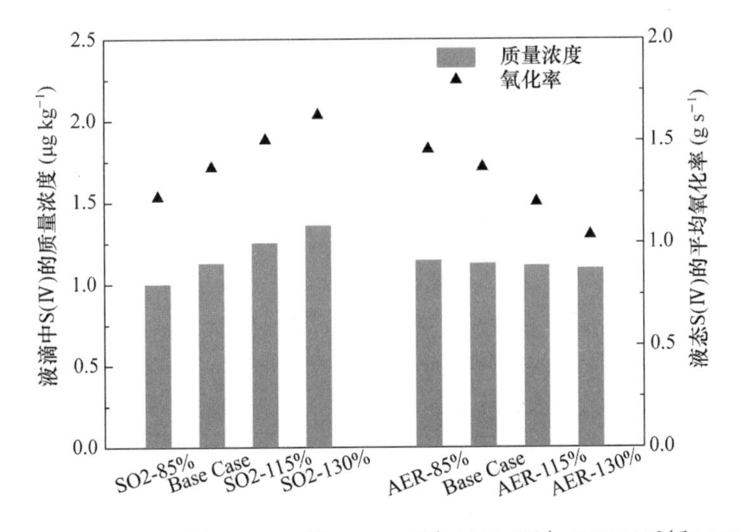

图 9.6　Base Case、SO2-85%、SO2-115%、SO2-130%、AER-85%、AER-115%和 AER-130% 试验中平均 S(Ⅳ)质量浓度($\mu g\ kg^{-1}$)及液相氧化速率(单位: $g\ s^{-1}$)

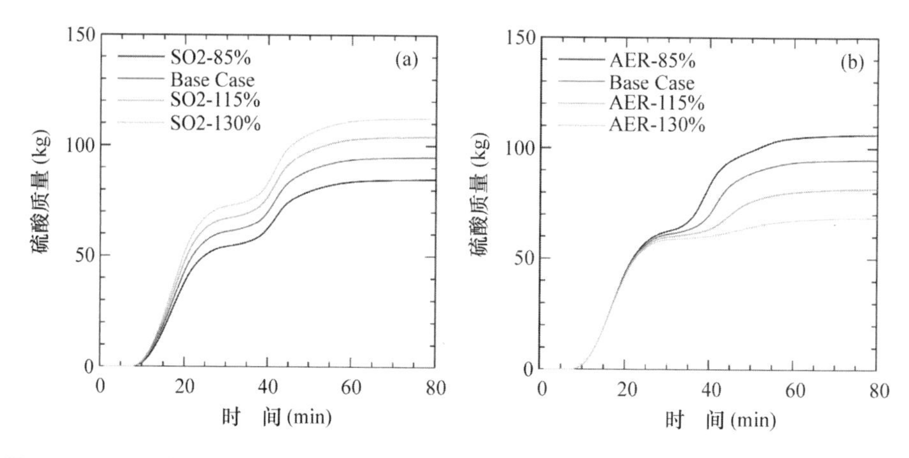

图 9.7 不同污染背景下，通过 SO_2 液相氧化生成的硫酸质量。图中分别给出了 Base Case、SO2-85%、SO2-115%、SO2-130%、AER-85%、AER-115%和 AER-130%试验的结果

通过以上分析，我们发现在背景 SO_2 和气溶胶浓度增加的情况下，液相氧化速率随污染物浓度的变化趋势相反，相应的生成的硫酸总量也呈现出了相反的相关性。近五年来，中国地区的 SO_2 和气溶胶水平持续降低[39]，根据上文的结果我们可以推测云水 pH 值有所增加，但由此导致的氧化生成的 SO_4^{2-} 的净效应有待进一步研究。

9.4.2 基于高分辨率 OMI NO_2 产品估算闪电 NO_x 的产率

地表附近的 NO_x 主要由土壤、生物质燃烧和化石燃料燃烧产生，而对流层中上层的 NO_x 主要来自闪电和飞机排放物。NO_x 在 O_3 和羟基自由基(OH)的产生中起重要作用。人为 NO_x 源已广为人知，但雷电产生的氮氧化物(LNO_x)仍具有很大的不确定性，尽管估计范围在 2～8 Tg N a^{-1}之间[40]。如 Zel'dovich 机理所述[41]，热对流层中的 O_2 和 N_2 分解会在对流层上层(UT)产生 LNO_x。随着 UT NO_x 化学反应机制的更新，UT NO_x 的白天寿命在雷暴附近约 3 h，在远离雷暴处约 0.5～1.5 d[42,43]，这导致对流云出流区中 O_3 的增加。由于 O_3 为温室气体、强氧化剂和紫外线吸收剂，LNO_x 对 O_3 的产生也对气候强迫有影响。因此，本节分析了 LNO_x 的产率分布，重点探究了污染背景 NO_x 的垂直分布及对流云的高度对 LNO_x 反演结果的影响。

1. 臭氧监测仪及闪电数据

臭氧监测仪(OMI)由下午列车(A-train)卫星组的成员 Aura 卫星运载，在约 13:45 LT 越过赤道，其条带宽度为 2600 km，分辨率为 13 km×24 km[44]。自 2007 年初以来，由于"行异常"的异常辐射，某些测量数值已无效[45,46]。除非另有说明，否则缩写 S 和 V 在本节中分别定义为对流层斜柱密度和垂直柱密度。

地球网络总雷电检测网络(ENTLN)运营着一个由全球 1500 多个地面站组成的系统，在美国大陆上安装了 900 多个传感器[47]。根据电场脉冲的极性和波形，云闪(IC)和地闪(CG)都可被传感器检测，检测频率范围为 1 Hz 到 12 MHz。如果脉冲组在 700 ms 和10 km 之内，则称为一次闪电(flash)。在从 ENTLN 获得的预处理数据中，既包括闪击(stroke)，也包括闪电(由一次或多次闪击组成)。由于我们仅使用 Lapierre 等人的 2014 年 ENTLN 数据[48],并且 NLDN 的 IC 探测效率应低于 33%[49],仅 IC 闪电和闪击分别除以 0.88 和 0.45。由于 CG 探测效率高,CG 闪电和闪击数据保持不变。

2. WRF-Chem 设置

本文使用 WRF-Chem 版本 3.5.1[50],水平网格尺寸为 12 km×12 km,垂直层为 29 层。气象初始条件和边界条件使用 3 h 时间分辨率的北美地区再分析(NARR)数据集。三维风场、温度和水汽信息基于 Laughner 等人的方法逼近 NARR 数据[51]。化学初始场、边界场及排放源的配置详见 Zhang 等人的研究[52]。此外,我们采用了基于中性浮力高度的闪电参数化[53,54]和 LNO_x 参数化(200 mol NO $flash^{-1}$,且闪电次数的调整因子设置为 1,以下统称为"1×200 mol NO $flash^{-1}$")。在美国东南部,模拟的总闪多于 ENTLN 的观测值,但在美国中北部相反。WRF-Chem 中闪电 NO(LNO)的垂直分布廓线,采用修改后的双峰曲线[55,56],而 LNO 和 LNO_2 的垂直廓线被定义为 NO 和 NO_2 在开启闪电与关闭闪电下的模拟结果差异。

3. AMF 的计算方法

我们将 V_{LNO_x} 定义为:

$$V_{LNO_x} = \frac{S_{NO_2}}{AMF_{LNO_x}} \tag{9.3}$$

其中 S_{NO_2} 是 OMI 测得的 NO_2 对流层斜柱密度,而 AMF_{LNO_x} 是定义的闪电空气质量因子。Beirle 等人也使用了 AMF_{LNO_x} 的概念,来研究卫星仪器对新产生的 LNO_x 的敏感性[57]。为了估算 LNO_x,我们将 AMF_{LNO_x} 定义为模式中"可见"的 NO_2 斜柱密度与模式中对流层 LNO_x 垂直柱密度之比(由 NO 和 NO_2 的先验分布,散射权重和云辐射率得出):

$$AMF_{LNO_x} = \frac{(1-f_r)\int_{p_{surf}}^{p_{tp}} w_{clear}(p)NO_2(p)dp + f_r\int_{p_{cloud}}^{p_{tp}} w_{cloudy}(p)NO_2(p)dp}{\int_{p_{surf}}^{p_{tp}} LNO_x(p)dp} \tag{9.4}$$

其中 f_r 是云辐射分数(CRF),p_{surf} 是地表气压,p_{tp} 是对流层顶气压,p_{cloud} 是云的光学气压(CP),w_{clear} 和 w_{cloudy} 分别是有云和无云时 TOMRAD 查找表中与气压有关的散射权重[58],$NO_2(p)$ 是模拟的 NO_2 垂直廓线。这些标准参数和计算方法的详细信息在 Laughner 等人的研究中给出[59]。$LNO_x(p)$ 是在开启和关闭闪电的情况下,WRF-Chem 模拟的 LNO_x 垂直轮廓垂直分布差异。

值得注意的是,云压是通过 477 nm 附近碰撞诱发的 O_2-O_2 吸收带获得的反射加权压力[60]。对于有闪电的深对流云来说,CP 位于几何云顶之下,而几何云顶近似于热红外传感器检测到的云顶[61]。因此,由 OMI 测量的对流层 NO_2 大部分位于云层内部,而不是云层上方。在下文中,"云上方"和"云下方"是相对于 OMI 检测到的云压力。Beirle 等人的敏感性研究比较了从云层底部到云层顶部的化学成分,并揭示了卫星可检测到云层中很大一部分源自闪电 NO_2[57]。这种云压概念不仅在 LNO_x 研究中得到了应用,而且在 UT O_3 和 NO_x 的云切片方法中也得到了应用[62,63]。如 Pickering 等人所述,OMI 看到的 V_{LNO_2} 与 V_{LNO_x} 的

比例一部分受 p_{cloud} 影响[33]。为了将我们的结果与 Pickering 等人[33]和 Lapierre 等人[48]的结果进行比较，我们分别计算其 $AMF_{LNO_x Clean}$ 和 $AMF_{NO_2 Vis}$：

$$AMF_{LNO_x Clean} = \frac{(1-f_r)\int_{p_{surf}}^{p_{tp}} w_{clear}(p)LNO_2(p)dp + f_r\int_{p_{cloud}}^{p_{tp}} w_{cloudy}(p)LNO_2(p)dp}{\int_{p_{surf}}^{p_{tp}} LNO_x(p)dp} \tag{9.5}$$

$$AMF_{NO_2 Vis} = \frac{(1-f_r)\int_{p_{surf}}^{p_{tp}} w_{clear}(p)\, NO_2(p)dp + f_r\int_{p_{cloud}}^{p_{tp}} w_{cloudy}(p)\, NO_2(p)dp}{(1-f_g)\int_{p_{surf}}^{p_{tp}} NO_2(p)dp + f_g\int_{p_{cloud}}^{p_{tp}} NO_2(p)dp} \tag{9.6}$$

其中 f_g 是几何云分数，$LNO_2(p)$是模拟的 LNO_2 垂直剖面。除了这些 AMF，还开发了另一个称为 $AMF_{LNO_2 Vis}$ 的 AMF 供以后比较：

$$AMF_{LNO_2 Vis} = \frac{(1-f_r)\int_{p_{surf}}^{p_{tp}} w_{clear}(p)\, NO_2(p)dp + f_r\int_{p_{cloud}}^{p_{tp}} w_{cloudy}(p)NO_2(p)dp}{(1-f_g)\int_{p_{surf}}^{p_{tp}} LNO_2(p)dp + f_g\int_{p_{cloud}}^{p_{tp}} LNO_2(p)dp} \tag{9.7}$$

4. LNO_x 的计算方法

使用恒定值的方法将 V_{LNO_x} 重新网格化至 0.05°×0.05°的网格[64]。随后，在 1°×1°的网格中进行分析，其中每个网格至少要有 50 个有效的 0.05°×0.05°的网格，以将噪点数据降至最低。计算 LNO_x 的主要过程如下文。

CRF（CRF≥70%，CRF≥90%，CRF=100%）和 CP≤650 hPa 是判断 OMI 像素是否为深对流的判据[33]。此外，云量分数（CF）作为另一个标准应用于 WRF-Chem 以保证模式成功模拟出对流。CF 为通过 Xu-Randall 方法计算的 350～400 hPa 之间的最大云量[63,65]，这个大气层避免了模拟高云时的偏差。我们选择 Strode 等人建议的 CF≥40%[63]来定义每个模拟网格为有云或无云。

除了云的性质，还需要一定的时间窗口和足够的闪电（或闪击）次数，才能保证 OMI 检测到新产生的 LNO_x。时间窗口（t_{window}）是 OMI 过境时间之前的小时数。基于 OMI 过境时间、500～100 hPa 的平均风速、以及 1°×1°方格的平方根，我们将 t_{window} 限制设定为 2.4 h[48]。同时，选择在 2.4 h 时间窗口内每个方格 2400 次闪电和 8160 次闪击来确保 LNO_x 足以被检测到。由于我们的研究重点是开发新的 AMF，并在类似的闪电次数阈值条件下，将结果与前人研究做比较[33,48]，所以我们仅讨论大闪电速率的结果。

为确保 WRF-Chem 成功模拟出闪电，考虑到闪电参数化的不确定性，每个网格模拟的总闪电（TL）次数的阈值设置为 1000，这比 ENTLN 观测所使用的阈值要小。考虑到除了 LNO_2 之外的 NO_2 源，我们定义了模拟的云上的闪电 NO_2（LNO_2 Vis）与云上的 NO_2（NO_2 Vis）的比例（ratio），以检查 OMI 是否可以检测到足够的 LNO_2。该比例≥50%表示云上方超过一半的 NO_x 来源于 LNO_x。

最后，氧化也会影响 NO_2 的寿命，据 Nault 等人估计，NO_2 在对流附近的寿命（τ）约为

3 h[43]。因此，我们将 NO_2 的初始值定义如下：

$$NO_2(0) = NO_2(OMI) \times e^{0.5t/\tau} \tag{9.8}$$

其中 $NO_2(0)$是在时间 $t=0$ 时排放的 NO_2 的摩尔数，$NO_2(OMI)$是在 OMI 过境时间测量的 NO_2 的摩尔数，$0.5t$ 是穿越网格时间的一半，即 1.2 h(假设每个 1°×1°网格的中央都有闪电)。对于每个网格，平均 LNO_x 垂直柱密度是框内所有 0.05°×0.05°的 V_{LNO_x} 的平均值。之后该平均值通过网格的尺寸转换为 LNO_x 的摩尔数。我们共应用了两种方法来估算平均的 LNO_2 $flash^{-1}$、LNO_x $flash^{-1}$、LNO_2 $stroke^{-1}$、和 LNO_x $stroke^{-1}$：

(1) 求和法，用 2014 年夏季每个 1°×1°网格中的 LNO_x 的总和除以闪电(或闪击)的总和。

(2) 线性回归法，将线性回归应用于每日平均的 LNO_x 值和每日平均的闪电(或闪击)次数。

5. 筛选条件

我们根据上节中的所有条件，定义了六个不同的筛选组合，并通过线性回归方法将其应用于原始数据，最终采取 CRF≥α＋ENTLN 闪电数(闪击数)≥2400(8160)＋CF≥40%＋TL≥1000＋ratio≥50%的筛选条件，详见 Zhang 等人的研究[52]。尽管在 CRF＞70%的地区通常观察到 NO_x 增强[33]，但考虑到中低层的污染背景 NO_2，以下的分析将基于 CRF≥90%的筛选条件来与 Pickering 等人[33]和 Lapierre 等人[48]的结果进行比较。

6. 基于不同 AMF 的 LNO_x 产率

为了使我们的结果与 Pickering 等人[33]和 Lapierre 等人[48]的结果具有可比性，我们选择用 NO_2 代替 NO_x 来计算产率。在 CRF≥90%，闪电阈值为每 2.4 h 2400 次的筛选条件下，我们分析了 2014 年 5—8 月的美国大陆 NO_2 Vis、LNO_2 Vis、LNO_2 和 LNO_2Clean 产率的时间序列。结果表明，LNO_2 产率的范围通常为 20～80 mol。LNO_2 Vis 产率小于 LNO_2 产率，因为后者包含了云下的 LNO_2。Pickering 等人的 GMI 模拟结果显示，25%～30%的 LNO_x 位于云高以下[33]，而我们的 WRF-Chem 模拟的该比例为 56%±20%。大体来说，产率的顺序为 LNO_2Clean＞LNO_2＞NO_2 Vis＞LNO_2 Vis。NO_2 Vis 和 LNO_2 Vis 之间的百分比差异(ΔPE)显示云层上方存在一定量的背景 NO_2。总体而言，ΔPE 的趋势与 NO_2 Vis 和 LNO_2Clean 之间的 ΔPE 一致。在高度污染的区域(NO_2 Vis 和 LNO_2 Vis 之间的 ΔPE 大于 200%)，基于 NO_2 Vis 和 LNO_2Clean 估算的产率会高估，即 NO_2 Vis 和 LNO_2Clean 对背景 NO_2 更为敏感。在高污染地区，NO_2 Vis 的高估程度大于 LNO_2Clean，而在大多数地区通常相反。

同时线性回归结果显示，LNO_2 产率(18.7±18.1 mol $flash^{-1}$，2.1±1.8 mol $stroke^{-1}$)介于 LNO_2Clean 产率和 NO_2 Vis 产率之间，这与日结果一致。若使用与 Pickering 等人相同的方法[33]，得到的结果是 114.8±18.2 mol $flash^{-1}$(17.8±2.9 mol $stroke^{-1}$)，高于 Pickering 等人得到的 91 mol $flash^{-1}$。这可能是由地理位置、闪电数据和化学模型的差异所导致的。

对于求和法，在 CRF≥90%条件下，LNO_2 的产率为 46.2±35.13 mol $flash^{-1}$ 和 9.9±

8.1 mol stroke^{-1}，LNO_x 的产率为 125.6±95.9 mol flash^{-1}和 26.7±21.6 mol stroke^{-1}。在美国东南部(25°N ～37°N,75°W～95°W)，LNO_2 和 LNO_x 的产率都较高，与 Lapierre 等人[48]和 Bucsela 等人[66]的研究结果一致。NO_2 Vis 产率和 LNO_2 Vis 产率之间差异较大，这与我们对污染区域的预期一致。此外，LNO_2 产率和 NO_2 Vis 产率之间的差异取决于背景 NO_2、上升运动强度和垂直廓线分布。负的差异是由上升气流携带的污染背景 NO_2 引起的，而部分云下的 LNO_2 导致 LNO_2 产率高于 NO_2 Vis 产率。此外，LNO_2 Vis 与 LNO_2 的比例在 10%～80%之间，这可能是由云高和 LNO_2 廓线共同导致的。如果云高接近 300 hPa，则由于云的遮盖，该比例应较小。当 LNO_2 廓线的峰值低于云高时，该比例也会更小。因此，我们需要更好地了解 LNO_2 廓线和云下 LNO_x。

7. 对流层背景 NO_x 浓度对 LNO_x 产率的影响

对于 LNO_2 的产率，我们的方法在污染和清洁地区的改进程度是不同的。为了简化量化，我们在 CRF＝100%条件下，选择了云上具有相似的 NO_2 廓线分布(约 100 pptv，pptv 为 10^{-12}的体积比)的六个网格，故 AMF 之间的差异取决于较少的参数。

表 9-3 列出了六个网格中三种方法之间的相对变化。AMF_{LNO_2} 和 $AMF_{LNO_2\,Clean}$之间的区别是分子：$\int_{p_{cloud}}^{p_{tp}} w_{cloudy}(p)\,NO_2(p)dp$ 和$\int_{p_{cloud}}^{p_{tp}} w_{cloudy}(p)LNO_2(p)dp$。当 LNO_2 占比较高或区域较干净时，相对差异较小(5.0%～12.0%)。当背景 NO_2 占比在 UT 中较高且持续时，会出现最大的相对差异(46.3%)。因此，我们的方法对背景 NO_2 较不敏感，更适合于污染区域内的对流。另一方面，由于我们的方法包含了云下的 LNO_2，所以估算的产率要大于基于 NO_2 Vis 估算的产率。当云较高时，特别是 LNO 轮廓的峰值低于云时，相对差异较大(121.2%)，因为 NO_2 Vis 中不能包含更多的 LNO_2。$AMF_{LNO_2\,Clean}$ 和 $AMF_{NO_2\,Vis}$之间的相对差异取决于 $\int_{p_{cloud}}^{p_{tp}} w_{cloudy}(p)LNO_2(p)dp/\int_{p_{surf}}^{p_{tp}} w_{cloudy}(p)LNO_2(p)dp$，而这也受云的影响，而不是背景 NO_2。其中最大相对差异(153.8%)发生在新奥尔良(New Orleans)，此地云最高，因此可见的柱密度最小。

表 9-3　基于相同先验廓线和不同方法所估算的产率变化百分比

	城市	(LNO_2Clean－LNO_2)/LNO_2	(LNO_2－TropVis)/TropVis	(LNO_2Clean－TropVis)/TropVis
污染	Lansing	24.2%	49.5%	85.6%
	New Orleans	13.3%	121.2%	153.8%
	Orlando	46.3%	37.5%	101.3%
清洁	Huron	12.0%	56.4%	75.2%
	Charles Town	12.0%	82.2%	104.1%
	Tarboro	5.0%	86.0%	95.3%

8. 云和 LNO_x 参数化对 LNO_x 产率的影响

图 9.8(a)展示了在 CRF≥90%条件下，云高的日分布以及 LNO_2 Vis 与 LNO_2 的比例。云压从 600 hPa 降至 300 hPa 时，LNO_2 Vis 与 LNO_2 的比例从 0.8 降低至 0.2，即在相对清

洁的区域中，NO_2 Vis 的产率小于 LNO_2 的产率。除了 LNO_2 Vis 之外，LNO_2 产率也受云高影响。当 LNO_2 产率大于 30 mol stroke^{-1}时，云压均小于 550 hPa[图 9.8(b)]。但是，较小的 LNO_2 产率(<30 mol stroke^{-1})在 650～200 hPa 之间的所有水平上都有出现。由于具有高 LNO_2 产率的网格和闪电数据的数量有限，所以我们无法在现阶段得出 LNO_2 产率与云压或其他闪电属性之间的关系。因为云压仅代表云的发展，所以闪电的垂直结构不能仅从云压的数值得出。如前人的研究所述，闪电通道的长度各不相同，并取决于环境条件[67]。Davis 等人比较了两种类型的闪电：正常闪电和异常闪电[68]。由于异常风暴中的上升气流更强且闪电频率更高，因此 UT LNO_x 浓度在异常风暴中要高于其在正常极性风暴中的数值。一般而言，正常闪电上层是正电荷区，中层是负电荷区，而异常闪电则相反。估计由 LNO_x 的垂直分布引起的误差并不容易。目前，在模型中分配 LNO_x 的方法主要有两种：一种是使用对流后的 LNO_x 廓线，其中 LNO_x 已通过对流输送进行了重新分配。另一种是使用对流前的 LNO_x 廓线[69,70]。但是，鉴于与其他 LNO_x 研究结果相似，我们认为基于对流后 LNO_x 分布的 1°×1°结果足以用来估算平均 LNO_x 的产量。

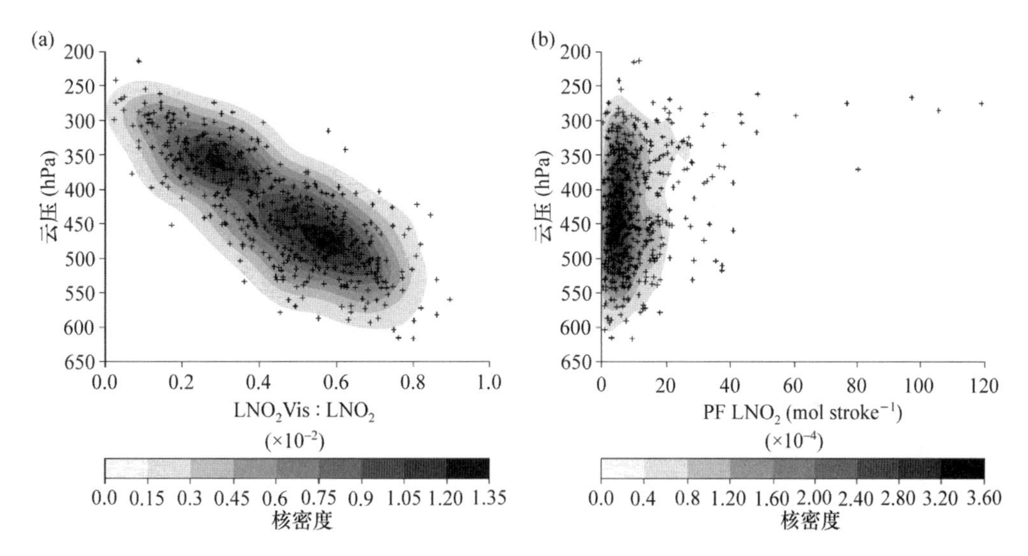

图 9.8　2014 年 5—8 月在 CRF≥ 90%条件下，(a) LNO_2 Vis 与 LNO_2 的比例与 OMI 所探测的云压的核密度估计；(b) LNO_2 产率与 OMI 所探测的云压的核密度估计

在不同的研究中，WRF-Chem 中的 LNO 产率设置有所不同。Zhao 等人在区域模式中将每次闪电产生的 NO 设置为 250 mol[71]，而 Bela 等人[72]选择了 Barth 等人[73]使用的每次闪电产生 330 mol NO。Wang 等人假设每次闪电产生大约 500 mol NO[74]，这是通过云分辨的化学传输模型和云中飞机观测结果得出的[55]。为了说明 LNO_x 参数化对 LNO_x 估算的影响，我们将另一种 WRF-Chem NO 廓线(2 倍闪电数，每次闪电产生 500 mol NO，以下称为“2×500 mol NO flash^{-1}”)设置为先验廓线并评估了 AMF_{LNO_2}、AMF_{LNO_x}、LNO_2 产率和 LNO_x 产率的变化。对于线性回归法，LNO_2 产率为 29.8±20.5 mol flash^{-1}，比基本值(18.7±18.1 mol flash^{-1})大 59.4%。同时，LNO_x 产率(从 54.5±48.1 mol flash^{-1} 增加到 88.5±61.1 mol flash^{-1})也取决于 WRF-Chem 中 LNO 产率的配置。此外，LNO_2Clean 产

率和 LNO_2 产率更为相似，而 LNO_2 产率和 NO_2 Vis 产率呈现相同的趋势。NO-NO_2-O_3 循环或其他 LNO_x 的汇是否是 LNO_x 增加的原因目前尚不清楚，还需在 WRF-Chem 中进行详细的源分析，该项超出了目前本文研究的范围。

我们使用了 1×200 和 2×500 mol NO $flash^{-1}$，来研究 AMF_{LNO_2}、AMF_{LNO_x}、LNO_2 和 LNO_x 的平均百分比变化。增大的 LNO 廓线值对 LNO_2 和 LNO_x 反演的影响显示出大致相同的趋势：较小的 AMF_{LNO_2} 和 AMF_{LNO_x} 导致较大的 LNO_2 和 LNO_x，但这些变化具有区域性。这是由 AMF_{LNO_2} 和 AMF_{LNO_x} 的非线性计算引起的。随着 LNO_2 的贡献增加，式(9.4)的分子和分母都增加，故需要考虑云上 LNO_2 占云上 NO_2 的比例。如分母增加的大小可能与分子增加的大小不同，从而对 AMF_{LNO_2} 和 AMF_{LNO_x} 造成不同的影响。如 Zhu 等人所述，使用与我们一致的闪电参数设置(2×500 mol NO $flash^{-1}$)，美国东南部的闪电密度可能会被高估[75]。幸运的是，该区域的 AMF 和估算的 LNO_2 变化不大。由于美国东南部的闪光密度最高，因此 AMF 分子中的 NO_2 以 LNO_2 为主。当模型使用更高的 LNO_2 时，斜柱密度和垂直柱密度都会增加。换句话说，对 LNO 设置的敏感性降低，LNO_2 的相对分布更加重要。

9. 不确定性分析

我们通过依次扰动每个参数，重新获取 LNO_2 和 LNO_x，共包括以下参数：BEHR 对流层顶气压，云辐射率，云压，地表气压，表面反射率，廓线形状，廓线位置，平流层 NO_2 垂直柱浓度，闪电的探测效率，t_{window} 和 LNO_2 寿命。

总体不确定度估计为所有单个不确定度的平方和的平方根。LNO_2 类型和 LNO_x 类型的净不确定度分别为 48%和 56%。根据线性回归和求和法得到的产率为：32 mol LNO_2 $flash^{-1}$、90 mol LNO_x $flash^{-1}$、6 mol LNO_2 $stroke^{-1}$、和 17 mol LNO_x $stroke^{-1}$。对这些平均值应用相应的不确定性，我们得出 32±15 mol LNO_2 $flash^{-1}$、90±50 mol LNO_x $flash^{-1}$、6±3 mol LNO_2 $stroke^{-1}$、和 17±10 mol LNO_x $stroke^{-1}$。这居于前人研究的 LNO_x 产率(33～500 mol LNO_x $flash^{-1}$)范围内[40]。Bucsela 等人估算得到 LNO_x 产率为 100～250 mol $flash^{-1}$，虽然高于我们的估算值但与之重叠[76]。针对墨西哥湾，Pickering 等人的结果显示 LNO_x 产率为 80±45 mol $flash^{-1}$[33]，我们对应的结果比该结果小 50%。由于我们的筛选条件更为苛刻，导致墨西哥湾地区许多数据被剔除。因此，该对比实际上是不同区域之间的比较。Lapierre 等人研究中的 LNO_2 产率较低，为 1.6±0.1 mol $stroke^{-1}$，该差异是由于 BEHR 算法版本不同和模式设置引起的[48]。Bucsela 等人推算出北美地区 LNO_x 产率的平均值为 200±110 mol $flash^{-1}$(比我们的结果大 122%)[66]，这与不同的算法、闪电数据和选取的闪电阈值有关。

9.4.3 闪电 NO_x 对青藏高原臭氧低谷形成的影响

由于对流层上层 NO_x 的生命周期较长，所以能长时间地参与一系列光化学反应，对对流层 O_3 以及 OH 自由基的浓度有着重要影响。青藏高原闪电和对流层 NO_x 在时空分布上有良好的一致性，闪电活动是青藏高原对流层 NO_x 的主要来源，LNO_x 占当地总 NO_x 的比例年均达 50%，尤其是春、夏季，高达 65%～80%[77,78]。这表明 LNO_x 和青藏高原 O_3 低值区的成因之间可能有一定的联系。因此，本节使用卫星资料，分析对比了青藏高原和长江中下游地区 O_3 和 NO_2 的分布特征以及闪电和 NO_2 的相关性，讨论了 LNO_x 对青藏高原 O_3 低谷区的影响，这对于进一步认识青藏高原 O_3 低谷的成因和维持有一定的意义。

1. LIS/OTD 闪电资料

我们采用的闪电资料是美国全球水资源和气候中心(GHRC)提供的 2.3 版本低分辨率的月均值(LRMTS)格点资料，由星载光学瞬变探测器(OTD)和闪电成像仪(LIS)观测获取，探测总闪，分辨率为 2.5°×2.5°。LIS 在夜晚和白昼的探测效率为 93%±4%和 73%±11%[79]。

2. OMI NO_2 资料

本节采用的 NO_2 资料是由荷兰皇家气象研究所(KNMI)提供的 NO_2 气体垂直柱浓度(VCD)二级月均值产品，O_3 资料是由 TEMIS 提供的 O_3 总柱浓度同化资料二级月均值产品，二者均通过全球 O_3 监测实验仪(OMI)观测得出，我们选取的 OMI 卫星产品为 NO_2 VCD 月均值数据、总 O_3 柱浓度（Total Ozone Column，TOC)同化资料月均值和廓线数据，均是利用 OMI 卫星观测到的数据资料经过化学模式 TM5 再分析订正后的格点化资料。时间范围为 2005 年 1 月—2013 年 12 月，廓线数据的时间范围是 2008 年 1—12 月。

3. 青藏高原及同纬度地区 O_3 时空分布特征

中国 O_3 浓度空间分布存在自北向南逐渐递减的明显的纬向差异，其中，东北地区为高值区，其 O_3 浓度最高时可达 400 DU 以上，南部沿海地区及中国青藏高原南部为低值区，其 O_3 浓度最低时在 250 DU 左右。春季和冬季(本节定义 3—5 月为春季，6—8 月为夏季，9—11 月为秋季，12 月与次年 1、2 月为冬季)高纬度的浓度较大，而冬季低纬度的浓度最小，这导致春季和冬季，尤其是冬季的纬向差异最明显。夏、秋季纬向差异略小，其中夏季最小。为了更明确地了解青藏高原的 O_3 时空分布，本文选取与青藏高原纬度相同的长江中下游地区进行对比分析。对比西部和东部地区 O_3 浓度分布可知，青藏高原的 TOC 总体明显低于长江中下游地区，特别是在夏季和秋季，与同纬度地区相比较，形成了一个明显的 O_3 低谷区，最低可至 250 DU 以下，比同纬度周边地区低约 15 DU。春季也存在一个较弱的 O_3 低值区域。而同纬度长江中下游地区的 TOC 呈东北高、西南低的分布特征，且季节分布与青藏高原相似，同样为春、夏季较高，秋、冬季较低的分布趋势。

由图 9.9 所示，青藏高原和长江中下游地区的 TOC 月均值分布趋势基本相似，均表现为春、夏季较高，秋、冬季较低的特征。不同的是，长江中下游地区秋、冬季平均值相当，而青藏高原秋季平均值低于冬季。此外，青藏高原和长江中下游地区 TOC 的峰值均出现在 4 月，分别为约 285 DU 和约 300 DU。自 4 月以后，青藏高原和长江中下游地区 TOC 均开始下降，青藏高原的一直要下降到 12 月，达到谷值，约为 255 DU；而长江中下游地区的下降较缓慢，一直降到 10 月份，达到谷值，约为 265 DU。青藏高原的 TOC 在夏季时的下降趋势(约为每月 15 DU)比长江中下游地区(约为每月 7 DU)略快，而在秋季时二者 TOC 的下降趋势均为约 10 DU。青藏高原 TOC 值在 1 月份略大于长江中下游地区，2 月份基本和长江中下游地区相当，其他月份均低于同纬度的长江中下游地区，O_3 浓度差值在 6—8 月达到了最高峰（11～15 DU，图 9.10）。从季节来看，两个地区的 O_3 浓度差最大值出现在夏季（6—8 月），其次是春季（3—5 月）和秋季（9—11 月），冬季的 O_3 浓度差值最小（图 9.10）。

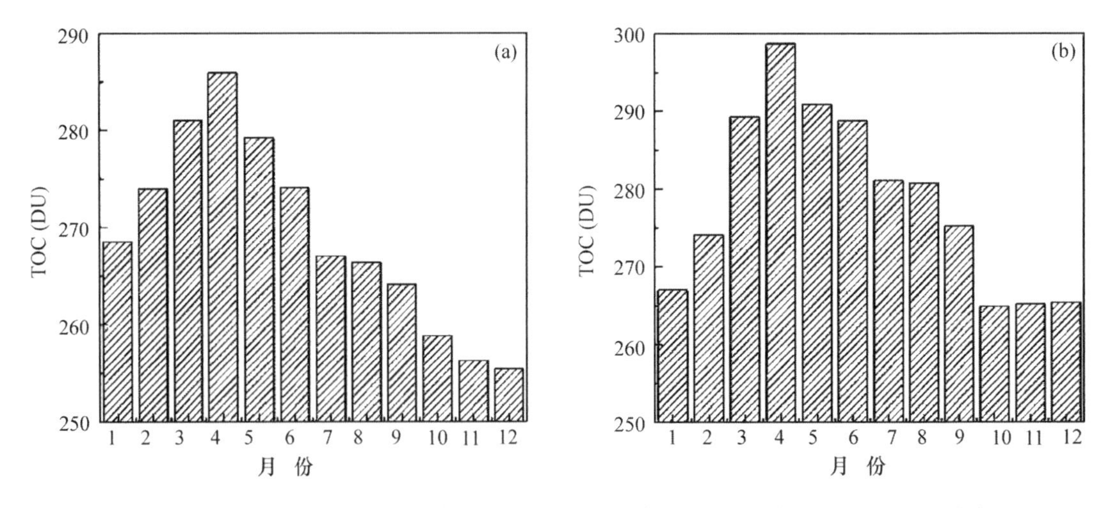

图 9.9　2005—2013 年(a)青藏高原和(b)长江中下游地区 TOC(单位：DU)月平均分布

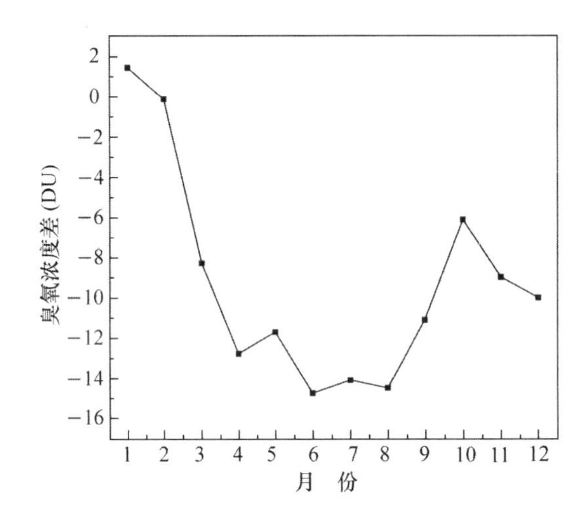

图 9.10　2005—2013 年青藏高原和长江中下游地区月均 O_3 浓度差值分布(单位：DU)

4. 青藏高原及同纬度地区氮氧化物时空分布特征

中国的 NO_2 VCD 分布有很大的地域差异，华北地区以及华东沿海地区的 NO_2 VCD 较高，而东北地区和西部地区的 NO_2 VCD 较低。青藏高原的 NO_2 VCD 分布十分均匀，属于低值区，比同纬度地区的长江中下游地区低 1～2 个量级。

结合图 9.11 和图 9.12 可以看出，青藏高原与长江中下游地区的 NO_2 VCD 逐月分布和季节分布有很大差异。青藏高原的 NO_2 VCD 基本表现为夏高冬低的变化趋势，峰值出现在 6 月，约为 1.15×10^{15} molec cm^{-2}；谷值出现在 2 月，约为 5.8×10^{14} molec cm^{-2}，夏季约是冬季的 2 倍。而长江中下游地区的 NO_2 VCD 季节波动较大，表现为冬高夏低的分布特征，峰值出现在 1 月，约为 2.5×10^{16} molec cm^{-2}；谷值出现在 7 月，约为 5×10^{15} molec cm^{-2}，冬季约是夏季的 5 倍。其峰值比青藏高原峰值大一个量级，其谷值也是青藏高原峰值的几倍。

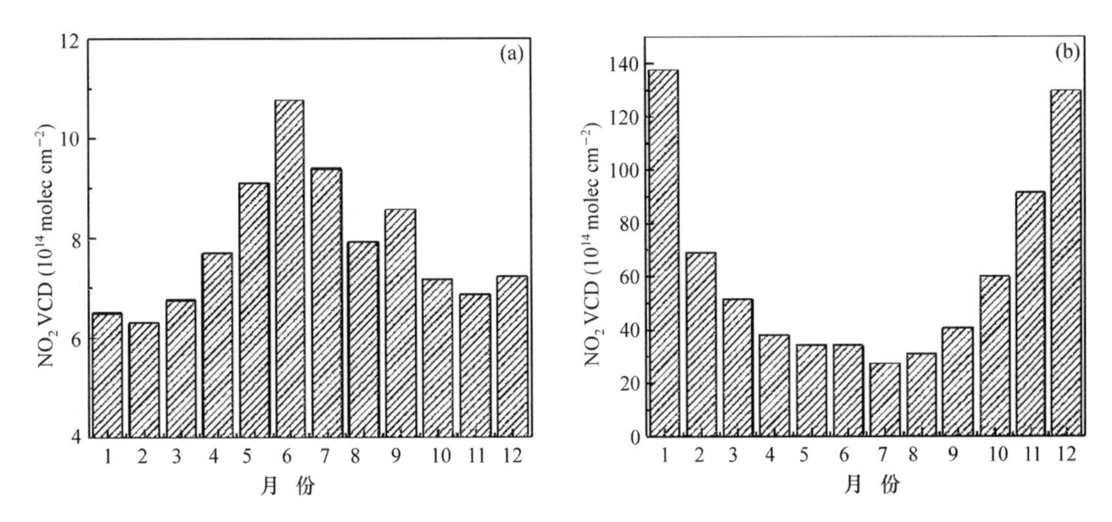

图 9.11　2005—2013 年(a)青藏高原和(b)长江中下游地区 NO_2 VCD(单位：10^{14} molec cm^{-2})月平均分布

Zhang 等人[80]和 Guo 等人[77,78]的分析表明，这主要是由于我国人口分布以及经济交通发展不平衡导致的。人为活动对对流层 NO_2 排放有着很大的影响，尤其是省会、直辖市等更为发达的城市。夏季对流和湍流活动活跃，利于 NO_2 扩散和输送，而冬季温度较低，对流和湍流活动最弱，不利于大气扩散，所以冬季为峰值，夏季为谷值。而同纬度青藏高原由于工业以及经济发展较为落后，人口分布较为稀疏，工农业以及交通运输业等的尾气及废气污染较少，因而人为的氮氧化物排量很少。而在拉萨、西宁等地，人口较多，交通运输业和工、农业的发展程度与青藏高原其他地区相比要高一些，人为活动排放的 NO_2 产量所占比重较多，因此是青藏高原对流层 NO_2 排放量的高值区。但整体而言，青藏高原 NO_2 排量很少，基本来源于自然排放，自然源主要是闪电和土壤排放，而其中闪电居多，且这两者随季节变化都是夏高冬低[81]，因而青藏高原 NO_2 在夏季达到峰值，在冬季达到谷值。由此可以认为，青藏高原的 NO_x 月变化可近似代表 LNO_x 的月变化趋势。

从图 9.12 可见，青藏高原和长江中下游地区闪电密度都呈现夏高冬低的趋势，这是因为闪电主要发生在暖而湿的季节，夏季时气温高，对流活动强烈，闪电活动多，冬季由于气温低，几乎没有强烈的对流活动发生，因而几乎没有闪电。Guo 等人分析指出，青藏高原春季 LNO_x 占总 NO_x 排放量最大(约 80%)，夏季次之(约 65%)，而长江中下游地区夏季 LNO_x 占总 NO_x 排放量最大(约 10%)，春秋季较小(约 2%～3%)[77]。图 9.12 中，青藏高原的 NO_2 VCD 季节变化特征和闪电活动一致，而且峰值的年际变化也有很好的吻合；长江中下游地区的 NO_2 VCD 的季节变化特征和闪电活动刚好相反，为冬高夏低。这更进一步表明了，青藏高原人为活动导致的 NO_x 产量较小，对流层 NO_x 总排放量主要受自然排放源影响；而在自然排放源中，大部分 NO_x 来源于闪电放电，闪电可以作为氮氧化物变化的敏感指示剂，而长江中下游地区的变化主要与人为活动排放以及大气传输有关，闪电活动产生的氮氧化物所占比重较小。这与 Zhang 等人的研究结果也相一致[80]。

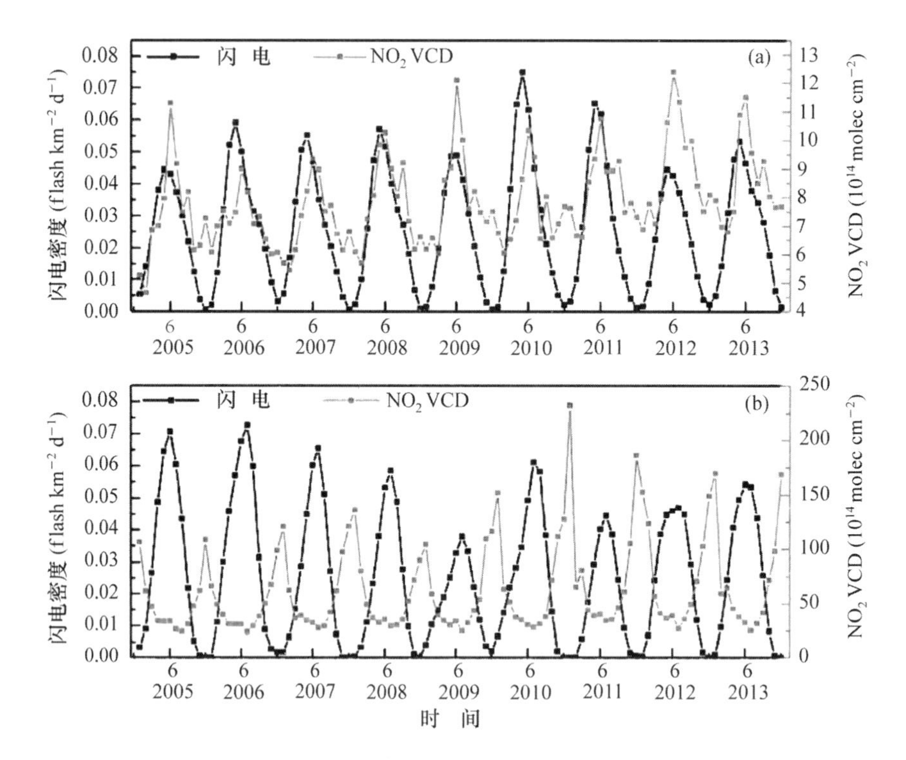

图 9.12　2005—2013 年(a)青藏高原和
(b)长江中下游地区闪电活动与对流层 NO_2 VCD 的年际变化趋势

5. 青藏高原臭氧低谷与闪电产生氮氧化物的关系

青藏高原 6～16 km 为南亚高压控制范围，在垂直方向上，在青藏高原夏季有强烈上升气流将对流层 O_3 及其前体物向平流层输送；在水平方向上，气流在对流层中下部从周边地区向青藏高原辐合，同时在平流层下部从青藏高原向四周辐散[82]。在 6～7.5 km，此高度范围位于对流层下部，春夏季长江中下游地区人为活动造成 O_3 的前体物大量排放，导致长江中下游地区的 O_3 浓度比青藏高原高很多。

在 7.5～9.5 km，青藏高原的 O_3 浓度比长江中下游地区大，而青藏高原 NO_x 浓度较低且主要受自然排放源，即闪电的影响，此高度为青藏高原云闪高度范围(约 350 hPa)[83]，闪电放电瞬间能产生大量的 NO_x。根据漏嗣佳等人的研究，青藏高原 VOCs 和 NO_x 比值较大，O_3 处于 NO_x 控制区，O_3 浓度随 NO_x 浓度升高而升高[84]。

其次，南亚高压的低空辐合作用使青藏高原周边一定量 O_3 及其前体物向青藏高原汇聚。漏嗣佳等人的研究表明，长江中下游地区 NO_x 浓度较大且主要受人为活动影响，VOCs 和 NO_x 比值较小，其大部分地区 O_3 处于 VOCs 控制区，O_3 浓度随 VOCs 浓度升高而升高[84]。而 VOCs 主要源于近地面排放，且生命周期很短，对流层中上部浓度非常低，导致长江中下游地区对流层中上部 O_3 浓度较低。因此，LNO_x 和南亚高压的共同作用导致该高度上青藏高原 O_3 含量比同纬度同高度地区高，青藏高原和长江中下游地区的 O_3差值为正值，且在 8 km(350 hPa)左右达到极值。

在青藏高原夏季对流层上部 11～14 km，闪电产生的 NO_x 经由南亚高压的强上升气流向上输送并通过一系列化学反应生成 O_3[22]，O_3 随 LNO_x 增多而增多。郭凤霞、陈聪与李庆等人均得出，在青藏高原夏季 200 hPa 左右存在一个 NO_2 极大值区，这正好与 O_3 差值负值极小值区（10～14 km）相对应[83,85]，可见，在这一高度范围，LNO_x 是造成青藏高原和长江中下游地区的 O_3 浓度差减小至极小值的主要因素。在 14～20 km 左右，此高度位于平流层下部（60～150 hPa），NO_x 和 O_3 之间的光化学净反应为 0，因此 NO_x 浓度的变化对 O_3 影响不大、青藏高原 O_3 浓度的变化在南亚高压的影响下主要受上升气流和平流层辐散的影响而不断减少，且比对流层上部 O_3 减少的量大，由此造成了明显的 O_3 差值负值区，即 O_3 低谷极大值区，这与周秀骥等人的研究一致[82]。

图 9.13 给出了上述分析的概念图。根据上述分析可知，在对流层上部到对流层顶（6～14 km），青藏高原 O_3 的浓度变化主要受到 LNO_x 和南亚高压的双重影响，LNO_x 使 O_3 含量升高，南亚高压使之减少，总体呈减少趋势；而在平流层下部（14～25 km），O_3 浓度的变化主要受南亚高压的影响而不断减少，且比对流层上部 O_3 减少的量大。因此，青藏高原夏季对流层 LNO_x 浓度的大幅度上升造成对流层 O_3 的浓度的大量上升，对 O_3 的大量耗散起到了一定的补偿作用，抑制了 O_3 低谷的进一步深化。这与周秀骥等人的研究得出的对流层光化学反应对 O_3 低谷有补偿作用这一结论相一致[82]。

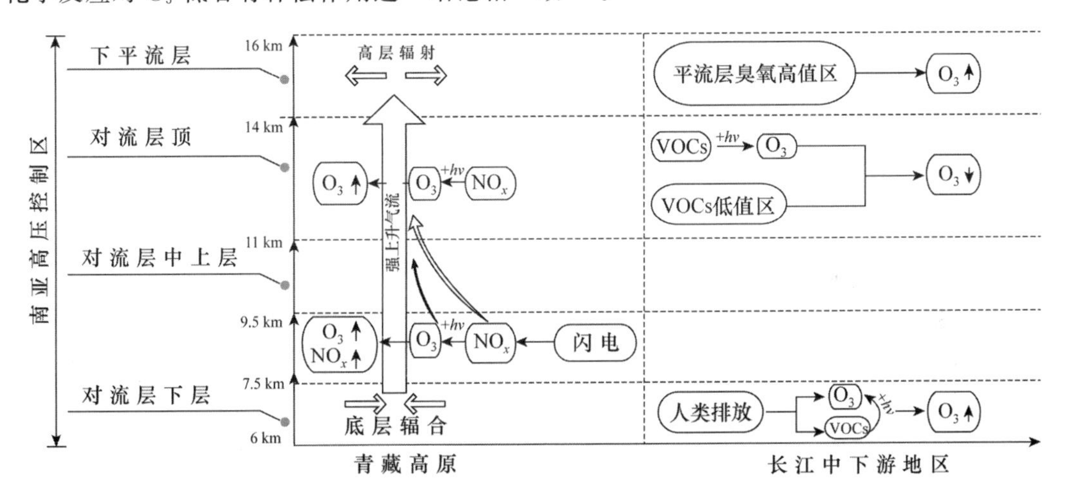

图 9.13　青藏高原与长江中下游地区关于 O_3 和闪电产生氮氧化物（LNO_x）的关系分析对比概念图。O_3 和 NO_x 旁的符号：↑表示气体浓度较大，↓表示气体浓度较小

9.4.4　本项目资助发表论文

[1] Bai D, Wang H, Tan Y, et al. Optical properties of aerosols and chemical composition apportionment under different pollution levels in Wuhan during January 2018. Atmosphere, 2020, 11(1): 17.

[2] Chen J, Wu X, Yin Y, et al. Large-scale circulation environment and microphysical characteristics of the cloud systems over the Tibetan Plateau in boreal summer. Earth and Space Science, 2020, 7(5): e2020EA001154.

[3] Cui Y, Yin Y, Chen K, et al. Characteristics and sources of WSI in North China Plain: A simultaneous

measurement at the summit and foot of Mount Tai. Journal of environmental sciences (China), 2020, 92: 264-277.

[4] Hao J, Yin Y, Kuang X, et al. Aircraft measurements of the aerosol spatial distribution and relation with clouds over eastern China. Aerosol and Air Quality Research, 2017, 17(12): 3230-3243.

[5] Hu J Y, Yin Y, Chen Q. The acidity distribution of drops in a deep convective cloud. Journal of Geophysical Research: Atmospheres, 2019, 124(1): 424-440.

[6] Hu R, Wang H, Yin Y, et al. Mixing state of ambient aerosols during different fog-haze pollution episodes in the Yangtze River Delta, China. Atmospheric Environment, 2018, 178: 1-10.

[7] Hu R, Wang H, Yin Y, et al. Measurement of ambient aerosols by single particle mass spectrometry in the Yangtze River Delta, China: Seasonal variations, mixing state and meteorological effects. Atmospheric Research, 2018, 213: 562-575.

[8] Kumar K R, Kang N, Yin Y. Classification of key aerosol types and their frequency distributions based on satellite remote sensing data at an industrially polluted city in the Yangtze River Delta, China. International Journal of Climatology, 2018, 38(1): 320-336.

[9] Liu A, Wang H, Cui Y, et al. Characteristics of aerosol during a severe haze-fog episode in the Yangtze River Delta: Particle size distribution, chemical composition, and optical properties. Atmosphere, 2020, 11(1): 56.

[10] Liu C, Chung C E, Yin Y, et al. The absorption Ångström exponent of black carbon: From numerical aspects. Atmospheric Chemistry and Physics, 2018, 18(9): 6259-6273.

[11] Liu W, Han Y, Yin Y, et al. An aerosol air pollution episode affected by binary typhoons in east and central China. Atmospheric Pollution Research, 2018, 9(4): 634-642.

[12] Mao M, Zhang X, Shao Y, et al. Spatiotemporal variations and factors of air quality in urban central China during 2013—2015. International Journal of Environmental Research and Public Health, 2019, 17(1): 229.

[13] Mao M, Zhang X, Yin Y. Particulate matter and gaseous pollutions in three metropolises along the Chinese Yangtze River: Situation and implications. International Journal of Environmental Research and Public Health, 2018, 15(6): 1102.

[14] Tan Y, Wang H, Shi S, et al. Annual variations of black carbon over the Yangtze River Delta from 2015 to 2018. Journal of Environmental Sciences (China), 2020, 96: 72-84.

[15] Wang H, Miao Q, Shen L, et al. Characterization of the aerosol chemical composition during the COVID-19 lockdown period in Suzhou in the Yangtze River Delta, China. Journal of Environmental Sciences, 2021, 102: 110-122.

[16] Zhang X, Jiang H, Mao M, et al. Does optically effective complex refractive index of internal-mixed aerosols have a physically-based meaning?. Optics express, 2019, 27(16): A1216-A1224.

[17] Zhang X, Mao M, Yin Y. Optically effective complex refractive index of coated black carbon aerosols: From numerical aspects. Atmospheric Chemistry and Physics, 2019, 19(11): 7507-7518.

[18] Zhang X, Mao M, Yin Y, et al. The absorption Ångstrom exponent of black carbon with brown coatings: Effects of aerosol microphysics and parameterization. Atmospheric Chemistry and Physics, 2020, 20(16): 9701-9711.

[19] Zhang X, Yin Y, van der A R, et al. Estimates of lightning NO_x production based on high-resolution OMI NO_2 retrievals over the continental US. Atmospheric Measurement Techniques, 2020, 13(4):

1709-1734.

[20] Zhen Z, Yin Y, Chen K, et al. Phthalate esters in atmospheric $PM_{2.5}$ at Mount Tai, North China Plain: Concentrations and sources in the background and urban area. Atmospheric Environment, 2019, 213: 505-514.

[21] 卞逸舒，银燕，王红磊，等. 黄山秋季大气颗粒物理化特性. 环境科学，2020，41(3)：1056-1066.

[22] 夏雨晨，银燕，陈倩，等. 深对流系统对污染气体 CO 垂直动力输送作用的数值模拟研究. 大气科学，2019，43(6)：1280-1294.

[23] 曾凡辉，郭凤霞，廉纯皓，等. 中国内陆高原雷暴云底部正电荷区的形成机制. 科学技术与工程，2019，19(2)：25-33.

[24] 李东宸，林慈哲，银燕. 强对流天气对 O_3 和 CO 的垂直输送作用. 应用气象学报，2019，30(1)：82-92.

[25] 李圆圆，王红磊，银燕，等. 新疆天山夏季气象条件对气溶胶粒径分布的影响. 环境科学学报，2020，40(7)：2375-2383.

[26] 胡嘉缨，银燕，陈倩，等. 深对流云对不同高度示踪气体层垂直输送的数值模拟研究. 大气科学，2019，43(1)：171-182.

[27] 胡睿，银燕，陈魁，等. 南京雾、霾期间含碳颗粒物理化特征变化分析. 中国环境科学，2017，37(6)：2007-2015.

[28] 郭凤霞，王曼霏，黄兆楚，等. 青藏高原雷暴电荷结构特征及成因的数值模拟研究. 高原气象，2018，37(4)：911-922.

[29] 郭凤霞，穆奕君，李扬，等. 闪电产生氮氧化物对青藏高原臭氧低谷形成的影响. 大气科学，2019，43(2)：266-276.

[30] 银燕，曹海宁，况祥，等. 一次深对流过程对不同溶解度大气化学气体成分垂直再分布作用的模拟. 大气科学学报，2020，43(3)：425-434.

[31] 龚宇麟，银燕，陈魁，等. 南京北郊秋季气溶胶理化特征及潜在源区分布. 中国环境科学，2017，37(11)：4032-4043.

参考文献

[1] Crutzen P J, Lawrence M G. The Impact of precipitation scavenging on the transport of trace gases: A 3-dimensional model sensitivity study. Journal of Atmospheric Chemistry, 2000, 37(1): 81-112.

[2] Pickering K E, Thompson A M, Wang Y, et al. Convective transport of biomass burning emissions over Brazil during TRACE A. Journal of Geophysical Research: Atmospheres, 1996, 101(D19): 23993-24012.

[3] Barth M C, Stuart A L, Skamarock W C. Numerical simulations of the July 10, 1996, Stratospheric-Tropospheric Experiment: Radiation, Aerosols, and Ozone (STERAO)-Deep Convection experiment storm: Redistribution of soluble tracers. Journal of Geophysical Research: Atmospheres, 2001, 106 (D12): 12381-12400.

[4] Yin Y, Parker D J, Carslaw K S. Simulation of trace gas redistribution by convective clouds-liquid phase processes. Atmospheric Chemistry and Physics, 2001, 1(1): 19-36.

[5] Yin Y, Carslaw K S, Parker D J. Redistribution of trace gases by convective clouds-mixed-phase processes. Atmospheric Chemistry and Physics, 2002, 2(4): 293-306.

[6] Barth M C, Bela M M, Fried A, et al. Convective transport and scavenging of peroxides by thunderstorms

observed over the central U. S. during DC3. Journal of Geophysical Research: Atmospheres, 2016, 121(8): 4272-4295.

[7] Fried A, Barth M C, Bela M, et al. Convective transport of formaldehyde to the upper troposphere and lower stratosphere and associated scavenging in thunderstorms over the central United States during the 2012 DC3 study. Journal of Geophysical Research: Atmospheres, 2016, 121(12): 7430-7460.

[8] Cuchiara G C, Fried A, Barth M C, et al. Vertical transport, entrainment, and scavenging processes affecting trace gases in a modeled and observed SEAC4RS Case study. Journal of Geophysical Research: Atmospheres, 2020, 125(11): e2019JD031957.

[9] Yin Y, Carslaw K S, Feingold G. Vertical transport and processing of aerosols in a mixed-phase convective cloud and the feedback on cloud development. Quarterly Journal of the Royal Meteorological Society, 2005, 131(605): 221-245.

[10] Fridlind A M, Ackerman A S, Jensen E J, et al. Evidence for the predominance of mid-tropospheric aerosols as subtropical anvil cloud nuclei. Science (New York, N. Y.), 2004, 304(5671): 718-722.

[11] Corr C A, Ziemba L D, Scheuer E, et al. Observational evidence for the convective transport of dust over the central United States. Journal of Geophysical Research: Atmospheres, 2016, 121(3): 1306-1319.

[12] Tulet P, Crahan-Kaku K, Leriche M, et al. Mixing of dust aerosols into a mesoscale convective system. Atmospheric Research, 2010, 96(2-3): 302-314.

[13] Clarke A D, Varner J L, Eisele F, et al. Particle production in the remote marine atmosphere: Cloud outflow and subsidence during ACE 1. Journal of Geophysical Research: Atmospheres, 1998, 103(D13): 16397-16409.

[14] Heintzenberg J, Hermann M, Weigelt A, et al. Near-global aerosol mapping in the upper troposphere and lowermost stratosphere with data from the CARIBIC project. Tellus B: Chemical and Physical Meteorology, 2011, 63(5): 875-890.

[15] 高会旺,黄美元,余方群. 大气污染物对流垂直输送作用的探讨. 环境科学,1998(4),19(4): 1-4.

[16] 李冰,刘小红,洪钟祥,等. 深对流云输送对于对流层 O_3, NO_x 再分布的作用. 气候与环境研究,1999(3): 291-296.

[17] 李冰,刘小红,洪钟祥. 三维对流云对大气光化学组分的再分布作用及其化学效应. 大气科学,2001,25(2): 260-268.

[18] Levy H, Moxim W J, Kasibhatla P S. A global three-dimensional time-dependent lightning source of tropospheric NO_x. Journal of Geophysical Research: Atmospheres, 1996, 101(D17): 22911-22922.

[19] Martin R V. Interpretation of TOMS observations of tropical tropospheric ozone with a global model and in situ observations. Journal of Geophysical Research: Atmospheres, 2002, 107(D18): ACH-4.

[20] Bond D W, Steiger S, Zhang R, et al. The importance of NO_x production by lightning in the tropics. Atmospheric Environment, 2002, 36(9): 1509-1519.

[21] Cooper O R, Eckhardt S, Crawford J H, et al. Summertime buildup and decay of lightning NO_x and aged thunderstorm outflow above North America. Journal of Geophysical Research: Atmospheres, 2009, 114: D01101.

[22] Noxon J F. Atmospheric nitrogen fixation by lightning. Geophysical Research Letters, 1976, 3(8): 463-465.

[23] Chameides W L, Davis D D, Bradshaw J, et al. An estimate of the NO_x production rate in electrified clouds based on NO observations from the GTE/CITE 1 fall 1983 field operation. Journal of Geophysical

Research：Atmospheres，1987，92(D2)：2153.

[24] Wang Y，DeSilva A W，Goldenbaum G C，et al. Nitric oxide production by simulated lightning：Dependence on current，energy，and pressure. Journal of Geophysical Research：Atmospheres，1998，103(D15)：19149-19159.

[25] 张义军，言穆弘，杜健. 闪电产生氮氧化物（LNO_x）区域特征计算（Ⅰ）：理论和计算方法. 高原气象，2002，21(4)：348-353.

[26] 杜建，张义军，言穆弘. 闪电产生氮氧化物（LNO_x）区域特征计算（Ⅱ）：LNO_x 计算结果分析. 高原气象，2002，21(5)：433-440.

[27] 周筠珺，郄秀书，袁铁. 东亚地区闪电产生 NO_x 的时空分布特征. 高原气象，2004，23(5)：667-672.

[28] Price C，Penner J，Prather M. NO_x from lightning：1. Global distribution based on lightning physics. Journal of Geophysical Research：Atmospheres，1997，102(D5)：5929-5941.

[29] 鞠晓雨，郭凤霞，鲍敏，等. 青藏高原闪电与 NO_2 的分析及中国内陆地区 LNO_x 产量的估算. 气候与环境研究，2015，20(5)：523-532.

[30] 郭凤霞，穆奕君，李扬，等. 闪电产生氮氧化物对青藏高原臭氧低谷形成的影响. 大气科学，2019，43(2)：266-276.

[31] Virts K S，Thornton J A，Wallace J M，et al. Daily and intraseasonal relationships between lightning and NO_2 over the Maritime Continent. Geophysical Research Letters，2011，38(19)：L19803.

[32] Beirle S，Platt U，Wenig M，et al. NO_x production by lightning estimated with GOME. Advances in Space Research，2004，34(4)：793-797.

[33] Pickering K E，Bucsela E，Allen D，et al. Estimates of lightning NO_x production based on OMI NO_2 observations over the Gulf of Mexico. Journal of Geophysical Research：Atmospheres，2016，121(14)：8668-8691.

[34] Ogren J A，Charlson R J. Implications for models and measurements of chemical inhomogeneities among cloud droplets. Tellus B，1992，44(3)：208-225.

[35] Pruppacher H R，Klett J D. Microphysics of clouds and precipitation. 1st ed. Dordrecht：Springer Netherlands，2010.

[36] Lei H-C，Tanner P A，Huang M-Y，et al. The acidification process under the cloud in Southwest China：Observation results and simulation. Atmospheric Environment，1997，31(6)：851-861.

[37] Li J，Wang X，Chen J，et al. Chemical composition and droplet size distribution of cloud at the summit of Mount Tai，China. Atmospheric Chemistry and Physics，2017，17(16)：9885.

[38] Seinfeld J H，Pandis S N. Atmospheric chemistry and physics：From air pollution to climate change. John Wiley & Sons，2016.

[39] Wu R，Zhong L，Huang X，et al. Temporal variations in ambient particulate matter reduction associated short-term mortality risks in Guangzhou，China：A time-series analysis（2006—2016）. The Science of the total environment，2018，645：491-498.

[40] Schumann U，Huntrieser H. The global lightning-induced nitrogen oxides source. Atmospheric Chemistry and Physics，2007，7(14)：3823-3907.

[41] Zel'dovich Y B，Raizer Y P. VIII-Physical and chemical kinetics in hydrodynamic processes[M] // Hayes W D；Probstein R F；Zel'dovich，Y B，et al. Physics of shock waves and high-temperature hydrodynamic phenomena. Academic Press，1967：566-571.

[42] Nault B A，Garland C，Wooldridge P J，et al. Observational constraints on the oxidation of NO_x in the

upper troposphere. The Journal of Physical Chemistry A,2016,120(9): 1468-1478.

[43] Nault B A, Laughner J L, Wooldridge P J, et al. Lightning NO_x emissions: Reconciling measured and modeled estimates with updated NO_x chemistry. Geophysical Research Letters, 2017, 44 (18): 9479-9488.

[44] Levelt P F, van den Oord GHJ, Dobber M R, et al. The ozone monitoring instrument. IEEE Transactions on Geoscience and Remote Sensing, 2006, 44(5): 1093-1101.

[45] Dobber M, Kleipool Q, Dirksen R, et al. Validation of ozone monitoring instrument level 1b data products. Journal of Geophysical Research: Atmospheres, 2008, 113(D15): 5224.

[46] KNMI. Background information about the Row Anomaly in OMI, 2012. http://projects. knmi. nl/omi/research/product/rowanomaly-background. php. [2021-2-16]

[47] Zhu Y, Rakov V A, Tran M D, et al. Evaluation of ENTLN performance characteristics based on the ground truth natural and rocket-triggered lightning data acquired in Florida. Journal of Geophysical Research: Atmospheres, 2017, 122(18): 9858-9866.

[48] Lapierre J L, Laughner J L, Geddes J A, et al. Observing U. S. regional variability in lightning NO_2 production rates. Journal of Geophysical Research: Atmospheres, 2020, 125(5): e2019JD031362.

[49] Zhu Y, Rakov V A, Tran M D, et al. A study of National Lightning Detection Network responses to natural lightning based on ground truth data acquired at LOG with emphasis on cloud discharge activity. Journal of Geophysical Research: Atmospheres, 2016, 121(24): 14651-14660.

[50] Grell G A, Peckham S E, Schmitz R, et al. Fully coupled "online" chemistry within the WRF model. Atmospheric Environment, 2005, 39(37): 6957-6975.

[51] Laughner J L, Zhu Q, Cohen R C. Evaluation of version 3. 0B of the BEHR OMI NO_2 product. Atmospheric Measurement Techniques, 2019, 12(1): 129-146.

[52] Zhang X, Yin Y, van der A R, et al. Estimates of lightning NO_x production based on high-resolution OMI NO_2 retrievals over the continental US. Atmospheric Measurement Techniques, 2020, 13 (4): 1709-1734.

[53] Price C, Rind D. A simple lightning parameterization for calculating global lightning distributions. Journal of Geophysical Research: Atmospheres, 1992, 97(D9): 9919-9933.

[54] Wong J, Barth M C, Noone D. Evaluating a lightning parameterization based on cloud-top height for mesoscale numerical model simulations. Geoscientific Model Development, 2013, 6(2): 429-443.

[55] Ott L E, Pickering K E, Stenchikov G L, et al. Production of lightning NO_x and its vertical distribution calculated from three-dimensional cloud-scale chemical transport model simulations. Journal of Geophysical Research: Atmospheres, 2010, 115(D4): 4711.

[56] Laughner J L, Cohen R C. Quantification of the effect of modeled lightning NO_2 on UV-visible air mass factors. Atmospheric Measurement Techniques, 2017, 10(11): 4403-4419.

[57] Beirle S, Salzmann M, Lawrence M G, et al. Sensitivity of satellite observations for freshly produced lightning NO_x. Atmospheric Chemistry and Physics, 2009, 9(3): 1077-1094.

[58] Bucsela E J, Krotkov N A, Celarier E A, et al. A new stratospheric and tropospheric NO_2 retrieval algorithm for nadir-viewing satellite instruments: Applications to OMI. Atmospheric Measurement Techniques, 2013, 6(10): 2607-2626.

[59] Laughner J L, Zhu Q, Cohen R C. The Berkeley high resolution tropospheric NO_2 product. Earth System Science Data Discussions, 2018, 10(4): 2069-2095.

[60] Acarreta J R, Haan J F de, Stammes P. Cloud pressure retrieval using the O_2-O_2 absorption band at 477 nm. Journal of Geophysical Research: Atmospheres, 2004, 109(D5): 2165.

[61] Vasilkov A, Joiner J, Spurr R, et al. Evaluation of the OMI cloud pressures derived from rotational Raman scattering by comparisons with other satellite data and radiative transfer simulations. Journal of Geophysical Research: Atmospheres, 2008, 113(D15): D05204.

[62] Ziemke J R, Strode S A, Douglass A R, et al. A cloud-ozone data product from Aura OMI and MLS satellite measurements. Atmospheric Measurement Techniques, 2017, 10(11): 4067-4078.

[63] Strode S A, Douglass A R, Ziemke J R, et al. A Model and satellite-based analysis of the tropospheric ozone distribution in clear versus convectively cloudy conditions. Journal of Geophysical Research: Atmospheres, 2017, 122(21): 11948-11960.

[64] Kuhlmann G, Hartl A, Cheung H M, et al. A novel gridding algorithm to create regional trace gas maps from satellite observations. Atmospheric Measurement Techniques, 2014, 7(2): 451-467.

[65] Xu K-M, Randall D A. A semiempirical cloudiness parameterization for use in climate models. Journal of the Atmospheric Sciences, 1996, 53(21): 3084-3102.

[66] Bucsela E J, Pickering K E, Allen D J, et al. Midlatitude lightning NO_x production efficiency inferred from OMI and WWLLN data. Journal of Geophysical Research: Atmospheres, 2019, 124(23): 13475-13497.

[67] Carey L D, Koshak W, Peterson H, et al. The kinematic and microphysical control of lightning rate, extent, and NO_x production. Journal of Geophysical Research: Atmospheres, 2016, 121(13): 7975-7989.

[68] Davis T C, Rutledge S A, Fuchs B R. Lightning location, NO_x production, and transport by anomalous and normal polarity thunderstorms. Journal of Geophysical Research: Atmospheres, 2019, 124(15): 8722-8742.

[69] Allen D J, Pickering K E, Pinder R W, et al. Impact of lightning-NO on eastern United States photochemistry during the summer of 2006 as determined using the CMAQ model. Atmospheric Chemistry and Physics, 2012, 12(4): 1737-1758.

[70] Luo C, Wang Y, Koshak W J. Development of a self-consistent lightning NO_x simulation in large-scale 3-D models. Journal of Geophysical Research: Atmospheres, 2017, 122(5): 3141-3154.

[71] Zhao C, Wang Y, Choi Y, et al. Summertime impact of convective transport and lightning NO_x production over North America: Modeling dependence on meteorological simulations. Atmospheric Chemistry and Physics, 2009, 9(13): 4315-4327.

[72] Bela M M, Barth M C, Toon O B, et al. Wet scavenging of soluble gases in DC3 deep convective storms using WRF-Chem simulations and aircraft observations. Journal of Geophysical Research: Atmospheres, 2016, 121(8): 4233-4257.

[73] Barth M C, Lee J, Hodzic A, et al. Thunderstorms and upper troposphere chemistry during the early stages of the 2006 North American Monsoon. Atmospheric Chemistry and Physics, 2012, 12(22): 11003-11026.

[74] Wang L, Follette-Cook M B, Newchurch M J, et al. Evaluation of lightning-induced tropospheric ozone enhancements observed by ozone lidar and simulated by WRF/Chem. Atmospheric Environment, 2015, 115: 185-191.

[75] Zhu Q, Laughner J L, Cohen R C. Lightning NO_2 simulation over the contiguous US and its effects on satellite NO_2 retrievals. Atmospheric Chemistry and Physics, 2019, 19(20): 13067-13078.

[76] Bucsela E J, Pickering K E, Huntemann T L, et al. Lightning-generated NO_x seen by the Ozone Monito-

ring Instrument during NASA's Tropical Composition, Cloud and Climate Coupling Experiment (TC4). Journal of Geophysical Research: Atmospheres, 2010, 115(D20): 793.

[77] Guo F, Bao M, Mu Y, et al. Temporal and spatial characteristics of lightning-produced nitrogen oxides in China. Journal of Atmospheric and Solar-Terrestrial Physics, 2016, 149: 100-107.

[78] Guo F, Ju X, Bao M, et al. Relationship between lightning activity and tropospheric nitrogen dioxide and the estimation of lightning-produced nitrogen oxides over China. Advances in Atmospheric Sciences, 2017, 34(2): 235-245.

[79] Boccippio D J, Goodman S J, Heckman S. Regional differences in tropical lightning distributions. Journal of Applied Meteorology, 2000, 39(12): 2231-2248.

[80] Zhang X, Zhang P, Zhang Y, et al. The trend, seasonal cycle, and sources of tropospheric NO_2 over China during 1997—2006 based on satellite measurement. Science in China Series D: Earth Sciences, 2007, 50(12): 1877-1884.

[81] Lin J-T. Satellite constraint for emissions of nitrogen oxides from anthropogenic, lightning and soil sources over East China on a high-resolution grid. Atmospheric Chemistry and Physics, 2012, 12(6): 2881-2898.

[82] 周秀骥，李维亮，陈隆勋，等. 青藏高原地区大气臭氧变化的研究. 2004, 62(5): 513-527.

[83] 郭凤霞，陈聪. 中国地区闪电和对流层上部 NO_x 的时空分布特征及其相关性分析. 大气科学，2012, 36(4): 713-721.

[84] 漏嗣佳，朱彬，廖宏. 中国地区臭氧前体物对地面臭氧的影响. 大气科学学报，2010, 33(4): 451-459.

[85] 李庆，陈月娟，施春华，等. 青藏高原上空氮氧化物的分布特征及其与臭氧的关系. 高原气象，2005, 24(6): 935-940.

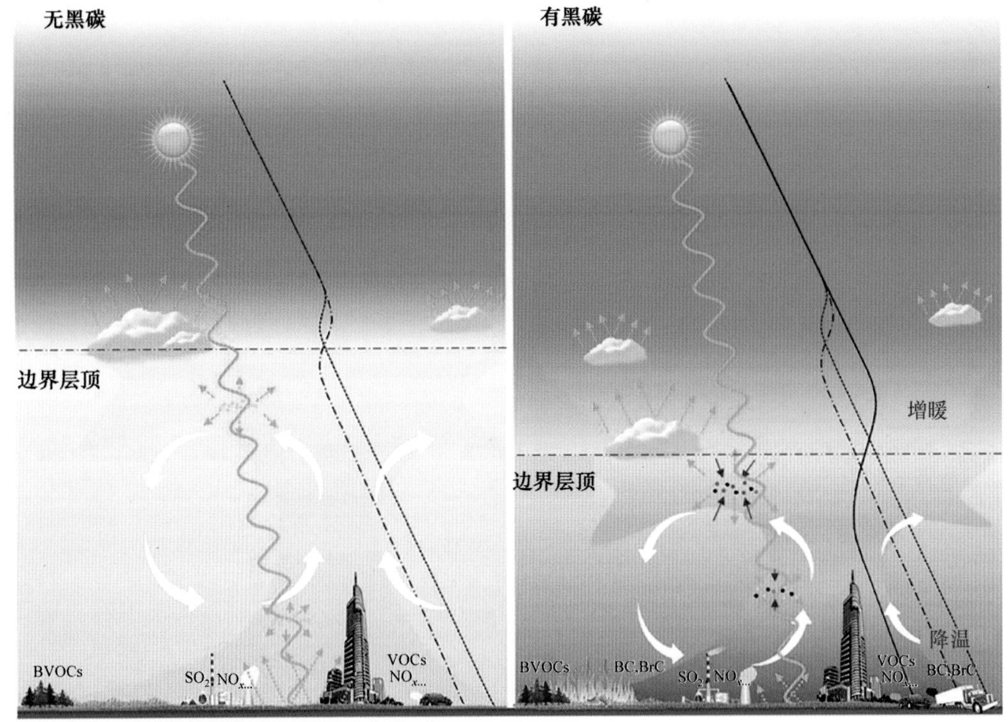
无黑碳
有黑碳
边界层顶
边界层顶
增暖
降温
BVOCs
SO_2 NO_x...
VOCs
NO_x...
BVOCs
BC,BrC
SO_2 NO_x...
VOCs
NO_x...
BC,BrC
自然&人类排放
气温廓线
自然&人类排放
气温廓线

彩图 6-1

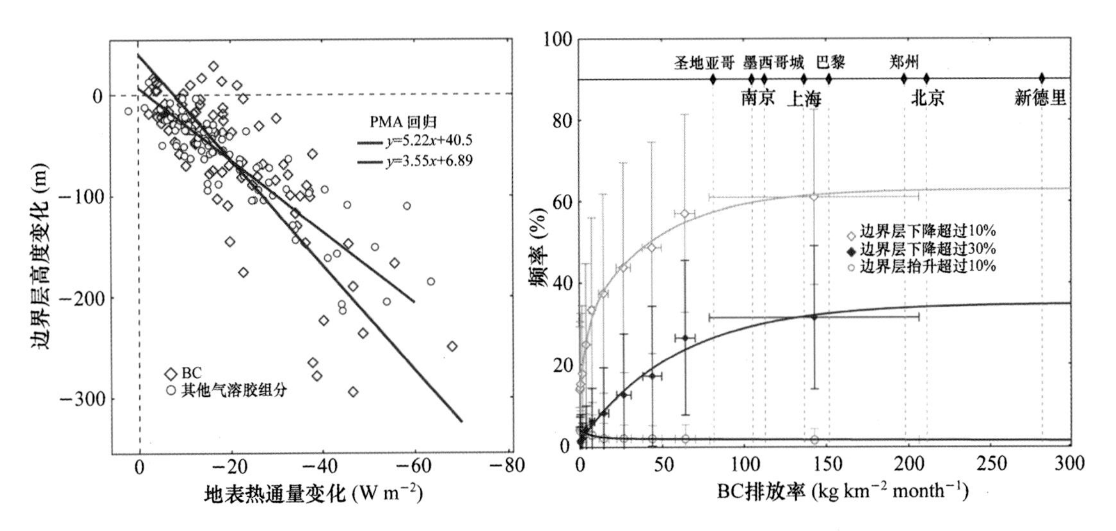
PMA 回归
y=5.22x+40.5
y=3.55x+6.89
BC
其他气溶胶组分
边界层高度变化 (m)
地表热通量变化 (W m⁻²)
圣地亚哥
墨西哥城
巴黎
郑州
南京
上海
北京
新德里
边界层下降超过10%
边界层下降超过30%
边界层抬升超过10%
频率 (%)
BC排放率 (kg km⁻² month⁻¹)

彩图 6-2

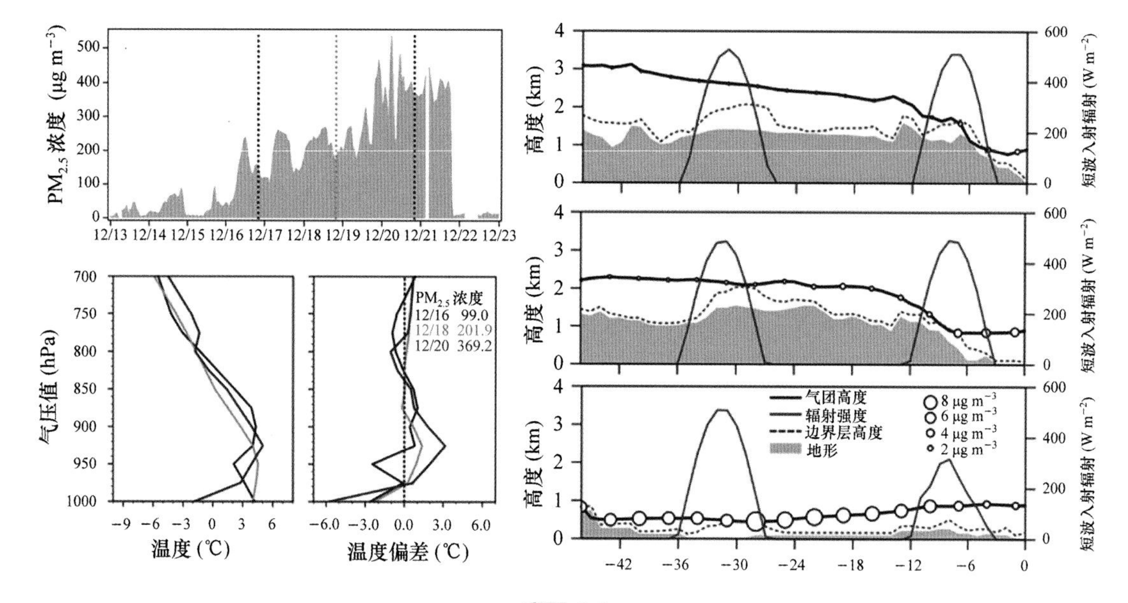
PM$_{2.5}$ 浓度 (μg m^{-3})
12/13 12/14 12/15 12/16 12/17 12/18 12/19 12/20 12/21 12/22 12/23
气压值 (hPa)
温度 (℃)
温度偏差 (℃)
PM$_{2.5}$ 浓度
12/16 99.0
12/18 201.9
12/20 369.2
高度 (km)
短波入射辐射 (W m^{-2})
气团高度
辐射强度
边界层高度
地形
8 μg m^{-3}
6 μg m^{-3}
4 μg m^{-3}
2 μg m^{-3}

彩图 6-4

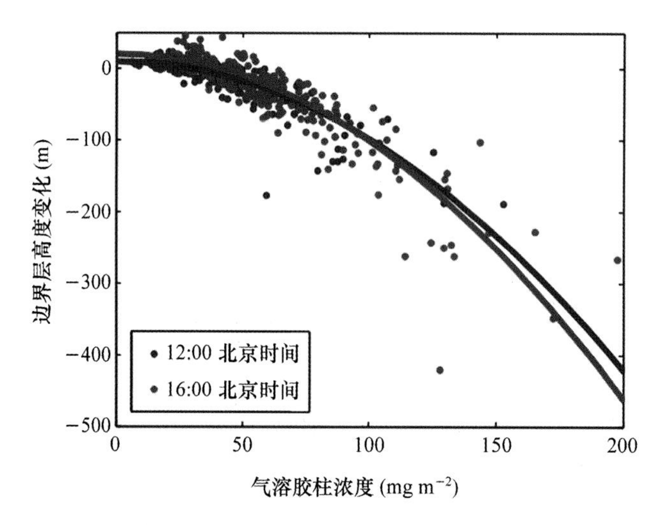
边界层高度变化 (m)
气溶胶柱浓度 (mg m^{-2})
12:00 北京时间
16:00 北京时间

彩图 6-5

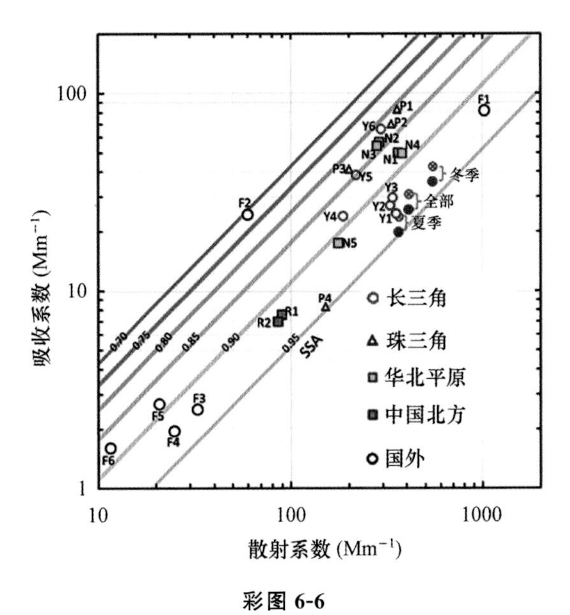

吸收系数 (Mm⁻¹)
散射系数 (Mm⁻¹)
SSA
0.70
0.75
0.80
0.85
0.90
0.95
F1
F2
F3
F4
F5
F6
P1
P2
P3
P4
N1
N2
N3
N4
N5
Y1
Y2
Y3
Y4
Y5
Y6
R1
R2
冬季
全部
夏季
长三角
珠三角
华北平原
中国北方
国外

彩图 6-6

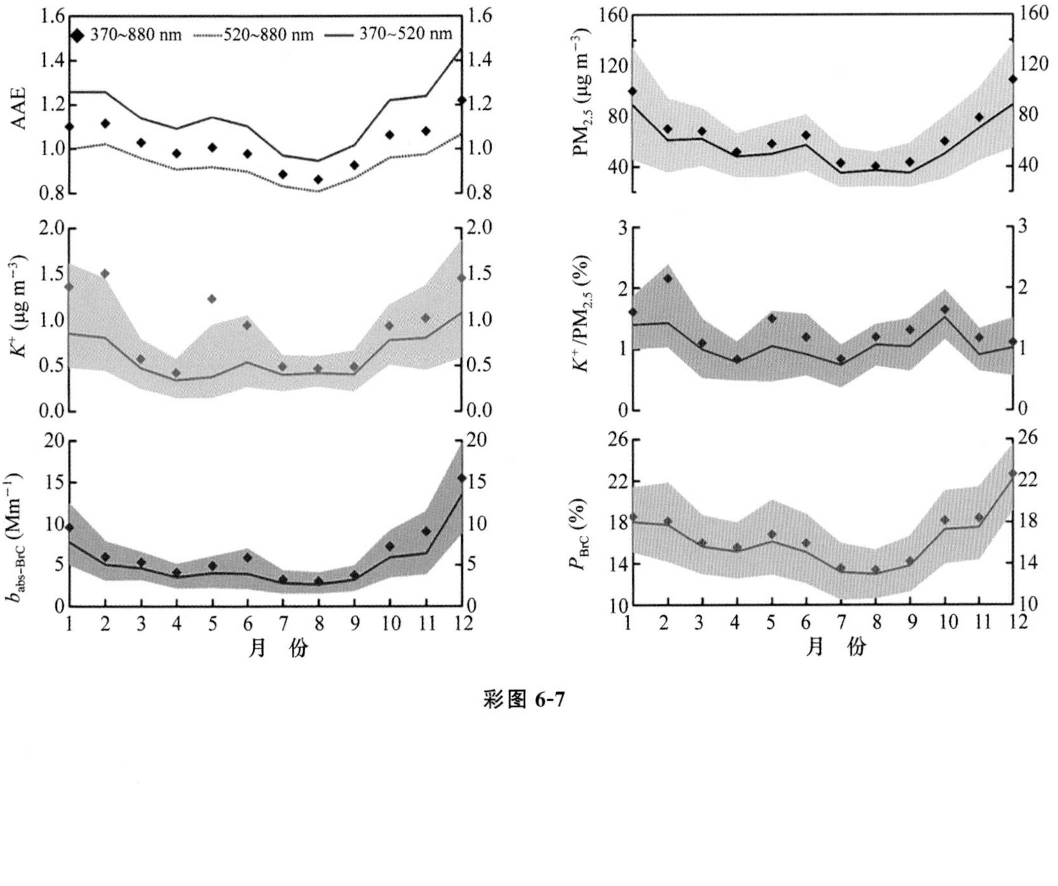

彩图 6-7

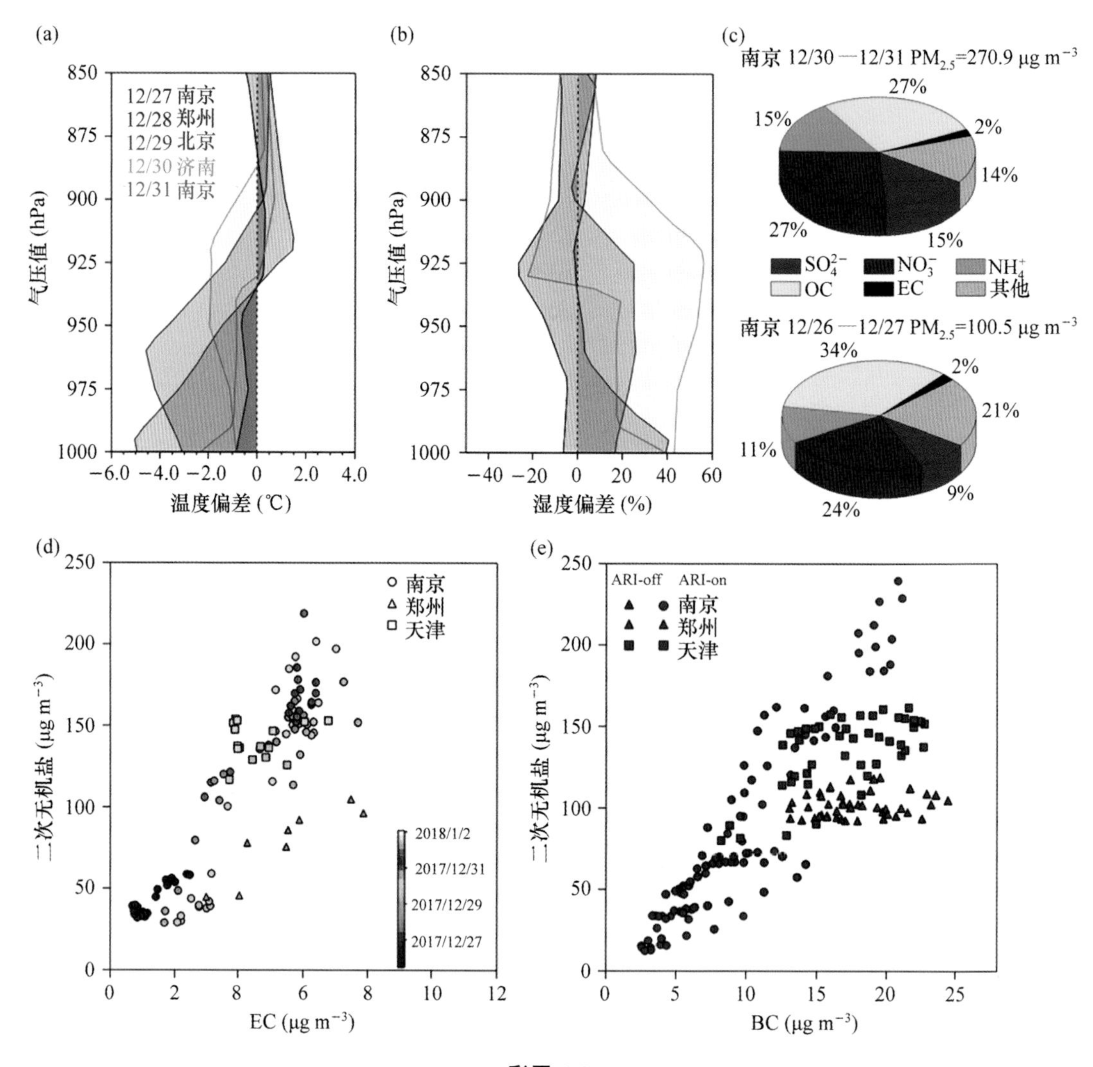
(a)
12/27 南京
12/28 郑州
12/29 北京
12/30 济南
12/31 南京
气压值 (hPa)
温度偏差 (℃)
(b)
湿度偏差 (%)
(c)
南京 12/30 —12/31 PM2.5=270.9 μg m−3
27%
15%
2%
14%
27%
15%
SO42−
NO3−
NH4+
OC
EC
其他
南京 12/26 —12/27 PM2.5=100.5 μg m−3
34%
2%
21%
11%
24%
9%
(d)
南京
郑州
天津
2018/1/2
2017/12/31
2017/12/29
2017/12/27
二次无机盐 (μg m−3)
EC (μg m−3)
(e)
ARI-off
ARI-on
南京
郑州
天津
二次无机盐 (μg m−3)
BC (μg m−3)

彩图 6-8

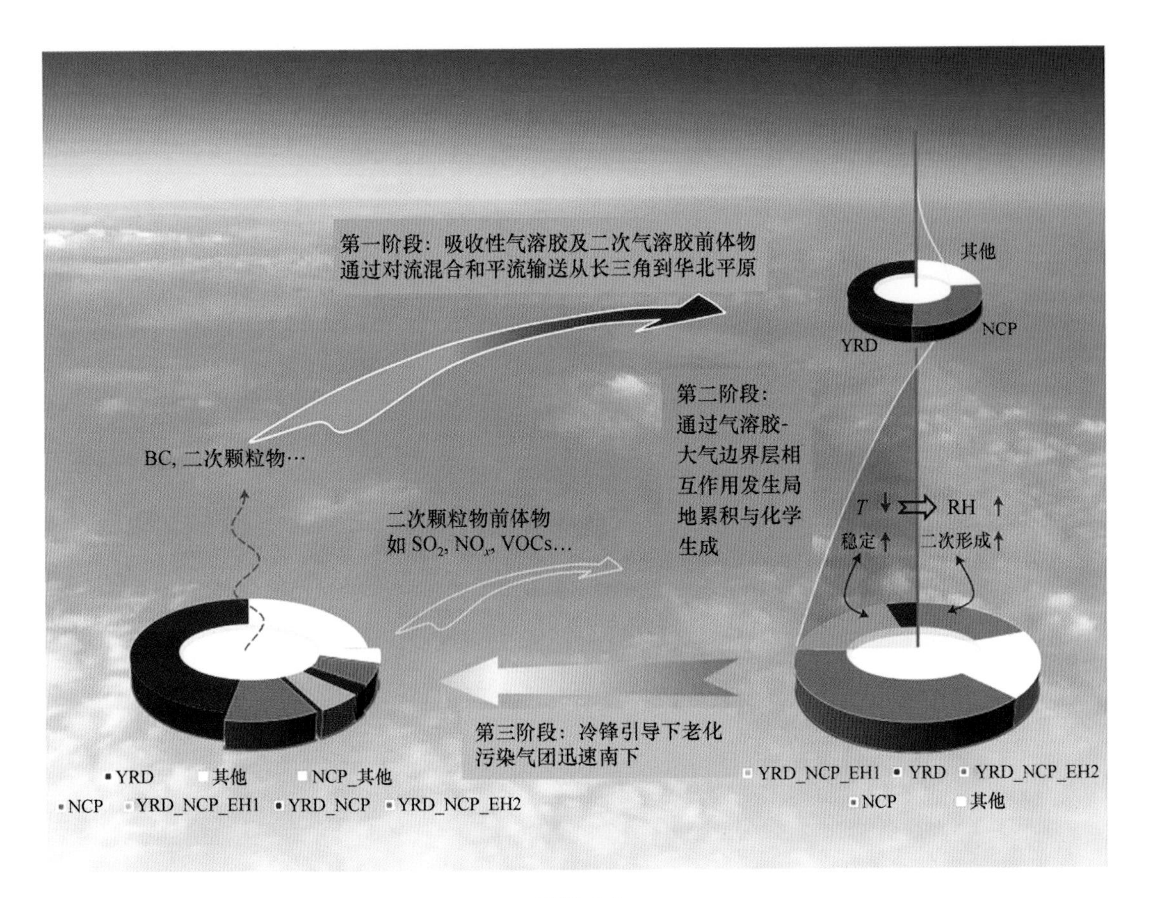
第一阶段：吸收性气溶胶及二次气溶胶前体物
通过对流混合和平流输送从长三角到华北平原
其他
NCP
YRD
第二阶段：
通过气溶胶-
大气边界层相
互作用发生局
地累积与化学
生成
BC, 二次颗粒物…
二次颗粒物前体物
如 SO_2, NO_x, VOCs…
T ↓ ⇒ RH ↑
稳定↑
二次形成↑
第三阶段：冷锋引导下老化
污染气团迅速南下
YRD
其他
NCP_其他
NCP
YRD_NCP_EH1
YRD_NCP
YRD_NCP_EH2
YRD_NCP_EH1
YRD
YRD_NCP_EH2
NCP
其他

彩图 6-9

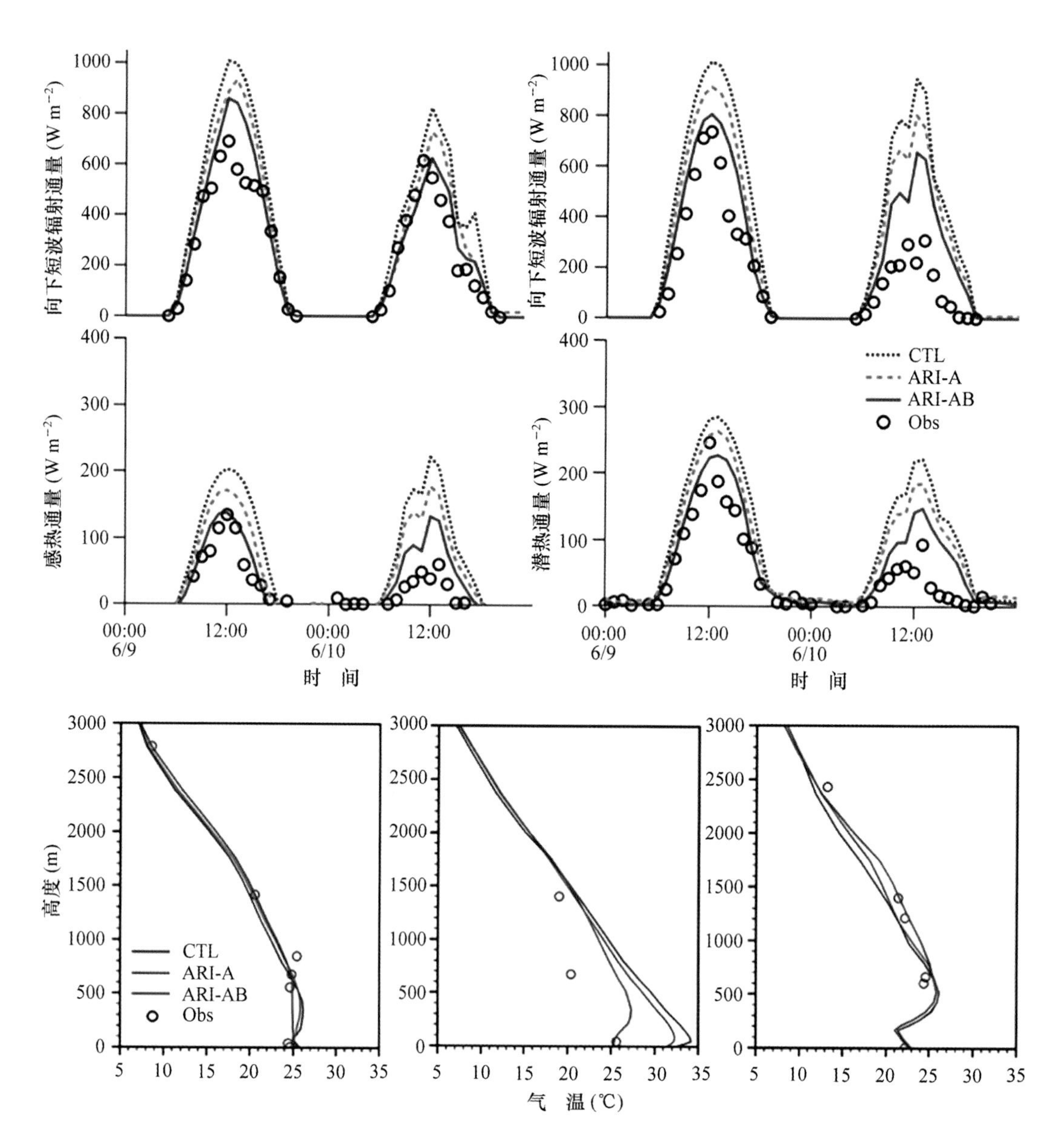

向下短波辐射通量 (W m^{-2})
感热通量 (W m^{-2})
潜热通量 (W m^{-2})
CTL
ARI-A
ARI-AB
Obs
00:00
6/9
12:00
00:00
6/10
时 间
高度 (m)
气 温 (℃)

彩图 6-10

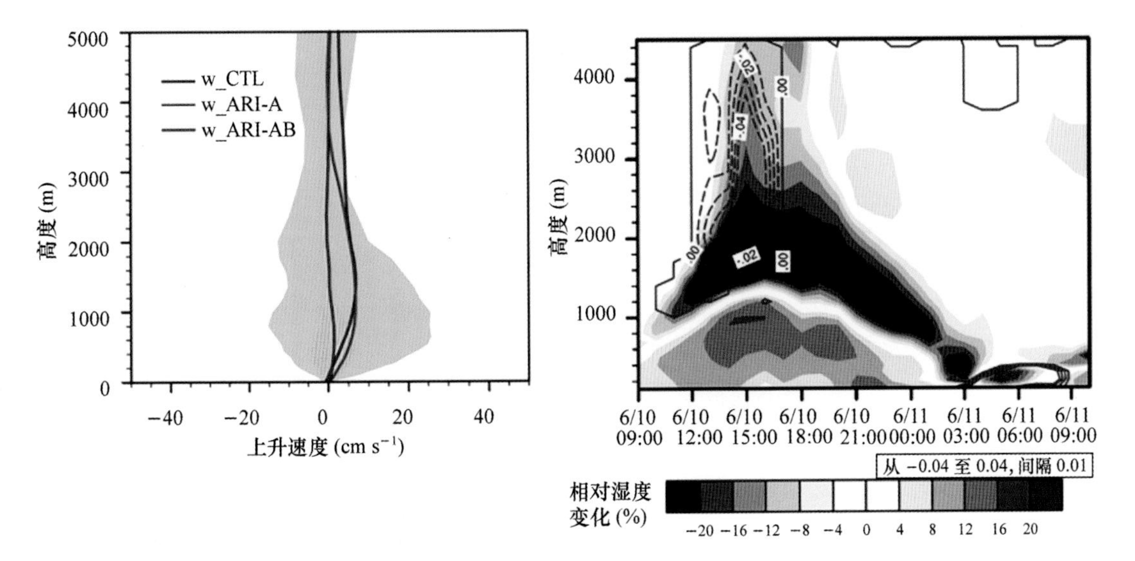

w_CTL
w_ARI-A
w_ARI-AB
高度 (m)
上升速度 (cm s^{-1})
6/10 09:00
6/10 12:00
6/10 15:00
6/10 18:00
6/10 21:00
6/11 00:00
6/11 03:00
6/11 06:00
6/11 09:00
从 −0.04 至 0.04, 间隔 0.01
相对湿度变化 (%)

彩图 6-11

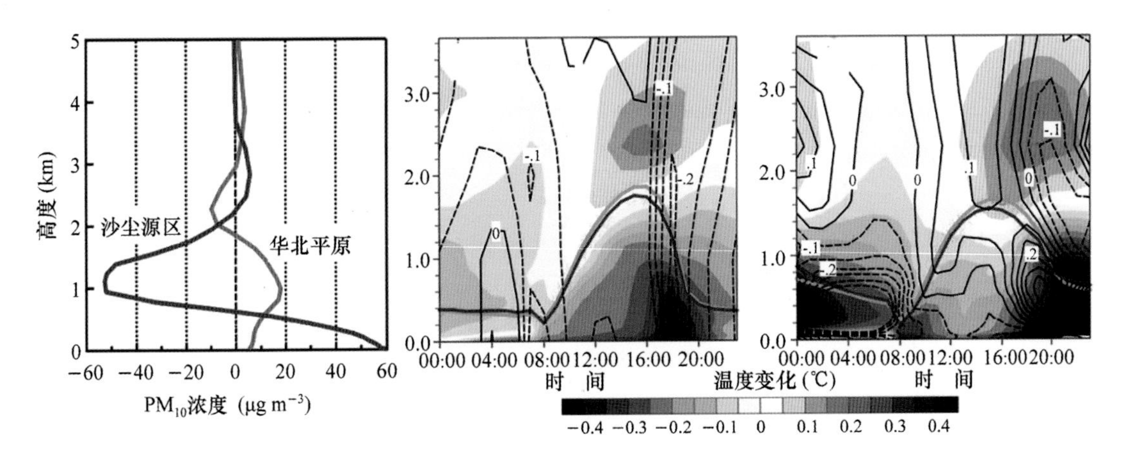

高度 (km)
沙尘源区
华北平原
PM$_{10}$浓度 (μg m^{-3})
时 间
温度变化 (℃)
时 间

彩图 6-12

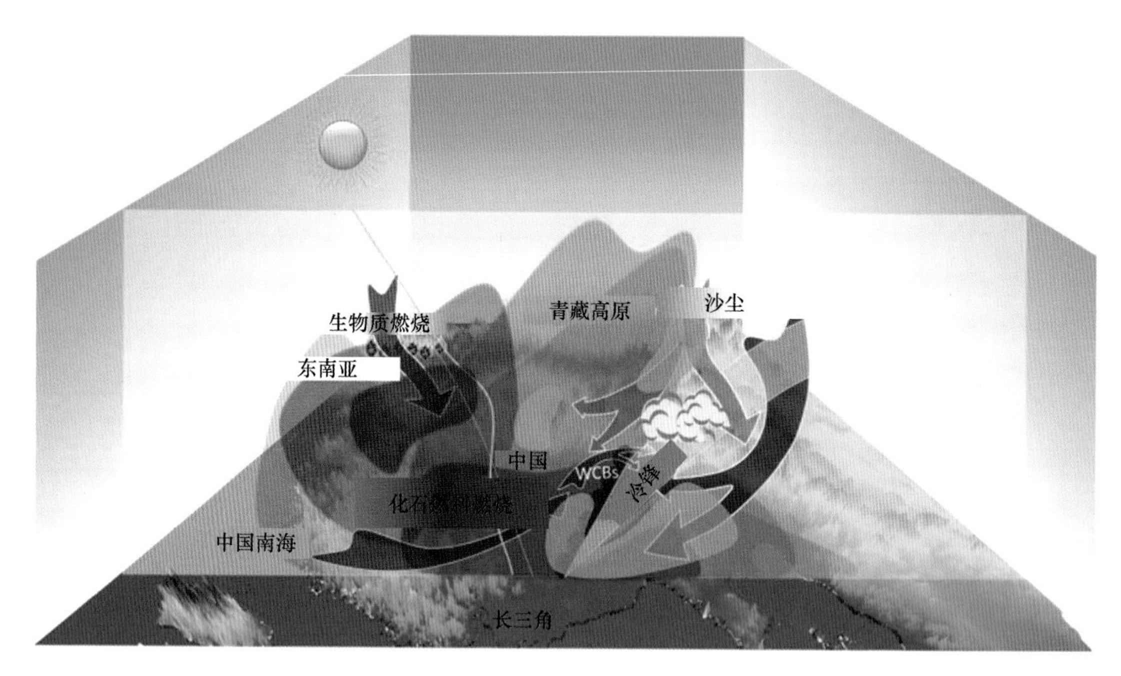
青藏高原
沙尘
生物质燃烧
东南亚
中国
WCBs
冷锋
化石燃料燃烧
中国南海
长三角

彩图 6-13

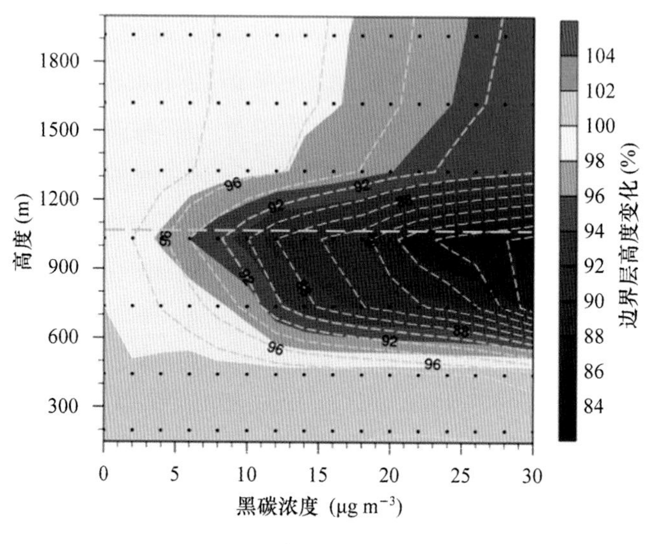
高度 (m)
1800
1500
1200
900
600
300
0
5
10
15
20
25
30
黑碳浓度 (μg m^{-3})
96
92
88
104
102
100
98
96
94
92
90
88
86
84
边界层高度变化(%)

彩图 6-14

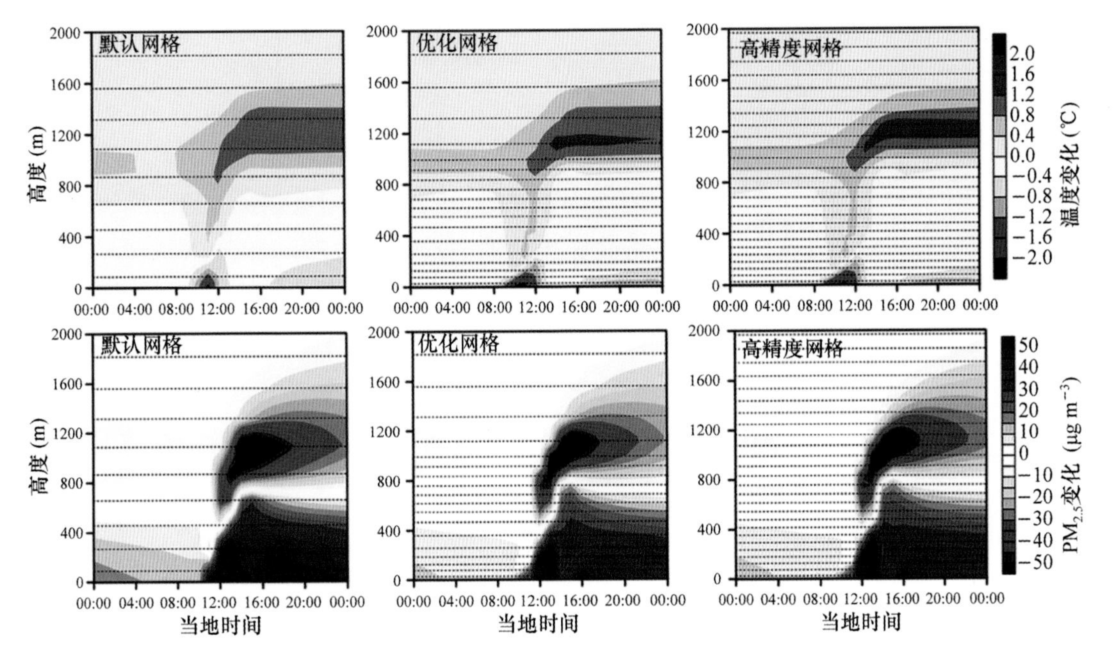

默认网格
优化网格
高精度网格
高度 (m)
当地时间
温度变化(℃)
PM2.5变化 (μg m⁻³)

彩图 6-16

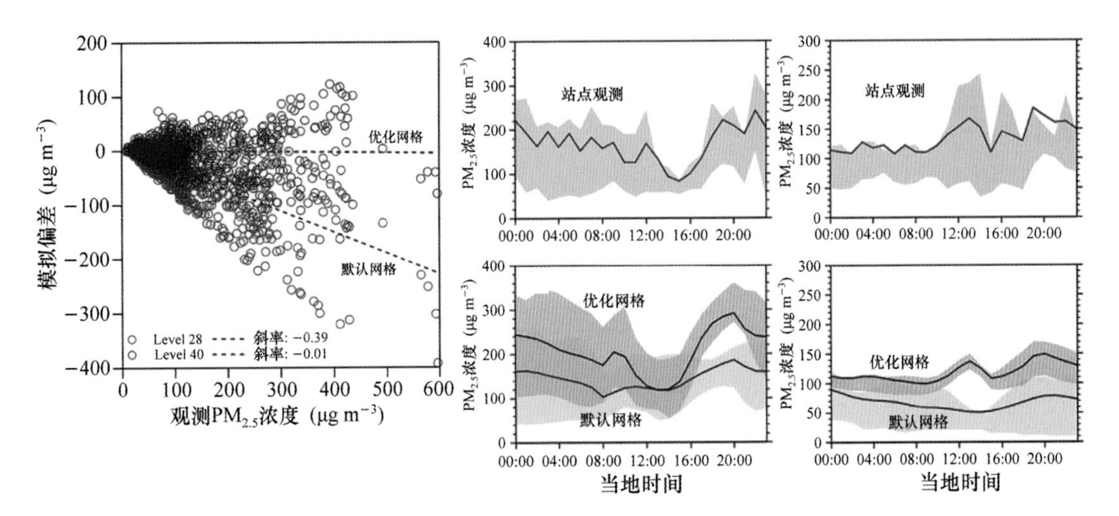

模拟偏差 (μg m⁻³)
观测PM2.5浓度 (μg m⁻³)
优化网格
默认网格
Level 28 斜率: −0.39
Level 40 斜率: −0.01
站点观测
PM2.5浓度 (μg m⁻³)
当地时间

彩图 6-17

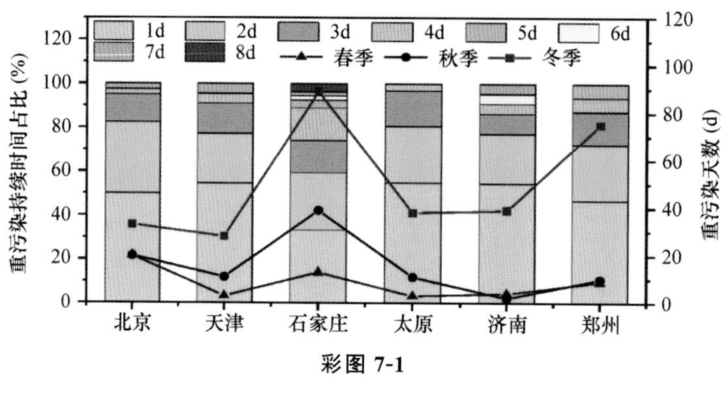

彩图 7-1

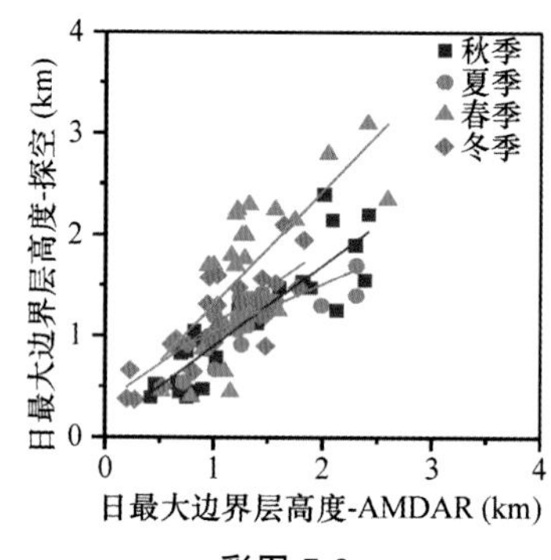

彩图 7-3

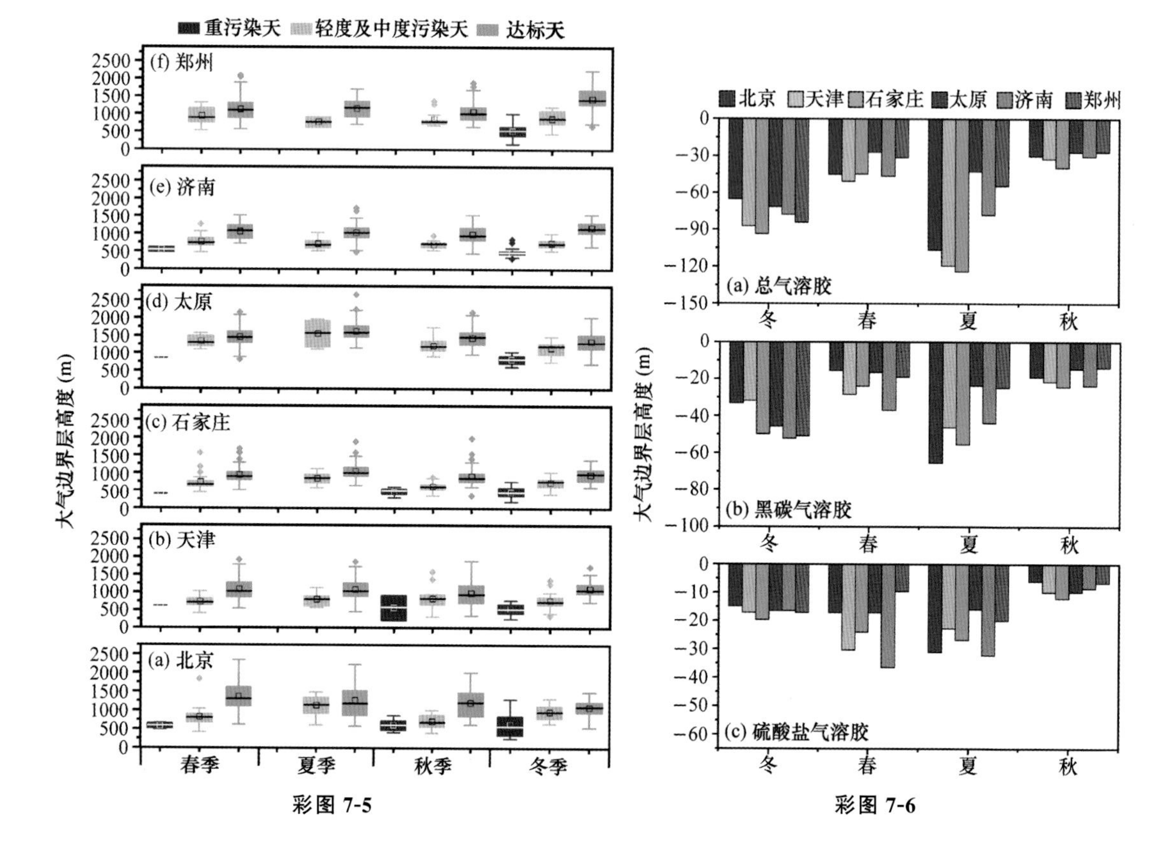

彩图 7-5

彩图 7-6

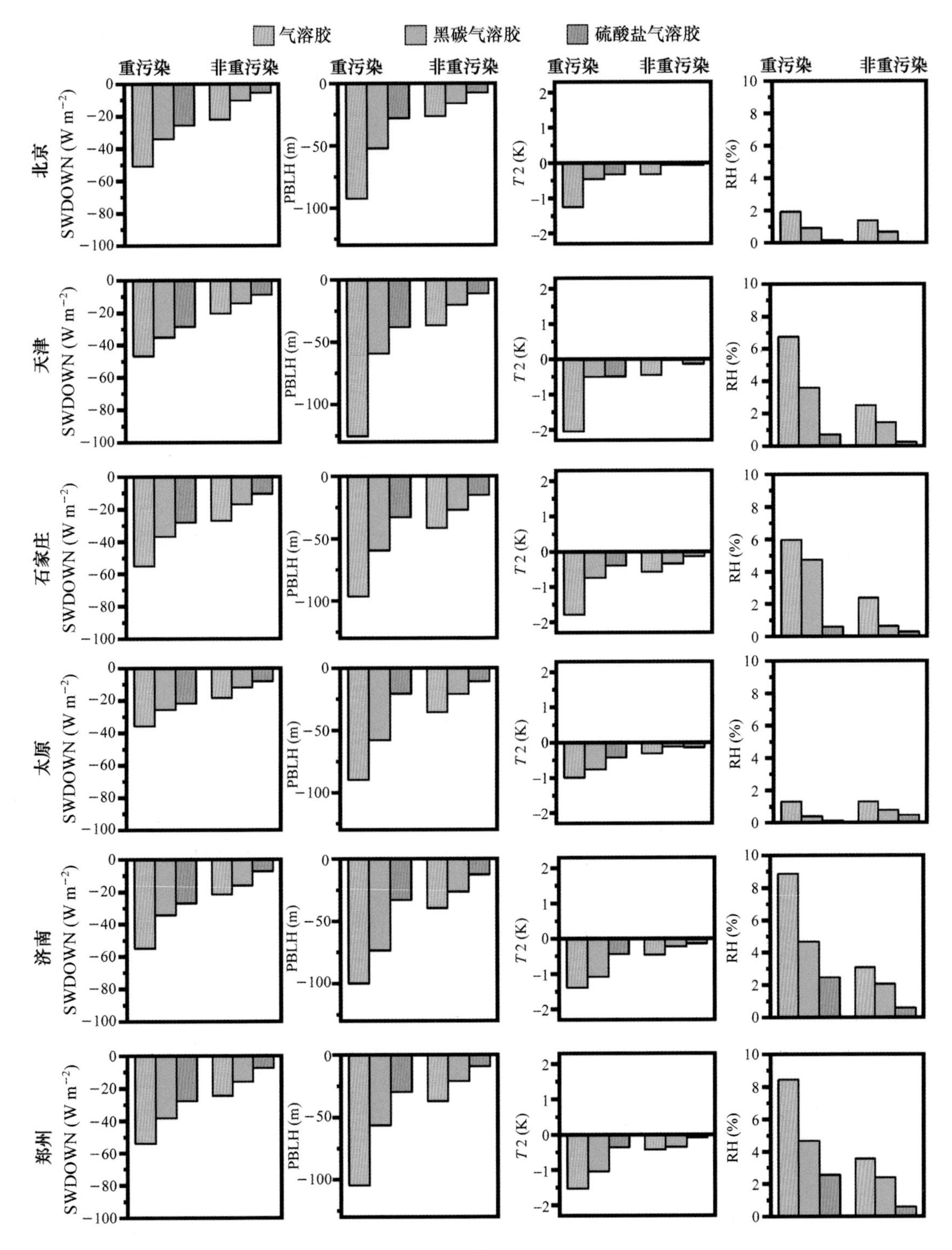
气溶胶
黑碳气溶胶
硫酸盐气溶胶
重污染
非重污染
北京
天津
石家庄
太原
济南
郑州
SWDOWN (W m−2)
PBLH (m)
T2 (K)
RH (%)

彩图 7-7

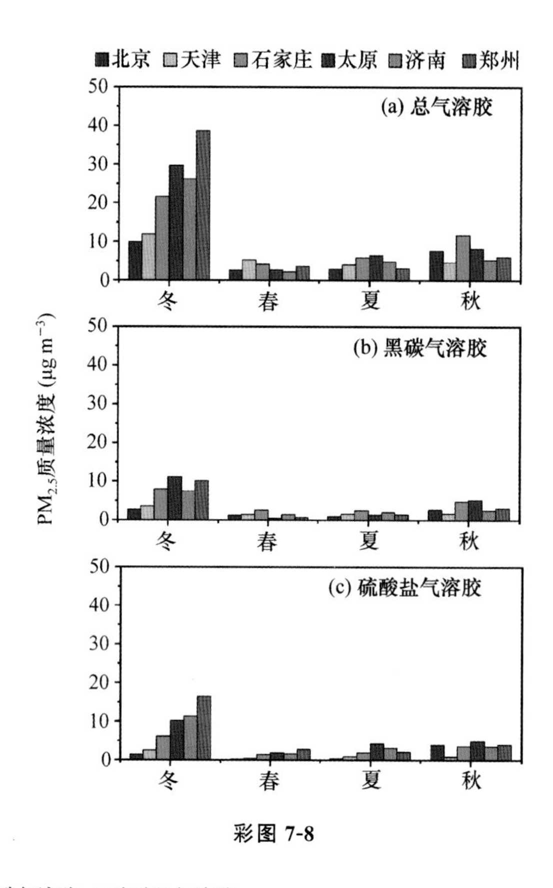

北京
天津
石家庄
太原
济南
郑州
(a) 总气溶胶
(b) 黑碳气溶胶
(c) 硫酸盐气溶胶
PM2.5质量浓度 (μg m⁻³)
冬
春
夏
秋

彩图 7-8

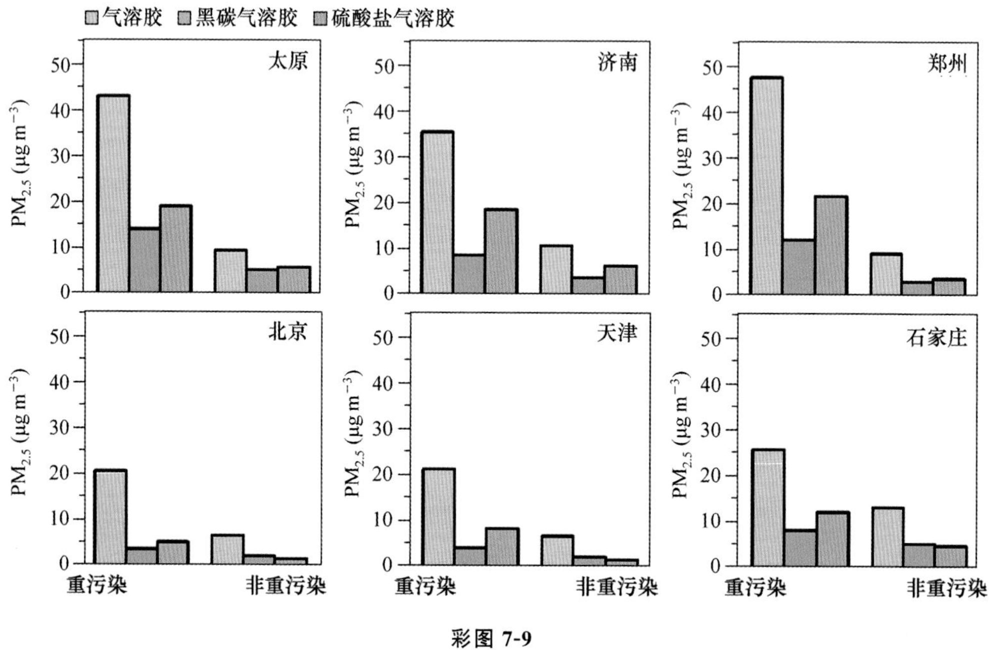

气溶胶
黑碳气溶胶
硫酸盐气溶胶
太原
济南
郑州
北京
天津
石家庄
PM2.5 (μg m⁻³)
重污染
非重污染

彩图 7-9